U0163311

无人机系统特征技术系列

总主编 孙 聪

无人机系统的
试验与鉴定

Test and Evaluation of UAVs

赵永杰 田 煜 乔建军 等 著

上海交通大学出版社
SHANGHAI JIAO TONG UNIVERSITY PRESS

内容提要

本书是"无人机系统特征技术系列"丛书之一,以面向设计研发和鉴定服务为目的,以系统工程理念和方法及技术成熟度管理为指导,在结合我国当前开展的多型大中型无人机系统试验、鉴定和试飞技术研究的基础上,全面阐述了无人机系统,特别是大型无人机系统重大地面试验和飞行试验过程,有机地融合了设计研发与鉴定试飞验证;全面阐述了大型无人机系统试验与鉴定流程、验证与确认过程中的预测与评估方法,详细陈述了大型无人机系统飞行试验技术。最后对当前国内外无人机系统飞行试验(设计鉴定/定型)新的认知和新的理念进行了展望。

本书可供无人机专业领域的科技人员学习和参考。

图书在版编目(CIP)数据

无人机系统的试验与鉴定/赵永杰等著. —上海:上海交通大学出版社,2021 (2022重印)
(无人机系统特征技术系列)
ISBN 978 - 7 - 313 - 23299 - 1

Ⅰ.①无… Ⅱ.①赵… Ⅲ.①无人驾驶飞机 Ⅳ.①V279

中国版本图书馆 CIP 数据核字(2021)第 063267 号

无人机系统的试验与鉴定
WURENJI XITONG DE SHIYAN YU JIANDING

著　　者：赵永杰　田　煜　乔建军　等
出版发行：上海交通大学出版社　　　　　　　　地　　址：上海市番禺路 951 号
邮政编码：200030　　　　　　　　　　　　　　电　　话：021 - 64071208
印　　制：上海万卷印刷股份有限公司　　　　　经　　销：全国新华书店
开　　本：710mm×1000mm　1/16　　　　　　　印　　张：28.25
字　　数：484 千字
版　　次：2021 年 4 月第 1 版　　　　　　　　印　　次：2022 年 7 月第 2 次印刷
书　　号：ISBN 978 - 7 - 313 - 23299 - 1
定　　价：225.00 元

无人机系统特征技术系列编委会

本书编委会

主　审　冯晓林

主　编　赵永杰

副主编　田　煜　乔建军

主要编写人员

　　　　　屈　斌　王　锋　尹文强　姚尚宏

　　　　　杜梓冰　李　云　张宏刚　吴欣龙

　　　　　郑　浩　解志锋　陈星星　曹虎成

　　　　　安　然　吴立巍　徐　淦

总　序

  无人机作为信息时代多学科、高技术驱动的创新性成果之一,已成为世界各国加强国防建设和加快信息化建设的重要标志。众多发达国家和新兴工业国家,均十分重视无人机的研究、发展和应用。《"十三五"国家战略性新兴产业发展规划》(2018 年)及我国航空工业发展规划中都明确提出要促进专业级无人机研制应用,推动无人机产业化。

  无人机是我国具有自主知识产权的制造名片之一。我国自从 20 世纪 50 年代就开始自主开展无人机研究工作,迄今积累了厚实的技术和经验,为无人机产业的后续发展奠定了良好的基础。近年来,我国无人机产业更是呈现爆发式增长,我国无人机产品种类齐全、功能多样,具备了自主研发和设计低、中、高端无人机的能力,基本形成了配套齐全的研发、制造、销售和服务体系,部分技术已达到国际先进水平,成为我国经济发展的新亮点,而且也必将成为我国航空工业发展的重要突破口。

  虽然我国无人机产业快速崛起,部分技术赶超国际,部分产品出口海外,但我国整体上仍未进入无人机强国之列,在精准化、制空技术、协作协同、微型化、智能化等特征/关键技术方面尚需努力,为了迎接无人机大发展时代,迫切需要及时总结我国无人机领域的研究成果,迫切需要培养无人机研发高端人才。因此,助力我国成为无人机研发、生产和应用强国是"无人机系统特征技术系列"丛书策划的初衷。

  "无人机系统特征技术系列"丛书撰写目的是为建立我国无人机的知识体系,助力无人机领域人才培养,推动无人机产业发展;丛书定位为科学研究和工程技术参考,不纳入科普和教材;丛书内容聚焦在表征无人机系统特征的、重要的、密切的相关技术;丛书覆盖无人机系统特征技术的基础研究、应用基础研究、应用研究、工程实现。丛书注重创新性、先进性、实用性、系统性、技术前瞻性;丛书突出智能化、信息化、体系化。

无人机系统特征技术的内涵如下:明显区别于有人机,体现出无人机高能化、智能化、体系化的特征技术;无人机特有的人机关系、机械特性、试飞验证等特征技术;既包括现有的特征技术的总结,也包括未来特征技术的演绎;包括与有人机比较的,无人机与有人机的共性、差异和拓宽的特征技术。

本系列丛书邀请中国工程院院士、舰载机歼-15型号总设计师孙聪院士担任总主编,由国内无人机学界和工业界的顶级专家担任编委及作者,既包括国家无人机重大型号的总设计师,如翼龙无人机总设计师李屹东、云影无人机总设计师何敏、反辐射无人机总设计师祝小平、中国飞行试验研究院无人机试飞总师赵永杰等,也包括高校从事无人机基础研究的资深专家,如飞行器控制一体化技术国防重点实验室名誉主任陈宗基、北京航空航天大学无人系统研究院院长王英勋、清华大学控制理论与技术研究所所长钟宜生、国防科技大学智能科学学院院长沈林成、西北工业大学自动化学院院长潘泉等。

本系列图书的出版有以下几点意义:一是紧紧围绕具有我国自主研发特色的无人机成果展开,积极为我国无人机产业的发展提供方向性支持和技术性思考;二是整套图书全部采用原创的形式,记录了我国无人机系统特征技术的自主研究取得的丰硕成果,助力我国科研人员和青年学者以国际先进水平为起点,开展我国无人机系统特征技术的自主研究、开发和原始创新;三是汇集了有价值的研究资源,将无人机研发的技术专家、教授、学者等广博的学识见解和丰富的实践经验以及科研成果进一步理论化、科学化,形成具有我国特色的无人机系统理论与实践相结合的知识体系,有利于高层次无人机科技人才的培养,提升无人机研制能力;四是部分图书已经确定将版权输出至爱思唯尔、施普林格等国外知名出版集团,这将大大提高我国在无人机研发领域的国际话语权。

上海交通大学出版社以他们成熟的学术出版保障制度和同行评审制度,组织和调动了丛书编委会和丛书作者的积极性和创作热情,本系列丛书先后组织召开了4轮同行评议,针对丛书顶层设计、图书框架搭建以及内容撰写进行了广泛而充分的讨论,以保证丛书的品质。在大家的不懈努力下,这套图书终于完整地呈现在读者的面前。

　　我们衷心感谢参与本系列丛书编撰工作的所有编著者,以及所有直接或间接参与本系列图书审校工作的专家、学者的辛勤工作。

　　真切地希望这套书的出版能促进无人机自主控制技术、自主导航技术、协同交互技术、管控技术、试验技术和应用技术的创新,积极促进无人机领域产学研用结合,加快无人机领域内法规和标准制定,切实解决目前无人机产业发展迫切需要解决的问题,真正助力我国无人机领域人才培养,推动我国无人机产业发展!

无人机系统特征技术系列编委会

2020 年 3 月

前　言

　　大型飞机(战斗机)的研制属于大型航空产品,关系到国计民生以及国家的生死存亡,其研制有着非常完整的法律法规和管理流程,属于国家重大战略行动。在一般情况下,大型航空产品组成复杂、构成产品的标准件和零部件达数百万以上,投入研制经费数十亿元以上,研制周期五年以上。

　　新飞机的设计和研制是代价很高的事业,投资这个事业必须对即将得到的投资回报(作战能力)有信心。对于这种项目的信心来自技术创新。无人机技术创新有两个方面,一是飞机发展所需的航空技术,二是引入人工智能所涉及的主动控制技术和通信与情报处理技术。创新的气动布局、创新的动力装置、创新的结构和材料以及创新的主动控制技术等都可以为新的产品带来巨大的市场竞争(作战)优势。创新不仅仅是新技术的引进,新型业务和商业策划以及新的经营方法都可以用来为新设计提供一种商业优势。不管是军用无人机还是民用无人机,如果没有及时采用创新技术,肯定不会有长远发展。但创新必然带来不确定性,尤其当大型无人机系统大量采用了新的创新技术,这必然会带来大量的不确定性,甚至可能导致项目失败。引入新技术不利的一面是时间周期和成本风险的剧增。针对技术优势平衡风险是一项基本的挑战,对于这一点设计者必须接受。在整个设计过程中,应优先考虑减少技术风险。根据经验进行试验和根据创新特点影响的分析验证是设计者的保险策略。无论采用什么创新,设计师一定要尽早地确定,以便能相应地调整基本设计。一般,设计师应能回答如下问题:

　　(1) 有哪些新技术和其他创新将会被纳入设计。

　　(2) 这些创新如何提供一个比现有或竞争飞机更好的优势。

(3) 如果创新能否成功有不确定的,如何减小项目风险。

现代飞机设计大量依靠先进的数字化设计工具,如总体设计和布局软件、气动计算软件、控制规律设计和仿真软件、结构强度计算软件、雷达和武器系统仿真软件等。在这些数字设计工具的辅助下还需要依靠大量的地面试验专用平台,如风洞、高空台、铁鸟台、静力试验台、燃油试验台、电磁环境实验室等开展地面验证。这些设计工具和地面专用试验平台都日趋成熟和稳定,再加上前续型号飞机设计经验的积累和沉淀,所以设计出来的飞机能力与实际试飞能力之间至少有80%的工程可信度。在这个意义上说,飞机设计直接决定着作战能力。举例来说,CFD气动流场计算加上风洞各种试验组合,可以保证飞机在常规迎角范围内飞行试验实测气动数据与理论计算的气动(操稳、性能)数据80%以上一致。也就是说,一架新型战机的首飞是胜券在握的,不会有什么大的问题出现。在随后的调整试飞中,在80%的飞行包线限制内,设计是有能力保证的。

既然是一代新机,必然会采用一定量的航空新技术、新设备,这样才能带来作战能力的升级换代。新的设计必然会带来一些工程不确定性;而这些新的工程不确定性,恰恰是新的作战能力的直接体现。所以说,新的能力需要在飞行试验中予以确认和完善。在这个意义上说,飞行试验直接决定着新的作战能力的确认、完善和发展,决定着现代战机的成败。飞行试验是现代作战飞机研制中最关键的环节之一,飞行试验是为了改进和完善航空产品,服务于飞机设计和作战使用。举例来说,美国X系列验证机都做创新能力验证,只有通过飞行试验才能确定新的能力是否可行、是否可用。如喷气式发动机、高超声速、大迎角等。在国内某型无人机设计定型试飞过程中,其直流发电机经过数次失败和改进后才予以确认,其高空巡航能力经过超过10架次飞行才予以改进、完善和确认,特别是发动机控制系统与飞机飞行管理系统的软件控制能力的不断改进和优化完善。国内某型无人机经过两次高原试飞,才最终确定下来实际的高原作战性能,数次改进和完善飞行控制规律和飞行管理系统的管理能力。对于航空产品,特别是大型无人机系统,其试验与鉴定的组织管理和技术认证过程是非常复杂的,通常需要数百人、花费数年的时间、数十个单位共同协同,在军方有关作战部门、装备管理部门和研制方工业管理部门等共同组织攻关完成。试验与鉴定的一般内容如下:

(1) 确定作战飞行时的战术技术性能指标,如最大飞行速度、升限等。

（2）确定作战飞行时的可靠性、测试性、安全性等指标要求。

（3）确定地面保障用战术技术指标，如地面加油时间、换装发动机时间、再次出动时间等。

（4）按照研制规定的技术资料要求，确定使用说明书、维护说明书等。

（5）空地勤人员及各岗位使用人员的意见。

（6）现代作战飞机系统软件工程化考核。

（7）地面考核试验，如部件可靠性试验、疲劳寿命专项考核、EMC考核等。

（8）全系统的标准化要求，包括通用化、系列化、组合化等要求。

（9）全系统硬件/软件的自主国产化率，产品/系统的经济性指标分析。

（10）作战效能评估（部队适用性试验）。

上述这些内容都需要以研制总要求的形式通过军方一级司令部的确认和批准，并由有资质的试验单位通过试验给出鉴定结论，而且需要通过大量的地面试验和飞行试验予以确认，甚至需要多轮的设计/验证迭代才能最终完善和确定。一些技术性特别强的地面试验可能需要其他专业机构来执行，如部件可靠性试验、机体疲劳/寿命试验、EMC试验等。试验与鉴定不仅需要地面试验，更需要大量的飞行试验。所以在大多数情况下，试验与鉴定都默认指的是飞行试验。在一定意义上说，飞行试验（或者简称为试飞）同试验与鉴定指的是同一件事情，表征着同样的意义，即对新型无人机系统的全面考核和认证。

飞行试验是在真实飞行的条件下对作战（民用）飞机进行科学研究和产品试验的全面过程。航空科学技术发展先驱、飞机设计师、制造工程师和试飞员李林达尔（Otto Lilienthal）有一句名言："只有飞行才意味着一切（To fly the one is every thing）"。这句话诠释了航空科技发展领域的一个真理，即实践是检验真理的唯一标准。人类发明和研制的任何飞行器都要进行大量和充分的飞行试验。只有亲自目睹了真实飞行试验过程，拿到了大量客观数据，才得以比对理论设计和地面计算与仿真，才能说所设计的飞机合格可用。飞行试验是国家行为，是技术性极强的国家大型专项工程，飞行试验经费一般占到研制总经费的15%以上。飞行试验充满了系统工程的不确定性（涌现性），始终伴随着飞行试验安全（国家财产）的巨大压力，从立项开始就肩负着军方、用户、市场的迫切使用期望。

飞行试验在国防工业和国民经济发展中发挥着举足轻重的作用。它是航空科学技术探索和研究的有效手段,是新型作战飞机/民用飞机研制和鉴定/适航的重要环节,是对新型飞机和航空新技术摸索和积累使用经验的必由之路。飞行试验是一项关系到国家航空航天事业发展、应用前沿科学技术显著、风险大、投资大的国家大型系统工程。因此,世界各国,尤其是航空发达国家,都异常重视飞行试验。世界航空大国对国家飞行试验的组织管理有着共同的战略原则。

(1)飞行试验是国家行为,具有国家权威性。由国家统一规划布局和管理,不引入市场竞争机制。

(2)飞行试验基地建设属于国家资源,所有国家投资的试飞活动应尽可能共用国家资源,不搞重复建设,试飞基地应利用国家资源为研制和使用服务。

(3)提倡联合试飞、科研试飞、设计定型试飞、部队使用试飞等活动应尽量紧密结合,组建联合试飞团队,不搞重复性试飞,否则既劳民伤财又有较大的安全风险。

无人机系统特别是国家大型无人机组成复杂,是基于信息网络系统之系统,无人机是对有人机任务的替代和扩充(时空扩展、机动性扩展),无人机系统的自主性为其带来了巨大的作战能力/潜力,也带来了一些脆弱的方面,主要是自主化带来的影响因素。试验人员要具有高度的系统知识,充分认识无人机系统的飞行及使用特点(及与有人机的差别),要充分了解无人机系统飞行试验的特殊方面,分清飞行关键系统和任务关键系统,充分了解其工作原理、工作特性、主要功能及性能指标,要充分了解这些系统之间的关联、关系以及如何相互作用,必须考虑飞机本身、传感器、地面站、测控链路和周围的预期环境(大气、规避、干扰等),要考虑到理解系统是如何与这些因素自主交互(或不交互)的,只有这样,才能成功地试验无人机。

无人机飞行试验不是对百年成熟有人机飞行试验技术体系的否定,而是对飞机飞行试验技术体系的完善和发展。无人机从有人机发展过渡而来,无人机系统飞行试验依然要遵从已有的有人机飞行试验技术体系,包括飞行组织、试飞流程、飞行空域申请与航空管制、试飞质量与安全、试飞技术研究与试飞评价方法、技术文件、试飞人员资质与培训、预先技术研究、技术改造等。中国飞行试验研究院原副院长周自全先生在2010年国内首次著作出版了《飞行试验工程》一书,该书全面阐述了飞行试验的各个方面,从理论上全面梳理总结了飞行试验工程的各个技术方面,是飞机飞行试验的权威性著作。周自全先生在该书出版前后一段时间专门找我约谈关于无人机飞行试验方方面面的内容,力求在该书中予以体现。但由于当时对无人机系统飞行试验认识不到位,没有大型无人机系统飞行试验的经验,所以在该书中仅仅提及一些在无人机飞行试验中应当重点关注的研究和工作方向。同时,也叮嘱我在必要时完善无人机系统飞行试验方面的试飞技术体系,并补充进入该书。飞行试验工程涉及试飞技术、试飞安全技术、试飞驾驶技术、试飞测试技术以及特种试飞技术等多方面、全方位的技术和工程实施。与有人机相比,无人机在试飞技术和试飞驾驶技术方面变化比较大,试飞安全技术和试飞测试技术方面变化不大。本书也将重点放在试飞技术和试飞驾驶技术两方面。不同于《飞行试验工程》全面阐述作战飞机飞行试验工程的方方面面,对不同试飞专业总结提炼不同的试飞技术和试飞驾驶技术。本书是大型无人机系统飞行试验技术和经验的分析、梳理和初步总结,还远远没有达到规范和技术成熟完善的水平。需要在完成若干型号试验任务之后,才有可能逐步成熟和完善。

本书以面向设计研发和鉴定服务为目的,以系统工程理念和方法及技术成熟度管理为指导,结合我国当前开展的大中型无人机系统试验/鉴定和试飞技术研究基础上,全面阐述无人机系统特别是大型无人机系统重大地面试验和飞行试验过程,有机融合设计研发与鉴定试飞验证;包括大型无人机系统试验与鉴定流程、验证与确认过程中的预测与评估方法,以及大型无人机系统飞行试验技术,最后对当前国内外无人机系统飞行试验(设计鉴定/定型)新的认知和新的理念进行了展望。第1章重点阐述无人机系统的分类管理,在分类管理的基础上提出分类验证原则;第2章重点阐述了无人机飞行试验工程中用到的系统工程方法以及飞行试验的总体规划;第3章全面阐述了试验与鉴定的基本程序,包括试验与鉴定的原则、类别、流程、阶段等。第4章阐述了无人机系统飞行试验区别于有人机的独特性,需要促进试验与鉴定的逐步成熟和完善;第5章阐述了无人机系统创新的飞行试验理念、技术和方法,在有人机成熟试飞技术的基础上,重点描述与无人机系统特性密切相关的试飞技术;第6章阐述了试验评估方法、常用数据评估工具以及常用的试验数据评估算法;第7章阐述了无人机作战效能评估的一般方法和基本流程;第8章阐述了无人机系统飞行试验安全管控;第9章阐述了试验资源需求;第10章对无人机飞行试验未来发展进行了展望。

本书撰写过程中,得到了诸多专家的支持和指导。中国飞行试验研究院尹文强、姚尚宏、杜梓冰高工参与编写了第 6 章中的数据处理技术,中国飞行试验研究院王锋、安然、郑浩、吴欣龙、张洪刚、李云为本书的撰写提供了非常丰富的素材,他们都是长期从事无人机试验/试飞技术研究的优秀工程师。空军装备研究院总体所王甲峰、航空工业沈阳飞机设计研究所蔡为民、成都飞机设计研究所彭向东,以及中国飞行试验研究院屈斌、曹虎成、晁祥林、薛念生等都先后参加了两次书稿研讨,提出了诸多宝贵的修改完善意见。原中国飞行试验研究院副院长周自全也多次对书稿内容、结构及布局等提出了宝贵的意见和建议,田煜高级工程师和乔建军研究员还多次对全书内容进行了目录编排和内容统筹。全书由赵永杰统一规划和最终定稿,中国飞行试验研究院冯晓林研究员主审。在此对各位专家及同仁一并表示感谢,并对上海交通大学出版社的大力支持表示感谢。

目　　录

第6章 试验数据采集与基本评估方法 ············ 266

第7章　作战效能评估

第 8 章　试验与鉴定的风险及管控 ……………… 366

第1章　无人机系统及其
试验与鉴定概述

我曾坚持，并将继续坚持，在未来战争中空中战场是决定性战场。

——意大利将军　朱里奥·杜黑

战争驱动作战装备的更新换代，军事装备发展促使系统工程理念和系统工程方法的诞生，一切航空科研服务于军事作战和经济发展需求。无人机是未来航空武器装备发展的战略焦点。试验与鉴定属于航空武器装备研制全寿命周期管理中的重大内容，占有极其重要的地位和作用。

试验是指为了解某物的性能或某事的结果而进行的尝试性活动。使用新机器(产品)、新办法要经过试验后才能确定和推广。鉴定是指具有相应能力和资质的专业人员或机构受具有相应权力或管理职能部门或机构的委托，根据确凿的数据或证据、相应的经验和分析论证对某一事物(产品)提出客观、公正和具有权威性的技术仲裁(审查)意见，这种意见作为委托方处理问题(批准产品合格)的证据或依据。试验与鉴定合起来，就是指具有相应能力和资质的专业人员或机构受具有相应权力或管理职能部门或机构的委托，通过试验得到确凿的数据或证据以及相应的经验和分析论证，对某一产品出具客观、公正和具有权威性的技术审查意见，这种意见作为委托方批准产品合格的证据或依据。对无人机试验与鉴定来讲，试验包括地面试验和飞行试验，鉴定包括国家(军用)无人机的设计定型(鉴定)和民用无人机的适航认证(产品认证)。

本章对无人机系统试验与鉴定进行初步概述，阐述了航空产品的一般分类，包括国家航空器(军用)和民用航空器(大型运输机、通用飞机等)两大类，提出了无人机系统的一般定义和基本组成，描述了无人机的基本用途。当前无人机自主性较差，仅适合完成一些时间长、重复性强、危险环境下的简单任务，但无人机紧跟市场需求蓬勃发展正在全方位拓展延伸：既有掌上的微型无人机，也有翼展超过 20 m 的大型无人机。为了更加有效地开展无人机系统试验与鉴定，首先对无人机系统进行分类。2018 年 1 月 26 日，由国务院、中央军委空中交通管制委员会办公室组织起草的《无人驾驶航空器飞行管理暂行条例（征求意见稿）》在工信部官网发布。该条例对无人机种类、驾驶员要求、空域申请、安全监管均有详细规定和说明。这是国内首次从国家战略层面对无人机未来发展以及管理做出指导和部署。该条例对民用无人机做了比较详尽的定义和运行规定，对国家（军用）无人机的分类和管理较少。国内外对军用无人机的分类有很多种，大多以用途进行分类。这种分类方法不利于无人机的科学分类管理，不利于无人机高效飞行蓝天。因此，本章节重点引进了美国国防部基于运行管理的分类方法，从美国国防部和美国空军的无人机分类情况看，重点仍然是关注在因使用方式不同而强调如何规范飞行管理上；并在此基础上，提出了适合于国内的军用无人机分类方法，重点在于规范运行管理，如何让无人机同有人机及其他航空器能够同时安全飞行；以军用无人机分类为基础，重点阐述大型军用无人机的试验与鉴定。军用无人机试验鉴定是指通过规范化的组织形式和试验活动，对军用无人机战术技术性能、作战效能和适用性进行全面考核并独立做出评价结论的综合性活动。军用无人机试验鉴定是装备建设决策的重要支撑，是装备采购管理的重要环节，是发现军用无人机问题缺陷、促进军用无人机性能提升、确保装备实战适用性和有效性的重要手段。

1.1 无人机系统分类/术语及管理

1.1.1 无人机系统的组成与应用

无人机是由带自动/自主飞行管理与控制系统的航空器、测控链路和任务控制站组成的系统，而非常规意义上的人工驾驶飞机。通过任务控制站中的人机界面，人更多地在监视飞行器的运动以使得无人机更好地为人类服务，而非常规的有人驾驶飞机意义上的飞机全面操纵与控制。这得益于电子技术与飞行控制与管理技术的飞速发展，无人机越来越自动/自主化，人越来越少地参与飞行器操纵与控制，无人机系统越来越主动地为人类服务，无人机是高度自动化的可飞行机器。

无人机是有人驾驶飞机飞行作业能力的补充和扩展，可专门用于做一些有人驾驶飞机不宜或不能完成的飞行任务，如高危险区（战场上时刻受到的火力攻击)、高危害区(核试验区、火山喷发区、高寒、高温、高压区等)、超工作负荷(长时间大范围的全球侦察与监视),另外还有细小范围内的侦察、勘察、测量、校准等,如步兵用的手持式巷道侦察无人机、小型通用型无人机作业等。比较复杂的应当属无人作战飞机系统,这有待时间的检验和实践的考验。

有人机到无人机的过渡技术发展的外部明显标志就是增加了控制站,内部飞行控制与管理系统实现了对无人机任务的全面实时控制和过程管理。特别是当无人机自主能力很难短时间内实现的时候,控制站就可以临时补加了大量的人工辅助决策人员,以弥补无人机的自主决策,保证飞行安全和任务的高效执行。控制站是个比较庞大的系统,成本较高,甚至比飞机平台成本高出几倍。控制站主要有两种,一是起降控制站,二是任务控制站,两站功能也可合二为一,一般为车载。起降控制站主要配套为视距测控链路车和起降引导车(台),任务控制站主要配套有卫星测控链路车和情报处理车。两站同时配套有应急电源车等其他设施。典型地面控制站基本布局和组成如图 1-1 所示。

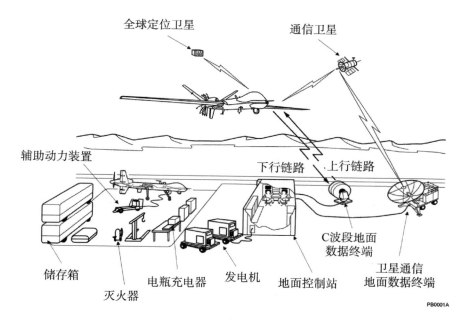

图 1-1　无人机系统典型地面控制站基本布局和组成

测控链路是无人机系统飞行的重要组成部分,尤其是在当前无人机智能水平较低、可靠性不高的条件下,测控链路就像风筝线一样显得异常重要。测控链路分为视距测控链路和卫星测控链路两种,视距测控链路又有不同的使用频段或频率,卫星测控链路也使用不同的频段或频率。对于大中型无人机而言,地面站设备繁杂而笨重,根本原因在于无人机系统智能化水平较低,不得不由人通过地面设备辅助无人机决策飞行。当然,随着智能化水平的提升,地面设备会逐步减少。目前情况下大型无人机系统至少需要 5 台车,即任务控制、起降控制、视距链路、卫星链路和起降引导。地面控制站是与无人机系统配套的地面指挥控制系统,整套地面控制站包括任务控制站、起降引导站、视距链路地面站及卫星链路地面站,控制站一般功能构成如图 1-2 所示。其中起降引导站、起降控制站及一套视距链路地面站布置在起降机场,主要负责完成无人机起降阶段的实时监测和控制;任务控制站、一套视距链路地面站、卫星链路地面站和情报处理系统根据作战要求机动部署,主要负责无人机任务阶段的实时监测控制、侦察信息分析处理、火力打击及分发等工作。

无人机的作用同有人机,包括国家无人机和民用无人机,列举如下:

(1) 国防(作战部队,包括各种战略、战役、战术使用);

(2) 反恐(部队、警察,主要是战术使用);

(3) 国内安全(警察,主要是治安使用);

(4) 民用(通用航空,工业、农业、气象、森林等);

(5) 民用航模(广告、体育娱乐等)。

1.1.2　无人机系统的分类与管理

1.1.2.1　无人机分类管理的目的

无人机的飞行能力在不断加强并日益扩展,飞行高度和速度范围越来越大(见图 1-3)。从微小型到战术无人机,从战术无人机到战略无人机,从战略无人机到空天无人机。飞行高度从 100 m 以下到 20 000 m 以上,飞行范围从 100 m 以内到 5 000 km 以外。一般 300 km 距离外超视距使用时,则需要卫星测控链路或其他中继链路参与对无人机的监视和控制。

美国空军 2014 年 2 月发布的《美国空军 RPA 指导:愿景与赋能概念 2013—2038》中,将无人机系统分为小型无人机系统和远程遥控无人机 2 个大类,包括 5 个小类。主要以重量、飞行速度、飞行高度等指标来划分。美国国防部在其制订的无人机系统路线图中,按照无人机飞行管制/运行规则的需要,将无人机分为 3 类(见表 1-1)。

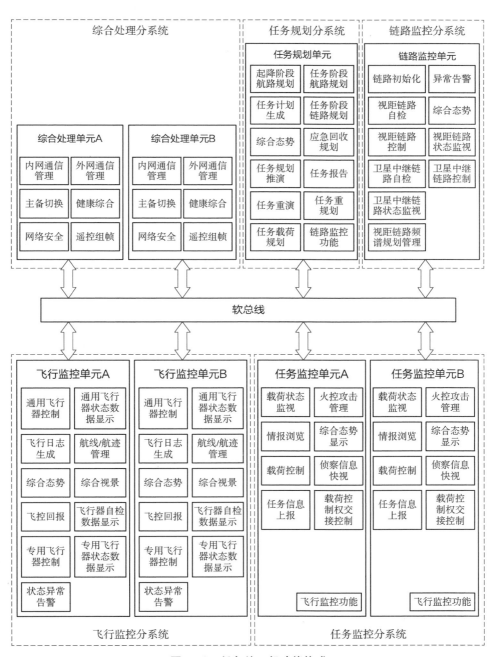

图 1-2　任务站一般功能构成

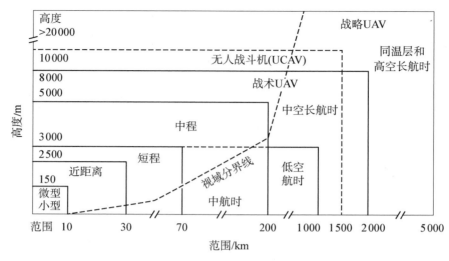

图 1-3　无人机飞行高度和范围

表 1-1　美国国防部对无人机的分类

	注册航空器Ⅲ类	非标准航空器Ⅱ类	遥控模型机Ⅰ类
一般运行规则	14CFR 91 视距外	14CFR91, 101, 103	无
可进入的空域类型	所有	(1) E\G 类空域 (2) 在 D 类空域中不能与其他航空器共享这类空域	G 类空域
可进入空域的描述	无限制 可进入所有空域	(1) 非管制空域(远离有塔台机场的低空空域) (2) 繁忙/主要机场以外的空域 (3) 可使用交通量较少的机场,但在机场不能与其他航空器共享空域	(1) 非管制空域 (2) 一般在 366m 高度以下
指示空速限制	无限制	不超过 125 m/s(建议)	不超过 50 m/s(建议)
相当的有人驾驶航空器	有人驾驶航空运输机	有人驾驶超轻类型、有人驾驶运动类、有人驾驶限制类	无线电遥控模型机

　　从美国国防部和美国空军的无人机分类情况看,重点仍然在于因使用方式不同而强调如何规范管理上。无人机同样是飞机,那就要与有人机"争夺"蓝天。如何让无人机"飞"得上去,又能安全地"回来",是无人机分类管理最基本、最现实的做法。无人机处于快速发展的初期,我们没必要关注有什么用途,没必要关

心能否空战。作为管理者就是要拿出准生证,颁布空管运行规则,营造有人/无人共享蓝天的安全、和谐氛围。

　　无人机产品,必须通过飞行试验才能确认是否合格,是否可飞可用。无人机产品五花八门,种类非常多,大小尺寸差异非常大。鉴于此,无人机必须进行分类管理,针对性地开展试飞验证以及合格批产工作,以便服务于国家航空产品的技术验证和设计定型试飞,服务于具有巨大广阔市场的民用无人机的试飞技术验证和产品合格鉴定。在目前军民融合大环境背景下,好的管理政策和好的研发环境可以极大地促进国内无人机的快速、有效和安全发展。无人机飞行特别是大型无人机飞行具有风险性高、试验组织复杂、飞行成本高、留空时间长等特点。根据国内外经验,无人机飞行具有更大的挑战性。随着型号研制增加,无人机系统种类增多,性能各异,飞行高度从近地面的几十米到几万米高空,飞行速度从低速到中、高速,续航时间不断增加到 30h 以上。这使得无人机系统飞行比有人机更为复杂,因为不同种类的无人机其飞行程序、使用要求、资源需求等各不相同。因此,无人机分类管理与验证迫在眉睫。分类管理的目的具体陈述如下。

　　1) 明晰无人机技术特征,引领无人机全面发展

　　随着无人机系统设计、制造技术的不断发展,无人机从外形到使用模式时刻都在发生重大变化,而且由于无人机使用的多样性,使得各种类型的无人机系统其飞行要求不完全相同,需要针对不同无人机系统的设计特点,提出利于任务管理的无人机分类,以便界定不同种类无人机的空域、地域、环境、人员、后勤保障等技术特征要求,进而合理安排无人机系统的飞行使用,服务于无人机系统的综合管理和合理利用,促进无人机技术发展,确保无人机系统的安全、有序飞行。

　　2) 推动准入制度,加强飞行人员资质管理

　　无人机飞行人员包括飞行指挥员、飞行员、任务指挥员、任务规划员、测控链路操作员、任务载荷操作员、武器操作员和地面维护保障人员等。不同种类无人机所需的飞行人员资质不同,通过对无人机种类的划分,明确各类无人机飞行中所需的飞行人员,进而提出对各类型无人机飞行人员的资质要求。通过加强对无人机飞行人员资质的管理,设定飞行准入制度,确保无人机的飞行安全。

　　3) 加强空域管制,促进空域资源合理利用

　　空域飞行是无人机赖以存在和发展的基本前提,必须先期为无人机作业飞行铺垫"空中道路"。有人驾驶飞机经过百年发展,已经形成了比较完整的军机、民机空中交通管制规则和综合信息服务管理体系,不可能再为无人机重新修建航路,因此无人机只能适应和遵守已有的有人驾驶飞机航路和空管体系。有人驾驶飞机由飞行员驾驶,靠飞行员遵守空中交通规则;但无人机上没有飞行员,该如何遵守空中交通规则是目前无人机发展和应用的最大障碍,必须通过无人机分类管理来确认各类无人机对应的飞行空域和需要遵守的规则,以实现空域资源的合理利用和无人机的安全飞行。

1.1.2.2　按使用特征对无人机进行分类管理

1)按使用特征对民用无人机进行分类管理

2018年1月26日,由国务院、中央军委空中交通管制委员会办公室组织起草的《无人驾驶航空器飞行管理暂行条例(征求意见稿)》在工信部官网发布。无人机分为两大类,一是国家无人机,二是民用无人机。国家无人机是指民用航空活动之外的无人机,包括执行军事、海关、警察等飞行任务的无人机。民用无人机是指民用航空活动的无人机,按运行风险大小逐一划分为微型、轻型、植保无人机、小型、中型、大型无人机(见表1-2),民用无人机不同种类对应适飞区域以及驾驶员资质要求如表1-3所示。

表1-2　民用无人机按运行风险大小分类

运行风险大小	大小重量*及速度要求	产品认证	质量问题需召回	适航管理	购买单位、个人定期向公安部门报备	购买单位、个人实名认证、国籍注册,具备唯一身份标识	从事商业活动需取得经营许可及强制投保第三者责任险
微型	空重≤0.25kg,真高≤50m,V_{max}≤40km/h,三者必须同时满足	√	√				
轻型	空重≤4kg,最大起飞重量≤7kg,V_{max}≤100km/h,三者必须同时满足,不包含微型无人机	√	√		√	√	√
小型	空重≤15kg或最大起飞重量≤25kg,不包含微型、轻型无人机	√	√		√	√	√

*　这里的重量是习惯叫法,实际是指质量。

（续表）

运行风险大小	大小重量及速度要求	产品认证	质量问题需召回	适航管理	购买单位、个人定期向公安部门报备	购买单位、个人实名认证、国籍注册，具备唯一身份标识	从事商业活动需取得经营许可及强制投保第三者责任险
中型	25 kg≤最大起飞重量≤150 kg，且空机重量≥15 kg			√	√	√	√
大型	最大起飞重量≥150 kg			√	√	√	√

表 1-3　民用无人机不同种类对应适飞区域以及驾驶员资质要求

民用无人机	驾驶员年龄要求	是否需要执照	适飞区域	是否申请飞行计划
微型	无	否	真高不超过 50 m，其他管控禁飞区域见公告	禁飞区域外无须申请
轻型	年满 14 周岁，未满 14 周岁成年人现场监护	在相应适飞空域需掌握运行守法要求和风险警示，熟练操作说明。超过适飞空域飞行，需参加安全操作培训理论培训部分，并通过考试取得理论培训合格证	真高不超过 120 m，其他管控禁飞区域见公告	适飞空域内无须申请，但需向综合监管平台实时报送动态信息
植保无人机	根据运行风险大小划分标准决定驾驶员年龄	根据运行风险大小划分标准及行业是否有特殊要求决定执照及培训	位于轻型无人机适飞空域内，真高不超过 30 m，且在农林牧区域的上方	适飞空域内无须申请，但需向综合监管平台实时报送动态信息
小型	年满 16 周岁	独立操作，驾驶员需取得安全操作执照		
中型	年满 18 周岁，曾故意犯罪受过刑事处罚人员无资格			
大型				

2）按使用特征对军用无人机进行分类管理

根据美国国防部对无人机进行分类管理的原则，基于国内国防基金课题研究成果，本书提出了适用于目前国内军用无人机飞行管理/运行规则现状的分类方式，如表1-4所示。其分类方式紧扣不同类型无人机的技术特点，便于飞行管理和使用维护，最终目的在于促进国内军用无人机的快速、有序发展，便于政府、军方以及单位、个人的运行，行政与技术管理，确保无人机飞行安全。当前国内无人机发展迅猛，式样层出不穷，很难一概而论。由于无人机处于快速发展的初期，其尺寸、质量、升限、续航时间、任务载荷能力等指标都在快速变化中，因此基于飞行管理的无人机分类方式没有给定各类无人机的尺寸、质量、速度等具体指标范围，而是依据无人机系统的设计特征给出使用空域、主要起降方式、测控链路级别、动力系统等分类指标。例如，卫星中继链路就是一个重要的分类指标，有了卫星中继链路后该无人机能够跨空域飞行，飞行范围较大。因此，应将具有卫星中继链路、能够跨空域飞行、航程较大的无人机划为Ⅰ类无人机。此外，涡喷、涡扇等发动机也是需要中高空空域飞行的Ⅰ类无人机的特征。轮式自动起降方式一般在Ⅰ类无人机中应用广泛，Ⅱ类或Ⅲ类无人机一般采用车载、弹射或手抛发射。

表1-4　基于飞行管控特征管理的军用无人机分类

种类	名称	空域使用特征	特征数据（仅供参考）
Ⅰ类	大中型	超高空/高空/中空飞行，同常规民机、军机飞行管制规则，类似于军用运输机/作战飞机	$H_{max} \geq 5\,000\,\mathrm{m}$, $V_{max} \geq 300\,\mathrm{km/h}$, $G_{max} \geq 500\,\mathrm{kg}$
Ⅱ类	小型	中空/低空飞行，受管制报批后可（隔离）使用，类似（有人驾驶的）通用飞机，如炮兵用小型无人机	$300\,\mathrm{m} \leq H_{max} \leq 5\,000\,\mathrm{m}$, $50\,\mathrm{km/h} \leq V_{max} \leq 300\,\mathrm{km/h}$, $50\,\mathrm{kg} \leq G_{max} \leq 200\,\mathrm{kg}$
Ⅲ类	微型	低空/超低空飞行，300 m高度以下，步兵/警察使用的侦察类无人机	$H_{max} \leq 300\,\mathrm{m}$, $V_{max} \leq 50\,\mathrm{km/h}$, $G_{max} \leq 50\,\mathrm{kg}$
Ⅳ类	特种	超高空/邻近空间/浮空器/空天飞机，使用时需要特批	$H_{max} \geq 30\,000\,\mathrm{m}$

四类无人机的一般特征如下：

（1）Ⅰ类无人机（大中型）。主要为轮式起降、具有视距链路和卫星中继链路双控制，航时较长。大型无人机以涡喷、涡扇、涡桨发动机为动力装置，超高空、高空飞行；中型无人机以涡桨、螺旋桨发动机为动力，高空、中空飞行，巡航飞行高度 5 000 m 以上。Ⅰ类无人机主要包括高空长航时无人侦察机、中空长航时无人侦察机、察打一体无人机、无人攻击机、无人作战飞机等。这类无人机空机重量一般大于 500 kg，飞行速度超过 300 km/h。Ⅰ类无人机的用户主要为空军和海军。

（2）Ⅱ类无人机（小型）。以小型涡喷和吸气式活塞发动机为动力，飞行高度在 5 000 m 以下；此类无人机起飞和着陆方式多样，起飞方式有轮式滑跑起飞、挂飞、弹射、火箭助推、车载发射，着陆方式有轮式滑跑降落、伞降、撞网等；主要为视距内无线电控制，加装地面中继后可实现超视距控制。陆军、情报部队使用的战术类小型无人机和警察用航空类小型无人机一般都属于Ⅱ类无人机。Ⅱ类无人机空机重量大于 100 kg，飞行速度超过 100 km/h。Ⅱ类无人机的用户主要为陆航、战略支援部队等相关部门。

（3）Ⅲ类无人机（微型）。无人机体积小、重量轻，主要动力为电动螺旋桨或者小型活塞发动机，通过弹射或者手抛起飞，低空或超低空飞行，视距内无线电控制。此类无人机主要指单兵无人侦察机系统，体育运动类航空模型飞机也应归为此类。无人机空机重量小于 50 kg。

（4）Ⅳ类无人机（特种）。主要包括亚轨道飞行器、空天飞机以及轻于空气的飞艇和太阳能无人机等，此类无人机主要通过火箭助推或者挂飞升空，主要以程序控制为主，具有视距链路和卫星中继链路控制能力，主要在超高空或邻近空间飞行。例如美国安装冲压发动机或者火箭发动机的超高空高速飞行无人机（X-51），其飞行高度可达 100 km，飞行速度达到 $8Ma$。Ⅳ类无人机空机重量大于 500 kg。特种无人机一般面向特定军事用途，归总装和空军直接管理和控制。

1.1.3　无人机系统术语

无人机快速发展中，相关的名词术语及各种定义很繁杂，单就与无人机操控人员相关的"飞行员""操作员""无人机飞行员"这一个岗位的定义和说法就不断变化中，"自主"这个词语也是"半天摸不着头脑"的词，虽然"高大上"，但目前还没有看到公认的完整的定义。无人机发展的"五花八门"，既说明了无人机巨大的产业发展空间，同时也说明了无人机基本术语规范的迫切性。

国外针对无人机系统成立了多个标准委员会，包括航空无线电技术委员会（RTCA）的 SC-203 分委员会、美国材料与试验协会（ASTM）的 F-38 分技术委员会、国际自动机工程师协会（SAE）的航空系统分委员会 AS-4 无人机系统工作组、欧洲民用航空装备协会(EUROCAE)的 WG－73 无人机系统专家组,北约组织(NATO)成立了无人机联合工作组。此外,美国航空航天学会(AIAA)也针对无人机系统编制发布了部分标准。

上述无人机系统标准研究与编制团队开展了无人机系统相关技术标准的研究和编制工作,其中 AIAA 和 ASTM 为了统一无人机系统的术语定义,专门编制了无人机系统专用的术语标准,而其他协会在其编制的无人机系统相关技术标准中也出现了无人机系统的相关术语定义。目前国外无人机系统专用术语标准主要有以下 2 份:

(1) AIAA 标准——AIAA R－103—2004 无人机和遥控驾驶飞机术语(推荐实例);

(2) ASTM 协会标准——ASTM F 2395—07 无人机系统标准术语。

1.1.3.1　国内编制完成无人机系统飞行试验术语行业标准

在当前的无人机系统标准编制过程中,国内各家研制单位往往关注于无人机系统具体技术标准,但是对于无人机系统整体术语标准没有专门研究。随着近年来无人机行业技术交流的加深,术语使用上的不统一使得交流沟通难度加大,各单位和专业技术人员对于术语定义及理解的不同,往往容易造成在研制过程中技术指标理解的不一致。

国内现有无人机系统术语都分布在各个无人机系统的技术标准中,没有成体系的形成一份术语专用标准,容易造成技术人员使用上的不方便,不利于术语查询和使用;现有标准之间的定义不协调,译文不统一,例如"无人机"这一术语在 GJB 6703—2009《无人机测控系统通用要求》、GJB 2019—94《无人机回收系统通用要求》和 GJB 5433—2005《无人机系统通用要求》中定义和理解均不一致。

根据美国国防部对无人机进行分类管理的原则,在对国内外无人机术语相关标准分析研究的基础上,基于国内国防基金课题研究成果,中国飞行试验研究院提出了无人机系统飞行试验术语的行业标准,该术语主要用于无人机飞行试验,并纳入了一些在无人机研制、使用中的常用术语。在术语定义编写过程中借鉴了 AIAA R－103—2004、ASTM F 2395—07 等国外标准中的相关定义,并结合了我国型号研制的经验。

1.1.3.2　无人机系统飞行试验术语

中国飞行试验研究院无人机团队在开展无人机试验技术的研究过程中,总结和梳理编制了无人机系统飞行试验术语行业标准。基本术语解释如下。

1）无人机组成

（1）无人机系统。

由无人机、测控与信息传输系统、任务载荷、控制站等构成的,能执行既定飞行任务的系统。

（2）无人机。

无人机是无人机系统的空中平台,是不搭载空勤人员,可自主、自动或遥控飞行,具有任务载荷,并能重复使用的飞行器(不含无人靶机)。

a. 大中型无人机,最大起飞重量 500 kg 及以上的无人机;

b. 小型无人机,最大起飞重量 500 kg 以下的无人机。

（3）无人机测控与信息传输系统。

控制站和无人机之间或无人机与无人机之间的无线电通信系统。用于交换控制指令、系统状态或任务载荷数据等。一般包括点对点测控、中继测控以及卫星测控通信等。

（4）任务载荷。

无人机所装载的,用于执行既定任务的设备或系统。

（5）控制站。

通过测控与信息传输系统管理和控制无人机及任务载荷的显示与控制系统,一般由任务控制站、起降控制站、情报处理站等组成。控制站可以放置于车辆、船舶、陆地或海洋甚至空中,本书除特殊说明外均指装载于车辆上的地面控制站。

a. 起降控制站,用于控制无人机起飞与着陆的控制单元;

b. 任务控制站,用于控制无人机任务飞行的控制单元;

c. 情报处理站,用于情报信息处理和分发的控制单元。

2）无人机飞行人员

（1）无人机飞行员,操纵和控制无人机飞行的人员。

（2）控制站任务指挥员,组织协调飞行员、操作员完成预定飞行任务的人员。

（3）任务载荷操作员,控制无人机系统任务载荷及相关任务设备的人员。

（4）链路操作员,控制无人机系统测控与信息传输的人员。

（5）任务规划员,规划、加载和更改无人机任务设置的人员。

3）无人机控制方式

（1）程序控制,一种无人机系统控制模式,无人机按照预先编制的程序自动执行部分或全部任务。

（2）指令控制，在程序控制过程中，可实时指令无人机按另外选定的程控任务段执行任务。

（3）超控控制，在程序控制过程中，飞行员有优先控制权，无人机优先按飞行员操纵飞行。飞行员操纵解除后，无人机按原程控模式飞行。

（4）遥控控制，一种无人机系统控制模式。飞行员通过测控链路连续实时操纵无人机飞行。

4）质量与安全控制

（1）链路中断，控制站与无人机之间失去测控联系，时间超过设计指标，导致飞行员不能操纵或不能监视无人机飞行。

（2）无人机试验场，满足无人机起飞、降落和保障的机场。

（3）失踪，经估算已经耗尽所载燃油仍没有发现无人机位置。

（4）应急着陆/回收，出现影响无人机飞行安全的因素而被迫着陆。

（5）终止飞行，特殊情况下立即终止无人机的飞行任务，一般包括立即实施场外迫降或自毁。

（6）自毁，为防止不可控事件的发生而实施的毁坏性动作，如自主俯冲坠毁。

（7）事故征候，自无人机开车后滑出或发射（舰面助推起飞、空中投放、地面发射等）起，至着陆（舰）滑行到指定位置或回收止，发生的危及飞行安全但未构成飞行事故的事件。

5）关于自主控制的定义说明

自主控制是指在没有人的干预下，把自主控制系统的感知能力、决策能力、协同能力和行动能力有机地结合起来，在非结构化环境下根据一定的控制策略自我决策并持续执行一系列控制功能，完成预定目标。

此处需要说明的是，关于"自主控制"目前业界还没有一个大家共同认可的明确定义，因为自主控制必须针对自主行为，自主行为目前更没有业界一致认可的说法。同时，目前阶段下绝大多数无人机仍以自动控制模式飞行，极个别无人机嵌用了部分"自主控制"思想和做法，远远不能称为自主控制。业界不能混淆使用"自主控制"和"自动控制"这两个术语。

1.1.3.3　无人机系统术语不断发展变化

无人机快速发展中，为推动和规范无人机健康和有序发展，需要制订无人机系统术语，这是无人机科研工作者从事无人机科研工作的基础。而且，无人机术语应当随着无人机设计与试验技术的不断发展处于变化中,而不是一成不变的。例如,关于"自主"这个术语的定义和理解各方都有很大的差异性,甚至误解,以致与"自动"这个术语混淆在一起错误地使用。

1.2　无人机系统的试验与鉴定

德国人 O. 李林达尔(Otto Lilienthal)首次用科学的方法去分析和处理人类飞行中的问题,他研究了翼型的升力和阻力,并将研究结果写入他 1889 年出版的《鸟类飞行——航空的基础》一书中。从 1891 年到 1896 年,他和他的兄弟 G. 李林达尔(G. Lilienthal)共飞行滑翔约 2 000 架次,最长飞行距离达 350 m。他在滑翔机中安装了小型内燃发动机驱动翼尖襟翼上下运动,实现像鸟一样飞行。他把毕生精力献给了飞行试验事业。李林达尔卓有成效的工作直接影响了莱特兄弟的飞行。他们用科学的方法解决了气动力、结构、材料、稳定性、操纵性和动力问题,按照严密的研究、发展和试验大纲进行飞行研究。1903 年 12 月 17 日,莱特兄弟完成了两次飞行。

随着航空技术的不断推陈出新以及信息化作战的更高军事需求,航空产品的试验验证内容增量巨大。计算与仿真和模拟技术不断涌现,极大帮助设计师减轻了一些必须实际试验验证的工作量。但飞行试验是唯一能最终确定产品是否合格的唯一途径,从这一点上说,飞行试验直接决定着航空武器和产品的成败。飞行试验有两方面的重要作用,一是工程研制阶段通过试飞对设计采用新技术的确认,二是通过设计定型试飞确保设计指标是合格的、产品是可用的。无人机系统试验鉴定的目的是贯彻党中央、国务院、中央军委关于装备建设的方针、政策,建设和持续完善具有我军特色的先进实用的无人机试验鉴定体系;组织开展试验鉴定活动,摸清无人机性能效能底数,发现装备问题缺陷,探索装备作战运用,引领装备建设发展,严把装备定型列装关口,确保装备管用、实用、好用、耐用。一般情况下,研制大型航空产品(飞机)属于国家行为。既然是国家行为,国家就有非常严格的法规和控制流程以及专门的机构和人员来管理,确保产品的可用性、经济性以及作战能力,也就是说必须达到规定的战术、技术指标,产品必须经检验合格。试验与鉴定的基本作用是使装备系统设计成熟、降低风险、尽早发现并帮助解决设计缺陷,协助降低研制、使用乃至整个系统生命周期内非预算成本,确保能够满足作战任务的需求(即有效、适用、生存力强、安全)。试验与鉴定可以为采办机构提供有关系统设计、能力及限制方面的信息,以便在生产与部署之前对装备的性能加以改进。试验与鉴定也可以为用户提供信息,以便使其在生产和部署后对装备的使用和维护进行持续优化。

对无人机试验与鉴定来讲,试验包括地面试验和飞行试验,鉴定包括国家(军用)无人机的设计定型(鉴定)和民用无人机的适航认证(产品认证)。

一般军事使用的飞机称为军工产品,民航飞机等民用飞机称为商用产品。乘坐民航飞机旅行,驾驶通用飞机开展森林灭火,使用小型飞机进行广告宣传,这些都属于飞机的正常使用,所使用的飞机都有合格质量证明和合法使用证明。本书所述及的飞机飞行试验,指的是合格质量试飞,而不是常规意义上的正常使用飞行。针对大型飞机,合格质量试飞包括两种,一是武器装备部门组织的军工产品型号设计定型试飞(试验与鉴定),二是民航部门组织的商用飞机合格审定试飞。

根据用途不同军用无人机的分类很多。一般说来,空军、海军使用的都是大型主战飞机,如攻击机、歼击机、舰载机、运输机、轰炸机、预警机、电子情报侦察机等;陆军航空兵主要使用直升机等。武装警察部队主要使用小型警巡直升机、无人机等。不论是大型的战斗机,还是小型的警用无人机,都称为军事装备。既然是军事装备,就必须开展严格的试验鉴定,经检验合格后才能采购和交付使用。试验与鉴定的最根本作用就是使系统设计成熟,减小管理风险,尽早识别并帮助解决缺陷,以及确保系统的战斗力(即有效和适用)。军方试验与鉴定机构应协同提出需求的单位和采办机构,以一种有效的无缝验证方式规划和实施综合试验。

现在比以往任何时候都需要执行严格的武器装备试验与鉴定程序。当前高度集成的系统非常复杂,需要执行一个能够充分使用有限资源、使武器系统研制风险最小的程序,提供有效、高质量的产品,满足用户的要求。

1.2.1　无人机系统试验和鉴定的两种模式

无人机系统的研制有三种源头:一是国家(军事部门)出资研发用于特定军事目的的军用无人机,二是国家有关民用部门出资研制用于特定民事目的的民用无人机,三是企业或个人出资研制的用于特定商业目的的微小型无人机。随着国内军民融合发展政策的出台,一些企业或个人的无人机也在逐步向军用发展靠近。前两类军用、民用无人机,在立项研制时就有专门的管理机构负责研发,确定了国家鉴定机构或有资质的试验单位开展无人机的试验鉴定(适航审定)。企业或个人研发的无人机,一般都属于小型或微型,在研制的初级阶段,一般都由企业或个人组织开展飞行试验。该无人机产品一旦要投入民用市场,则必须经过工商管理部门(或专门机构)的认可。可以经当地政府组织专门的技术鉴定后,经工商管理部门(专门机构)认可后方能投入市场。如果要转为军用,则必须通过军方专门机构组织专业试验鉴定后,才可能转入军用。

　　本书前文已经提及,无人机种类不同,试验与鉴定的管理、内容和方法都有较大不同。针对军用无人机的试验与鉴定,国务院、中央军委专门颁布了军用武器装备试验与鉴定管理规定,还有专用的国家军用标准指导试验与鉴定。针对大型民用无人机以及通用航空类小型无人机,国家有关部门正在组织出台专门的管理规定,依据颁布的适航条例开展适航飞行试验。针对无人机系统的试验鉴定内容和方法,军机、民机也有较大不同。作为军机,更强调的是作战能力,对可靠性、安全性的要求相对较弱。作为民机,更强调的是安全性、可靠性,对能力的关注相对较弱。但从一般设计理念、方法到生产制造和试验方面来讲,军机、民机的技术都是相通的。一般无外乎无人机平台、测控链路、地面站以及六性等多方面的全面检验和考核,无人机平台还可进一步划分为机体(性能、品质、结构、控制、隐身)、发动机(进气道、辅助动力装置 APU)、机电系统(燃油、液压、环控、电源等)、航电系统(通信、识别、导航等)、任务系统(雷达、照相、多光谱、武器、电子战等)。军用无人机在设计定型试验完成后,还需要开展作战试验和装备列装鉴定,但这些鉴定过程更侧重于实战作战运用(作战效能)的考核以及检验新型装备在部队的适用(保障)能力。

1.2.1.1　军用无人机系统的试验与鉴定

　　军用无人机的试验鉴定是指通过规范化的组织形式和试验活动,对军用无人机战术技术性能、作战效能和适用性进行全面考核并独立做出评价结论的综合性活动。军用无人机试验鉴定是装备建设决策的重要支撑,是装备采购管理的重要环节,是发现军用无人机问题缺陷、促进军用无人机性能提升、确保装备实战适用性和有效性的重要手段。

　　军用无人机试验鉴定系统由各级定型管理机构,试验鉴定管理部门,承担装备试验鉴定任务的部队,论证、试验单位以及试验鉴定专家咨询机构等组成。定型管理机构是国务院、中央军委军工产品定型委员会及其设立的专业定型委员会(如空军管理的航空产品定型委员会),其日常工作由各级办公室负责。试验鉴定管理部门是军委装备发展部以及军兵种装备部、军委机关分管装备机构中负责试验鉴定管理工作的部门。试验鉴定总体论证单位是承担试验鉴定初步方案、总案论证等工作的单位。试验单位是按照计划或合同承担试验鉴定组织实施任务的单位,包括军队装备试验基地,军队院校、科研院所,地方符合资质要求的试验机构等。

1.2.1.2　民用无人机系统的认证与适航管理

民用飞机、民用大中型无人机都必须经过适航认证后才能投入运营,中国民用航空局适航司有专门的机构负责管理。适航是适航性的简称,民用航空器的适航性是指该航空器包括其部件及子系统整体性能和操纵特性在预期运行环境和使用限制下的安全性和物理完整性的一种品质。这种品质要求航空器始终处于保持符合其型号设计和始终处于安全飞行状态。为保证实现民用航空器的适航性而制定的最低安全技术性标准,称为适航标准。适航标准是国家法规的一部分,必须严格执行。目前各国适航标准中较有影响的是美国的联邦航空规章(FAR)、英国民航适航要求(BCAR)、欧洲联合航空局的联合适航要求(JAR)等,我国主要参考国际上应用最广泛的美国适航标准,并结合我国的国情,制定了中国民用航空规章(CCAR)。

我国有关有人驾驶民用飞机、发动机、零部件的主要适航标准有 CCAR23 部《正常类、实用类、特技类和通勤类飞机适航规定》;CCAR25 部《运输类飞机适航标准》,CCAR27 部《正常类旋翼航空器适航规定》,CCAR29 部《运输类旋翼航空器适航规定》,CCAR33 部《航空发动机适航标准》,CCAR35 部《螺旋桨适航标准》,CCAR37 部《民用航空材料、零部件和机载设备技术标准规定》等。1987 年5 月 4 日国务院颁布了《中华人民共和国民用航空器适航管理条例》。中国民用航空局于 2016 年 9 月颁发了《民用无人驾驶航空器系统空中交通管理办法》,并要求遵照新修订的颁发执行。该管制办法依据《中华人民共和国民用航空法》《中华人民共和国飞行基本规则》《通用航空飞行管制条例》和《民用航空空中交通管理规则》的规定,参考国际民航组织 10019 号文件《遥控驾驶航空器系统手册》的相关要求,为适应民用无人机驾驶航空器的快速发展,组织对《民用无人机空中交通管理办法》(MD‐TM‐2009‐002)进行修订。

新修订完成《民用无人驾驶航空器系统空中交通管理办法》(MD‐TM‐2016‐004)并下发。新修订的无人机空管管制办法重点从以下三个方面理解:

(1) 微型无人机造成的空管危害小、管控困难,所以民航重点关注的仍然是小型到大中型无人机系统。

(2) 为保障大型军用无人机的正常飞行,在无人机与有人机同场飞行时,水平间隔不得小于 10 km,且无人机需要飞行在划设的规定空域边界 5 km 以内。

(3) 无人机飞行前,须向民航有关管理部门提交飞行安全评估报告并须通过审查。

　　2007 年,北大西洋公约组织发布无人机相关的适航标准化协议,《无人机系统适航要求》STANAG4671(第一版,2007 年 3 月 22 日),国内也有多个翻译版本。该适航标准提出了明晰清楚的无人机相关适航要求,值得国内参考执行。该标准建议各国根据自身需要采纳本要求,作为本国的适航审查标准。大型无人机系统适航符合性验证可以沿用或参照目前民用飞机型号适航审定所采用的符合性验证方法。

　　符合性验证是指采用各种验证手段,以验证的结果证明所验证的对象是否满足飞机适航条例的要求,检查验证对象与适航条例的符合程度,它贯穿飞机研制的全过程。适航符合性验证的基础就是审定基础,即飞机型号设计适用的适航条款(包括豁免条款的考虑)以及为该型号设计增加的专用条件。在民用飞机型号审查过程中,为了获得所需的证据资料以向审查方表明产品对于适航条款的符合性,需要采用不同的方法进行说明和验证,这些方法统称为符合性验证方法。常用的符合性验证方法可根据实施的符合性工作的形式分为四大类:工程评审、试验、检查、设备鉴定。根据这四大类方法再具体进行细化,最终形成了常用的、经实践检验的、适航部门认可的十种符合性验证方法,如表 1-5 所示。

表 1-5　适航符合性验证方法

符合性工作	方法编码	符合性验证方法	相应的文件
工程评审	MC0	符合性声明 引述型号设计文件 公式、系数的选择 定义	型号设计文件 符合性记录单
	MC1	说明性文件	说明、图纸、技术文件
	MC2	分析/计算	综合性说明和验证报告
	MC3	安全评估	安全性分析
试验	MC4	试验室试验	试验任务书 试验大纲 试验报告 试验结果分析
	MC5	地面试验	
	MC6	飞行试验	
	MC8	模拟器试验	
检查	MC7	航空器检查	观察/检查报告 制造符合性检查记录
设备鉴定	MC9	设备合格性	见"说明"

说明:设备鉴定过程可能包括前面所有符合性验证方法。

虽然国外已经有了一些针对性的民用无人机适航验证条款,但不完全成熟。目前国内还没有完全针对民用无人机的专门适航条例,有待民用无人机市场的进一步需求以及相关国家民航部门的进一步工作推进。

1.2.2　按照无人机分类原则开展军用无人机系统的试验与鉴定

从目前技术状态来看,无人机是随着技术进步从有人机过渡发展而来而不是孤立于有人机,两者仍然同源,仍然遵守着航空器基本的设计、生产和试验鉴定原则。但由于无人机控制与管理系统的根本性变化(飞机上没有了飞行员),增加了地面控制站进行人工辅助决策和控制,所以与有人机相比,无人机系统有其特殊的方面。为了开展无人机系统的试验与鉴定,有必要把无人机系统的独特方面予以梳理,作为开展无人机定型试飞和研究无人机试飞技术的基础。

无人机与常规有人机外观最大不同之处在于没有了常规意义上的座舱玻璃盖,取而代之的是较大的能透波的复合材料卫星通信天线罩。所以一般情况下,大中型无人机都长着一个"大脑袋"。除不设置人员救生装置之外,无人机机体同有人机没有实质性的差别,基本遵循着常规成熟的有人机设计和试飞考核原则。根据军用无人机种类、功能性能不同,其试验与鉴定的组织管理和技术认证不同,具体如表1-6所示。

表1-6　按照分类验证原则开展军用无人机的试验与鉴定

无人机分类		验证内容	鉴定机构
大中型	高空长航时	大中型军用无人机的设计和鉴定与有人机一样复杂,因此其试飞阶段和验证要求必须充分借鉴有人驾驶飞机的经验,即必须进行首飞、调整试飞、定型试飞、部队使用试飞,另外还包括演示验证试飞、表演飞行、作训飞行等,全面考核无人飞行平台的结构、性能、操纵性和稳定性、电气系统、航电系统、飞控系统、动力装置以及可靠性、维修性、测试性、保障性和安全性等。另外还应重点考核测控数据链、任务载荷和地面站的性能。对于无人战斗机和察打一体的无人机,还必须考核其武器系统的作战效能。必须进行部队适应性试飞,开展作战效能评估。条件具备时,参加军方组织的各种作战演习和训练任务	国家试飞鉴定机构
	中空长航时		
	察打一体		
	无人作战		
小型	小型侦察类（打击类）	没有必要划分很多技术阶段和应用类型。根据设计方和订货方协商后报批的试飞大纲,在有关定型机构的指导和监督下,由具有资质的试飞单位对研制总要求中提出的各项指标进行考核	委托有鉴定资质的试飞单位

（续表）

无人机分类		验 证 内 容	鉴定机构
微型		可以直接由用户确认验收。或由部队有关部门组织专门的技术鉴定后,经有关部门批准由专门机构颁发认可证书	部队用户
特种	浮空器（太阳能）	必须充分借鉴有人驾驶飞机的试飞组织管理程序,由国家试飞鉴定机构和设计方共同进行飞行试验,确保飞行安全。针对特种无人机的试飞验证内容应由鉴定方、订货方和设计方共同协商确定	国家试飞鉴定机构
	空天飞机		

对于大型航空产品特别是大型无人机系统,其试验与鉴定的组织管理和技术认证过程是比较复杂的。通常需要数百人、花费数年以上的时间、数十个单位共同协作,与军方有关作战部门、装备管理部门和研制方工业管理部门等共同攻关完成。试验与鉴定的一般内容如下:

（1）作战飞行时战术技术性能指标符合性,如最大飞行速度、升限等。

（2）作战飞行时的可靠性、测试性、安全性等指标要求符合性。

（3）地面保障用的战术技术指标,如地面加油时间、换装发动机时间,工具设备等符合性。

（4）按照研制要求规定的技术资料,如使用说明书、维护说明书等符合性。

（5）空地勤人员及各岗位所有使用人员的使用意见。

（6）现代作战飞机系统软件工程化的考核。

（7）地面考核试验,如部件可靠性试验、疲劳寿命专项考核、EMC 考核等符合性。

（8）全系统的标准化要求,包括通用化、系列化、组合化等要求符合性。

（9）全系统硬件和软件的自主国产化率,产品和系统的经济性指标分析符合性。

（10）作战效能与部队适应性。

上述这些内容都需要以研制总要求的形式通过空军一级司令部的确认和批准,并由有资质的试验单位完全通过试验才能给出鉴定结论,而且都需要通过大量的飞行试验予以确认,甚至需要多轮的设计完善才能最终确定。一些技术性特别强的地面试验可能需要其他专业机构执行,如部件可靠性试验、机体疲劳和寿命试验、EMC 试验等。试验与鉴定不仅需要地面试验,更需要大量的飞行试验。所以大多数情况下,试验与鉴定都默认指的是飞行试验。在一定意义上说,飞行试验（或者直接简称为试飞）同试验与鉴定指的是同一件事情，表征着同样的意义，即对新型无人机系统的全面考核和认证。本书将重点阐述大型军用无人机系统试验与鉴定的管理、内容和方法，微小型军用无人机可参照裁减执行。

1）大中型无人机

大中型无人机的设计和鉴定与有人机一样复杂，因此其试飞阶段和验证要求必须充分借鉴有人驾驶飞机的经验，即必须进行首飞、调整试飞、定型试飞、部队使用试飞，另外还包括演示验证试飞、表演飞行、作训飞行等，全面考核无人机飞行平台的结构、性能、操纵性和稳定性、机械和电气系统、航电系统、飞控系统、动力装置以及可靠性、维修性、测试性、保障性和安全性等。另外还应重点考核测控链、任务载荷和地面站的功能和性能。对于无人战斗机和察打一体无人机，还必须考核其武器系统的性能。

2）小型无人机

小型无人机系统组成相对简单，对空域要求小，对地面影响小，所以小型无人机的飞行试验没有必要划分很多技术阶段和应用类型。根据设计方和订货方协商后报批的试飞大纲，在有关定型鉴定机构的指导和监督下，由具有资质的试飞单位对研制总要求中提出的各项指标进行考核。

3）微型无人机

微型无人机相对来说比较简单，对空域和试验场地的要求很小，所以微型无人机可以直接由（军方）用户确认验收。或由有关部门组织专门的技术鉴定后，经有关部门批准由专门机构颁发认可证书。

4）特种无人机

特种无人机（包括浮空器、亚轨道飞行器、空天飞机等），必须充分借鉴有人驾驶飞机的试飞组织管理程序，由国家试飞鉴定机构和设计方共同进行飞行试验，确保飞行安全。针对特种无人机的试飞验证要求应由鉴定方、订货方和设计方共同协商确定。

基于国防基金课题研究成果，本书提出了目前国内军用无人机分类验证要求谱系供参考使用。针对四类军用无人机，提出了基本的试验验证内容。

1.2.3 飞行试验的作用与一般分类

1.2.3.1 飞行试验在航空科技发展中起着重要作用

飞行试验是航空科技发展的重要支柱，是高科技的高度集成和全面展示。在航空事业发展中，飞行试验研究占有十分重要的地位。飞行试验研究的技术水平在一定程度上代表了航空技术的发展水平。美国国家航空航天局(NASA)的发展历史,大致上反映了美国航空技术的发展水平。从 NASA 发展史不难发现,风洞试验技术研究和飞行试验研究技术的发展是 NASA 航空科学技术发展的主线。早在 20 世纪 20 年代初期,NASA 兰利中心就确定了基本发展原则:必须通过风洞试验和全尺寸飞行试验双管齐下的原则解决航空科学问题。直至今天,既重视风洞试验又重视飞行试验,将它们并举的做法仍是兰利中心的基本政策之一。随着飞行模拟技术、电子计算机技术的飞速发展,风洞试验、飞行试验、大型计算机和飞行模拟器是 NASA 当前四大主力试验研究手段。随着第四代战斗机的出现,复杂电子对抗系统下的精确打击任务系统异常重要,是飞机武器平台作战能力的直接体现。随着第五代战斗机的研发,飞行试验更多地要服务于以飞机平台为基础的全方位的精确打击任务系统的先期技术演示验证及针对全面作战能力下的合格性地面试验与飞行试验。飞行试验研究在航空事业发展中主要有以下重大作用和意义:

(1) 探索航空新领域、新理论的重要手段;

(2) 航空新技术应用、新研究成果验证,将科技成果转化为生产力的不可缺少的、重要的中间试验环节,为新的航空武器装备的研制提供技术基础;

(3) 航空新装备的设计定型提供最真实、最主要的依据;

(4) 飞行试验在发掘新机战术/技术性能,制订作战方案,形成战斗力,更好地使用航空武器装备方面,起着先导作用。

总之,飞行试验研究是航空科学技术的重要支柱,先于新机研制,是试验与鉴定的主要方式,贯穿于整个新机研制的全过程。

1.2.3.2　飞行试验的一般分类

按照试飞性质和试飞任务,将飞行试验分为科研试飞和出厂验收试飞(见表 1-7)。科研试飞是指开展飞机飞行试验考核航空产品的性能和质量,验证、发展航空理论和应用技术的飞行。科研试飞一般分为探索验证试飞、调整与摸底试飞、鉴定(定型)试飞和适航试飞。一般情况下探索验证试飞属于专项性技术演示验证。新机的定型试飞科目内容全面,工程复杂。改型或改进飞机一般开展鉴定试飞,鉴定试飞比专项演示验证科目内容多,但难度和技术复杂度都要比定型试飞简单。民用和通用飞机开展了适航性取证试飞后,才有资格开展商业运营。出于确保最低限度安全的考虑,大型军用运输机也需要开展专项的适航试飞。出厂验收试飞是指对定型后批生产制造的飞机,按规定项目进行的性能和使用可靠性检验的飞行,目的是考核飞机的制造质量。

表 1-7　飞行试验的一般类别和作用

分类	类别	作　用
科研试飞	探索验证试飞	对某一技术或产品的特定功能进行试验验证或考核性试飞,如新型气动布局、新型雷达的验证等
	专项试飞	按照特定科研任务的要求进行试飞,如重装空投专项技术试飞等
	调整与摸底试飞	开展定型试飞前的状态调整与优化试飞,使其达到设计定型技术状态
	定型(鉴定)试飞	航空武器装备的合格性试飞
	适航试飞	按照适航条例进行民机适航取证试飞,或者是专项开展军机的适航性飞行
批生产试飞		检验制造质量,确保产品交付

通常情况下,飞机鉴定(定型)试飞由航空产品定型委员会(空军二级定委)批准或由国家和军队认可的专门试验单位组织实施,调整或出厂试飞由生产厂家组织实施。

1.2.4　通用质量特性的理解和定义

质量是物体本身的属性,物体的质量与物体的形状、物态及其所处的空间位置无关,质量是物体的一个基本属性。质量有两种理解和定义:一是指物体所含物质的多少,是物体在同一地点重力势能和动能大小的度量;二是指产品或工作的优劣程度,一组固有特性满足要求的程度。

质量特性是指产品、过程或体系与要求有关的固有属性。质量特性的关键是"满足要求",这些要求必须转化为有指标的特性,作为评价、检验和考核的依据。由于顾客的要求是多种多样的,所以质量特性也必然是多种多样的。质量特性可分为两大类,即"真正质量特性"和"代用质量特性"。真正质量特性是指直接反映用户需求的质量特性。真正质量特性表现为产品的整体质量特性,但不能完全体现在产品的制造规范上。而且在大多数情况下,很难直接定量表示。因此,就需要根据真正质量特性(用户需求)相应地确定一些数据和参数来间接反映真正质量特性,这些数据和参数称为代用质量特性。如产品技术标准标志着产品质量特性应达到的要求,符合技术标准的产品就是合格品,否则就是不合格品。

1.2.4.1　武器装备通用质量特性基本概念

武器装备的通用质量特性,通常包括可靠性、维修性、测试性、保障性、安全性和环境适应性,简称为"六性"。通用质量特性是产品的固有属性,由设计赋予、生产实现、管理保证并在测试或使用中体现出来。

可靠性是装备在规定的条件下和规定的时间内,完成规定功能的能力。可靠性指标主要取决于设计,并与使用、管理和维修等因素有关。可靠性反映了装备是否容易发生故障的特性,其中基本可靠性反映了装备故障引起的维修保障资源需求,任务可靠性反映了装备功能特性的持续能力。

维修性是装备在规定的条件下和规定的时间内,按规定功能的程序和方法进行维修时,保持和恢复到规定状态的能力。

测试性是装备能及时并准确地确定其状态,并隔离其内部故障的能力。为了达到产品的测试性要求所进行的一系列设计、研制生产和试验工作,这些工程活动的总称就是测试性工程。测试性一般用检测时间、技术准备时间、故障检测率、故障隔离率来度量。

保障性是装备设计特性和计划的保障资源能满足平时战备和战时使用要求的能力。保障性描述的是装备使用和维修过程中保障是否及时的能力。

安全性是装备在生产、运输、储存和使用过程中不导致人员伤亡,不危害健康及环境,不给设备或财产造成破坏或损伤的能力。它可定义为装备在规定的条件下和规定的时间内,以可接受的风险执行规定功能的能力。

环境适应性是指装备适应环境条件变化的能力,是可靠性的一种特殊情况。环境适应性反映装备在变化的环境条件下仍能正常工作的能力。

通用质量各特性之间既有联系,又有区别。总体来说,就是围绕各种故障以及工作模式。可靠性、环境适应性代表了产品高度可靠,在各种环境下可靠工作的能力;维修性代表了装备便于预防和修复的能力;测试性代表了装备故障快速诊断的能力;保障性代表了与装备故障相关的维修保障的能力;安全性代表了产品安全工作以及使用维护安全的能力。用"故障"把上述属性串联起来作为一个整体。

对于装备来说,并不一定是要追求最高的通用质量特性水平,而是从装备全寿命周期费用的角度,在进行装备通用质量特性的设计时应考虑费效比。针对单纯某一特性来说,并非一定是越高越好,以测试性为例,提高装备自测试能力的同时,必然会带来装备复杂程度的增加,导致可靠性水平的降低;以可靠性为例,当继续提高产品可靠性变得困难或者需要耗费大量人力物力时,可以通过提高维修性、保障性水平同样保证装备的综合使用能力以及战备完好性。所以装备通用质量特性设计是一项系统工程,在设计时应权衡利弊,综合考虑。

1.2.4.2　通用质量特性技术发展

通用质量特性的诞生可以追溯到 20 世纪 40 年代第二次世界大战期间。当时由于战争的需要,迫切要求对飞机、火箭及电子设备的可靠性进行研究。德国在 V-1 火箭的研制中,提出了火箭系统的可靠性等于所有元器件可靠度乘积的理论。V-1 火箭称为第一个在研制后期运用系统可靠性理论的飞行器。20世纪 40 年代是可靠性萌芽时期,复杂电子设备的出现使得电子设备的可靠性问题成为武器装备效能的主要因素。

20 世纪 50 年代是可靠性兴起和发展的阶段。美国先后成立了“电子设备可靠性顾问委员会”等研究可靠性问题的专门机构,1957 年 6 月 4 日,美国“电子设备可靠性顾问委员会(AGREE)”发布了军用电子设备可靠性报告,该报告提出可靠性是可建立的、可分配的、可预计的、可验证的,从而为可靠性的发展提出了初步框架。这标志着可靠性已成为一门独立的学科,是可靠性工程发展的里程碑。

20 世纪 60 年代是可靠性工程全面发展的阶段,也是美国武器研制全面贯彻可靠性大纲的年代。20 世纪 70 年代是可靠性发展步入成熟的阶段。这一阶段的主要特点是建立集中统一的可靠性管理机构,成立全国性的数据交换网,制订出一套较为完善度的可靠性设计、试验和管理的方法及程序。20 世纪 80 年代,可靠性工程朝更深更广的方向发展。

维修性起源于美国,最初只是作为可靠性工程的一个部分,20 世纪 50 年代后期,美国罗姆航空发展中心及航空医学研究院开展了维修性设计研究,提出了设置电子设备维修检查窗口、测试点、显示和控制器等措施。20 世纪 90 年代中期,随着虚拟现实技术和产品数据管理技术的快速发展和广泛应用,维修性工程迎来新的发展机遇。

自 20 世纪 70 年代中期提出测试性概念以来,由于它对武器装备的可靠性、维修性、可用性及使用保障费用都有直接或间接的影响,开展测试性设计对提高武器装备效能有重要意义。近年来,国外开展了在自检测中应用人工智能技术、环境应力测量装置与专家系统相结合以及综合诊断、测试性/诊断增长的研究,以提高测试性/自检测的故障检测与隔离的准确度、降低虚警率。

保障性从 20 世纪 60 年代提出概念以来,经历了起步、全面发展、深化发展、创新发展这四个阶段。近年来美军为了提高维修保障能力,节约维修保障费用,在基地级维修中利用私营企业的力量,引入军民合作、军民竞争的机制。美国在开展综合保障方面已经基本形成了一套规范有效的做法。

　　环境适应性问题最初起源于二战期间,美国运到远东地区的航空电子产品有 60% 不能使用。以后在朝鲜战争、越南战争和中东战争中也都碰到过装备不能很好地适应战场环境条件这样的问题。为了解决这个问题,美国首先大力开展军用武器装备的热带气候环境试验研究工作。20 世纪 70 年代后期,美国对高海拔地区武器装备的使用效率、电机绝缘、冷却通风、空气过滤等都做了深入的研究。20 世纪 90 年代后期,国外开始将环境工程概念及其内容纳入军用标准 MIL－STD－810F,1999 年发布的英国国防装备环境手册第一部分《环境工程的控制与管理》和 1998 年 NATO 协议 4370 的附件 AECTP－100《国防装备环境指南》中也都提出了环境工程和控制。2006—2008 年期间,上述三项专用标准又有了新的修订,更加强化了环境工程相关的内容,意味着国外产品环境工程工作已经实质性地进入了全面应用阶段。

　　下面以美国和我国通用质量特性军用标准的制定和颁布情况为例来简要介绍通用质量特性的发展历程。

　　1) 美国军用标准发展历程

　　1961 年,美国海军制定发布了 MIL－STD－721(NAVY) *Definition of Terms for Reliability Engineering*;1962 年修订发布了 721A,1966 年修订发布了 721B,1981 年修订发布了 721C,直至 1995 年宣布废止。

　　1965 年,美国制定发布了 MIL－STD－785 *Requirements for Reliability Program(for Systems and Equipments)*,1969 年修订发布了 785A,1980 年修订发布了 785B,直至 1998 年宣布废止。

　　1985 年,美国制定了 MIL－STD－2165 *Testability Program For Electronic Systems and Equipments*;1993 年,修订发布了 2165A,1995 年发布 MIL－HDBK－2165 *Testability Handbook for Systems and Equipment*,取代 MIL－STD－2165A。

　　1985 年,美国空军制定发布了 MIL－STD－2097(AS) *Requirements for Acquisition of and Items of Support Equipment, Associated Integrated Logistics Support, and Related Technical Date for Air Systems*;1989 年,修订发布了 2097A *Acquisition of Support Equipment and Associated Integrated Logistics Support*。

　　2) 我国军用标准发展历程

　　1987 年,我国制定发布了 GJB 312.1—87～GJB 312.7—87《飞机维修品质规范》系列标准,规定了飞机结构、系统、航空发动机、航空军械、航空电子设备、航空显示装置与电气设备、飞机核硬度维护品质的一般要求。1994 年颁布 GJB 368A—94《装备维修性通用大纲》,规定了装备维修性工作的一般要求和工作项目。2009 年对标准进行了修订,颁布 GJB 368B—2009《装备维修性工作通用要求》。

1988 年,颁布了可靠性专业第一部标准 GJB 450—88《装备研制与生产的可靠性通用大纲》,规定了军用系统和设备在研制与生产阶段可靠性监督与控制、设计与评价、试验等方面的通用要求和工作项目。2004 年,修订形成了 GJB 450A—2004《装备可靠性工作通用要求》,指导装备研制的可靠性工作。

1990 年,颁布了安全性专业标准 GJB 900—90《系统安全性通用大纲》,规定了军用系统安全性的一般要求和管理与控制、设计与分析、验证与评价、培训、软件系统安全性等方面的工作项目,作为订购方提出具体系统安全性要求和承制方指定具体系统的安全性大纲的基本依据。2012 年,颁布 GJB 900A—2012《装备安全性工作通用要求》。

1995 年,颁布了测试性专业标准 GJB 2547—95《装备测试性大纲》。规定了制订测试性工作计划、确定诊断方案和测试性要求、进行测试性设计与评价、实施测试性评审的统一方法。2012 年,标准进行了修订,颁布 GJB 2547A—2012《装备测试性工作通用要求》,增加了测试性及其工作项目要求、使用期间测试性评价与改进等内容。2017 年,颁布了 GJB 8895—2017《装备测试性试验与评价》,规定了测试性设计核查、研制试验、验证试验和分析评价以及使用评价的基本要求、程序和方法。

1999 年,颁布了综合保障专业标准 GJB 3872—99《装备综合保障通用要求》,规定了装备寿命周期综合保障的要求和工作项目。1994 年颁布了 GJB 2196—94《飞机随机工具通用规范》、1991 年颁布了 GJB 1132—91《飞机地面保障设备通用规范》、2012 年颁布了 GJB 3968A—2012《军用飞机用户技术资料通用要求》等标准来规范保障设备、工具、技术资料的研制与试验。

1986 年,颁布了 GJB 150.1—86～GJB 150.20—86《军用设备环境试验方法》,规定了标准的适用范围、通用要求和一系列试验方法。2009 年,对该标准进行了修订,形成了 GJB 150A《军用装备实验室环境试验方法》。2017 年,颁布了 GJB 8893.1—2017～GJB 8893.6—2017《军用装备自然环境试验方法》,适用于军用装备(产品),包括整机、零部件、材料及工艺的大气自然环境试验和海水自然环境试验。

3) 通用质量特性是无人机系统试验与鉴定中的重要内容

近年来,我国也对装备通用质量特性工作特别重视,在新型装备特别是无人机系统的研制过程中,通用质量特性已成为与战技术性能同等重要的设计要求,对装备的作战能力、生存能力、部署机动性、维修保障和全寿命周期费用等具有重大影响,在新型装备研制要求中,对通用质量特性均有明确的定量和定性要求。

无人机系统飞行试验阶段进行通用质量特性评估验证工作的目的主要如下:一是评估无人机通用质量特性是否满足研制总要求的规定以及与相关标准的符合性;二是验证无人机的通用质量特性设计是否满足使用要求;三是通过评估验证工作,发现无人机在通用质量特性设计方面存在的问题和缺陷,为改进设计提供直接依据,并验证改进措施的有效性。通用质量特性评估验证是无人机系统定型试飞工作的一项重要内容,评估验证结果是无人机能否定型的重要依据之一。不仅要考核无人机的通用质量特性,还需加大力度考核地面站和测控链路的通用质量特性,机站链构成无人机系统是通用质量特性考核的新挑战。

4)关于对"四性""五性""六性"习惯用语的理解

装备的通用质量特性,通常包括可靠性、维修性、保障性、测试性、安全性和环境适应性,简称为"六性"。在早期航空产品定型工作中,安全性和环境适应性的工作开展得相对较少,重点在于对可靠性、维修性、保障性、测试性这四性的考核,所以也简称为"四性"。有时也重点考核可靠性、维修性、保障性、测试性、安全性,所以简称为"五性"。

当前随着对航空产品考核力度的不断加强和深入,特别是大型无人机系统通用质量特性异常重要,在研制总要求中直接全面给出了六性的定量和定性要求,所以现在简称为"六性"。特别是针对无人机系统中的地面控制站,在研制总要求中明确提出了环境适应性的定量考核要求。

1.3 无人机系统试验与鉴定的发展历程与研究方法

1.3.1 武器装备试验与鉴定的发展历程

军工产品定型,是指国家军工产品定型机构按照规定的权限和程序,对研制、改进、改型和技术革新等新的军工产品进行考核,确认其达到研制总要求和规定标准的活动。

军工产品定型工作条例是国务院、中央军委于1986年12月31日联合发布施行的军事行政法规。主要内容包括总则、定型管理机构及其职责、设计定型、生产定型及附则等。该条例规定了军工产品设计定型应遵守的基本原则:

（1）新研制的军工产品应先进行设计定型，后进行生产定型。

（2）生产批量小的产品，可以只进行设计定型。

（3）按引进的图纸、资料仿制的产品，只进行生产定型。

（4）单件生产的或技术简单的产品不进行定型，以鉴定方式考核，由组织鉴定的部门参照本条例执行。

（5）凡能独立考核的一般零部件、元器件、原材料，应在产品定型前进行鉴定。

（6）产品必须依照国家规定的标准化、系列化、通用化原则成套定型。凡能独立考核的配套产品，应在主产品定型前定型。

2005 年 11 月，国务院、中央军委颁布《军工产品定型工作规定》，这是国务院、中央军委为加强武器装备质量建设，规范军工产品定型工作而采取的重要举措。该规定以《中国人民解放军武器装备管理条例》等法规为基本依据，以提高部队战斗力为根本标准，科学总结了我国军工产品定型工作的基本经验，合理借鉴了国外的有关经验和做法，对军工产品定型工作的基本任务、基本原则、基本内容、管理体制、工作机制等进行了具体规范。

GJB 1362A—2007《军工产品定型程序和要求》是国内目前包括军用无人机系统等在内的常规武器装备试验与鉴定程序，与 GJB 1362—92 相比，主要有以下变化：

（1）将战略武器、软件、后勤军工产品的定型统一规范到该标准中。

（2）对定型工作程序和要求进行了补充，如军工产品鉴定的内涵及其组织实施形式，设计定型试验单位和生产定型试用部队的确定，一级定委专家咨询委员会在定型审查工作中的要求。进行生产定型试验的必要条件，进行生产定型的条件和时间要求、工艺和生产条件考核。只进行设计定型或短期内不能进行生产定型的军工产品的工艺考核和部队试用要求。部队试用大纲和组织实施要求。一级军工产品定型试验报告的要求，定型电子文件上报和管理要求等。

为进一步适应军队改革和装备现代化要求，完善军工产品试验与鉴定工作，中央军委装发部试验监管局于 2018 年发布了新编制的《武器装备试验鉴定条例（初稿）》，并征求各军兵种、各试验与鉴定管理部门、试验单位的意见和建议。该条例拟替代原有的《装备科研条例》中关于装备试验鉴定的部分条款及《军工产品定型工作规定》关于装备试验的条款，是部队改革后指导和约束装备试验鉴定工作的顶层法规。主要体现新体制下开展装备试验鉴定工作的新理念和新要求，明确装备试验鉴定工作的任务分工、程序要求、规范各类试验、鉴定定型及试验条件建设等试验鉴定相关工作。

条例修订以《关于改进和加强装备试验鉴定工作的意见》为基本依据,重点突出了改革后装备试验鉴定"三类试验""三个环路"和"一案三纲"等新增调整工作内容。其中"三类试验"是将原基地试验、部队试验和部队试用统一调整规范为性能试验(主要考核装备战术技术性能指标),作战试验(主要考核装备作战效能、保障效能、部队适用性、作战任务满足度和质量稳定性),在役考核(主要跟踪掌握部队装备使用、保障维修情况,验证装备作战与保障效能、发现问题缺陷,考核装备适编性和经济性等)。"三个环路"是将原装备设计定型(完成基地试验和部队试验)和生产定型(完成部队试用后)调整为"状态鉴定"和"列装定型",在装备全寿命周期构建三个试验鉴定环路,分别为"性能试验-状态鉴定""作战试验-列装定型"和"在役考核-改进升级"环路,如图 1-4 所示。

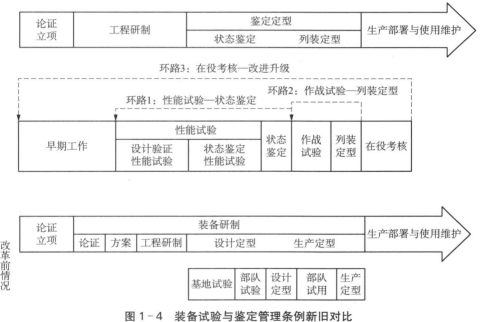

图 1-4　装备试验与鉴定管理条例新旧对比

"一案三纲"是将试验鉴定工作文件进行统一规范。一案是指"鉴定定型试验总案",即新研装备批准研制立项后,由试验鉴定系统会同科研订购系统,组织论证单位、试验单位、承制单位和部队等,编制"鉴定定型试验总案",一并明确性能试验、作战试验和在役考核三类试验考核的总体要求。作为后续制订、审查和批准各类试验计划大纲的基本依据。三个大纲分别是指"性能试验大纲""作战试验大纲"和"在役考核大纲。"

军用无人机试验鉴定通常按照性能试验、状态鉴定、作战试验、列装定型以及在役考核的基本程序开展。根据需要可以统筹三类试验开展综合试验,综合试验安排在鉴定定型试验总案中明确。性能试验是在规定的环境和条件下,为验证装备技术方案、检验装备主要战术技术指标及其边界性能、确定装备技术状态等开展的试验活动。状态鉴定是对通过性能试验的装备,是否符合立项批复和研制总要求明确的主要战术技术指标进行的综合评定。状态鉴定结论是作战试验和列装定型的基本依据。

一方面 GJB 1362A—2007《军工产品定型程序和要求》仍在使用,另一方面中央军委装发部试验监管局 2018 年发布《武器装备试验鉴定条例(初稿)》征求意见稿。同时国防科技工业部门也在组织"航空产品系统生命周期管理"相关标准的研讨和编制。基于上述背景情况,本书在阐述生命周期模型和"三类试验"时,存在新旧说法不一致的情况,但内涵和作用新旧版本基本是一致的。

1.3.2   无人机试验与鉴定的研究方法

试验与鉴定不仅仅针对无人机,有人驾驶飞机同样需要试验与鉴定。试验与鉴定对于有人驾驶飞机是成熟和完善的,而无人机是从有人机过渡发展而来,必须以有人机作为基础。所以,无人机的试验与鉴定需要继承有人驾驶飞机的基本程序和验证原则及基本方法。从试验管理上来讲,试验与鉴定相关的法律法规和程序管理文件对有人机或无人机是一样的,不存在差异。但鉴于无人机又有其特殊的方面,无人机的试验与鉴定技术以及管理均有其特殊性。

从顶层上讲,开展无人机的试验与鉴定技术研究应坚持以下五个研究方法:

(1)对比国内外,引进和消化吸收国外好的管理、技术和方法。

(2)对比有人机与无人机,必须继承已有的有人机的试验与鉴定程序、技术和方法。

(3)突出无人机的机站链系统综合,无人机平台概念必须以可飞行为基础,即机站链集成为系统才能执行既定任务,无人机不是没有"人",而是把"人"挪到了地面站通过测控链路对无人机进行操纵和控制,这是有人与无人的根本性区别。

(4)突出无人机特定应用下的能力考核,现代战斗机强调多用途以降低研制成本。但由于飞行控制和飞行管理能力相对较弱的限制,无人机设计是面向特定任务设计的,所以考核无人机的任务能力必须基于给定的作战想定和特定的作战环境,否则无人机会显得"根本不能完成任务""笨得执行不了任务",甚至

"一文不值"。

（5）总结已有的有人机与无人机型号试验与鉴定的经验和数据，联合开展国外无人机试验与鉴定技术研究，紧密联系无人机型号总体论证单位和总体设计单位，开展多轮的技术研讨达成共识并汇总积累。

作为国家大型军用无人机，首先要阐述试验与鉴定的管理程序，这是开展试验与鉴定的前提。作为试验与鉴定技术，无人机要在有人机的基础上衍生发展而来，其试验与鉴定技术同样基于有人机已有的成熟技术，但无人机有其独特的方面，需要总结出来重点阐述。并在此基础上，阐述无人机一般的试飞技术。一般情况下，军用无人机领先于民用无人机发展，特别是军方可以先期投入一定资金和资源，待军用无人机技术稳定后再转为民用无人机。特别是国内，军用无人机已经有了一些发展，并取得了一定成果，有了一定规模的产品。国内民用无人机发展也较快，而且以微小型居多，如大疆无人机、一些植保无人机等。大中型民用无人机系统发展尚不成熟，按照国家规定大中型民用无人机须完成适航条例的飞行验证才能取证，但目前民用无人机适航管理还基本空白。基于此现状，本书以描述大中型军用无人机系统的试验与鉴定为主，兼顾小型、微型军用无人机系统。目前军用无人机中旋翼无人机也在蓬勃发展中，限于篇幅本书以描述大中型军用固定翼无人机飞行试验与鉴定为主。

小结

无人机是机站链组成的系统，单靠平台是"飞"不起来的，需要"人"在控制站里通过无线电测控链路操纵和控制才能飞行。由于人工智能水平发展不够，无人机显得"傻大笨"，地面控制站需要较多的"人"辅助无人机安全飞行，以至需要辅助无人机决策执行既定任务。无人机目前的发展五花八门、多种多样，根本原因在于无人机是基于特定任务设计的，任务的多样性决定了无人机的多样性。为促进无人机持续、健康有序地发展，无人机的试验与鉴定必须先行。试验与鉴定不是给无人机"施加限制"，而是为了更好地让无人机安全飞行、高效执行任务，为无人机的规范发展铺平道路。以试验与鉴定为前提，提出军用无人机按飞行使用上的分类，即大中型、小型、微型和特种。民用无人机也出台了类似的分类管理规定。大中型军用无人机已经出现在战场上并初见成效，大中型军用无人机试验与鉴定势在必行。本书将重点阐述大中型军用固定翼无人机的试验与鉴定，其他种类的无人机可参照执行。

第 2 章 试验与鉴定系统工程方法及美国空军的试验与鉴定程序

管理就是把复杂的问题简单化,混乱的事情规范化。

——通用电气公司董事长兼 CEO   杰克·韦尔奇

  无人机试验,特别是大型无人机的试验,需要开展大量的地面试验和飞行试验,且需要历时数年,涉及战技指标多达数千条,任何一条指标特别是关键技术指标(KPP)都必须经过试验验证。整合试验资源、提高试验效率并不断降低试验成本、不断改进并完善试验与鉴定的程序和方法,是试验与鉴定机构、试验单位及试验技术人员持续追求的目标。及早发现问题和缺陷,严格控制军事装备战技指标和作战效能,控制时间周期及时交付作战部队是无人机试验与鉴定的第一要务。

  无人机系统的复杂性、多样性以及巨大的作战和市场应用,决定着无人机试验与鉴定研究的紧迫性,以及试验与鉴定的作用和意义。试验与鉴定不仅包含着比较复杂的管理程序和成本与周期管理,也孕育着复杂的技术管理和技术实施流程。试验与鉴定是复杂的系统工程,需要现代化的项目管理工具进行管理和控制。"拖进度、涨经费、降指标"是目前世界范围内武器装备研制的通病,美国等航空发达国家在大型航空武器研制时都时常出现这些问题。所以无人机的试验与鉴定需要与时俱进,需要不断地更新完善管理程序,需要不断提高试验与鉴定的管理和技术水平。本书在试验与鉴定领域采用系统工程理念,以系统工程的宏观方法指导和牵引无人机试验与鉴定管理/技术的健康发展。消化、理解并吸收美国空军试验与鉴定程序的一般理念和方法,不断完善国内无人机试验与鉴定程序以及技术流程和方法。

  从 1990 年至今,美国洛克希德-马丁、波音、诺斯罗普·格鲁门等航空航天/防务国际巨头公司在始终推动系统工程方法的研究和实践,在产品的不断研发中逐渐完善和成熟系统工程方法,并编制了系统工程手册推动系统工程理念和方法的国际化。国内的系统工程理念和方法正在逐步推广中,系统工程方法可以较好地指导无人机的试验与鉴定活动,试验与鉴定活动中如何具体的实施和采用系统工程方法,还需要相关管理部门以及众多设计、试验单位和技术人员共同努力。限于篇幅,本书仅仅引用和罗列系统工程的个别重要概念和定义以及全寿命周期的理念。相关系统工程更深入的了解,请参阅《系统工程手册(系统生命周期流程和活动指南)》(张新国等译)。该书是开展系统工程活动的指导性文件。

美国空军试验与鉴定程序是目前美国空军装备采办的重要法规之一,是美国以空军为主导的试验体系建设运行和试验与鉴定组织实施的主要依据,既凝结了美国空军装备试验与鉴定的历史经验教训,也透射出美国试验领域不断探索、勇于创新的理念和智慧。美国空军武器装备试验与鉴定程序是基于系统工程理论,以全寿命周期和技术成熟度为管理目标,以现代项目管理形式开展的试验与鉴定活动。国内也在推进新的试验鉴定管理条例的出台,引进一些国外先进的试验鉴定管理理念,推动我国武器装备试验与鉴定工作的进展,以适应现代武器装备的研制需要。限于篇幅,本书仅对美国空军试验与鉴定程序做了初步解读和分析,以利于国内试验与鉴定工作的逐步顺利开展和不断改进完善。更详细内容请参阅美国空军试验与鉴定程序。它是对美国空军组织航空武器装备试验与鉴定的全面梳理和总结,包括所采用的法律法规、作战指令及手册以及具体的航空武器装备试验与鉴定的一般性指导说明文件。

试验与鉴定所需的系统工程方法及试验与鉴定程序,不仅仅针对无人机,对有人机同样是有效的。强调试验与鉴定工程理念和方法的目的在于,试验与鉴定管理是保证大型航空项目成功的根本保障。试验与鉴定不仅仅要开展新型飞机(无人机系统)的试验与鉴定活动,还需组织开展新型发动机、新型武器、关键任务系统(如雷达等)、电子战系统等的试验与鉴定,因为这些都属于航空武器装备,都需要完整的试验与鉴定。在一般情况下,这些装备由空军负责组织论证,各工业部门(航空、航发、航天、兵器、电子等集团公司)组织研制,由空军组织试验与鉴定。随着国内军民融合战略的推动,一些民营企业和个人也在逐步打造军用无人机产品,这些产品同样需要执行严格的试验与鉴定。

2.1　系统工程基本理念

系统可分为自然系统和人工系统。自然系统是指那些存在于自然过程中的系统,如天气系统。人工系统也称为技术系统或人造系统,是人类通过对系统部件、属性及其关系进行技术操作,干涉自然界而形成的系统。人工系统的种类和数量繁多,覆盖了通信、国防、教育、保健、制造、交通等多个领域,无人机系统就是个典型的人造系统。近十年来的经验表明,要调整和设计好人造系统的功能,减少非期望的副作用,需要应用综合的、面向全寿命周期管理的系统方法。若不使用系统工程方法来设计和改进系统将导致系统的混乱,花费很高的成本甚至造成项目失败。因此,本书的主要目的就是给工程论证人员、系统分析和设计人员、相关技术人员和管理人员提供他们所需要的重要的系统概念、方法、模型和工具,并将系统工程应用到所有类型的人造系统当中。

系统是人造的、被创造的并使用于定义明确的环境中,为其提供产品或服务,使用户及其利益攸关者受益。系统是一组组合的元素、子系统或组件,以完成一个定义明确的目标。这些元素包括产品(硬件、软件和固件)、流程、人员、信息、技术、设施、服务和其他支持元素。

2.1.1　系统工程的定义

系统工程是一个视角、一个流程、一门专业,有如下三种代表性定义:

(1)系统工程是一种使系统成功实现的跨学科的方法和手段。系统工程专注于在开发周期的早期阶段定义客户需求与所要求的功能性,将需求文件化,然后再进行设计综合和系统确认,并同时考虑完整性问题,即在运行、成本、进度、性能、培训、支持、试验、制造和退出问题时,进行设计综合和系统确认。系统工程把所有学科和专业群体综合为一种团队的努力,形成从概念到生产再到运行的结构化开发流程。系统工程以提供满足用户需要的高质量产品为目的,同时考虑所有客户的业务和技术需要。

(2)系统工程是一种自上而下的综合、开发和运行一个真实系统的迭代过程,以接近于最优的方式满足系统的全部需求。

(3)系统工程是一门专注于整体(系统)设计和应用的学科而不是各个部分,这涉及从问题的整体性来审视,将问题的所有方面和所有变量都考虑在内,并将社会与技术方面相关联。

系统思考是对现实的一种独特的视角——塑造我们的整体意识和理解整体内的各个部分如何相互关联。当系统被视为系统元素的组合时,系统思考推崇系统及系统元素的相互关系以及整体之上的关系。系统思考来自发现、学习、诊断和对话引发感知、建模以及探讨真实世界以更好的理解系统、定义系统和与系统一起工作。一个系统思考者知晓系统如何适配于日常生活中更大的背景环境,系统如何行为以及如何管理行为。

系统工程流程是能支持发现、学习和持续改进的迭代式方法论。随着流程的展开,系统工程师深入理解系统的特定需求与系统的涌现性之间的关系。因此,对系统的涌现性的深度透视可以从理解系统元素的相互关系及其与整体(系统)的关系来获得。由于循环的因果关系,其中一个系统变量,既可以是另一个变量之因,也可以是其果。即使最简单的系统也会具有意想不到的、不可预测的涌现性。复杂性可使问题进一步恶化;因此,系统工程的目标之一就是使非预期的后果最小化。系统工程师通过协调多个相关学科的专家的关系及其贡献而实现这一目标。

系统工程包括技术流程和管理流程,这两种流程均依赖于良好的决策。如果对系统生命周期早期所做决策的后果尚未清晰理解的话,将会在系统生命周期的后期产生巨大的影响。系统工程师的任务正是探索这些议题,并适时地做出关键性的决策。

2.1.2　一般生命周期阶段

每个人造系统都具有一个生命周期,生命周期可以理解为系统或制造的产品所经历的一系列阶段(见表 2 - 1)。定义系统生命周期的目的是以有序且高效的方式为整个生命周期建立一个满足利益攸关者需要的框架。通常通过定义生命周期阶段并使用里程碑来确定成熟度状态,以便从一个阶段进入下一个阶段来实现这一目的。跳过某些阶段和省去一些"耗时的"里程碑,可能会大大增加风险(成本、进度、绩效等),减少系统工程投入可能会对技术开发造成不利影响。

表 2 - 1　人造系统一般生命周期阶段

生命周期阶段	目　　的	里程碑(决策点)
概念	定义问题空间: (1) 探索性研究 (2) 概念选择 特征化解决方案空间 识别利益攸关者的需要 探索构想和技术 细化利益攸关者的需要 探索可行的概念 提出切实可行的解决方案	决策选择: (1) 继续下一阶段 (2) 继续并响应某些行动项 (3) 延续本阶段工作 (4) 返回前一阶段 (5) 暂停项目活动 (6) 终止项目

（续表）

生命周期阶段	目　的	里程碑（决策点）
开发	定义/细化系统需求 创建解决方案（构架和设计） 实施最初的方案 综合、验证和确认系统	
生产	生产系统 检验和验证	
使用	运行系统以满足用户的需要	
维持	提供持续的系统能力	
退出	系统的封存、归档或处置	

每个系统的生命周期都由多方面组成，包括业务方面（实施方案）、预算方面（资金投入）和技术方面（产品）。系统工程师要创建与实施方案和资金约束一致的技术解决方案。系统完整性要求这三方面达到平衡且在所有里程碑评审中受到同等重视。特别是针对军用产品，必须摒弃一些传统的错误观念，如"军品研制不需要考虑成本"。应当全面领会和掌握系统工程理念及方法，在产品研制特别是大型航空产品如大型无人机系统研制时需要同时考虑时间周期、成本控制、质量把关和作战有效。

1）系统之系统

如果不考虑在系统层次中所处位置的话，那么系统定义是不完整的。每个系统都由部件组成，而每个部件都可以进一步细分为更小的部件。如果系统中有两个层次，则较低一级通常称为子系统。例如，空中运输系统中，飞机、终端、地面保障设备以及控制系统是其子系统，而设备、人员以及信息是其部件。显然，系统、子系统以及部件是相对的，因为系统层次中某一级是系统，但同时也可能是另一级别系统的部件。在任何特殊情况下，定义系统时明确其界限、边界或范围都是极其重要的。任何位于系统边界以外的事物均可视为环境。然而，没有完全独立于环境之外的系统。材料、能量和（或）信息通常穿越边界，作为系统的输入。相反，它们经由系统到达环境则称为输出。以一种形式进入系统而以另一种形式离开系统的材料、能量和（或）信息称为通过量。系统无论在系统等级中的哪一级都包括其所有的部件、属性和相互关系，需要完成一定的目标。每个系统都有目标，为了达到这个目标才将系统的所有部件、属性以及相互关系如此组织起来。系统中存在的约束条件限制了系统的使用并且定义了系统的边界。同理,系统又决定了其子系统的边界及约束。

无人机系统就是一个典型的系统之系统(SoS),如图 2-1 所示,飞行控制与管理系统、传感器系统、机电管理系统与飞行导航系统构成飞行管理系统;武器管理系统与任务载荷系统构成任务管理系统,飞行管理系统、任务管理系统与机载测控链路系统构成无人机平台系统,无人机平台系统与地面站管理系统、地面测控链路系统构成无人机系统。

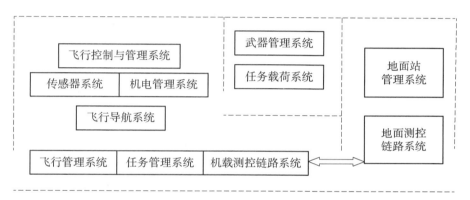

图 2-1　无人机系统中典型的系统之系统

系统之系统是指其元素在管理上和运行上是相对独立的系统。这些成员系统的互操作和综合的集合通常产生单个系统无法单独达成的结果。由于 SoS 本身是一个系统,因此系统工程师可选择是否将其看作系统或看作 SoS,这取决于哪种视角更适合特定的问题。判定是否可以认定为 SoS,一般有以下原则:

(1) 构成诸系统的运行独立性;

(2) 构成诸系统的管理独立性;

(3) 地理分布;

(4) 涌现行为;

(5) 进化式开发流程。

系统之系统概念可以将复杂逻辑问题以一定的方式化解为若干简单逻辑问题,从而降低解决问题的难度。同时,有了 SoS 之后,可以对子系统做出更合适的逻辑功能界定,从而更好地利与开展设计和验证工作。

2) 涌现性

涌现是全部实体呈现特性的原理,这些特性仅归属于整体时才有意义,而非其部分。人类活动系统的每一个模型都是从其组件活动及其结构导出的全部实体来呈现特性,但并不能将其还原到这些组件活动和结构。系统元素自身之间进行交互,并且可衍生期望的或不期望的现象称作"涌现性",如任何特性的抑制、干扰、谐振或增强等。系统构架的定义包括对系统元素之间交互的分析,以便抑制不期望的特性并增强期望的特性。在架构和设计期间使用涌现性的观念,以强调必需导出的功能及内部物理的或环境约束。当相应导出的需求影响系统时,应将它们添加到系统需求或基线中。

涌现性是系统整体表现出来的特性,子系统的表现可以影响整个系统甚至颠覆整个系统。一个足球队在好队长的带领下可以夺冠,但在整体士气低下时可能场场输球。若无人机系统的各子系统功能均正常,但合起来能否正常工作还要取决于各子系统之间的功能分配以及信息交互是否合理。涌现性是系统的动态运行特性,可以直接表征系统的发展趋势。需要系统工程师根据系统的涌现性分析,提早对系统做出准确判断,从而及时做出准确的决策以解决系统关键问题和矛盾,确保系统健康地进入下一阶段。

2.1.3　关键性能参数

初始能力文件(ICD)表述了系统使命能力的需求,包括使用目的及要求的使命能力。ICD描述解决一个或多个具体能力缺陷的需求,包括在能力区域的能力缺陷、作战范围、时间、面对的威胁、关键属性及有效性测度。ICD给出了为解决能力缺陷而提出的装备或非装备解决方案,并且给出了评估能力与属性的场景。

能力开发文件(CDD)是基于ICD文件制订的,是对ICD的进一步细化。CDD细化了集成体系结构,提供了更为详细的作战使命方面的系统性能参数,描述了经济可承受的能力增量、开发能力的总体策略。CDD描述了系统级的性能参数,包括关键性能参数(KPP)及其他参数用于系统的研发、验证和试验。CDD类似于国内针对武器装备研制提出的研制总要求,是武器装备研发、试验与鉴定的依据和最低基线。

关键性能参数是性能参数的关键子集,表征那些非常重要的能力和特性以至于如果不满足性能阈值便可导致所选择的概念或系统需重新评价或项目需重新评估或终止。该定义引自 INCOSE-TP-2003-020-01,《技术测量指南》。

每个KPP具有一个阈值和目标值,KPP是描述系统运行性能、保障性和互操作性等主要功能或性能所需的最少性能参数,是装备军事效能的基本属性或

特性。采办方在定义运行概念和需求时定义 KPP。在有的文献中也称 KPP 为
CTP(关键性能参数)。KPP 类似于国内组织开展新技术演示验证时,军方或用
户提出的最低功能或性能指标,这些指标往往不关注适用性和保障性,更多的是
针对新型技术或作战能力提出可能达到的关键战技指标。

ICD 或 CDD 文件应当包括足够多的 KPP,以反映为了达到期望的能力,系
统应当具有的最低限度的使用有效性、适用性和保障性。

美国"全球鹰"无人机在开展 ACTD 演示验证时,就提出了明确的关键性能
参数(见表 2 - 2)。这些主要战技指标直接决定着"全球鹰"无人机能否通过美
国空军、美国国防部和 DARPA 的先进概念技术演示验证(ACTD)考核,直接决
定着"全球鹰"无人机能否被空军采购。

表 2 - 2　美国"全球鹰"ACTD 时提出的 KPP(主要战技指标)

序号	项 目 指 标	目 标 要 求
1	最大航程/n mile	14 000
2	最大高度/ft	65 000
3	最大航时/h	42
4	卫通链路传输率/(Mb/s)	1.5～50
5	视距链路传输率/(Mb/s)	＞50
6	SAR	1.0/0.3 m　分辨率(广域/聚束)
7	移动目标指示	20～200 km/10 m　距离/分辨率
8	EO	EO NIIRS 4.5/6.0(SPOT/WAS)
9	IR	IR NIIRS 5.5/5.0(SPOT/WAS)
10	广域搜索面积/((n mile)^2/d)	40 000
11	目标覆盖/(目标点/天)	1900
12	定位精度/m	＜20(CEP)

2.1.4　决策门

决策门(decision gates)也称为控制门,通常称为"里程碑"或"评审点"。决
策门是项目周期内的审批事件,由项目经理、行政管理人员或客户在规定的时间

进程中定义并引入。当决策门被包含于项目管理基线中时,每个决策门都需建立进入和退出的准则。决策门确保直到新活动所依赖的预先安排的活动按要求完成并处于构型控制之下时,才开展新活动。项目准备就绪前如越过决策门就实施下一步活动则必须承担风险,否则项目经理就必须接受并承担相应风险。例如,对于长期的前期采购活动就要如此。

所有决策门既是评审点又是里程碑;反过来,并不是所有的评审点和里程碑都是决策门。决策门涉及下列问题:

(1) 项目交付物仍然满足用户要求吗?

(2) 是否支付得起?

(3) 需要时能交付吗?

决策门表示系统生命周期内的主要决策点。决策门的主要目标如下:

(1) 确保业务基线和技术基线的详细阐述可接受并将引向满意的验证和确认。

(2) 确保下一步骤能够达成,继续进行下去的风险可接受。

(3) 继续促进买方和卖方之间的团队工作。

(4) 使项目活动同步。

任何项目都至少需要两类决策门:继续进行下去的许可和项目交付物的最终验收。项目团队需要决定:生命周期的哪些阶段对他们的项目是合适的;超出两类基本决策门之外还需要哪些决策门。每个决策门必须具有有益的目的,"形式上的评审"只会浪费大家的时间。但是,肤浅的评审、忽略关键规程或跳过决策门所产生的后果通常会是长周期的而且是高代价的。

当决策门成功完成时,一些工作产物(制品)(如项目周期阶段的文件、模型或其他产品)便已经被批准作为开展未来工作必须依据的基础,并将这些制品置于构型管理之下。

里程碑指的是项目计划中的关键事件,该事件标志着关键交付物的完成。里程碑没有时间跨度,有时也称为里程碑事件。评审指的是一个正式的会议,在会上所有的利益攸关者对项目的交付物进行评议和审查。评审的目的有两个:一是确定当前阶段的工作是否完成,二是决定项目是否进入下一个阶段。

里程碑标志着交付物的完成,但这些交付物能否满足客户的需求、能否有充足的经费支持、能否持续交付则需要决策门的决策和控制。决策门不仅需要交付物,更需要涉及时间周期、经费管理以及风险管理等。但不管是里程碑还是决策门,都需要开展评审后才能最终确定。状态鉴定试验(研制试验与鉴定)转入作战鉴定试验(作战试验与鉴定)就可以定义为一个决策门事件,作战鉴定试验需要的相应交付物已经得到,但能否立即开展作战鉴定试验,还需要考虑更多的制约因素和实际条件(如试验资源是否能够及时配置到位)。

2.1.5　利益攸关者

按照《牛津英语词典》定义,需要是一种想要或所需的东西。对于系统而言,需要往往是一个或多个利益攸关者所缺乏但想要或期望的能力或东西。

需求是能够被验证和确认的正式的结构化说明,每个需要也许要定义一个以上的需求。当满足一个需要做出决策时,该需要会导致一个对应的需求或需求的集合。

利益攸关者定义为在满足其需求期望的某一系统或其拥有的特征中具有权利、份额、要求权或兴趣的个人或组织。获得产品或服务的个人或组织称为客户,在系统使用期间从中获益的个人或群体称为用户。

对于利益攸关者需要及需求定义流程内部包含如下六个子活动,如图 2-2 所示。

(1) 确定利益攸关者并识别利益攸关者类型;
(2) 定义利益攸关者需要;
(3) 开发运行概念及其他生命周期概念;
(4) 将利益攸关者需要转化为利益攸关者需求;
(5) 分析利益攸关者需求;
(6) 管理利益攸关者需要和需求。

2.1.6　系统工程实施流程

按照 ISO/IEC/IEEE 15288 识别支持系统工程的四个流程组,具体如下:

(1) 技术流程,包括业务或任务分析、利益攸关者需要和需求定义、系统需求定义、架构定义、设计定义、系统分析、实施、综合、验证、转移、确认、运行、维护和退出。

(2) 技术管理流程,包括项目规划、项目评估和控制、决策管理、风险管理、构型管理、信息管理、测量和质量保证。

(3) 协议流程,包括采办和供应。

(4) 使能流程,包括生命周期模型管理、基础设施管理、项目组合管理、人力资源管理、质量管理和知识管理。

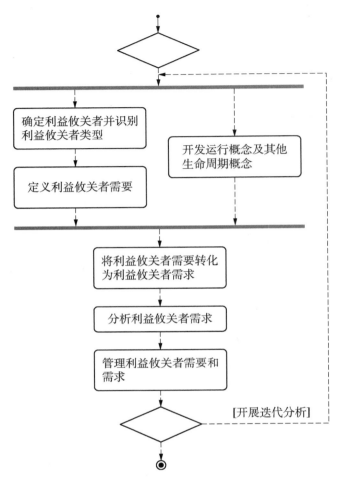

图 2-2　利益攸关者需要及需求定义流程内部子活动关系

　　GJB 8113—2013《武器装备研制系统工程通用要求》从系统工程角度,定义并确定了完整全面的武器装备研制的技术和管理过程,其附录 A 给出了系统工程技术过程在产品研制中的循环应用,如图 2-3 所示。

　　该标准强调,常规武器装备研制一般在方案阶段开展模型机或原理样机的研制与试验,工程研制阶段开展初样机和正样机(或试样机)的研制与试验,且在设计定型阶段开展定型试验。每次样机研制与试验遵循系统工程过程模型。批量生产、使用保障阶段的武器装备升级改进,亦同样遵循系统工程模型。

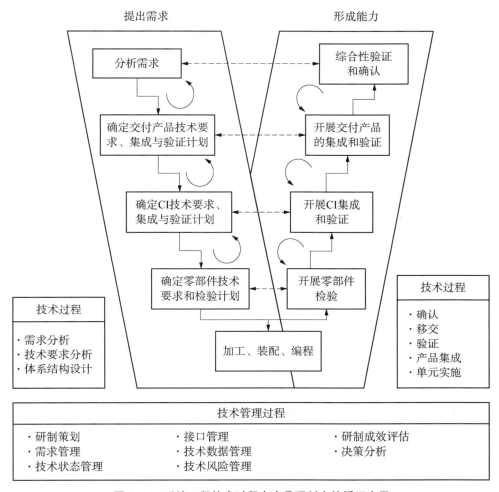

图 2-3　系统工程技术过程在产品研制中的循环应用

2.1.7　系统工程方法在试验与鉴定中的应用

我们居住的这个世界可以划分为自然世界和人造世界,前者包括由自然过程形成的世界上所有的元素,而人造世界则是由人制造出来并为人所用的产品、系统、结构组成。然而我们并不满足于人造世界对自然世界及我们自身的冲击,这就带来了合理运用系统工程概念和原则实施改进的可能性,而这是以前从未有过的。当与新兴技术结合时,系统工程与分析为使新产品和改型产品在世界经济中更有竞争力提供了意想不到的机遇。这些技术为人类扩大了实际设计选择,增强了开发更高效能实体的能力。有许多种人造系统,同时也有许多种有效的系统工程概念和原则的应用。每当识别出功能的新要求时,就建立了新的"系统"需求。在每个实例中,都有一些必须在系统级完成的新的设计和研制活动。相应地,在子系统和更低的层次也会产生多种活动(如新设备和软件的设计和研制、新的商用货架产品(COTS)的选择和集成、现有产品的改进等)。在任何情况下,只要有新的用户需求,对系统整体就应该有新的设计活动。虽然进行的广度和深度各异,但实现系统的概念和原则是一样的。系统工程的应用领域包括以下几个方面:

(1)由大量部件组成的大型系统,如航空武器系统,城市运输系统,水力能源系统;

(2)由相对较少的部件组成的小型系统,如地区通信系统,计算机系统,水力系统,机械制动系统;

(3)生产制造系统,包括输入输出关系,生产流程,生产机器,控制软件,设施和人员;

(4)需要大量新设计和研制的系统(如引入高新技术系统);

(5)设计研制过程中有多个国内甚至国际供应商提供供给的系统。

大型航空产品项目是复杂的系统工程,一般采用全寿命周期管理理念进行管理。所谓全寿命周期管理,就是从长期效益出发,应用一系列先进的技术手段和管理方法,统筹规划、建设、生产、运行和退役等各环节,在确保规划合理、工程优质、生产安全、运行可靠的前提下,以项目全寿命周期的整体最优作为管理目标。航空飞机产品系统生命周期阶段可分为立项论证、方案、工程研制、状态鉴定、列装定型、生产、运行保障、退役这八个阶段。基于航空飞机产品的研制特点,系统生命周期阶段还可以细分,方案阶段可分为初步设计和详细初步设计两个子阶段;工程研制阶段可分为详细设计、试验试制和首飞三个子阶段。系统生命周期每个阶段都有明确的目的、任务、输入和输出,对整个生命周期有贡献。

2.1.8 技术成熟度

"拖进度、涨费用、降性能"是世界各国在武器装备采办和科研项目管理中普遍存在的问题,技术风险往往是决定项目能否成功以及进度、费用、性能能否符合要求的最主要因素。图 2-4 是 453 个航天项目风险因素统计分析,其中国内案例 215 个、国外案例 238 个,项目种类以各种型号的运载火箭、导弹为主。从图 2-4 中可以清晰地看到:技术风险是最主要的风险,占总风险的 68.9%。管理风险和人力风险次之,分别占到总风险的 13.7% 和 15.7%,环境影响风险最小。因此在项目研发过程中,选择什么样的"技术组合"满足项目目标,技术处于

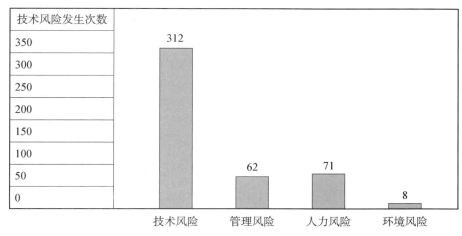

图 2-4　项目风险因素统计分析

什么样的状态可以进入研发程序，成为控制项目技术风险的关键环节。

　　技术成熟度评价方法是指一种基于技术发展成熟规律、采用标准化量测等级对技术成熟度进行评测的系统化过程和程序。技术成熟度评价方法包括三个基本概念：技术成熟度、技术成熟等级和技术成熟度评价。技术成熟度是指技术相对于某个具体系统或项目来说所处的发展状态，它反映了技术对于项目预期目标的满足程度，任何一项技术都必然有一个发展成熟的过程。从理论上说，技术和系统的发展都遵循相似的演变（成熟）轨迹，技术应用于一个系统要以其成熟性、功能性、环境适应性以及融入该系统的可能性为依据。技术成熟度等级是指对技术成熟度进行量度和评测的一种标准。可用于评估特定技术的成熟度以及判断不同技术对同一项目的目标的满足程度。这是基于事物客观发展规律，将技术从萌芽状态到成功应用于系统的整个过程划分为几个阶段，为管理层和科研单位提供了一种统一的标准化通用语言。目前国内外统一的标准是 9 级技术成熟度等级。技术成熟度评价是指对技术的成熟度进行评价的一套方法、流程和程序。通过一个正式的、系统化的、基于度量标准的过程来评价系统中采用的关键硬件和软件技术的成熟程度，并出具一份评价报告。

　　中国人民解放军原总装备部于 2010 年颁布了军用装备预先研究技术成熟度评价标准，如表 2-3 所示。该标准促进了国内技术成熟度管理，在一定程度上促进了装备技术的不断成熟和产品的成熟完善。GJB/Z 173.4—2014《技术成熟度评价指南　第四部分：飞机和直升机》中，详细阐述了相关技术成熟度的细节定义和说明。

表2-3 装备预先研究技术成熟度评价标准

等级	等级描述	等级评价标准
1 基本原理清晰	通过探索研究,发现了新原理、提出了新理论,或对已有原理和理论开展了深入研究,属于基础研究范畴,其主要成果是研究报告或论文等	(1) 发现或获得了基本原理; (2) 基本原理分析描述清晰; (3) 通过理论研究,证明基本原理是有效的
2 技术概念和应用设想明确	基于基本原理,经过初步的理论分析和实验研究,提出了技术概念和军事应用设想,其主要成果为研究报告、论文或试验报告等	(1) 通过理论分析、建模与仿真,验证了基本原理的有效性; (2) 基于基本原理,提出明确的技术概念和军事应用设想; (3) 提出了预期产品的基本结构和功能特性; (4) 形成了预期产品的技术能力预测
3 技术概念和应用设想通过可行性论证	针对应用设想,通过详细的分析研究、模拟仿真和实验室实验,验证了技术概念的关键功能、特性,具有转化为实际应用的可行性,其主要成果为研究报告、模型和样品等	(1) 通过分析研究、模拟仿真和实验室实验,验证了技术能力预测的有效性; (2) 明确了预期产品的应用背景、关键结构和功能特性; (3) 完成关键结构与功能特性的建模仿真; (4) 研制出实验室样品、部件或模块等,主要功能单元得到实验室验证; (5) 通过实验室实验,验证了技术应用的可行性,提出了技术转化途径
4 技术方案和途径通过实验室验证	针对应用背景,明确了技术方案和途径,通过实验室样品/部件/功能模块的设计和加工,以及实验室原理样机的集成和测试,验证了技术应用的功能特性,技术方案与途径可行	(1) 针对应用背景,明确了预期产品的目标和总体要求; (2) 提出了预期产品的技术方案和途径; (3) 完成实验室样品/部件/功能模块设计、加工和评定,主要指标满足总体要求; (4) 实验室样品/部件/功能模块集成于原理实验样机,验证了技术应用的功能特性; (5) 通过原理实验样机测试,验证了技术方案和途径的可行性; (6) 提出了演示样机的总体设计要求
5 部件/功能模块通过典型模拟环境验证	针对演示样机总体要求,完成了主要部件/功能模块的设计和加工,通过典型模拟环境的测试验证,功能和性能指标满足要求。典型模拟环境能体现一定的使用环境要求	(1) 完成演示样机总体设计,明确样品/部件/功能模块等功能、性能指标和内外接口等要求; (2) 完成样品/部件/功能模块等设计,设计指标满足总体要求; (3) 完成工装和加工设备实验室演示,初步确定关键生产工艺; (4) 完成样品/部件/功能模块等加工,满足设计要求;

（续表）

等级	等级描述	等级评价标准
		（5）初步确定关键材料和器件,满足样品/部件/功能模块等验证要求; （6）样品/部件/功能模块等试验验证环境满足典型模拟环境要求; （7）样品/部件/功能模块等通过典型模拟环境验证,功能和性能满足设计要求
6	以演示样机为载体通过典型模拟环境验证	针对演示样机的验证要求,完成了演示样机的集成,通过典型模拟环境下演示试验,功能和性能指标满足要求,工程应用可行性和实用性得到验证。典型模拟环境能体现使用环境要求	（1）完成样品/部件/功能模块等典型模拟环境验证,功能和主要性能满足总体要求; （2）完成演示样机设计,设计指标满足总体要求; （3）基本确定关键生产工艺规范,工艺稳定性基本满足要求; （4）基本确定关键材料和器件,通过工程应用可行性分析; （5）完成演示样机加工,满足设计要求; （6）演示样机试验验证环境满足典型模拟环境要求; （7）演示样机在典型模拟环境通过试验考核,功能和性能满足设计要求
7	以工程样机为载体通过典型使用环境验证	针对实际使用要求,完成了工程样机的集成,通过典型使用环境下考核验证,功能和性能指标全部满足典型使用要求	（1）针对使用要求,明确了战术技术性能要求; （2）完成工程化样品/部件/功能模块等典型模拟或使用环境验证,功能和性能满足使用要求; （3）完成工程样机详细设计,设计指标全部满足使用要求; （4）工艺稳定,工艺文件完整,具备试生产条件; （5）关键材料和器件质量可靠,保障稳定; （6）完成工程样机加工制造,满足设计要求; （7）工程样机试验验证环境满足典型使用环境要求; （8）工程样机在典型使用环境下通过试验考核,功能和主要性能全部满足典型使用要求
8	以原型机为载体通过使用环境验证和试用	针对实际使用要求,完成了原型机的集成,通过实际使用环境下的考核验证,战技指标全部满足实际使用要求,性能稳定、可靠	（1）产品化样品/部件/功能模块的功能和结构特性达到实际产品要求; （2）生产工艺达到可生产水平,具备生产条件; （3）材料和器件等有稳定的供货渠道; （4）完成原型机生产,功能和结构特性达到使用环境要求;

（续表）

等级	等级描述	等级评价标准
		（5）原型机试验验证环境满足使用环境要求； （6）原型机在使用环境下通过定型试验和试用，战技指标全部满足实际使用要求
9	以产品为载体通过实际应用	技术以其最终的产品应用形式，通过实际使用验证，战技指标全部满足要求，具备批量稳定生产能力和使用保障能力	（1）产品具备使用保障能力； （2）产品具备批量稳定生产能力和质量保证能力； （3）完成用户培训； （4）完成全产品演示； （5）产品通过了实际使用环境和任务环境的考核验证，应用设想得到成功实施

说明：演示样机、工程样机、原型机为技术在不同阶段的成果载体；演示样机是指通过演示试验验证主要功能和性能的样机；工程样机是指工程研制过程中，为进行验证试验而制造的样机；原型机是指设计产品的制造原型，其形状、尺寸、表面效果、所用材料及功能等与即将（批量）生产的产品完全相同。

2.1.9　项目管理

人类活动是指由共同目的联合起来并完成一定社会职能的动作的组合，活动由目的、动机和动作构成，具有完整的结构系统。万里长城就是最好的人类活动的例证。

项目是指一系列独特的、复杂的并相互关联的活动，这些活动有明确的目的或目标，必须在特定的时间、预算、资源限定内，依据规范完成。组织活动分为两大类，一类是运营性活动，该活动具有提供相似或相同产品或服务的重复性，比如国航、南航、东航各大航空公司的运营。项目指的是在一定时间限制内，提供独特的产品或服务的一组活动，比如波音 787 飞机的研制等。

项目管理已经是一种新的管理模式、一门新的管理学科的代名词。项目管理是指一种管理活动，即一种有意识的按照项目的特点和规律，对项目进行组织管理的活动。项目管理是指一种管理学科，即以项目管理活动方式为研究对象的一门管理学科，探求项目活动科学组织管理的理论与方法。美国项目管理协会（PMI）（PMBOK 第三版）对项目管理的定义是，项目是为提供某项特定产品、服务或成果所做的一次性活动。项目是受时间和成本约束的、用以实现一系列既定的可交付物（达到的项目目标），同时满足质量标准和需求的一次性活动。项目经理是负责实现项目目标的个人，管理一个项目包括识别要求，确定清楚而又能够实现的目标，权衡质量、范围、时间和费用方面互相冲突的要求，使技术规定说明书、计划和方法适用于各种各样利害关系者的不同需求与期望。总之,项目管理就是以项目为对象,运用系统管理方法,通过组建专门组织,把各种知识、技能、工具和技术应用于项目活动中,对项目进行高效率的计划、组织、指导和控制,实现项目全方位的动态管理、项目目标综合协调和优化的组织管理活动。

项目经理一般指的是,被任命的负责和授权完成采办项目的研制、生产和维持的目标,以满足用户使用需求的个人。项目经理应负责向里程碑权威决策者报告提供可信的成本、进度及执行的情况。有时,项目经理更泛指系统项目主任、产品团队经理、单项经理、项目采办经理以及武器系统经理等。作为单项经理,在项目的整个生命周期内,项目经理都具有系统管理权。

2.2　试验与鉴定贯穿全寿命周期管理全过程

2.2.1　大型航空产品研制的全寿命周期

大型航空产品项目是复杂的系统工程,一般采用全寿命周期管理理念进行管理。全寿命周期过程是指,在设计阶段就考虑到产品寿命历程的所有环节,将所有相关因素在产品设计分阶段得到综合规划和优化的一种设计理论。全寿命周期设计意味着,设计产品不仅是设计产品的功能和结构,而且要设计产品的规划、设计、生产、经销、运行、使用、维护保养,直到回收再利用处置的全寿命周期过程。美国总统防务咨询委员会早在1986年就向总统报告:“武器系统的开发周期太长,生产费用太高,且使用效果不尽人意。”为此,美国国防部指示防御分析研究所对相关全寿命周期设计及其用于武器系统的可行性进行研究。全寿命周期管理(life cycle cost,LCC)早在20世纪60年代出现在美国军界,主要用于军队航母、激光制导导弹、先进战斗机等高科技武器的管理上。从20世纪70年代开始,全寿命周期管理概念被各国广泛应用于交通运输系统、航天科技、国防建设、能源工程等各领域。所谓全寿命周期管理,就是从长期效益出发,应用一系列先进的技术手段和管理方法,统筹规划、建设、生产、运行和退役等各环节,在确保规划合理、工程优质、生产安全、运行可靠的前提下,以项目全寿命周期的整体最优作为管理目标。全寿命周期管理内容包括对资产、时间、费用、质量、人力资源、沟通、风险、采购等的集成管理。系统生命周期阶段定义能提高项目资源的合理分配、有效规避风险、保证项目顺利实施,是系统工程开发的基础。

航空飞机产品系统生命周期阶段可分为立项论证、方案、工程研制、状态鉴定、列装定型、生产、运行保障、退役这八个阶段。基于航空飞机产品的研制特点,系统生命周期阶段还可以细分,方案阶段可分为初步设计和详细初步设计两个子阶段;工程研制阶段可分为详细设计、试验试制和首飞三个子阶段。系统生命周期每个阶段都有明确的目的、任务、输入和输出,对整个生存周期有贡献。

国内大型航空产品的全寿命周期阶段划分如图 2-5 所示。

立项论证阶段	方案阶段		工程研制阶段			状态鉴定阶段	列装定型阶段	生产阶段	运行保障阶段	退役阶段
	初步设计	详细初步设计	详细设计	试验试制	首飞试飞					

图 2-5　国内大型航空产品的全寿命周期阶段

立项论证阶段:始于对某种需要或概念的原始认识。本阶段应充分研究和论证飞机的先进性、可行性及系统性,通过作战模拟、仿真及必要的验证试验,提出飞机的主要使用性能;根据技术指标要求,进行技术、经济、周期可行性和风险度预测、分析和研究,开展初步总体技术方案论证。方案阶段主要开展基于模型的需求捕获、分析、确认、验证等活动,实施功能分析、架构设计等设计流程。根据不同的设计方案、仿真层级和精度要求建立不同规模和精度的仿真模型,支撑系统架构级、功能级、性能级仿真。建立整个系统的功能逻辑模型、活动图、时序图和状态机模型,对系统进行功能验证;形成系统架构、需求模型和逻辑接口,为系统详细设计和软硬件开发提供参考。方案阶段还可细分为初步设计阶段和详细初步设计阶段。

(1)初步设计阶段:签订研制合同,制订研制工作总计划,开展总体技术方案设计;进行系统精度、可靠性、维修性、安全性、测试性及综合保障指标分配,提出各分系统的主要技术要求,制订综合保障工作计划;确定采用的新材料、新工艺、新成品,进行可行性及风险分析,并进行生产可行性论证。

(2)详细初步设计阶段:进行详细的重量、重心计算,气动特性、操稳特性和强度计算;进行主要结构和系统原理分析、仿真和试验,验证飞机状态。

工程研制阶段:要确保设计中合并了未来各阶段各方面的需求,应从利益攸关方以及生产、使用、保障和退役的各方获得信息反馈。在试验、试飞验证的基础上,本阶段应开展数字仿真、软件集成仿真、半物理仿真、虚拟现实仿真等仿真验证活动。工程研制阶段可细分为详细设计阶段、试验试制阶段、首飞试飞阶段。

(1)详细设计阶段:进行飞机所有硬件和软件的详细设计,完成各类地面试验,同时完成科研保障条件建设、完成生产准备各项工作。

(2)试验试制阶段:完成试制批零部件制造、装配和总装,完成首飞前规定的各项试验考核,提出科研试飞申请,进行首次大型试验准备审查(FLTRR)。

(3)首飞试飞阶段:飞机首飞,并进行科研调整试飞。

状态鉴定阶段:提出状态鉴定试验申请,依据批准的状态鉴定试验大纲开展状态鉴定试验,全面考核各项指标;上报装备状态鉴定审查申请,完成状态鉴定工作。

列装定型阶段:应根据采购方使用意见和鉴定试验对设计、生产和成本控制工作等做进一步改进完善,逐步使产品质量达到稳定。在列装定型阶段进行小批生产,并交付采购方试用;采购方试飞后提出试用意见,根据提出的试用意见,对批量生产条件进行全面改造。状态稳定后,申请列装定型审查。

生产阶段:有计划地引入产品更改,以解决生产问题、保障性问题,降低生产运行成本、提高系统能力,这些变化可影响系统需求,且需要系统重新验证或确认。航空产品可以单独生产、安装、集成和测试,或者可以批量生产。

运行保障阶段:使用产品,并根据全寿命保障计划使用产品保障活动,监控其性能。

退役阶段:即产品有效寿命结束时,应按安全、保密和环境相关的法律、法规要求和政策,对产品进行去军事化和报废处理。本阶段主要活动是确保退役需求得到满足,包括对退役产品的性能监视及退役产品的反常、缺陷和故障的识别、分类和报告。针对明确的问题,采取的措施包括退役产品的维护、修改以及退役。

2.2.2　试验与鉴定和武器装备研制的关系

大型航空产品的研制属于国家意志,是国家的大型战略工程,关系到国计民生以至于国家的生死存亡。大型航空产品的研制一般需要数年以上的时间,需要数十亿以上的资金支持,需要数千以上的工程师共同努力。在这个意义上说,试验与鉴定是整个大飞机研制工程的一个重要组成部分,试验与鉴定要遵从于大飞机研制的计划和里程碑安排,试验与鉴定是整个大飞机研制的不可或缺和关键的有机组成部分。但从另外一个意义上讲,试验与鉴定是对整个大型飞机研制的最公正和客观的质量评价和作战效能评价,属于国家法律规定的质量监督和检验。在这点上说,试验与鉴定这个客观评价应该是独立的公正的评价,应当不属于整个大飞机的研制管理。这两个关系类似于国务院和中央军委的关系,两者既相互紧密依存,同时又各有各的责任和义务。国家出钱、出人、出力研制,但能否打仗还得军方说了算。

2.2.2.1　组织管理上的关系

一般情况下,工业部门组织大型航空武器装备的研制,军方组织大型航空武器装备的试验与鉴定。与研制密切相关的试验活动由工业部门自行组织,军方参加。试验与鉴定相关的试验活动由军方组织,工业部门参加。也就是说,一般情况下大型航空武器装备由中国航空工业集团公司组织研制,航天、电子、兵器等工业集团也可组织或参与,民营企业或个人也可组织小型无人机等低成本系统的研制。军方装备部门组织航空武器装备的试验与鉴定,军方下属的航空产品定型委员会负责管理大型航空武器装备的试验与鉴定,装备部相关机关和部门组织武器装备的财务管理、周期管理及装备采购管理等。

2.2.2.2　技术实现上的关系

试验与鉴定是航空武器装备研制全寿命周期中的重要组成部分,试验与鉴定要服务于新型武器装备研制中采用的新技术和作战新理念,试验与鉴定需要不断学习并贯彻新型武器装备的战技能力,并在试验与鉴定过程中予以全面验证和确认。

试验与鉴定需要从三个层面服务于武器装备研制,一是武器装备立项研制前的技术演示验证,二是新技术确定后在型号装备中作战能力的完善和确认,三是为开展试验与鉴定活动必须事先准备的试验资源的统筹建设。在这个层面上说,试验与鉴定管理部门及试验单位有责任和义务不断推动试验与鉴定技术的发展,必须不断适应新型武器装备研制的需要。

2.2.2.3　试验与鉴定的关系

对无人机试验与鉴定来讲,试验包括地面试验和飞行试验,鉴定包括国家(军用)无人机的设计定型(鉴定)和民用无人机的适航认证(产品认证)。

从武器装备研制的大层面上讲,试验的范畴更广,试验不仅仅服务于鉴定,更多的要服务于设计和生产。特别是对于新作战概念武器,需要大量的试验才能确认和立项研制。鉴定仅仅服务于产品研制的关键部分,是对产品研制活动的接纳和认可。

试验包括地面试验和飞行试验,由于新型航空武器装备需要大量的飞行试验,鉴定活动中飞行试验占有较大的比重。所以一般情况下把试验说成试飞也对,把试验与鉴定说成是试飞鉴定也不为过。

2.3　美国空军无人机系统试验与鉴定总体框架

美国空军的试验与鉴定程序是美国装备采办的重要法规之一,是美国以空军为主导的试验体系建设运行和试验与鉴定组织实施的主要依据。既凝结了美国空军装备试验与鉴定的历史经验教训,也透射出美国试验领域不断探索、勇于创新的理念和智慧。

2.3.1　美国国防采办的三大决策与支持系统

美国国防采办决策主要依靠三大决策支持系统,分别是:

(1) 联合能力集成与开发系统(JCIDS);

(2) 规划、计划、预算与执行系统(PPBE);

(3) 国防采办系统(DAS)。

这三大系统为美国国防部提供了进行战略规划、军事能力要求识别、系统采办管理、计划与预算制订等工作的集成途径,共同形成了为支持美国国家军事战略和国家国防战略实现而进行军事力量变革的重要决策支持过程。

2.3.1.1　联合能力集成与开发系统

联合能力集成与开发系统是一种系统分析方法,用于评估美军的联合作战能力缺陷和冗余问题,并提出解决方案。JCIDS 主要辅助美国联合参谋长会议主席和联合需求监督委员会,向美国国防部长提出建议,对联合军事能力需求进行识别、评估和优先排序,指导新军事能力的开发。美国参谋长联席会议于2005 年 5 月发布了新的参谋长联席会议主席指示(CJCSI3170.01)和参谋长联席会议主席手册(CJCSM3170.01)。

2.3.1.2　规划、计划、预算与执行系统

"规划、计划、预算与执行(PPBE)过程"主要负责美国国防部的战略规划、项目计划和资源分配。为了更加注重预算执行的绩效评价,美国国防部于2003 年将该系统的运行程序调整为两年一个计划周期,从而产生以两年为周期的预算。

2.3.1.3　美国国防采办系统

美国国防部运用国防采办系统对武器系统与自动化信息系统的采办过程实施管理和控制。美国国防部 DoD5000 系列文件是指导和规范美国国防采办系统的主要政策文件。2003 年 5 月,美国国防部对国防采办过程进行了较大改革,发

布了新的 DoD5000.1《国防采办系统》和 DoD5000.2《国防采办系统运行》。

2.3.1.4 美国空军的国防采办文件

美国国防部运用国防采办系统对武器系统与自动化信息系统的采办过程实施管理。美国国防部的 DoD5000 系列文件是指导和规范美国国防采办系统的主要政府文件。美国的国防采办政策体现了集中控制与分散控制相结合的原则,在强调严格的纪律与责任的同时,鼓励采办管理的灵活性与创新性。

为了贯彻和执行美国国防部指令 DoD5000 国防采购系列文件,美国空军制订了试验与鉴定程序文件,作为空军装备采办的法规。美国空军试验与鉴定程序文件分为指示(directive)、指令(instruction)、手册(manual)三个层次(见图 2-6)。前两层是需要强制执行的法规,第三层是需要贯彻执行的文件。需要重点关注的指令是基于能力的试验与鉴定(AFI 99-103),综合开展的指令是实弹试验与鉴定(AFI 99-105)以及联合试验与鉴定(AFI 99-106)。基于能力的试验与鉴定(AFI 99-103)又具有五套执行手册,分别是机体-推进系统-航电系统(AFM 99-110)、指挥-控制-通信-计算机和情报-航电系统(AFM 99-111)、电子战(AFM 99-112)、武器、弹药(AFM 99-104)以及空天系统(AFM 99-113)。

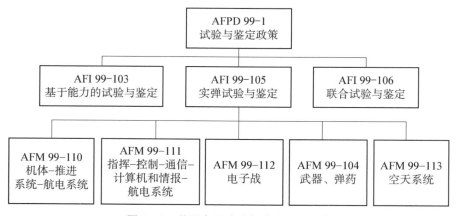

图 2-6 美国空军试验与鉴定程序文件

美国空军需要确保其使用的武器系统及其支持系统,能在效能和适用性方面满足乃至超过使用要求,并为列装做好准备。为了达到此目的,军方在采购和列装过程的所有阶段均实施符合实际的、高效和可靠的试验与鉴定程序。

(1)在规定的环境和条件下,为验证装备技术方案、检验装备主要战术技术指标及其边界性能、确定装备技术状态等开展性能试验。

（2）对通过性能试验的装备，通过状态鉴定试验综合评定是否符合 ICD/CDD 规定的战术技术指标。

（3）在近似实战战场环境和对抗条件下，通过作战试验考核与评估装备完成作战使命任务的作战效能和适用性。

（4）试验与鉴定程序不应扩展作战要求，但应确保用户提出的要求能够得到鉴定，重点是确保满足 CDD 战技指标规定。

（5）试验与鉴定应支持国家试验机构、重点试验设施和大型关键靶场建设，并避免不必要的重复性建设和过多的试验资源花费。

（6）军方应持续改进装备试验与鉴定程序，以适应研发日趋复杂的武器装备系统，更好地服务于武器装备采购和作战使用。

1）试验与鉴定政策

试验与鉴定政策来源于美国空军政策指示（AFPD 99－1），此文件由美国空军总部的试验与鉴定分部遵照空军部长指令制订，并由美国空军总部的试验与鉴定分部主任签发。该文件是对美国空军试验与鉴定程序的总体描述和基本过程阐述，其中有两个附件，一个是针对空军试验与鉴定程序提出的不断优化改进期望，二是相关名词术语的定义和解释。

2）基于能力的试验与鉴定

美国空军指令，基于能力的试验与鉴定（AFI 99－103）是美国空军试验与鉴定的核心程序文件。其主要内容如下：

（1）试验与鉴定的类别；

（2）各类职责；

（3）支持里程碑 A、B、C 及之后决策的试验与鉴定活动；

（4）试验与鉴定报告；

（5）AFM 99－110 机体-推进系统-航电系统；

（6）AFM 99－111 指挥-控制-通信-计算机和情报-航电系统；

（7）AFM 99－112 电子战；

（8）AFM 99－104 武器、弹药；

（9）AFM 99－113 空天系统。

3）两项专门的试验与鉴定指令文件

基于能力的试验与鉴定（AFI 99－103）是美国空军执行航空武器装备试验与鉴定的顶层直接指令性文件，它规定了试验与鉴定的一般原则、试验与鉴定的类别、各类人员及职责、各里程碑决策的试验与鉴定活动以及对试验与鉴定报告的要求等。鉴于武器系统试验的高风险性和组织的复杂性,结合飞机研制颁发了实弹试验与鉴定(AFI 99 - 105)。现代战争越来越需要多军种协同作战,所以美国空军颁发了联合试验与鉴定(AFI 99 - 106)指令性文件。美国空军专门制订了实弹试验指令和联合试验与鉴定程序文件(指令)。

(1) AFI 99 - 105 实弹试验与鉴定;

(2) AFI 99 - 106 联合试验与鉴定。

2.3.2　美国空军试验与鉴定的基本原则

不管是试验与鉴定(T&E)管理部门,还是军方用户及研制方,必须坦诚相待并进行最充分的合作,以利于对武器装备的完全有效的评估。任何一方都必须严格执行规定的试验与鉴定程序。大型航空产品包括无人机系统在内,试验与鉴定的一般原则陈述如下。

2.3.2.1　试验与鉴定必须是灵活的

无人机特别是大型无人机系统研制一般都属于国家研制项目,在决策这种项目立项时就必须同时决定成立试验与鉴定团队,让试验与鉴定团队及早进入研制过程。军用无人机是用于作战的,军用无人机研制一般都是面向特定用途而且需要专项研制。虽然有完整的试验与鉴定标准、方法和完善的鉴定流程,但必须灵活剪裁以适应复杂多变的具体研制项目。试验与鉴定的目的是在近真实作战任务环境下考核武器装备能有效完成其预定作战使命任务的能力,而不是简单地满足研制总要求规定的各项战术与技术指标。必须让试验与鉴定团队尽早地进入研制过程,尽早地确定(识别)所存在的问题及缺陷,以便能找到解决方案。从而尽一切努力提高项目的效率并降低成本,这是项目全寿命周期管理理念的根本所在。

2.3.2.2　进化采办策略

以渐进逐步增强能力的方式提供作战能力,可以预先判断对未来能力的改进需要。其目标是在需要与可提供的资源能力之间进行平衡,使作战能力迅速投入到用户手中。这种决策成功与否取决于分阶段确定的能力需求和对系统的要求、技术成熟度、专业的发展以及增加的系统生产能力。大型作战无人机系统复杂,研制成本高、周期长、人力投入大,首次研制成功后开展试验与鉴定必然存在一定的问题,这是新产品研发的客观规律。所以必须把握的原则是,以逐步增强作战能力为前提,以早满足作战需要、及时投入战场为根本目标,采取边使用、边设计改进的步骤分阶段、分批次将新研装备投入作战部队。如果一味地追求完美无瑕的装备,可能会较大地增加了研制成本、延迟和削弱了新研武器装备的作战能力,对国家造成损失和浪费。

2.3.2.3　联合试验团队开展综合试验

应当将费用作为独立变量,在国防采办过程中充分认识到费用及资源约束。里程碑决策者应当尽可能确定系统的总拥有费用。在提出需求时,用户应当说明经济可承受性要求。从美国空军试验与鉴定的发展历史来看,联合开展研制试验和使用试验已经成为一种必然。目前在研的多个型号和多个飞行试验项目都是采取联合试飞队的管理模式,实现试验任务的联合开展。从美国空军试验与鉴定的管理体系看,主要有以下几个方面的特色:①开展试验与鉴定工作有法可依,美国法典第十部的相关章节是这些活动的法律依据文件;②空军内部建立了完善的指令条例等规范化管理体系文件;③建立了独立的试验与鉴定单位,直接向空军总部报告,不受外界因素干扰;④逐步完善试验与鉴定流程,使用试验与鉴定的作用更突出,联合开展研制试验与使用试验的趋势更明确。成功执行作战任务的能力可能要求对来自主要武器系统、保障系统以及使能系统(如天空、太空、陆地、海洋、信息空间以及作战中心)组合的活动和产品进行综合。对能共同使用的多个系统进行全面试验,主要是检验预期的作战效能、识别漏洞以及制订并确认有效的使用战术、技术和程序。

2.3.2.4　独立的试验与评价机构

各军兵种包括空军都应建立一个独立的试验与评价机构,负责试验与鉴定的计划与实施、试验结果报告、系统的有效性与适用性评价,并直接向军兵种部长报告。试验与鉴定活动必须客观公正,不能过多地受外界因素影响,确保评估结果的客观性。

2.3.3　美国空军试验与鉴定程序的要点分析

2.3.3.1　全局性试验与鉴定管理

试验与鉴定程序文件贯穿于武器装备研制的全寿命周期,从装备需求论证、演示验证、工程研制(EMD),再到作战使用过程问题的反馈、改进和升级,试验与鉴定综合团队应全程参与、全程保障。既不能等到飞机推出总装厂房再安排试飞,也不能等飞机定型后撒手不管。总体需求论证方、合同采办方、生产商、试验试飞单位和使用方高度融合协同,制订共同的试验与鉴定计划,各尽其责、并行开展,恪守共同的里程碑和准入、准出准则。

2.3.3.2　高度综合与明确责任

建立以研制试验与鉴定主导单位为首的联合试飞队伍,试飞计划尽可能综合各阶段和各专业的试飞内容,试飞场地尽可能集中。在联合试飞过程中,前期初步适航试飞阶段,由生产商主要负责,相当于国内的调整试飞。由试验与鉴定主导单位牵头执行政府主导的作战试验与鉴定,相当于国内的设计定型试飞。由作战部门主导承担后期的部队试验以及决策小批投产。试飞数据和报告,各取所需,分别进行。整个试验与鉴定过程中,装备的总体需求论证和采购部门以及相关业务领导机构全程督察、管控和评审。

2.3.3.3　统一规划和使用试验资源,无条件共享资源

发挥试验资源的最大效益,也就是缩短周期、降低成本。从项目的需求论证开始,就要规划试验设施建设,以确保需求条款可验证和可度量,避免有必要性而无可行性的后果。型号试验与鉴定必须优先和最大限度地使用国家试验设施,避免重复建设,避免设施拥有者利用率不高、需用者又无试验设施可用。一般来讲,部件研制和系统综合试验通常安排在生产商的实验室进行,大型的外场试验和试飞必须在国家试验基地进行。在美国试验与鉴定程序文件中,明确罗列了国家试验设施清单以及专项试验设施目录。国家有关部门有法律责任和国家义务,确保这些大型试验设施的可用性和升级改造以及未来的长远发展。

在美国政府主导的军事装备采购项目中,不允许以保护知识产权为由进行试验资源垄断,否则难以实现综合试飞。在项目工程研制的每个阶段,承包商必须同交付硬件产品一样,同时交付软件产品和数字模型,包括待验证和修改的前期模型。试验试飞单位必须将全部试验数据发布到网络平台上,供所有合法用户访问和使用。为完成试验目标,各试验基地之间凡能共用试验设施均要相互支持和配合。

2.3.3.4　试验试飞流程的标准化和科学化

在所有专业的试验与鉴定设施中,都要采用统一的试验验证流程,即"确定目标—预测分析—实施试验—比较结果—改进产品"。特别是在试飞中,避免一再误用"飞行—排故—飞行"的错误模式。

2.3.3.5　美国空军试验与试飞的分类

推行综合试飞原则,明确界定各阶段的节点以及各部门、单位的职责。美国新机试飞程序可以简化,如表2-4所示。一般情况下,针对军方作战需要且由空军出资研发和管理的航空产品,需要分别开展承包商试验、研制试验与鉴定以及作战试验与鉴定。

表 2-4　简化的美国空军试验与鉴定(正式模式)试飞组织形式

组织类别		美国试验方式	类比国内方式
试验与鉴定	研制试验与鉴定	承包商试验与鉴定	首飞/调整试飞
		政府试验与鉴定	设计定型试飞
	作战试验与鉴定	初始作战试验与鉴定	部队试验
		后续作战试验与鉴定	生产定型

新机生产推出机库上跑道,首先是首飞试验。首飞完成后,由承包商主责组织开展承包商试验,重点在于系统技术状态固化及系统的升级完善,使系统及早达到可以开展试验鉴定的完整状态。研制试验与鉴定主要面向航空产品的所有战技指标的边界考核,由国家试验与鉴定管理机构及专业试飞机构组织进行,类似于国内的中国飞行试验研究院。作战试验与鉴定重点在于作战效能考核及部队适应能力试验,一般由作战部队组织试验。

1) 研制试验与鉴定的作用

(1) 研制试验贯穿于整个采办持续过程中,以帮助工程设计和研制,并验证关键技术参数(CTP)已满足要求。

(2) 在采办生命周期内,研制试验与鉴定尽可能早地支持新装备或作战能力的开发与验证。

(3) 在开始大批量生产(FRP)或列装之后,研制试验与鉴定就转为保障系统能力的维持工作,保持或扩展使用寿命、性能包线和(或)能力。

(4) 在不降低工程的完整性、安全性和保密性的前提下,试验活动应尽可能多地在相关的作战环境中进行。

(5) 通过研制试验与鉴定、合格性确认试验与鉴定(QT&E)包括承包商试验,去验证系统的可行性,确认整个工程设计和研制的完整性,最大限度地减小设计风险,并确保各系统达到期望环境下的性能。研制试验与鉴定、合格性试验与鉴定的结果,支持武器系统寿命周期的决策,支持颁发武器系统已准备就绪进行空军专门的初始作战试验与鉴定(IOT&E)的证书。

2) 作战试验与鉴定的作用

(1) 确定是否已经满足基于能力的需求,并评定系统和平和作战时的效能。

(2) 识别和帮助解决缺陷,挖掘潜力,并评估系统构型更改对系统性能的影响。

(3) 确定列装和(或)部署的系统在生命周期内遂行全谱作战任务的效能。

（4）作战试验针对条令、作战概念和保密性、作战物资、安全性、训练、组织、人机集成和人员的适应性。

（5）通过初试作战试验与鉴定、合格性试验与鉴定或后续作战试验与鉴定（FOT&E），表明在尽可能贴近实战环境条件下，各系统满足作战效能、作战适用性和用户需求的能力。初试作战试验与鉴定、合格性试验与鉴定的结果，支持进行小批量生产后续的决策或列装决策。后续作战试验与鉴定（FOT&E）包括武器系统评估大纲（WSEP），用来支持与系统使用寿命相关的决策。

另外，美国还有一些特殊类型的试验与鉴定，即这些试验是简化的试验，主要面向一些新的特定作战能力的试验与考核，而不是全面的能力体系考核（见表2-5）。在此情况下，就不遵照完整的空军试验与鉴定程序执行。如新型气动布局（无尾布局、高超声速等）的专项技术演示验证等。

表2-5　简化的美国空军试验与鉴定（其他）模式

序号	美国试验方式
1	先进技术演示验证（ATD）
2	先进概念技术演示验证（ACTD）
3	联合技术演示验证（JCTD）
4	国外对比试验（FCT）
5	联合试验与评估（JT&E）

先进概念技术演示验证（ACTD）和先进技术演示验证（ATD）是重要的科学技术活动，ACTD和ATD可以评估新能力的军事效用，使先进技术更加成熟化。当ACTD和ATD活动完成后，可以视情编制相应的JCIDS文件以启动采办项目。

鉴于"全球鹰"无人机作战使命任务尚未完全确定，以简化试验与鉴定程序、降低试验成本、缩短试验周期为牵引，美国国防部和DARPA决策，将"全球鹰"无人机的试验与鉴定模式确定为先进概念技术演示验证（ACTD）模式。

2.3.4　基于能力的试验与鉴定（AFI 99-103）的整体框架结构

美国早期试验鉴定分阶段串行实施，存在场地分散、内容重复、周期拖长、成本增加、事故频发等问题。20世纪70年代美国革新采办策略，采取联合试飞、综合试飞和主场地试飞等原则,极大地促进了试验与鉴定效率,降低了成本、缩短了周期。随后进行了持续的试验与鉴定体制改革,经过 40 多年的实践探索,特别是经过 F－15、F－16、F－22 等系列型号实践检验,形成了如今系统工程化理论指导下的试验与鉴定体制和程序方法。进入 21 世纪,为适应装备作战能力和适用性的试验评估需要,提出了基于能力的试验与鉴定理念,将多部法规文件整合为一部《基于能力的试验与鉴定》指令;为适应网络和复杂电磁环境下体系作战的验证要求,制订出 C^{4}I、电子战和武器系统等专项试验与鉴定手册。

　　如图 2－7 所示,美国空军试验与鉴定程序是以美国国防部指令 DoDI5000.02(项目的不同阶段)为依据,基于系统工程理念,以全生命周期管理为主导,将基于能力的需求制定(AFI 10－601)、生命周期综合管理(AFI 63－101/AFI 20－101)、基于能力的试验与鉴定(AFI 99－103)、信息技术管理及符合性(33 系列)综合起来进行矩阵式综合管理的现代项目管理模式。

2.3.4.1　全寿命周期定义与里程碑节点确定

　　全寿命周期管理构架是美国空军采用的理念、方法及实践的总体体系,用于从能力差距识别直至最终系统处置过程中对系统进行有效的管理。全寿命周期管理的目标是通过最大化采办周期的时间效率来调整空军作战能力的资本分配,提供灵活的支持;这将使已列装的作战能力及其供给链得到最优化,使后勤保障最小化,并使总的拥有成本降低。全寿命周期管理是以基于能力的研制需求开始,并以基于能力的采办、试验与鉴定、迅速而有效的外场部署、维持以及退役而继续。

　　按照美国国防部指令 DoDI5000.02 规定,装备项目研制的不同阶段定义为:装备方案分析、技术开发、工程与制造开发、生产与部署(包括小批试生产和批量生产)、使用与保障,要求在生产与部署阶段前期(小批生产)生成初始作战能力,在批量生产阶段生成全面作战能力。确定的四个里程碑是:装备研制决策(MOD)、里程碑 A(完成装备方案分析)、B(完成技术开发)、C(完成工程与制造开发)(见图 2－7)。

2.3.4.2　试验与鉴定中的关键工作内容

1) 基于能力的需求制订

　　在装备研制决策前,试验与鉴定核心团队就必须及早介入该项目。试验与鉴定核心团队,应当有来自不同级别的领导管理机构和装备论证、研制、试验单位的人员共同参加。在不同的里程碑阶段,要求试验与鉴定核心团队完成不同的标志性任务。

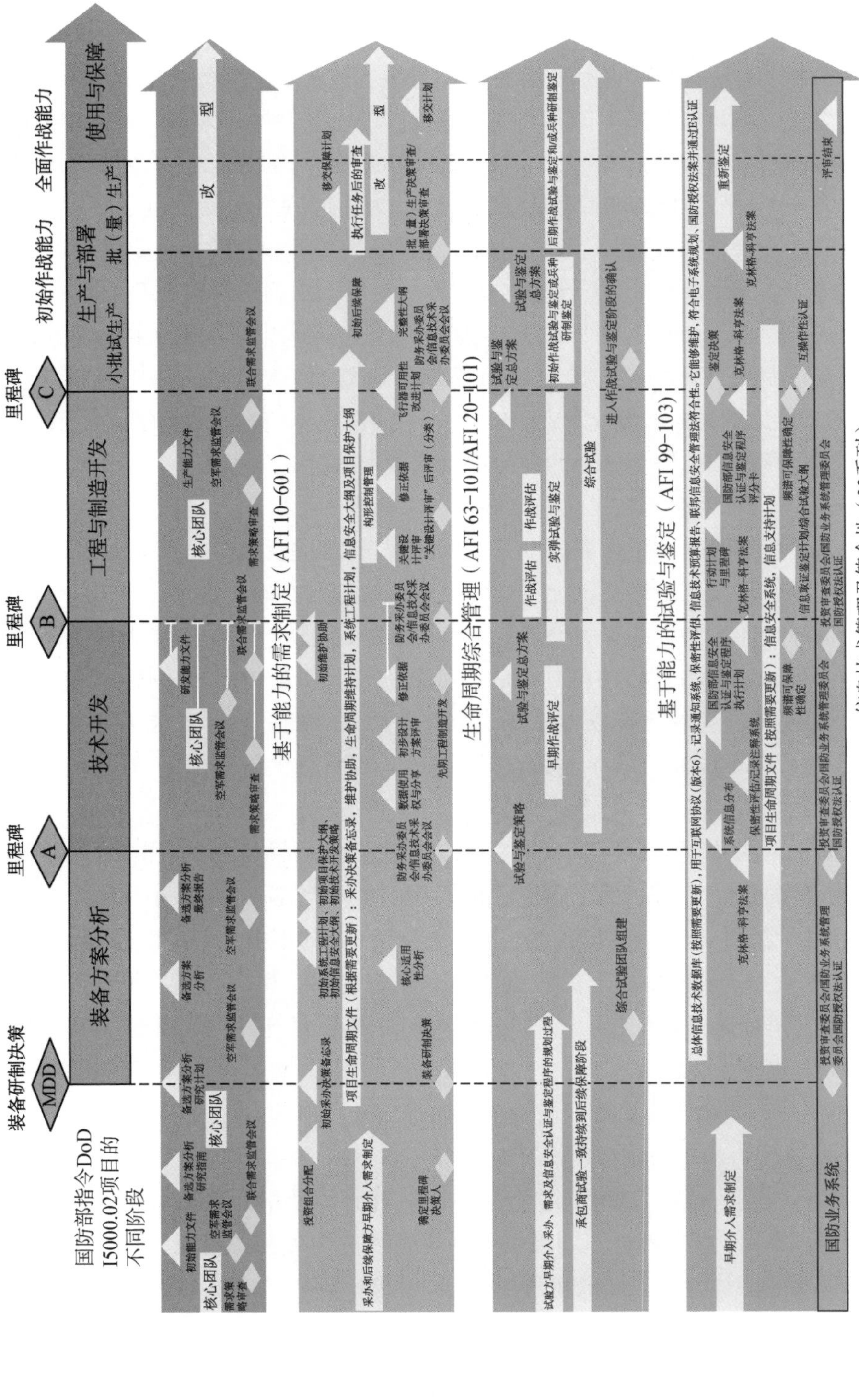

图 2-7　美国空军试验与鉴定管理总体框架结构

2）生命周期综合管理

生命周期综合管理,更多的责任在于官方,比如相应的空军一级和二级司令部直接参与管理和控制。在装备研制决策之前,就需要装备使用部队和后续保障部队及早介入。在瞻望长远作战需求的基础上,对装备的性能要求、构型配置、部队使用、部队使用保障以及及时的改型计划全部纳入管理。

3）基于能力的试验与鉴定

这是试验与鉴定主管机关、试验方及试验单位和承包商最重要的事情,必须在装备研制决策之前介入。组建联合试飞团队开展综合试验。不管试验内容多么错综复杂,试验鉴定单位必须对不同里程碑和时间节点界定的内容全面完成,这是个复杂、充满不确定性的工程过程。

4）信息技术管理及符合性

武器装备试验与鉴定的信息管理与安全、保密至关重要,是试验与鉴定的基础性工作。其中涵盖的内容非常多,需要更多的国防业务系统人员全面介入、默默工作才能完成。

2.3.5　美国空军机体-推进系统-航电系统试验与鉴定手册

指令、指示是美国空军试验与鉴定程序中必须强制执行的法律法规,如鉴定类型、里程碑节点、组织机构及各类人员职责等。试验与鉴定手册是美国空军试验与鉴定程序中内容最为丰富,也是最值得我们学习参考的地方。手册虽然不需要强制执行,但手册中提供的方法肯定是经过实践检验,是最高效的方法,值得国内各专业试验工程师、设计师去认真品读和学习参考。如 AFM 99 - 110 机体-推进系统-航电系统,AFM 99 - 111 指挥-控制-通信-计算机和情报-航电系统,AFM 99 - 112 电子战,AFM 99 - 104 武器、弹药,AFM 99 - 113 空天系统等。

2.3.5.1　机体-推进系统-航电系统试验与鉴定程序包括的专业

该手册执行的是飞机(有人驾驶和无人驾驶)和巡航导弹的机体-推进系统-航电系统等组成的任务系统的空军试验与鉴定程序。政府和承包商可在采办周期内的任何阶段,在多种环境下使用本手册,包括政府拥有/使用的试验设施、商用实验室、大型试验场、空军试验中心、产品中心、后勤中心,空军作战试验与鉴定中心以及主要空军司令部。这可供项目经理、试验管理者、试验工程师、试验机构人员、主要指挥部人员以及参与试验与鉴定的其他人员使用。本手册涵盖的相关系统和专业如下:

1) 机体

包括飞行品质、飞行控制、结构(机体、进气道、载荷和颤振)、性能、外挂集成和分离特性、发动机装机后的性能、机电系统(液压、电气、环控、起落架)、乘员舱(驾驶舱布局、任务载荷舱)、任务/辅助系统(如辅助驱动装置/齿轮箱、发电机等)。

2) 推进系统

动力装置、进气道效应、喷管、发动机装机前的性能、辅助动力装置(喷气燃油起动机、辅助动力装置 APU)。

3) 航电系统

传感器、通信、导航与识别(CNI)、制导系统、电子战集成、保障/任务系统(包括外挂管理系统、火控系统、武器综合系统、空空和空地武器投放精度、控制器和显示器、作战飞行程序等)。

其他一些专业(如空投、后勤保障、人为因素、环境/气象、仪表、软件和安全等)也是一些常用专业,对完成任务非常重要。

2.3.5.2　机体-推进系统-航电系统试验与鉴定维度

本书前文已经述及,试验与鉴定是大型无人机系统研发的重要有机组成部分,是相互不可分割的有机整体。试验与鉴定机构及管理和技术人员必须及早介入研制全流程,从方案论证开始就必须对全系统不断加深认识和理解,继而能在后续试验中把控全局。

如图 2-8 所示,试验与鉴定需要从三个维度开展工作:

(1) 从概念到系统集成为产品的过程,硬件/软件集成为功能/性能;

(2) 从部件试验到外场部署使用的过程,系统集成与技术不断成熟;

(3) 从试验大纲到试验报告的过程,从试验设计到试验以至产品合格结论。

2.3.5.3　机体-推进系统-航电系统试验与鉴定的步骤和方法

试验与鉴定高效率开展的前提是必须有完善的试验方法和步骤,"磨刀不误砍柴工",试验前必须对系统组成、功能/性能有充分的理解和把握(见图 2-9)。首先确定试验目标,开展试验前分析,针对性地开展试验、评价和改进,并通过多轮优化迭代后才能得到满意的结果。

坚决杜绝那些所谓"想做就做""走到哪里算哪里"的盲目思想和做法,那是极大的浪费和犯罪,是对国家财产和产品不负责任的做法。

2.3.5.4　机体-推进系统-航电系统试验与鉴定过程中的重大地面试验

本书前文已经述及,试验不仅仅服务于鉴定,还应服务于新技术的演示验

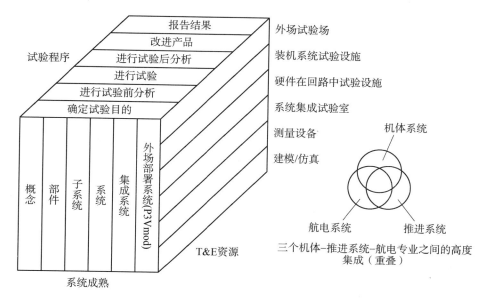

图 2-8　试验与鉴定的三个维度

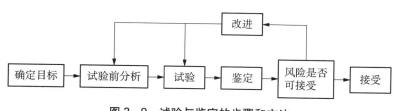

图 2-9　试验与鉴定的步骤和方法

证。如美国 X 系列验证机,验证并确认了包括"超声速"等一系列航空重大技术的进步。新技术演示验证可以涵盖新型气动布局、发动机、数字控制规律、机电设备、武器系统及通信等较大范围的技术进步和发展。

鉴定试验主要包括核心能力试验、系统综合试验以及重大专项试验。风洞试验和仿真计算是确定无人机平台性能及飞行品质的最基本试验,也是最核心的试验。高空台试验可以确定发动机装机前的基本性能和品质,也是核心能力试验。系统综合地面试验是确定全系统设计能力的基本手段和方法,需要各专业高度融合并相互确认。重大专项试验主要针对的是全机级的系统试验,如结构强度必需的静力/疲劳试验,EMC 试验及 RCS 测量等,如表 2-6所示。

表 2-6　试验与鉴定过程中的重大地面试验项目

新型技术与设备研发	试验与鉴定		
新技术演示验证	核心能力试验	系统综合地面试验	重大专项地面试验
总体技术验证			专项技术验证
新型布局	风洞试验	结构模态耦合试验	静力/疲劳试验	—
发动机	高空台	试车台	—	—
新型控制规律	仿真计算	飞行模拟/铁鸟台试验	—	导航系统
新型机电设备		机电系统综合试验	环境试验	RCS 测量
新型武器		任务系统综合试验	EMC	任务设备
新型通信		全系统联试		
TRL	3	4	5	

这些重大地面试验,试验与鉴定人员应当全程全面参加,这对后续试验设计、发现问题缺陷以至提出改进完善意见至关重要。

2.3.5.5　机体-推进系统-航电系统试验与鉴定的资源需求分析

试验与鉴定资源是完成试验与鉴定的基本前提条件,是高效开展试验与鉴定的重要基础。试验与鉴定资源的建设往往需要较大的经费支持和专业技术人员的持续维护,代价很大。所以美国和国内都要求统一建设公共可用的共享资源,不允许试验设施的独享。同时,也要求国家有关部门能够加大力度对试验与鉴定资源的持续关注和投入。机体-推进系统-航电系统试验与鉴定程序的资源一般包括如下方面:

1）建模与仿真

系统研制的每一个阶段,都需要系统不同层次的建模与仿真,以帮助分析、设计和预测。

2）测量设施

这些资源应当具有测量系统关键参数的能力,可能包括不同规模的风洞、RCS 测量设施、尾旋试验设施以及发动机高空试验台等。

3）系统集成实验室

这些资源使用分散的试验台架环境把硬件和软件集成到子系统级,这些资源通常建设于承包商实验室内,也有可能把它们置于空军试验场所用于系统集成试验。

4）硬件在回路试验设施

铁鸟台实验室和燃油系统实验室、航电系统综合试验台是三个典型的硬件在回路试验设施，这些专用设施往往需要专业人员维护和使用，这些试验设施对系统集成与开发具有重大意义，而且可以获得大量的基础性试验数据用于试验与鉴定报告的基础性辅助数据。

5）已装机系统试验设施

结构强度有关的试验，如消声室、地面共振试验台、结构载荷试验台等全尺寸环境试验设施，可以在受控的室内环境评估安装在飞机上的全系统能力。

6）外场试验场

外场试验场包括两种试验设施，一是可控试验设施，如 EMC 试验设施、RCS 测量场、发动机试车台等；二是真实环境下的飞行试验，飞行试验更需要专用机场、机库、跑道、测量设施，以及航管、气象及维护保障等专业设施。

与机体-推进系统-航电系统任务领域有关的系统、子系统和部件是通过独立的和相互关联的设计和试验活动的组合研制的。在研制过程中，各个子系统、部件和系统功能必须综合起来，形成一个完整的武器系统。与武器系统相关的空中平台是飞机，这是机体-推进系统-航电系统试验与鉴定程序的首要重点。

在飞机研制过程中，构成机体-推进系统-航电系统的各种功能和专业必须密切合作，以确保系统能够集成。大型无人机系统相比有人机而言，机体-推进系统-航电系统的集成与综合仅仅完成了系统集成试验的 1/3 到 1/2。无人机必须与地面站和测控链路进一步综合才能真正使得无人机开展运行试验，包括全系统的通电检查、功能检查、发动机开车试验。无人机能在跑道上滑行前，还需要很多的试验，如测控链路通视性检查与电磁环境测量、前轮转弯与系统刹车能力检查、任务系统全功能运行等。

2.3.6　系统技术成熟度

无人机系统是复杂综合的大系统，是由系统之系统综合组成的。机体系统、推进系统、航电系统综合成为无人机平台，无人机平台再与测控链路和地面站综合成为无人机系统。无人机系统的技术成熟度取决于无人机平台、测控链路和地面站的技术成熟度，无人机平台技术成熟度取决于机体、推进及航电系统的技术成熟度。系统技术成熟度直接决定着整个系统的试验效率，是开展试验与鉴定的基本前提。

在大型航空产品研制的全过程中,应当高度关注系统技术成熟度。技术成熟度不够的系统或部件不能允许进入下一个阶段开展试验。系统技术成熟度的一般要求如下:

(1) 概念阶段,TRL1~3;

(2) 部件(组件)研制阶段,TRL4;

(3) 子系统研制阶段,TRL5~6;

(4) 系统研制阶段,TRL6~7;

(5) 系统集成试验阶段,TRL8;

(6) 外场部署与改进,TRL9。

2.4　美国"全球鹰"无人机采用的创新试验与鉴定模式

大型武器装备,尤其是大型作战飞机系统,需要投入较大的资金、人员,花费较长的时间去研发。国内也一样,一型飞机仅仅飞行试验就需要数千架次、花费数年时间,需要较大的试验资源支持。

在此背景下,美国国会支持,决定以"全球鹰""捕食者"无人机为模板,创新国防采办策略。突破常规的条条框框,规避技术的细枝末节,以满足部队作战使用为前提,本着在实践中检验的原则,在飞机一定成熟度的基础上,优先安排部队使用试验和作战试验。这样做拉近了工厂与战场的距离,把最新的技术直接推到战场前沿。规避了研制风险,降低了研制费用,及时保证了部队作战使用。

2.4.1　美国创新"全球鹰""捕食者"无人机采办策略

在美国国会支持下,国防预研计划局(DARPA)采取了一种创新的采办策略,这一采办策略在几个重要方面与正常的国防采办程序有所不同,这些创新采办策略体现为七条具体因素:

(1) 采用了他类当局业务(OTA)第 845 节条款;

(2) 利用了综合产品和过程开发(IPPD);

(3) 基于综合产品团队(IPTS)的管理结构;

(4) 合同商设计和管理权威;

(5) 小型的联合项目计划办公室;

(6) 用户参与整个早期的作战使用演示验证;

（7）用一个单一的要求即单位起飞价格，考虑了所有表示为目标的其他性能特性。

通俗一点说，上述 7 条就是没有执行 DoDI5000 国防采购程序，而是采用了先进概念技术演示验证（ACTD）的模式。简化管理层级和管理模式，军方管理机构只有一个小型管理办公室，大部分管理决策权直接交给了承包商。由承包商直接组织系统集成和系统试验，合同承包商有权利决策项目进程和技术状态。简化试验过程，产品集成后直接到外场开展飞行试验。在关键性能参数（KPP）合格后，直接参加各类海外作战和演习任务，由作战效能直接决定该产品是否可用。因为省略了多项中间管理环节和合格确认过程，直接参与作战任务，所以DARPA 直接定义并使用了一个新的综合作战效能评价算法。

高空长航时无人机（HAE UAV）先进概念技术演示验证（ACTD）项目由两个互为补充的系统开发研究组成：传统构型的 Tier Ⅱ——"全球鹰"项目和在飞机设计中综合考虑了低可视技术的 Tier Ⅲ——"暗星"项目。项目计划中还包含一个公用地面站，希望对两架飞机都能进行发射（起飞）、回收（降落）和控制。

ACTD 三个阶段：第一阶段设计竞争，第二阶段研制试验，第三阶段试验与评估。研制试验的主要目的是衡量系统技术性能是否符合承包商给出的系统规范要求。使用试验的目标是对系统有效性和适用性进行评估。有效性包括航程、耐久性，与已有指挥、控制、通信、计算机和情报的连接以及高分辨率传感器和定位的准确性。适用性则包括部署的灵活性、可运输性、维修性和保障性。

2.4.2　美国 DARPA 的 ACTD 创新采办理念

无人机研发和使用的主导国家是以色列，美国后来居上，果断投资研发出了"全球鹰""捕食者"等一批高端产品。但大型无人机在美国也属于新型装备，目前还没有见到公开发布的相应的可直接采用的试验鉴定合格标准。从文献报道分析看，研制初期美国军方对大型无人机的作战使命任务尚不清晰、不确定，持有一定的怀疑态度。而且，也没有见到美国公开发布的成熟的大型无人机试飞验证要求和相应的设计标准。但美国军方又急于使用无人机执行海外作战任务，于是美国国会和 DARPA 批准了 ACTD 创新采办策略。

按照常规"DoD-5000"采办过程环节，采办一型主要武器系统并使其投入战场，需要用十多年或更长的时间来进行持久的试验，这极大地妨碍了新技术装备投入战场的及时性。提出了基于能力的试验与评价要求（指南）以便压缩周

期,达到及时性的目的。其要点如下:

1) 螺旋采办(进化采办)

螺旋采办是美国防部首选的采办策略,以便及时为使用者提供战斗力,采办程序允许能力渐增式研制。军方买进第一批,承包商改进后出售第二批;依靠作战逐步完善系统,而不是常规的一步到位,容不得新型作战飞机的任何问题和缺陷。

2) 试验内容裁剪

所有的试验与鉴定策略和大纲都必须是灵活的,以适应采办项目的需要,必须根据具体情况对试验与鉴定策略和大纲进行裁剪。基于能力的试验,是试验与鉴定人员的基本底线。试验与鉴定人员不能拘泥于指标和形式,不能拘泥于上级部门的各种指示,最重要的是编制适宜于被试对象的试验大纲,并按照试验大纲做最充分的能力验证试验。

3) 无缝试验概念

通过执行综合试验技术和程序,进行无缝试验可使承包商试验、研制试验以及作战试验之间平滑过渡,有助于试验者组织试验与鉴定,以便更好地支持需求制订和采办过程。国防工业机构试验场人员、部队试验人员应当及早介入研制全过程,等到装备出来后试验人员才介入试验是极端错误的做法,是不负责任的。

4) 重点放在基于能力的要求和作战使命的要求上

把军事装备试验与鉴定解决方案的重点放在基于能力的要求和作战使命的要求上,而不是放在传统的规范要求满足与符合性上。试验大纲是根据作战能力要求的使用环境和功能性编制出来的,保证解决方案有利于战场部署和使用。单纯的作战半径与航程试验是必需的,但如果能与作战想定的具体作战剖面结合,甚至能让部队试验人员自主组织一次实际战场的综合作战演习任务,才能真正地把作战能力检验出来,而不是简单的指标符合性。

2.4.3　ACTD 试验阶段

"全球鹰"无人机是一种用于执行战场侦察任务的大型无人机,由诺斯罗普·格鲁门公司为美国空军研发,为目前美国最大型和技术最先进的无人机,1998 年 2 月 28 日实现了首飞。第Ⅱ阶段工程研制试飞进行了 21 次飞行,第Ⅲ阶段试飞包括第 22 至第 58 次飞行,其内容包括参与特别军事演习的 D&E 飞行以及一些功能检查和后续工程飞行。第Ⅲ阶段之后的飞行试验包括第 59 次和后续飞行,为"全球鹰"部署到澳大利亚和其他 D&E 演习提供了支持。因此,

"全球鹰"试飞计划分为研制试验与部署试验两部分,研制试验开展于 ACTD 的第 Ⅱ 与第 Ⅲ 阶段,旨在验证飞机适航性、掌握系统性能,而部署试验将评价无人机在军事行动中的潜在军事价值。部署试验在 ACTD 第 Ⅲ 阶段开展。

　　"全球鹰"共投入 5 架试验机(研发试验 2 架),最大重量为 11 622 kg,机载燃料超过 7 000 kg。1998 年 2 月 28 日到 2000 年 9 月 14 日(2.5 年),共飞行 63 架次,飞行 737.1h,其中 1998 年 2 月 28 日到 1999 年 6 月 11 日前 21 架次为"研制试验",2 架飞机共飞行 158h(见表 2-7)。其后到 2000 年 9 月 14 日的 42 个架次试验为发展与鉴定试验(外场试用试验),主要是能力扩展试验,包括广泛的外场演练、部署、参加军演、按机队形式进行外场使用试验等。其间另外三架飞机和一套地面站加入试验机队行列。之后便进入了螺旋式的采办过程。

表 2-7　ACTD 三阶段试飞架次与时间(h)累计

阶段	01 架	02 架	03 架	04 架	05 架	合计
Ⅱ	12/102.9	9/55.1				21/158
Ⅲ	13/225.4		9/121.8	11/167.8	4/39	37/554
Ⅲ+					1/8.5	5/25.1
合计	25/328.3	9/55.1	9/121.8	11/167.8	5/47.5	63/737.1

2.4.4　ACTD 试验内容

　　飞行试验项目进行过程中,赋予合同商(洛马臭鼬工厂和 RYAN 公司)的责任有了明显增加,这包括指派试验指挥主导试验的规划和执行,还配有来自爱德华空军基地空军飞行中心的安全问题助手以及来自空战司令部的技术支持。这一安排符合该项目中的他类业务实施要求,这已安排增加了对合同商飞行试验人员的要求而减少了对飞行试验中心人员的要求。按照上述思路设计了"全球鹰"的试验计划和内容,先分析系统的用途等,把整个系统按其作用分为飞行关键系统和任务关键系统,并明确了主要战技指标(关键考核参数),如表 2-8 所示。主要战技指标见表 2-2。但后续由于连续发生两次低级错误导致两架飞机的损失,爱德华空军基地的空军飞行中心接管了飞机,并组织了试验的后续飞行任务。ACTD 报告分析指出,单纯的承包商组织大型试验试飞活动的经验不足,安全隐患大,专业的试飞机构组织试飞才是正确的安排和做法。

表 2-8　飞行关键系统和任务关键系统

飞行关键系统	任务使命关键系统	飞行关键系统	任务使命关键系统
导航设备	信息（通信、数据链）★	飞控舵机	
飞控计算机	任务载荷	高度表	
飞控软件	环控/燃油管理★	起落架	
大气机	地面站★	前轮转向操纵	
推进系统、电器/供电系统		刹车	

注：★表示同时也为飞行关键系统。

不追求对无人机系统的全面指标考核，而是注重"全球鹰"在关键系统和主要战技指标满足后通过实际作战考察其满足部队需要和执行作战任务的能力（ACTD 创新采办策略）。

发展与鉴定（D&E）任务进行了 21 架次，支持了共计 381 飞行小时的 11 次演练飞行。"全球鹰"参加的作战演练任务如下：

(1) 漫游沙滩 1（1999 年 6 月 19 日）；

(2) 漫游沙滩 2（1999 年 6 月 26 日）；

(3) 漫游沙滩 2B（1999 年 6 月 27 日）；

(4) 扩展航程 1-1（1999 年 7 月 15 日）；

(5) 扩展航程 1-2（1999 年 7 月 27 日）；

(6) 扩展航程 2/联合远征部队试验（JEFX）/联合军演（CAX）（1999 年 8 月 30 日）；

(7) 联合军演（CAX99-10），美国海上军团演练（1999 年 9 月 9 日）；

(8) 扩展航程，美国海军封锁（1999 年 10 月 4 日）；

(9) 扩展航程 3-02，美国海军封锁和近距空中支援（CAS）（1999 年 10 月 8 日）；

(10) 扩展航程 4-01，阿拉斯加（1999 年 10 月 19 日）；

(11) 扩展航程 4-02，阿拉斯加（1999 年 10 月 25 日）；

(12) 沙漠闪电 Ⅱ（1999 年 11 月 9 日）；

(13) 沙漠闪电 Ⅱ（1999 年 11 月 13 日）；

(14) 沙漠闪电 Ⅱ（1999 年 11 月 17 日）；

(15) 联合行动部队 JTF-6，第 1 架次（1999 年 11 月 3 日）；

（16）联合行动部队 JTF-6，第 2 架次（1999 年 11 月 6 日）；

（17）部署到尔格林空军基地的发展与鉴定试验（2000 年 4 月 20 日）；

（18）跨洋链接-1（2000 年 5 月 8 日）；

（19）跨洋链接-2（2000 年 5 月 11 日）；

（20）联合行动部队演练 JTFEX00-1（2000 年 5 月 18 日）；

（21）联合行动部队演练 JTFEX00-2（2000 年 5 月 19 日）。

这里有许多发展与鉴定（D&E）飞行表现为重飞了前面不成功的或部分成功的任务。漫游沙滩 2B 重飞了由于合成孔径雷达（SAR）不能用而被缩减了的前一个任务；第 3 架次的沙漠闪电 Ⅱ 重飞了由于综合任务管理计算机（IMMC）故障而被缩减的前一个任务；联合行动部队 JTF-6 第 2 架次任务被缩减，并且采用了意外飞行和着陆剖面完成了安全着陆，此后在飞机准备滑离跑道时，发生了 3♯机滑行事故，该事故导致全部飞行试验从 1999 年 12 月到 2000 年 3 月暂停。

前 4 个发展与鉴定演练（1999 年的漫游沙滩，扩展航程 1 和 2，联合军演 CAX99）包含了慢"爬"阶段；接下来的 5 次演练（扩展航程 3 和 4，联合行动部队演练（JTFEX），国家训练中心（NTC）的扩展航程/CJTR 演练）包含了行"走"阶段，而快"跑"（最终）阶段包括了其余的演练。

到阿拉斯加的扩展航程 4-01 是美国大陆（CONUS）空域以外的第 1 次飞行。暂停恢复后，部署到佛罗里达爱格林空军基地的飞行包含了长时间在 FAA 控制的空域中飞行，一些项目参与人员认为部署到爱格林空军基地的飞行是最为严格的发展与鉴定飞行试验。在东海岸的部署既包括地面部署也包括飞机部署；包括了几次东海岸上空的演练和第一次跨洋链接任务，保留了一次到葡萄牙的跨大西洋飞行。

第三阶段期间进行了 13 架次、152.3h 的功能检查试验，检查了 3♯机（4 次飞行），4♯机（5 次飞行）和 5♯机（4 次飞行）的功能，另外还有 3 架次、共 20.7h 用于其他工程发展目的，如机翼压力验证试验。

在第三阶段飞行的 37 次任务中，有 26 架次完全满足了目标，6 架次没有满足目标，5 架次在某种程度上满足了目标。在完成了联合行动部队演练（JTFEX00）之后，于 2000 年 5 月结束了发展与鉴定（D&E）项目计划。2000 年 6 月 4♯机从爱格林空军基地出发重新部署到爱德华空军基地。接下来的 4 次飞行就是 5♯机的功能检查飞行。2000 年 7 月 19 日是 5♯机的第 4 次飞行，也是 ACTD 项目计划第三阶段的最后一个架次。

美国"全球鹰"无人机先后参加了如此多的作战与演习任务,目的是让最新的作战概念及早在实际战场上得到有效验证和确认。规避了研制过程中管理的诸多环节,直接拉到战场上作战。美国"全球鹰"无人机 ACTD 创新国防采办的做法,值得国内深思和学习。

2.4.5　实际采购

"全球鹰"开始是作为一种先进概念技术演示验证(ACTD)项目,用于提供一种无人的、高空的、图像情报收集能力。RQ-4B"全球鹰"批次 10 飞机是最初 ACTD 系统的生产型版本,尺寸较大的批次 20 系统增加了任务载荷能力并装配了改进型的图像传感器载荷。批次 30 类似于批次 20 版本,但增加了机载信息情报载荷。另一种规划的空军版本是批次 40 版本,综合考虑了多平台雷达技术插入程序传感器载荷。在空军"全球鹰"平台基础上,海军也在研发广域海事监视无人机系统。

从 2005 财年开始,通过一系列小批初始生产决策,空军已经采购了 10 架批次 30 飞机和 10 套地面站。空军计划在批次 30 飞机投入战场之后,要减少现有的 U-2 飞机部队。

2.4.6　"全球鹰"项目 ACTD 总结

"全球鹰"先进概念技术演示验证(ACTD)飞行试验经验的 6 项成果部分或全部归功于项目的创新采办进程,列示如下。

(1)任务规划过程笨拙且耗时。在第二阶段投标时,承包商就知晓为了使任务规划系统适合可持续运作,明显需要更多的经费。然而,由于先进概念技术演示验证(ACTD)的焦点在于演示验证军事效用,军事效用那时还没有很好的定义并且没有确定要进行的时间架次,因此有意识地决定推迟这方面的投资。在项目的早期如果能把任务规划的作战使用适应性纳入军事效用的定义中,那么就能对其给予更多的投资,虽然可能会以其他活动为代价。

(2)项目在训练人员和提供合适的备件方面缺少足够的资源。这种情况部分是由于项目期间要重新配置资源,以便包含增加了的工程活动,都是由于在整个先进概念技术演示验证期间高度受限的预算。

(3)在笨拙的任务规划过程和有限的资源情况下,飞行试验项目计划进行的步伐太快,试验人员明显处于过负荷状态,这似乎就是 3♯机滑行事故的诱因。

(4) 委任承包商主导飞行试验的方向、规划和执行可能会造成项目失败。承包商可能不具备必要的能力、经验和洞察力(文化)来运行军事试验项目的各个方面。这样一来,试验和操作团队承担了飞行试验项目大部分规划和执行工作。实际上是他们的助手完成了项目。

(5) 先进概念技术演示验证和后先进概念技术演示验证项目用户团队之间在作战使用想定方面的认识不同,被证实对项目过渡到大国防采办项目过程是一个严重的障碍。最初的作战使用想定是由国防部预研局的联合项目办公室提出的,并且后来由联合部队司令部进行了修改和扩展。联合部队司令部作为委托的先进概念技术演示验证用户,按照其职责进行了这些修改和扩展工作。空战司令部的作战使用想定类似于当前的系统,体现在其进入到传感器再次任务和传播信息的路径方面,空战司令部相信这就是首席指挥官所需要的。联合部队司令部的作战使用想定在通信和处理技术的先进性方面占有优势,并且采用了联合定向的方针。先进概念技术演示验证的发展与鉴定阶段验证了联合部队司令部的作战使用想定;空战司令部没有在"全球鹰"上验证自己的作战使用想定。

(6) 先进概念技术演示验证和后先进概念技术演示验证用户之间对作战使用要求的定义不同也阻碍了项目向大国防采办计划的过渡。通过试验验证的先进概念技术演示验证构型状态的能力程度决定着对后先进概念技术演示验证系统的要求,这也是一个基本问题。计划用于后先进概念技术演示验证发展的螺旋式发展概念意味着那些系统要求会随着系统的构型状态和批次升级而演变。这一过程的结果会使得早期的构型状态不具备空战司令部要求的完全能力。所有大国防采办计划需要的作战使用要求文件的初稿不能完全反映系统所演示的能力以及根据已知缺陷所做的后续演变。

"全球鹰"的很多性能参数接近预测的目标,但是在几个重要的方面还存在一些缺陷。特别是飞机空重增加 16% 和低于预期的空气动力性能导致航时缩短了 20%(32h 对 40h)和任务巡航高度降低了 7.7%(18288m 对 19812m)。先进概念技术演示验证项目验证了系统的自主高空长航时的飞行能力,大部分通信和数据链路得到了充分的验证。合成孔径雷达传感器能提供高质量的图像。然而,公用地面站没有演示控制多机的情况,也没能获得充分的光-电/红外传感器特性。

2.5　美国空军无人机系统试验与鉴定程序的启示

2.5.1　美国空军试验与鉴定程序的演变与发展

飞行试验是一项技术性强、风险大、成本高、周期长的系统工程。二战以后，美国国防部和空军一直提请国会，要求对新型战斗机试飞程序进行严格管控，不断创新改革管理策略。总体来说，主要经历了三次大的试飞模式变革。

1) 分阶段试飞

20 世纪 50 年代，从飞机首飞到批量投产和列装，共分为 8 个试飞阶段，分别由生产商和空军分阶段负责。其特点是分工明确、责任清晰，但问题是多地分散试飞，重复性多，发现问题和反馈不及时，导致试飞周期过长。典型例子是波音-47"同温层喷气"战略轰炸机，型号定型之日就是改型之时，原形机直接从生产线推到改型生产线。

2) 分类型试飞

20 世纪 60 年代，美国空军将飞机试飞分为三类，即子系统试飞（生产商）、系统试飞（国家机构）和使用试飞（部队）。这种模式虽然提高了一些试飞效率，但多地重复性试飞问题依然存在，特别是部队介入太晚太肤浅，以至于在部队作战使用中出现了许多难以解决的问题。

3) 联合试飞

20 世纪 70 年代，鉴于越南战争中装备使用的教训，加上飞机系统特别是软件系统越来越复杂，如果仍按原来的试飞模式开展试飞，空军难以承受进度和成本的巨大代价。1972 年，美国空军终止了分类试飞模式，明确将新机试验试飞分为研制试验与鉴定（DT&E）和作战试验与鉴定（OT&E）两大类。同时提出了联合试飞模式和主场地原则，将研发与鉴定两大试验综合进行。研制试验与鉴定又细分为生产商试飞和政府试飞（国家试飞机构），类似于国内的主机厂所组织的首飞和调整试飞，以及中国飞行试验研究院组织的设计定型试飞。作战试验与鉴定又可细分为初步作战试验与鉴定以及后续试验与鉴定，类似于国内的小批投产决策试飞和生产定型试飞。

联合试飞模式一直贯彻至今，通过 F-15、F-16、F-18（海军）、波音-2、C-17，尤其是 F-22 试飞实践，试验与鉴定的试飞模式也在不断优化和日趋完善。该系列文件中的核心文件，空军指令 AFI-103（基于能力的试验与鉴定）不断更新中。2004 年，将空军指令 AFI-101（研制试验与鉴定）、AFI-102（作战试验与鉴定)和 AFI－105(实弹试验与鉴定)等合并调整为一个空军指令文件，2008 年 2 月空军又对其进行了更新，2013 年 10 月再一次进行了更新。最新版本取消了各阶段"无缝连接验证"概念，以利于进一步加强综合试飞。最新版本还将责任试验单位(RTO)改为研制试验与鉴定主导单位(LDTO)，原因是面对复杂的系统工程和综合试飞团队，必须赋予主体试飞机构更大的权利和责任。最新版本在原采购体制中的"需求、采购和试验与鉴定"三条主线中，增加了信息主线，以适应当代武器系统的快速发展。

2.5.2　美国空军试验与鉴定程序不断完善发展的启示

自新中国成立航空工业以来，特别是近 20 年，我国航空装备发展取得了举世瞩目的成就，当然其中的试验试飞做出了巨大贡献。从发展趋势来看，我们的航空装备试验与鉴定正逐步向世界先进试验与鉴定理念靠近。特别是近年来，相继的一些任务已经采用了"四个一"方针，即一个试飞总方案、一个试飞总计划、一套试飞测试方案和一支试飞队伍，贯彻了联合试飞、综合试飞、主场地原则和部队适应性试飞。但是相比国外，国内在试飞理念、管理、内容和方法等诸多方面与西方航空发达国家仍有较大差距。

2.5.2.1　由"三师"系统管理体制向先进项目管理模式逐步转变

在航空产品研制过程中，由于西方国家技术储备较为雄厚，产品研制中重点解决系统集成和工程验证问题，因此突出以项目经理为最高负责人的组织形式。而国内由于航空技术预研不足，产品研制中仍需解决大量的关键技术成熟问题，因此技术系统在研制中的作用和地位较西方同类项目要高。同时，在进入工程研制后期，随着产品进入小批量生产，质量控制成为项目实现研制目标的重要保障。由此，我国形成了特有的"三师"系统结构，并在大型航空产品研制中发挥了重要作用。"三师"系统组织管理模式能够快速地集结各种资源和人才，集中力量从各方面保证航空产品的成功实施。"三师"系统的组织管理模式在保证我国大型飞机研制成功方面发挥了巨大作用，推动了航空产品项目管理的发展。

随着航空产品研制管理水平的提升和发展，"三师"系统也开始逐步演化为以强矩阵或项目式为主要结构形式的现代项目管理模式。

2.5.2.2　综合试验、联合试飞是必然发展趋势

以系统工程理念为指导，以全寿命周期管理方法为工具，在决策门(里程碑)的共同约束下，以降低试验成本、及早交付装备为己任，势必使得开展联合试飞、综合试验成为历史必然。未来无人机系统特别是高度自主的无人机群系统研发

需要投入大量的人力、物力、财力,是群体的力量设计和生产出了高度集成的复杂系统,同样需要群体的力量完成复杂系统的试验与鉴定。试飞技术人员必须在产品研发早期介入设计,设计人员必须跟踪试验并不断优化和改进产品设计。国计民生是国之大计,任何一个国家都在"掐着指头算计"能给武器装备研发投入多大的财力,所以必须以"财力"为基础针对性地开展综合试验、联合试飞,优质高效地交付好用的武器装备。

综合试验不仅仅指的是飞行试验,更多的应当关注大量的前期地面试验。问题缺陷发现得越早,试验成本就越低。如果说前期地面试验不充分,依靠飞行试验发现问题和缺陷不仅成本太高而且时间节点无法预期,任何一个国家都承担不起。以里程碑节点控制系统进展,以系统技术成熟度管理为牵引,联合团队开展综合试验成为必然趋势。

2.5.2.3　由指标考核模式向基于能力的试验鉴定模式转变

研制总要求规定了作战使命任务,同时对系统功能/性能指标进行了全面细致的战技指标约束。在系统设计定型试飞(性能试验)期间,重点在于对应研制总要求全面战技指标的考核及优化完善,特别是系统边界能力试验至关重要。如升限、续航时间、最大速度等指标,与实际作战任务息息相关。武器装备研制的目的是作战使用,"管用和好用"是目的。因此,地面试验与飞行试验不仅仅验证规定指标的符合性,更重要的是强调实际作战环境武器作战效能和部队适用能力。所以,部队试验(作战试验)同样异常重要,是无人机系统试验与鉴定的重大组成部分。在此前提和背景下,以努力降低试验成本、及早交付部队为目的,这样就对部队试验内容提出了较高要求。部队试验不是在重复设计定型试飞(性能试验)的内容,而是更多的应当关注近实战条件下任务系统发挥作战能力的效率和受限条件。作战效能考核的基本前提是得有一个相对真实的作战环境,如真实兵力、真实电磁环境、真实地理环境、真实威胁环境、真实后勤保障环境等,应当加强建设作战环境的这些方面。在作战想定的基础上,针对性地开展部队试验,为作战部队作战奠定基础。

2.5.2.4　不断加强航空装备的演示验证,提高装备的技术成熟度

技术成熟度体现在两个方面,一是采用全新技术,二是采用未使用过的成熟技术。通过预先研究获得的全新技术,往往技术成熟度不高,此种新技术必须通过演示验证飞行予以确认。例如,美国的 X 系列验证机试飞;全新发动机必须经过高空台和飞行台的综合验证才能予以确认。未使用过的成熟技术虽然技术成熟度稍高,但由于型号上的首次使用,难免存在较多的适应性装机问题。这种

新技术就必须通过他机试飞予以验证和确认,例如新型雷达、倾斜长焦相机等任务设备以及新型导弹系统。

本章总结

无人机系统的试验与鉴定属于复杂系统工程,不仅需要系统工程理念和系统工程方法的理论指导,更需要不断完善试验与鉴定管理理念和管理程序。联合试验团队是开展试验与鉴定的高效手段和方法,但需要引起关注的是无人机系统研制全体人员应当认识到试验与鉴定的重要性,大家应当遵守共同的试验与鉴定程序,共同推动产品的成功研发。

试验与鉴定贯穿于复杂无人机系统研制的全寿命周期,试验与鉴定是全体研制人员的共同责任,必须遵守共同约定的研制程序以及里程碑节点要求。按照里程碑节点,试验与鉴定的管理部门、试验单位以及参与研制的全体人员按照试验与鉴定程序开展试验与鉴定。

美国空军试验与鉴定程序是比较好的参考模板,需要国内相关组织机构和试验人员编制适合国内实际情况的试验与鉴定程序文件,不断完善和提高试验与鉴定的管理和技术水平。

第3章　无人机系统试验与鉴定的组织管理和总体规划

管理就是预测和计划、组织、指挥、协调以及控制。

——现代管理之父　亨利·法约尔

第2章对开展试验与鉴定活动所需的系统工程理念及方法和全寿命周期管理进行了阐述，对美国空军新版本的试验与鉴定程序进行了解读。本章阐述国内无人机试验与鉴定所需的管理程序、试飞组织管理，并结合实际对无人机试验与鉴定的总体规划方法和内容进行重点描述。

我国武器装备试验的管理层次主要是：原总装备部（军委装发部），各军兵种（海军、陆军、空军、火箭军等），国防科技工业机构管理的试验基地、靶场、试验场、试验中心和担负试验任务的部队。试验基地是装备试验与鉴定执行的主体，其主要使命是组织实施上级赋予的各种试验任务，对被试品提出准确的试验结果并做出正确的试验结论，为装备的定型工作、部队的作战使用、研制单位验证设计思想和生产厂家检验生产工艺提供科学的依据。国防科技工业机构负责装备的研制，参与武器装备的试验与鉴定工作。技术演示验证性质的试验通常由研制单位自行组织（可在试验基地或其他所属试验中心进行）。

一般情况下，国内把航空武器装备的试验与鉴定分为两类，一类是针对新型重要武器装备的设计定型，如新型运输机、战斗机等。这些重要武器装备的研制一般由军委装发和空军直接管理，其设计定型由军委一级定委委托空军二级定委（航空产品定型委员会）定型办公室直接管理。另一类是针对改型（改进）飞机或引进的国外飞机、军民融合企业飞机的设计鉴定和使用鉴定。

自新中国成立航空工业以来，特别是近20年，我国航空装备发展取得了举世瞩目的成就，当然其中的试验试飞做出了巨大贡献。从发展趋势来看，我们的航空装备试验与鉴定正逐步向国外的先进试验与鉴定理念靠近。特别是近年来，相继的一些任务已经采用了"四个一"方针，即一个试飞总方案、一个试飞总计划、一套试飞测试方案和一支试飞队伍，贯彻了联合试飞、综合试飞、主场地原则和部队适应性试飞。军委装发部也在推进新的试验鉴定管理条例的出台，引进一些国外先进的试验鉴定管理理念，推动我国武器装备试验与鉴定工作的快速发展，以适应现代武器装备的研制，服务于中华民族的伟大复兴。

航空武器装备特别是大型无人机系统的试验与鉴定属于复杂系统工程，涉及自上而下的多级管理机构和决策机关，需要相关装发、装备管理部门对试验经费的及时拨付；需要设计、生产等工业部门的全力支持；需要试验与鉴定单位全方位组织实施；需要大量的试验资源的支持以及部队试验人员的全面介入；需要质量安全部门全程对质量安全的控制；需要各方面的试飞人员的及时到位和参与试验；需要国防科技工业系统、试验单位对试验数据、试验报告的全面管理。在开展试验与鉴定之前，需要开展试验与鉴定工作的总体规划。"磨刀不误砍柴工"，以系统工程方法为指导，以上级机关文件、安排和年度计划任务为牵引，必须事先做好试验与鉴定的总体规划工作。

按照国内航空产品研制的全寿命周期定义和管理原则，借鉴美国空军试验与鉴定管理程序，本书提出了结合国内实际情况的试验与鉴定总体规划框架和方法。以"一案三纲一测"为统领，在全面里程碑管理的制约下，统筹规划四方面的工作，即试验与鉴定的组织管理建设、基于能力的试验与鉴定方案、质量安全和标准化管理以及信息化与档案管理。其中，基于能力的试验与鉴定方案是系统总体规划的核心。

3.1　试验与鉴定组织管理

3.1.1　航空产品研制涉及的利益攸关者

航空产品研制属于人造系统，根据系统工程管理要求，首先开展利益攸关者识别活动。以下列出可能的利益攸关者类型，用以指导识别利益攸关者。

（1）用户：在系统使用期间有直接利益关系的个人或群体，如飞行员/维护人员、作战部队等。

（2）客户：获得产品或服务的个人或组织，如装备采购部门、装备研发论证部门、机关、战区及作战部队司令部等。

（3）监管机构：基于法律、行业或者其他外部环境对航空产品研制、鉴定、使用、处置过程进行监督管理的组织机构,如武器装备定型管理委员会、适航审定中心、专业试飞机构等。

(4) 开发组织:研制、开发、制造、维护航空产品或者提供服务的组织,它从系统中获得合法的收益。如承研单位、承制单位、系统供应商及其他科研机构等。

(5) 体系中的其他装备或设施:如作战指挥体系、空管系统,其他兵器、舰船、航天等领域。

利益攸关者最小集合应包括用户和客户。对于典型航空系统,用户应包含飞行员、地面维护人员及作战部队和战区,客户应包含军方或各级指挥机构。大型项目中存在很多用户和客户,他们相互之间具有不同的诉求。

得到了潜在的利益攸关者类型之后,需要确定哪些类型的利益攸关者是有关的,以及如何联系每种类型的利益攸关者。在有些情况下,可直接联系沟通。在另一些情况下,则不能直接联系沟通。对于能够直接联系的利益攸关者类型,应确定具体利益攸关者,对于不能直接联系的利益攸关者类型,可确定代理利益攸关者,并以他们的名义发表意见。通过该过程最终确定利益攸关者。

3.1.2　航空产品项目的组织管理形式

装备研制完成后,由驻厂军事代表审核并会同装备承研承制单位提出装备设计定型申请,经二级定委审批后,进行装备的设计定型试验。设计定型试验完成后,若符合要求则对重要装备由二级定委审查后报一级定委审批;一般装备的设计定型由二级定委审批,报一级定委备案。

设计定型完成后,需要组织试生产和该生产装备的部队试用。根据试生产和部队试用情况,由厂军事代表会同装备承研承制单位向二级定委提出装备生产定型的申请,必要时进行生产定型试验。生产定型试验完成后,若符合要求则对重要装备由二级定委审查后报一级定委审批;一般装备的设计定型由二级定委审批,报一级定委备案。

一代新机是用户方论证出来的,是设计方设计出来的,是制造方试制出来的,是试飞方试飞出来的。而最后的焦点必然集中在试飞上。因此新机试验汇聚了为新机研制而承担责任的所有人。美国 F-18 战斗机试飞集中到海军航空试验中心,人员最多时达 700 人。美国 F-22 战斗机试飞集中到空军试飞中心,人员最多时 650 人。国内多型无人机同时试飞时,常驻试飞现场的人员为 200~300 人,他们分别来自国内不同专业的多达 50 个研制单位。

无人机系统的试验与鉴定也面临同样的问题,研制方管理机关、试验与鉴定管理机关、总设计师系统、试飞员组织、设计单位(包括主机和分系统)、制造单位、试验单位,部队试验单位、接装部队等等,往往涉及数十个机构、单位或组织机关,需要把数百甚至上千的各方面技术人员组织在一起,共同开展试验与鉴定工作。

中国航空工业集团公司原副总经理耿汝光先生在其《大型复杂航空产品项目管理》著作中指出:在大型航空产品研制过程中,西方国家由于技术储备较为雄厚,产品研制中重点解决系统集成和工程验证问题。因此,突出以项目经理为最高负责人的组织形式。而我国由于航空技术预研不足,在产品研制中仍需解决大量的关键技术成熟问题。因此,技术系统在研制中的作用和地位较西方同类项目要高。同时,在进入工程研制后期,随着产品进入小批量生产,质量控制成为实现研制目标的重要保障。由此,我国形成了特有的"三师"系统结构,并在大型航空产品研制中发挥了重要作用。本书前文已经述及,目前美国空军的试验与鉴定以系统工程管理理念和方法为指导,全面采用现代项目管理理论和方法,组织实施高效的空军试验与鉴定工作。目前国内已经引入系统工程理念,一些现代项目管理理论和实践也在尝试中,但距美国空军的试验与鉴定现代项目管理的差距还较大。

3.1.2.1 "三师"系统组织管理模式

"三师"系统指的是在组织中针对行政、技术和质量建立的相应的行政总指挥系统、总设计师系统和总质量师系统,突出了总设计师和总质量师的地位。行政总指挥是项目的总负责人,承担项目经理的角色,对航空产品研制全面负责。重点是研制过程中的资源配置、规划、计划等全局性工作。总设计师作为总指挥在技术上的助手,是航空产品研制的技术负责人,总指挥应积极创造条件,支持总设计师在技术上的决策和实施。总质量师则在总指挥领导下,负责质量的监督和控制工作。

行政总指挥系统由参与项目的军兵种装备部有关管理部门及国防科技工业总部、承研和承制单位主要领导组成,是项目研制工作的组织者和领导者,行政总指挥系统由军方和工业部门有关主管领导共同组成。总设计师系统由总设计师、副总设计师和分系统设计师组成,总设计师系统主要来自工业设计和生产部门。总设计师系统对行政指挥系统负责,承担研制项目的技术方案论证,确定技术指标、技术途径,审查试验项目、试验大纲,组织技术交流、技术协作等技术指导和管理工作,组织各种专业会议等。总质量师系统负责建立项目的质量管理体系、制造质量方针和目标并组织进行考核,负责产品研发过程的质量监控(包括设计、制造、试验等的质量考核)及供应商的评价和管理工作。同时,总质量师系统与驻厂军事代表室联合对产品质量和安全进行管理和控制。

"三师"系统组织管理模式能够快速地集结各种资源和人才,集中力量从各方面保证航空产品的成功实施。"三师"系统的组织管理模式在保证我国大型飞机研制成功方面发挥了巨大作用,推动了航空产品项目管理的发展。随着航空产品研制管理水平的提升和发展,"三师"系统已开始逐步演化为以强矩阵或项目式为主要结构形式的现代项目管理模式。

在"三师"系统任命中,也同时任命了主管试验与鉴定机构(单位)的主管领导为行政总指挥系统成员,以及"试飞总师"系统。一般情况下"试飞总师"属于副总设计师,在技术上受总设计师系统管理。

3.1.2.2　试飞总师系统组织与管理模式

鉴于试验与鉴定需要客观公正的鉴定意见和结论,新机试飞应成立行政指挥系统和试飞总师系统。行政指挥系统也称试飞现场指挥部,由鉴定管理机构、试飞鉴定单位、产品研制单位(设计单位和主机生产厂)、工业主管部门、使用方主管部门等主管领导组成;一般由试飞鉴定单位主要领导担任总指挥,主要研制单位和机关主管领导担任副总指挥;现场指挥部下设办公室。

试飞总师系统一般由试飞鉴定单位、产品研制单位、部队试验单位等的技术负责人组成。其中试飞鉴定单位技术负责人担任试飞总师,产品主要研制单位和部队试验单位委派一名技术负责人担任试飞副总师,试飞鉴定单位根据工作需要委派 1～2 人担任试飞副总师。试飞总师系统下设型号试飞办公室。新机试飞总师系统应与新机研制总设计师系统密切沟通协调,互相配合、互相支持。

试飞现场指挥部的主要职责是:组织领导新机试飞工作,负责新机试飞过程重大问题的决策;负责审批试飞现场各种管理制度,负责有关报告的签发;负责协调试飞现场各单位的工作;对试飞安全质量负领导责任。

新机试飞总师系统是试飞任务的技术指挥系统,其主要职责是:负责试飞任务的总体规划与设计;负责新机试飞大纲、试飞总方案、试飞安全质量保证大纲、标准化大纲等文件的编制;负责组织完成试飞技术文件的编制;负责安排协调试飞团队人员的任务分工及试验机的任务分工;负责试飞技术问题的协调处理;负责试飞鉴定(定型)报告的编制;负责与上级机关的信息沟通与报告;负责完成试飞各阶段的工作报告;对型号试飞的安全质量负有技术管理责任。

3.1.3　三师系统与试飞总师系统的关系

3.1.3.1　组织管理上的关系

一般情况下,工业部门组织大型航空武器装备的研制,军方组织大型航空武器装备的试验与鉴定。与研制密切相关的试验活动由工业部门组织,军方参加。试验与鉴定相关的试验活动由军方组织,工业部门参加。也就是说,一般情况下大型航空武器装备由中国航空工业集团公司组织研制,航天、电子、兵器等工业集团也可组织或参与,军民融合企业或个人也可组织小型无人机等低成本系统的研制。军方装备部门组织航空武器装备的试验与鉴定,下属的航空产品定型委员会负责管理大型航空武器装备的试验与鉴定,装备部相关机关和部门组织武器装备的财务管理、周期管理及装购管理等。

行政总指挥系统管理和指挥试飞现场指挥部的工作。

3.1.3.2　技术实现上的关系

试验与鉴定是航空武器装备研制全寿命周期中的重要组成部分,试验与鉴定要服务于新型武器装备研制中采用的新技术和作战新理念,试验与鉴定需要不断跟踪并贯彻新型武器装备的战技能力提升,并在试验与鉴定过程中予以全面验证和确认。

试验与鉴定需要从三个层面服务于武器装备研制,一是武器装备立项研制前的技术演示验证,二是新技术确定后在型号装备中作战能力的完善和确认,三是为开展试验与鉴定活动必须事先准备的试验资源的统筹建设。在这个层面上说,试验与鉴定管理部门及试验单位有责任和义务不断推动试验与鉴定技术的发展,必须不断适应新型武器装备研制的需要。

试飞总师系统有两个上级管理机关,一是空军装备部所属的航空产品定型委员会(业务),二是试飞现场指挥部(行政)。总设计师系统为试飞总师系统提供技术协助,同时试飞总师系统为产品研制负责,服务于总设计师系统,如图 3-1 所示。

3.1.4　无人机系统试飞组织与管理框架

3.1.4.1　职责与分工

1) 试飞工作领导小组

试飞工作领导小组是无人机试飞的领导机构,其主要职责是:负责贯彻执行上级机关有关型号研制指示精神,全面领导无人机科研/定型一体化试飞工作;重大试飞组织问题的决策;各部门和单位之间重大管理问题的处理和协调,如图 3-2 所示。

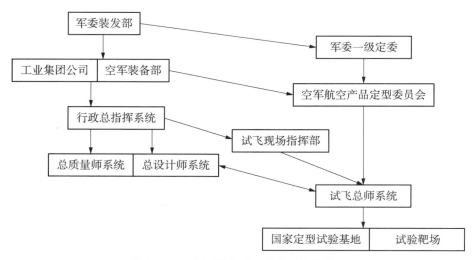

图3-1　三师系统与试飞总师系统的管理

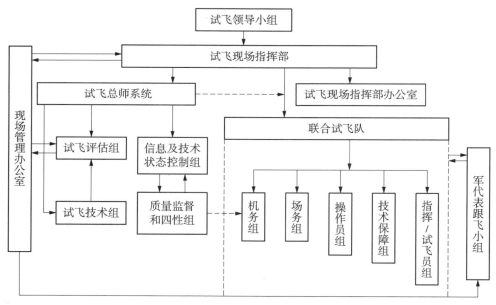

图3-2　无人机系统试飞组织管理机构框图

（1）试飞现场指挥部。

试飞现场指挥部在试飞工作领导小组领导下,负责整个科研和定型试飞工作的现场组织,统筹安排试飞现场各项工作。管理和调度现场资源,组织实施飞行试验,组织实施鉴定考核。落实试飞领导小组指示,统一协调处理科研试飞、定型试飞和部队试验试飞现场问题;负责各单位资源保障和计划落实;检查督促试飞计划落实,收集汇总试飞情况,及时决策;制订试飞现场各项工作计划和流程、规章,确保试飞有序顺利开展;对试飞风险进行评估、管理和控制,确保试飞安全;及时与体系现场管理办公室沟通有关科研/定型一体化工作。

（2）试飞指挥部设试飞现场办公室。

现场办公室主要职责:试飞各单位的总协调及与上级机关的沟通;计划、安排和落实各种会议;负责向上级和有关单位及时汇报试飞进展情况;负责制订试飞现场的有关规章制度并监督执行;编制和发送周报及月报（日报视情况发送）;联系和处理试飞中的日常事务,保卫、保密;负责参试人员的管理。负责及时向体系现场办公室通报有关情况,协调军代表参加有关会议,为军代表提供必要的工作条件等。

（3）研制管理体系现场管理办公室。

在试飞领导小组的统一领导下,参加各阶段的试飞监督工作。主要职责是:

a. 开展一体化试飞监督工作,组织开展试飞现场质量监督,了解、掌握试飞工作情况,协调、处理试飞过程中出现的质量安全等问题;

b. 掌握和监督试飞总体进展及任务完成情况;

c. 根据进展情况,提出需要上级机关协调和解决的问题;

d. 参加试飞工作有关会议和评审,做好纵、横向信息传递与交流工作;

e. 参与试飞评估、管理和控制等工作;

f. 监督试飞过程中技术状态变化和各项技术指标满足研制总要求的情况;

g. 及时向上级机关报告试飞进展和其他有关情况。

2）**试飞总师系统**

试飞总师系统设试飞总师、副总师,试飞技术组、质量监督和四性组、试飞评估组和信息与技术状态控制组。

（1）试飞总师。

a. 负责制订飞行试验总体计划;

b. 根据试飞大纲和现场指挥部的要求,组织制订现场具体试飞计划;

c. 根据试验计划,提出试飞资源要求,及时安排试验;

d. 负责对试验中的技术问题进行协调,提出解决意见;

e. 组织审查试飞实施流程;组织对试飞项目结果进行技术评估,并从技术上提出相关试飞工作建议;

f. 负责信息和技术状态控制的管理。

（2）试飞评估组。

a. 制订评估标准与方法；

b. 试飞数据分析与处理；

c. 收集试飞员小组和操作员小组试飞评述意见；

d. 对科研试飞数据采信提出评估意见；

e. 将试飞评估结果通报体系现场管理办公室。

（3）试飞技术组。

a. 按照试飞大纲，对飞行任务执行情况编写评估报告；

b. 试飞大纲编制和上报；

c. 负责按试飞大纲要求，与联合试飞队共同协调试飞计划和试飞内容，编制试飞任务单（书）；

d. 对试验机技术状态进行控制；

e. 对试飞数据进行检查确认；

f. 试飞数据分析与处理；

g. 收集试飞员小组和操作员小组试飞评述意见；

h. 通过 GDAS 监控飞行状态，向指挥或试飞员组报告；

（4）信息与技术状态控制组。

a. 负责系统技术状态信息收集和处理，对系统技术状态进行控制；

b. 负责试飞现场技术文件的统一编号、按要求复制分发，原件归档，包括试飞任务单、试飞任务书、现场发出的信息传递或报告单、技术协调通知单；

c. 负责建立现场试飞数据库，编制《试飞数据管理分发流程》，对试飞数据统一收集、备份、分发。

（5）质量监督和四性组。

质量监督和"四性"组主要负责现场质量检查和跟踪。其主要职责如下：

a. 编写质量检验流程，根据质量检验流程对试飞和地面试验的所有环节进行质量检查和跟踪。

b. 负责系统及成品使用时间、寿命的跟踪记录及相应检查更换周期的控制。

c. 负责机载和地面站软件版本、装机成品状态控制。

d. 负责现场出现的技术质量问题的跟踪、归零。

e. 负责将现场质量检查和跟踪结果通报体系现场管理办公室。

f. 负责"四性"评估现场文件制订及监督执行。

3）联合试飞队

联合试飞队是试飞工作的实施者，针对试飞不同阶段的特点和要求，在试飞现场指挥部的统一安排下，在试飞总师系统的统一规划下，确定不同阶段联合试飞队的主责单位和辅责单位，明确职责分工，协调好不同阶段试飞工作的衔接。联合试飞队的主要责任如下：

　　a. 对现场指挥部及总师系统的决策、决议逐条跟踪落实，归零管理；

　　b. 负责空管计划及航线申报、空域调配等工作；

　　c. 组织试飞计划和试飞任务的实施；

　　d. 按试飞任务单编制试飞实施任务书；

　　e. 负责实施试飞计划，按照试飞实施任务书的要求执行飞行；

　　f. 确定、协调各参研单位在试飞期间的工作和关系；

　　g. 负责处理和落实试飞中出现的技术质量问题；

　　h. 根据现场指挥部的安排，编写现场试飞计划，协调、调度相关参试人员；

　　i. 负责现场问题的收集、分发与协调处理，编制现场日报中的飞机状态、现场主要工作、问题及处理情况等相关内容；

　　j. 对飞行过程中发现的故障、问题等飞行信息反馈给现场办公室；

　　k. 对应急处置进行飞行模拟和演练，在试飞指挥员统一指挥下进行应急处置；

　　l. 负责协调军代表跟飞小组参加有关试飞现场工作，将试飞过程中出现的有关较大技术质量问题及处理情况及时通知军代表，将军代表口头或书面形式提出的关于试飞工作改进意见和建议的处理结果及时反馈军代表；

　　m. 联合试飞队由机务组、场务组、指挥/试飞员组、操作员组、技术保障组组成。

　　（1）机务组。

　　a. 按工艺规程、航空工程条例、使用维护说明书等有效维修依据对无人机进行调试、维护、定检、飞行前准备、飞行后收置、无人机系统排除故障等工作；

　　b. 按照地面试验技术文件的要求配合设计人员完成地面试验；

　　c. 下载机载试飞数据；

　　d. 将维护中发现的问题反馈给技术保障组。

　　（2）场务组。

　　a. 负责试飞实施过程中所需飞行保障车辆，包括消防、加油、应急处置等；

　　b. 负责航线和空域天气情况的预报、监控；

　　c. 掌握和监督试飞全过程；

　　d. 负责试飞过程中的通信保障工作；

　　e. 负责跑道、滑行道适于起降状态工作，靶试区域等的安全和保障等。

　　（3）操作员组。

　　操作员组主要由任务载荷监控与操作和链路监控与操作人员组成，在不同的阶段由各主责单位的人员负责。

　　a. 任务载荷操作员负责任务载荷的监控与操作；

　　b. 链路操作员负责链路的监控与操作。

　　（4）任务规划员。

　　a. 按照试飞实施任务书要求制订航路规划和加载确认；

　　b. 按照更改的任务实施航路的更改。

　　（5）指挥/试飞员组。

　　指挥/试飞组由塔台指挥员、试飞员和任务指挥员组成，包括参加部队试验的接装部队飞行员。其主要职责是整个科研/定型试飞过程中的飞行指挥和对无人机系统的操作与控制。塔台指挥员和试飞员参与试飞任务的规划和演练，并对每个试飞架次进行评述、评估。具体职责如下：

　　a. 塔台指挥员：负责飞行指挥调度。

　　b. 试飞员：

　　ⓐ 负责与塔台指挥的协调；

　　ⓑ 负责正常飞行过程中的飞行监控和操控；

　　ⓒ 负责应急状态下的应急处置和飞行操控；

　　ⓓ 负责试飞任务临时变更的决策。

　　c. 任务指挥员：

　　ⓐ 负责飞行前技术准备状态确认；

　　ⓑ 负责试飞员与操作员之间的技术协调；

　　ⓒ 负责发生应急处置预案中未涉及的应急状态时，指导试飞员和操作员进行应急处置；

　　ⓓ 接受试飞员和操作员的技术咨询；

　　ⓔ 负责提出试飞任务临时变更的建议。

　　（6）技术保障组。

　　技术保障组主要负责处理试飞出现的相关技术问题。其主要职责如下：

　　a. 处理与本专业或成品相关的技术问题；

　　b. 地面试验技术文件、设施、设备的准备,根据试验细则进行试验操作,负责故障排除和完成试验报告;

　　c. 配合操作员组完成试飞任务的规划;

　　d. 配合信息与技术状态组处理分析试飞数据;

　　e. 负责备件保障。

　　4) 军代表跟飞小组

　　(1) 监督试飞前各项准备工作,参加各类试飞前评审,检查参试样机(品)技术状态,按照试飞程序和要求,保证安全试飞;

　　(2) 参加联合试飞队的工作,及时掌握试飞中出现的各类问题、故障,参与有关技术质量问题的处理;

　　(3) 及时掌握综合保障设备在试飞过程中的试用情况,及时发现有关问题,提出相关意见和建议;

　　(4) 在跟飞过程中要对有关信息及时进行收集和数据处理,督促研制单位开展质量与"四性"工作。

　　5) **各参加试验单位职责**

　　科研/定型一体化试飞组织机构中各参试单位的分工职责如下:

　　(1) 试飞单位。

　　a. 负责组织试飞总方案编制;

　　b. 负责设计定型试飞大纲的编制和上报;

　　c. 参与调整试飞,负责相关数据采信;

　　d. 负责编制设计定型试飞任务单,数据处理和分析,试飞报告;

　　e. 负责他机试飞方案、试飞大纲、载机改装方案等技术文件编制;

　　f. 负责组织实施他机试飞,编制试飞报告;

　　g. 参与调整试飞阶段,负责定型试飞阶段的地面监控系统试飞监控任务;

　　h. 参与部队试验;

　　i. 牵头完成试飞安全管理实施方案和相关规定的编写和上报。

　　(2) 设计单位。

　　a. 负责编写试飞要求,确定试飞技术状态,编写首飞及调整试飞大纲,负责完成调整试飞工作;

　　b. 负责完成调整试飞科目的试飞任务书编写,参与定型试飞任务书编写;

　　c. 负责试飞测试方案设计和试飞测试系统设计和发图,配合测试系统机上实施;

d. 提出他机试飞项目要求,提供相应接口技术文件资料,参与他机试飞;

e. 编写并提供试飞所需的技术文件资料和技术支持,解决试飞过程中发现的与飞机及系统研制有关的问题;

f. 负责或参与与试飞相关的地面试验;

g. 负责对试飞员、飞行员、操作员、地勤和试飞工程师的技术培训;

h. 负责建立地面监控系统及试飞监控任务;

i. 参与试飞安全管理实施方案和相关规定的编写。

（3）生产单位。

a. 参与调整、定型试飞现场组织和实施;

b. 负责试飞期间的备件供应,承担装机成品的定检和校验;

c. 参与试飞期间机务保障;

d. 参与实施相关机上地面试验;

e. 参与试飞安全管理实施方案和相关规定的编写。

（4）部队试验单位。

a. 负责部队试验大纲、方案、报告等技术文件的编制和上报;

b. 对无人机系统进行作战使用评估;

c. 负责组织部队试验试飞及数据处理和分析评估;

d. 参加部队试验/试飞。

6) 驻配套成品厂军代表室

（1）在上级机关的领导与组织下,按照试飞总体工作部署和计划开展有关工作;

（2）结合所驻单位配套产品的研制生产进展情况,制订工作计划并抓好落实;

（3）督促承制单位及时处置配套产品出现的问题;

（4）按要求做好试飞工作的信息收集、交流、上报和处理工作。

3.1.4.2 管理要求

无人机试飞组织机构采用矩阵式管理结构,即在试飞领导小组统一领导下,由试飞现场指挥部统一组织联合试飞队完成调整/定型试飞任务,试飞总师系统实施鉴定考核任务。由空军无人机研制管理体系现场管理办公室实施一体化试飞监督管理。试飞现场指挥部在不同的试飞阶段主责不同,分别由总师单位、试飞鉴定单位负责。典型无人机试飞组织与管理框架见图3-2所示,具体管理要求如下。

1）**工作例会制度**

建立各级试飞现场工作例会制度。由总指挥（副总指挥）或现场办公室主管人员主持，按每日/每周/每月、飞行前/飞行后召开工作例会。会议内容主要是总结工作、检查进展、沟通情况、梳理问题、布置任务、落实责任等。现场各参试单位保障组原则上都应按时参加例会，确因工作原因不能参加的，必须征得总指挥（副总指挥）同意。总指挥（副总指挥）可根据现场工作需要，专门要求各参试单位不在现场的有关人员参加会议，相关单位应服从要求，积极配合。试飞现场指挥部根据现场试飞工作进展情况，适时组织召开试飞现场指挥部工作会议，原则要求指挥部全体成员参加。现场办公室主管人员负责与军代表跟飞小组协调，参加有关会议。军方及工业部门型号主管机关视情参加上述会议。

2）**信息报送制度**

试飞现场定期总结试飞工作进展，找出存在的问题并提出解决措施。每周/每月汇总情况后上报主管机关和体系现场管理办公室，同时抄送相关主机单位和配套成品承研单位。

3）**问题通报制度**

建立严肃的试飞现场管理及技术质量问题通报制度，试飞过程中出现的较大技术质量问题以及处理解决情况应及时通知军代表/上级管理机关。相关组织管理部门将根据问题的严重性和影响程度，进行问责处理。

4）**技术文件管理要求**

各参试单位应对试飞现场产生的技术文件进行严格管理，建立完整的文件档案库，严格控制技术状态；严格遵照 FRACAS 系统运行要求，实行技术质量问题闭环管理。各参试单位应严格执行和遵守无人机试飞现场各项管理文件和规定，如机载软件的排故更改规定；机载新成品更换规定；试飞现场装机成品到寿处置规定；试飞现场地面站使用管理规定等。所有试飞现场产生的技术文件必须严格按规定的程序传递，相互传递时必须留证。各单位收到对方的技术单后，应在要求的时限内答复，确保试飞现场技术文件管理有序和现场问题处理的及时高效。

质量监督和四性组负有对试飞现场技术质量问题处理的监督管理责任。质量主管人员应定期对试飞现场产生的技术文件的流转、归零等情况进行检查，发现问题及时督促解决，并报试飞现场指挥部。对于现场出现的重大技术质量问题应及时上报试飞现场指挥部和型号总质量师，同时上报军方和工业部门型号主管机关。

3.1.5 部队适用性试飞的组织管理

空军一级作战司令部批准,由空军指定的试验单位及接装部队组织实施,工业部门参加,试验所在地的战区指挥所、空军指挥所、驻地部队配合实施。

部队试验大纲由空军装备部有关部门组织审批,报空军一级司令部(航空产品定型委员会)批复执行。

3.2 试验与鉴定的内容界定

3.2.1 无人机系统研发需要的主要内容

从宏观方面来说,无人机系统的试验与鉴定是大型无人机系统研发的关键组成部分,是用户采购无人机系统装备的核心决策环节。无人机系统的试验与鉴定贯穿于无人机系统研发的全寿命周期,试验与鉴定服务于系统设计和研发,反过来也可以说研发的全过程就是围绕着试验与鉴定而规划和运转的。

从微观层面上讲,试验与鉴定只是研发的一部分,试验与鉴定中的"试验"不能涵盖无人机系统全部的"试验"内容。所以需要从技术层面和组织管理层面界定试验与鉴定的内容,如表 3-1 所示。

国内"三师"系统组织管理模式也正体现在这里,由总设计师系统组织研制试验,由试飞总师系统组织鉴定试验。总设计师系统与试飞总师系统有交叉管理,同样研制试验与鉴定试验也需要交叉管理。

主要由研制方组织(鉴定方参与)的地面试验有以下几项:

1) **新技术演示验证**

(1) 核心能力试验。

a. 风洞试验;

b. 发动机高空台试验;

c. 仿真计算与模拟评价试验。

(2) 系统综合地面试验。

a. 结构模态耦合试验;

b. 飞行模拟/铁鸟台试验;

c. 机电系统综合试验;

d. 任务系统综合试验;

e. 全系统联试。

表 3 - 1　无人机系统试验与鉴定的一般内容规划

无人机系统设计/全寿命周期（概念设计/详细设计/地面试验/飞行试验）													
详细设计（工艺与生产）	作战能力论证	方案设计	新技术演示验证	核心能力试验	系统综合地面试验	重大地面试验	他机试飞	开车滑行首飞	调整试飞	定型试飞	部队试验	作战使用	退役
	颁布作战能力		总体技术验证			专项技术验证		全系统验证		全系统确认		技术咨询通报	
气动/结构/隐身			新型布局	风洞试验	结构模态耦合试验	静力/疲劳试验							
动力装置			发动机	高空台	地面试车台		空中试车台						
飞行管理系统（飞控）			新型控制规律	仿真计算与模拟评价试验	飞行模拟/铁鸟台合试验	飞行模拟与试飞员评价	导航系统	首席试飞员小组					
核心技术与关键系统　飞发匹配/供电/环境控/液压/发动机控制			新型机电设备		机电系统综合试验	环境试验							
任务管理系统（任务机/任务系统/火控）			新型武器		任务系统综合试验	电磁兼容性	任务设备						
地面站与测控链路			新型通信		全系统联试								
六性													
技术成熟度		2	3	4		5		6	7	8	9		

注：数值增大表示技术成熟度增强。

（3）重大地面试验。

a. 静力/疲劳试验；

b. 飞行模拟与试飞员评价；

c. 环境试验；

d. 电磁兼容性。

2）开车/滑行/首飞、调整试飞

（1）地面试验；

（2）滑行试验；

（3）飞行试验。

主要由鉴定方组织（研制方参与并提供技术支持）的试验有：

（1）新技术演示验证试飞。

（2）关键系统他机试飞。

（3）专项地面试验。

（4）定型试飞：

a. 地面试验；

b. 飞行试验。

（5）部队试验。

（6）生产试验。

3.2.2　无人机系统试验与鉴定的主要内容

现代作战飞机是一个多功能武器平台，随着航空技术的迅猛发展，当代作战飞机在飞行控制与管理系统、火力控制系统、动力装置及机电系统等关键系统方面，都具有明显的时代技术特点。现代飞行控制系统特别是三代机以来全面采用多余度数字电传飞行控制系统，"无忧虑"操纵能够确保飞行员把更多精力投入作战，四代机矢量喷管控制技术实现了"眼镜蛇"等超机动动作操纵和控制。火力控制系统技术日新月异，驾驶舱内多功能显示和控制界面保证飞行员深入的作战态势和情景感知能力、多部雷达同步的探测和规避能力、多目标同时锁定以及多目标同时攻击能力。动力装置控制也已逐步转入数字控制时代，全飞机系统自身的健康管理也日趋完善。

海陆空对现代作战飞机的要求越来越高，作战使命任务要求高。研发一代战机需要10~20年的时间才能成熟、稳定。其中飞行试验的时间至少需要3~5年，需要试飞3000~5000架次，需要投入各类试飞技术人员200~300人。

飞行试验的目的是改进设计,把一型工业产品变成可以作战的武器。需要针对研制总要求提出的数千项指标要求,通过飞行试验予以确认和完善,并且需要把可能数百项不合格的指标通过反复升级完善和飞行试验予以确认。中国飞行试验研究院原副院长周自全先生于 2010 年国内首次著作出版了《飞行试验工程》,该著作全面描述了军机飞行试验技术的方方面面,尤其是全面阐述了飞机平台和飞机系统飞行试验所需要的试飞方法及评价准则。前已述及,飞行试验是技术性极强的系统工程。飞行试验不仅是飞行试验组织和试飞顶层规划,更多的是在质量安全体系管控下的飞行试验过程。无论认为设计如何"完美",事实胜于雄辩,只有飞行试验才意味着一切。需要进行飞行试验的内容一般包括以下各项:

(1) 飞机平台。

a. 飞行性能,200～300 架次;

b. 飞行控制与飞行品质,100～200 架次;

c. 结构强度,200～300 架次;

d. 飞行载荷,100～200 架次。

(2) 机电系统(供电、环控等),100～200 架次。

(3) 动力装置,200～300 架次。

(4) 航空电子,600～800 架次。

(5) 武器火控,200～300 架次。

(6) 六性评估。

(7) 部队作战使用适应性,100～200 架次。

一般情况下,军机飞行试验细分为飞机平台、发动机及机载设备飞行试验。随着"火飞推综合""综合航空电子系统""矢量推力"等现代航空技术的发展,迫使对飞行试验进行重新认识。飞机、发动机、综合航电系统合称为飞机平台,复杂的任务系统包括火控武器、通信与导航、电子干扰与支援等合称为任务系统。所以,从飞机平台和任务系统两大方面来陈述各具体专业的试飞方法与评价准则。

无人机系统试验与鉴定的内容非常多,一般情况下都在该型无人机的研制总要求中予以明确规定,本书以阐述飞行试验方面的鉴定试验,其他方面的鉴定可参考其他书籍及相关技术资料。主要方面如下:

(1) 确定作战飞行时战术技术性能指标,如最大飞行速度、升限等;

(2) 确定作战飞行时的可靠性、维修性、测试性、安全性等指标要求;

（3）确定地面保障用战术技术指标，如地面加油时间、换装发动机时间、工具设备等；

（4）按照研制要求规定的技术资料要求，确定和完善使用说明书、维护说明书等；

（5）空/地勤人员及各岗位所有使用人员的使用意见；

（6）现代作战飞机系统软件工程化的考核；

（7）地面考核试验，如部件可靠性试验、疲劳寿命专项考核、EMC 考核等；

（8）全系统的标准化要求，包括通用化、系列化、组合化等要求；

（9）全系统硬件/软件的自主国产化率，产品/系统的经济性指标分析；

（10）作战效能评估与部队适应性。

3.2.2.1　飞机平台考核

飞机平台包括飞行性能、飞行品质、结构完整性及动力装置等。《飞行试验工程》这本著作从首飞、飞机性能和发动机试飞（第 5 章）、飞行品质试飞（第 6 章）、飞行包线和结构完整性试飞（第 7 章）等全面阐述了飞机平台的试飞方法和典型试飞技术。无人机创新发展来源于有人机，所以平台试飞所阐述的试飞方法与典型试飞技术大部分适用于无人机。飞机平台还应包括机电系统，如发动机、飞机燃油、供电、环控、液压等。总体来说，机电系统在有人机和无人机上差别不大。

3.2.2.2　任务系统考核

对有人机来讲，任务系统重点在于综合航电系统，陈述于《飞行试验工程》航空电子系统试飞（第 8 章）。重点内容如导航系统、各种雷达系统及各型导弹系统等。常规战斗机任务系统基于飞行员自主决策而立即执行战斗任务，而当前状态的无人机则更侧重于情报收集和处理，为战斗机打击任务做铺垫。所以无人机任务系统中，重点是增加了各型情报侦察和处理等任务设备。

3.2.2.3　控制站与测控链路

随着无人机装备的不断完善发展，无人机地面控制站和测控链路的试验与鉴定也显得异常重要。

3.2.2.4　性能考核

无人机系统的性能考核不仅包括常规的飞机平台考核，更重要的是要关注机-站-链系统考核以及地面站的全面考核。

3.2.3　统筹规划研制试验与鉴定试验

理论上讲，研制试验做的工作，鉴定试验都应该再做一遍，以便确定所实施的战技指标的合理性和可用性。反过来,如果研制试验做得非常完全和彻底,鉴定试验也就不需要了。研制试验、鉴定试验的共同目的只有一个,即高效、高质量地完成武器装备的研制。所以,作为"三师"系统特别是总设计师系统一定要提前与试飞总师系统密切协同、统筹规划试验所需的试验资源。

试验鉴定方要提前参与研制试验,特别是重大地面试验,一是可以更好地理解系统、理解作战能力。更重要的是,及早发现和提出设计缺陷,使得研制方将设计改进的代价花费得最少,把缺陷最少的武器装备提交战场。所以,研制试验的报告和数据应当提交试验鉴定方,一是可以让试验鉴定方更好地确定系统状态和技术成熟度,二是可以利用重大地面试验弥补可能无法用飞行试验验证确认的战技指标及其验证内容,确保提交的鉴定报告的完整性和验证的彻底有效性。

总设计师系统应当全力帮助试飞总师系统规划完整的综合试验方案及各阶段的试飞大纲,在开展试验与鉴定时,总设计师系统应当跟踪试飞现场,及早解决试验中发现的缺陷和问题,不断优化和迭代产品设计,确保高质量的武器装备。鉴定试验方应当无条件地把所有试验结果和数据提交给研制方,这是研制方特别是系统设计师们"梦寐以求"的东西。试验数据共享就能极大地提高试验效率。

3.3 试验与鉴定的类别与阶段划分

国家军工产品定型机构按照规定的权限和程序对军工产品进行考核,确认其达到研制总要求的规定标准的活动,称为军工产品定型。由定委组织或经定委授权,由总装分管有关装备的部门、军兵种装备部或承研承制单位,按照军工产品定型工作的有关规定,对军工产品组织实施试验考核,确认其达到规定的标准和要求,并办理审批手续的活动,称为军工产品鉴定,如表3-2所示。一级军工产品由一级定委审批定型,称为一级定型;二级军工产品由二级定委审批定型,称为二级定型。

表3-2 航空武器装备试验与鉴定的一般管理机构

组织机构	配合机构	组织实施单位	配合单位
国家军工产品定型委员会,一级设在中央军委,二级设在各军兵种,下设定型管理办公室	各军兵种装备部下属的科研订购局、装备研究院,国防科技工业部门(国防科工局、各大集团公司)	国家授权、具备试验资质的试验机构,包括国防科技工业机构管理的试验基地、靶场、试验场、试验中心和担负部队试验任务的靶场	各级军事代表室,总体设计单位、分系统设计单位,承制厂及各级承包商等

军工产品设计定型一般按照下列工作程序进行：

（1）申请设计定型试验；

（2）制订设计定型试验大纲；

（3）组织设计定型试验；

（4）申请设计定型；

（5）组织设计定型审查；

（6）审批设计定型。

装备试验任务由试验实施机构的上级主管机关负责受理和下达，由试验组织实施机构完成装备试验任务的具体实施。装备试验实施单位的主要工作是根据装备试验年度计划和装备试验大纲严密组织实施装备试验。大型无人机系统由空军所属的航空产品定型委员会（二级定委）组织设计定型，报军委军工产品定型委员会（一级定委）批准。GJB 2631—96《军用飞机新机试飞管理程序》中对新机试飞的相关管理程序做了明确规定。需要开展试验与鉴定的装备实行分类管理，分为重要装备和一般装备。重要装备实行一级定型，一般装备实行二级定型。为便于管理，军兵种装备部、军委机关分管装备机构按照装备鉴定定型分级管理的要求对装备分系统及设备进行鉴定定型级别划分。其中，重要装备的分系统及其设备可划分为二至四级产品；一般装备分系统，设备可划分为三至四级产品。三级、四级产品的鉴定定型审查可分别由试验鉴定管理部门、定型管理机构授权有关部门开展。例如，大型无人机系统为一级定型产品，随机配装的发动机和关键任务载荷设备为二级定型产品，机载关键系统和地面站等为三级定型产品，机载部件、组件等为四级定型产品。

定型试飞主要针对新研的重要装备，如新型无人机系统、新型发动机、新型武器以及重要任务设备等（如雷达），凡需要定型的装备都最后必须得到中央军委（一级）定委的批准。定型后开展的改型无人机系统、直接计划采购的非计划性产品（军民融合企业生产的产品等）一般采用鉴定试飞模式，由空军自行组织开展。其他军兵种（如陆航、海航、火箭军等）也可组织小型、微型无人机的设计鉴定。GJB 1362A—2007《军工产品定型程序和要求》中对相关定型类别、部门职责、审批程序及关键过程等做了明确规定，如表 3-3 所示。

表 3-3 航空武器装备试验与鉴定的一般管理与分类

分 类	组 织 机 构	鉴 定 对 象
设计定型	国家军工产品定型委员会,一级设在军委,二级设在各军兵种	国家重要武器装备,分为一级定型(整机)和二级定型(发动机、雷达等关键机载设备)
设计鉴定	定委授权,由各军兵种组织	国家一般武器装备,改进/改型武器装备等

3.3.1 一级(重要)航空产品实施设计定型试飞

一级航空产品设计定型试飞,一般分为首飞、调整试飞、状态鉴定、作战试验等阶段开展。其中首飞、调整试飞由工业部门组织,状态鉴定(设计定型试飞)由定型委员会组织有资质的试验单位实施,作战试验(部队试验)一般由接装部队或由军方用户指定试验单位开展。

地面试验及首飞、调整试飞的目的是,通过飞行试验对新研或局部改进的航空产品的工作状态进行调整,使其产品各系统达到鉴定试飞飞机移交状态的活动。状态鉴定试飞,通过飞行试验按国军标和研制总要求对新研航空产品的战术技术指标和使用要求进行全面符合性验证与评价的活动。作战试验,应由部队组织完成部队试验,按部队实战使用要求进行鉴定并给出鉴定意见。

一级航空产品设计定型试飞阶段定义如表 3-4 所示。

表 3-4 设计定型试飞与阶段定义

定型试飞阶段	目 的	技术成熟度	说明
系统集成试验	部件级试验与确认	3~4	研制方
重大地面试验	系统级试验与确认	5~6	研制/试验方
滑行及首飞	定型样机全系统地面试验与首飞	6	研制方/试验方
调整试飞	调整达到设计定型技术状态	7	研制方/试验方
状态鉴定	战技指标考核与边界能力确定	8	试验方/研制方
作战试验	作战效能与部队适用性	9	(接装)部队

3.3.2 一般或改型装备实施军兵种鉴定试飞

军兵种鉴定试飞一般分为鉴定试飞、适应性试飞、技术鉴定试飞、随机试飞和他机试飞五种。鉴定试飞一般由军兵种组织试验单位灵活开展,以适应不同的产品情况,如表3-5所示。

表3-5　军兵种(空军、海军、陆航等)组织的鉴定试飞与阶段定义

类别	目　的
鉴定试飞	通过飞行试验对新研航空产品(或系统)进行性能、使用要求和产品质量等按照国标(国军标)和研制总要求进行全面符合性验证与评价
适应性试飞	已定型(鉴定)过的航空产品(系统)在新机上检查其装机适应性、对载机环境适应性和主要性能指标符合性的飞行试验
技术鉴定试飞	通过飞行试验对局部改进的航空产品进行评价,或通过部分试飞内容对新研航空产品的性能和使用要求进行基本评估
随机试飞	为新机配套研制的航空新产品(系统)随新机试飞进行的飞行试验
他机试飞	为新机配套研制的航空产品(系统)改装其他专用试验机上进行的飞行试验

3.3.3　发动机/武器系统等重要装备实施他机试飞

在开展设计定型试飞和鉴定试飞时,特别是遇到发动机、武器系统、任务设备(雷达)专项试验时,往往需要先期在其他成熟型号飞机上开展调整、定型试飞,在本机上开展适应性试飞即可。

3.3.4　新技术演示验证与试验单位自行组织的试飞技术研究

试验与鉴定管理部门及试验单位有责任和义务持续开展设计定型试飞技术研究,国家有责任和义务持续推进试验与鉴定设施/试验资源的投资建设和升级换代。一般情况下,试飞技术研究包括预先技术研究和试飞技术攻关(见表3-6)。另外,国内也在逐渐组织针对新技术的演示验证试飞,这种情况往往需要试验与鉴定单位的参与及客观的技术评估。

表3-6　试验单位自行组织的试飞及新技术演示验证试飞

分类	类别	目　的
预先研究	新型试飞技术	通过飞行试验对试验新概念、新理论、新技术等进行确认和完善
型号需求	试飞技术攻关	为完成新机试飞任务,对关键试飞技术(包括试飞方法、测试技术、试飞评价方法等)进行研究改进并验证
演示验证	关键技术试飞验证	专项技术演示验证,如矢量推力技术演示验证,无尾气动布局演示验证等

3.3.5　部队适应性试飞

设计定型试飞包括两大部分,一是由有资质的试验单位(国家授权机构)组织的基地试飞,二是由部队组织的部队适应性试飞。这类似于美国空军的研制试验与鉴定和作战试验与鉴定,分为两个阶段开展。部队适应性试飞的目的是按照部队实战使用要求,在部队实际使用环境条件下,通过常规的部队训练和工作制度,主要检查飞机的战术使用效能、可靠性、维修性、保障性是否满足作战使用要求,进一步暴露研制质量方面的问题,为设计定型提供依据。同时,为部队接装、改装工作积累经验。GJB 3744—99《军用飞机部队适应性试验规范》对有人驾驶的军用飞机部队适应型试飞的管理和内容做了明确规定,军用无人机可参照执行。

设计定型试飞重点在于系统功能的全面性试飞以及系统性能的全边界考核试飞,以研制总要求为依据全面检验规定的战技指标。部队试验重点在于作战效能评价以及部队保障适用性评估,部队试验不再考核研制总要求规定的具体战技指标。以缩短研制周期尽早将武器装备投入战场为前提,以统筹试验资源、努力降低试验成本为原则,以高效快速开展武器装备试验与鉴定为目标,设计定型试飞与部队试验的内容不得重复。

3.4　试验与鉴定的总体规划

装备试验鉴定通常按照性能试验、状态鉴定(设计定型)、作战试验-列装定型(部队试验)、在役考核(生产定型)的基本程序开展,根据需要可以统筹三类试验开展综合试验。性能试验是指,在规定的环境和条件下,为验证装备技术方案、检验装备主要战术技术指标及其边界性能、确定装备技术状态等开展的试验活动;状态鉴定是指,对通过性能试验的装备,是否符合立项批复和研制总要求明确的战术技术指标进行的综合评定;状态鉴定结论,是作战试验和列装定型的基本依据;作战试验是指,在近似实战战场环境和对抗条件下,对装备完成作战使命任务的作战效能和适用性等进行考核与评估的装备试验活动。作战试验结论是装备列装定型的基本依据。按照现代项目管理理念开展试验与鉴定的总体规划,现代项目管理的核心理念是"以目标为导向""以计划为基础""以控制为手段""以客户为中心"。项目管理的管理方式具有"程序化、动态化、体系化、可视化"的特点。

试验鉴定管理部门应当组织装备试验鉴定总体论证等单位开展试验鉴定初

步方案论证,试验鉴定初步方案通常作为装备立项论证报告的组成部分,随装备立项论证报告一同报批。装备鉴定定型试验总案是规范性能试验、作战试验和在役考核的总体要求,是制订、审查和批准各类试验计划、大纲,组织状态鉴定、列装定型审查的基本依据。试验鉴定管理部门应当组织装备试验鉴定总体论证单位、装备论证单位、主要试验单位、研制单位等相关单位,开展试验鉴定总案论证。新研装备应当开展试验鉴定初步方案和鉴定定型试验总案等总体论证工作。试验鉴定初步方案论证工作通常在装备立项论证阶段开展,鉴定定型试验总案论证工作通常在装备立项批复后工程研制阶段前期开展。

对于试验与鉴定的组织者来说,面对复杂的试验工程不仅仅是试飞现场的组织管理,更重要的是承担着试飞技术和试飞安全的责任。试飞技术范畴很广,它几乎涵盖了航空、航天、武器、电子、船舶等多方面的专业,而且还具有试飞专业本身所特有的技术。飞行性能、结构强度、飞行品质、发动机、机电、航空电子、武器火控、测控链路、地面站、综合保障等近百个专业的试验工程师在型号试飞总师的带领下,在设计师系统的支持下开展试飞任务规划和安全方案规划,在试飞总师的组织下由试飞员将飞机带上蓝天。

联合试飞是一种趋势,但要有相关明确的里程碑阶段控制。首先按照无人机系统逐渐成熟和完善的进程,把无人机型号飞行试验按其目的不同分为以下几个阶段:

(1) 首飞/调整试飞;

(2) 定型试飞;

(3) 部队适应性试飞。

无人机试飞也要组建联合试飞队,整个试飞遵从统一试飞设计和规划下分阶段分工负责制。整个试飞中遵从四个一原则:一支队伍(联合试飞队),一个试飞方案计划,一次改装,一套试飞测试仪器。三个阶段试验的界线划分虽有技术状态要求,但互有重叠,表现出互为交叉、相互支撑的一体功能。其中在调整试飞阶段,完成了基本的功能和状态调整后,即可安排一些定型试飞科目内容,主要是一些技术和构型状态对最终数据结果没有明显影响的定型试飞科目内容(如部分性能指标、飞行模式转换、系统功能评价等)。调整试飞重在系统状态调整和软件固化,在于系统调整、逐步增长系统稳定性、可靠性,尤其是飞管(飞控与导航)系统的能力验证和确认,落实飞管系统的技术状态冻结。要特别注意起降安全性,配置飞机状态满足定型技术状态的要求。

定型试飞阶段要在调整试飞基础上,依据定型试飞大纲规定的试飞科目和验证指标,对无人机系统进行全面指标考核验证。包括机站链以及成品、技术文件、人员配置、四性保障等全面验证和确认。根据任务综合安排的原则,定型试飞科目和内容可以跨越两个阶段开展,一是收集调整试飞相关科目、数据和结果,二是在定型试飞阶段安排试飞科目进行验证和确认。

部队试验的目的是确认在典型使用环境下无人机系统的适应性,主要考核产品作战使用效能,并对编配方案、训练要求等提出建议。

3.4.1　统筹开展试验与鉴定的总体论证和规划

依据国务院、军委联合下发的《军工产品定型工作规定》,由试验与鉴定相关管理部门和责任试验单位编制试验与鉴定实施方案,编制设计定型试飞大纲。试验与鉴定实施方案由责任试验单位组织编写,由型号研制管理部门组织评审。设计定型试飞大纲由试验责任单位组织编写,由二级定委组织评审,下发颁布执行。

试验与鉴定的实施方案和设计定型试飞大纲总体上按三个阶段实施和编写,即首飞与调整试飞、设计定型试飞和部队适应性试飞。这样就对应着三个实施方案和三个试飞大纲,为了开展联合试飞,整合试飞资源,缩短时间周期和降低试验成本,鼓励联合编制一个试验与鉴定总案,将三个阶段的试飞方案整合,达到高效试验与鉴定的目的。三个试飞大纲为纲领性指标符合性文件,各有自己的考核特征和考核内容,需要单独编写。

以系统工程理念和方法为指导,以美国空军试验与鉴定程序为参考,结合国内实际管理和技术情况,紧贴无人机系统试验与鉴定的独特性,全面论证和规划无人机系统的试验与鉴定总方案。

3.4.1.1　试验与鉴定统筹规划的理念与方法

(1) 服务于军工产品定型,给出客观公正的评价。

(2) 服务于军工产品装备研制和作战,遵照军工产品定型程序和年度研制计划开展试验。

(3) 以全寿命周期管理理念出发,根据任务性质确定试验与鉴定的里程碑节点。

(4) 结合国内无人机试验实际情况,确定里程碑(决策门)节点的准入/准出条件。

(5) 组建联合试验团队,一套完整的试验与鉴定方案贯穿始终。

(6) 首飞/调整试飞大纲、设计定型试飞大纲、部队试验大纲全面覆盖研制总要求。

3.4.1.2　试验与鉴定统筹规划的四个方面

试验与鉴定需要统筹规划的内容非常多且繁杂,参照美国空军试验与鉴定程序框架,结合国内实际,本书建议从以下四个方面开展:①组织管理及需求制订,这是顶层规划;②试飞大纲编制及具体的技术实施,包括资源需求等,作为第二大部分,即基于能力的试验与鉴定;③质量安全标准化及所有的技术审查和转段决策,为第三部分;④最后一部分是关于信息化管理及试验档案的管理。

3.4.1.3　全寿命周期与里程碑节点的确定

航空飞机产品系统生命周期阶段可分为立项论证、方案、工程研制、状态鉴定、列装定型、生产、运行保障、退役这八个阶段。基于航空飞机产品的研制特点,系统生命周期阶段还可以细分,方案阶段可分为初步设计和详细初步设计两个子阶段;工程研制阶段可分为详细设计、试验试制和首次试飞三个子阶段。系统生命周期每个阶段都有明确的目的、任务、输入和输出,对整个生命周期有贡献。

国内大型航空产品的系统生命周期阶段划分与里程碑节点确定,如图3-3所示。

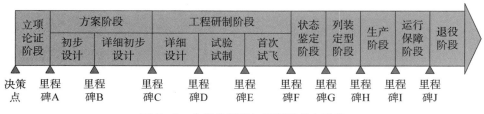

图3-3　全寿命周期与里程碑节点确定

1) 立项论证阶段(里程碑 A)

开展技术可行性论证、经济可行性论证、研制周期测算以及风险识别与评估等。在总体技术方案多轮迭代优化后,形成综合立项论证报告。

2) 方案阶段

(1) 初步设计阶段(里程碑 B):签订研制合同,制订研制工作总计划,开展总体技术方案设计;进行系统精度、可靠性、维修性、安全性、测试性及综合保障指标分配,提出各分系统的主要技术要求,制订综合保障工作计划;确定采用的新材料、新工艺、新成品,进行可行性及风险分析,并进行生产可行性论证。

（2）详细初步设计阶段（里程碑 C）：进行详细的质量、重心计算，气动特性、操稳特性和强度计算；进行主要结构和系统原理分析、仿真和试验，验证飞机状态。

3）工程研制阶段

（1）详细设计阶段（里程碑 D），进行飞机所有硬件和软件的详细设计，完成各类地面试验，同时完成科研保障条件建设、完成生产准备各项工作。

（2）试验试制阶段（里程碑 E），完成试制批零部件制造、装配和总装，完成首飞前规定的各项试验考核，提出科研试飞申请，进行首次大型试验准备审查（FLTRR）。

（3）首次试飞阶段（里程碑 F），飞机首飞，并进行科研调整试飞。

4）状态鉴定阶段（里程碑 G）

提出状态鉴定试验申请，依据批准的状态鉴定试验大纲开展状态鉴定试验，全面考核各项指标；上报装备状态鉴定审查申请，完成状态鉴定工作。

5）列装定型阶段（里程碑 H）

应根据采购方使用意见和鉴定试验对设计、生产和成本控制工作等做进一步改进完善，逐步使产品质量达到稳定。在列装定型阶段进行小批生产，并交付采购方试用；采购方试飞后提出使用意见，根据提出的试用意见，对批量生产条件进行全面改造。状态稳定后，申请列装定型审查。

6）生产阶段（里程碑 I）

有计划地引入产品更改，以解决生产问题、保障性问题，降低生产运行成本、提高系统能力，这些变化可影响系统需求，且需要系统重新验证或确认。航空产品可以单独生产、安装、集成和测试，或者可以批量生产。

7）运行保障阶段（里程碑 J）

使用产品，并根据全寿命保障计划使用产品保障活动，监控其性能。

8）退役阶段

产品有效寿命结束时，应按安全、保密和环境相关的法律、法规要求和政策，对产品进行去军事化和报废处理。本阶段主要活动是确保退役需求得到满足，包括对退役产品的性能监视及退役产品的反常、缺陷和故障的识别、分类和报告。针对明确的问题，采取的措施包括退役产品的维护、修改以及退役。

3.4.1.4　确定准入/准出条件与审查会

系统工程方法就是将复杂问题条理化，将混沌问题逻辑化，进而形成里程碑节点，在成本和周期约束下形成决策门。不仅需要确定里程碑节点，更重要的是约束和管控的准入和准出,在确保过程质量的前提下,有序推进整个进程。准入条件和成功准则如表3-7所示。

表3-7　准入条件和成功准则

系统生命周期阶段		准入条件	成 功 准 则
1　立项论证阶段		列入工作计划	确定试验与鉴定组长单位或试验单位
2　方案阶段	(1) 初步设计	签订研制合同	初步的试验与鉴定总案、试飞总师系统
	(2) 详细初步设计	总体技术方案冻结	初步的试验与鉴定总案 首飞/调整试飞大纲审查 质量安全、标准化大纲审查
3　工程研制阶段	(1) 详细设计	研制总要求批准	确定试飞现场指挥部 批准试验与鉴定总案 批准设计定型试飞方案 确定他机试飞总案 确定试验资源(一体化测试改装) 确定整个试验的数据共享管理规定
	(2) 试验试制	初步产品基线冻结	组建试飞现场办公室 他机试飞大纲审查 设计定型试飞大纲审查 部队试验大纲审查 批准首飞/调整试飞大纲 确定首飞技术状态 确定调整试飞转设计定型试飞条件 确定设计定型试飞课题组 确定试飞测试数据使用管理规定
	(3) 首次试飞	首飞/调整试飞申请批准	批准部队试验方案 批准设计定型试飞大纲 确定设计定型技术状态
4　状态鉴定阶段		状态鉴定试验批准	批准部队试验大纲 确定设计定型试飞转部队试验条件 颁发三四级成品鉴定技术报告
5　列装定型阶段		小批飞机交付部队	设计定型、部队试验报告
6　生产阶段		接到订单	完成试验与鉴定的工作、技术总结报告
7　运行保障阶段		投入运行	
8　退役阶段		产品中止使用	

3.4.1.5　按照里程碑节点要求开展试验与鉴定的组织管理建设及基于能力的需求制订

统筹规划组织管理建设及基于能力的需求制订如图3-4所示。

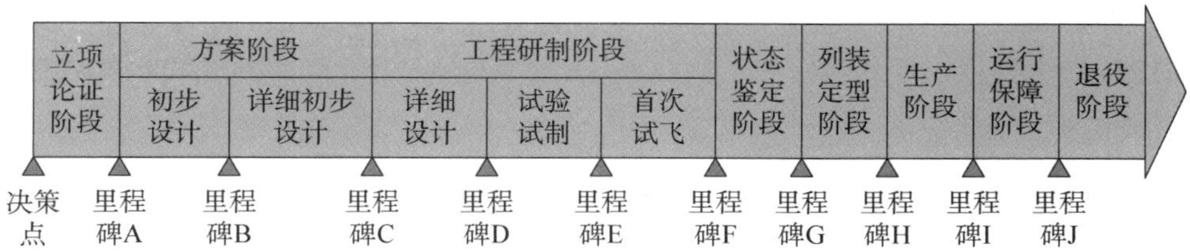

组织管理建设及基于能力的需求制订

核心团队　试飞总师系统　试飞现场指挥部　试飞现场办公室　组建试飞员小组

试验与鉴定初步总案（全寿命周期管理）　试验与鉴定总案

调整试飞大纲　设计定型试飞大纲　部队试验大纲

全寿命周期管理及基于能力的试验与鉴定

试验与鉴定总案论证　试验实施方案　首飞/调整试飞方案　设计定型试飞方案　部队试验方案

试验资源规划　专项技术改造　试飞技术攻关　试飞员训练

一体化测试改装　试验数据的采集与管理

动力装置他机试飞　任务载荷他机试飞

一体化综合试飞

技术状态控制及质量安全标准化

设计定型技术状态控制　转段技术评审

质量安全标准化保证大纲　试飞现场管理规定　管理/技术归零

档案与信息化管理

试飞课题下发　试验档案系统　三四级成品鉴定

提交设计定型报告　提交部队试验报告　技术/工作总结报告

图3-4　根据组织管理建设及基于能力需求制订的统筹规划

（1）立项论证阶段，空军司令部/装备部确定试验与鉴定组长单位或试验单位（里程碑A）。

（2）方案阶段，空军司令部/装备部，国防科工局/国防科技工业集团公司下达三师系统（总指挥系统，总设计师系统、总质量师系统），确定试飞总师系统（里程碑B）。

（3）工程研制（详细设计）阶段，三师系统确定试飞现场指挥部（里程碑D）。

（4）工程研制（试验试制）阶段，试飞现场指挥部组建试飞现场办公室（里程碑 E)。

（5）工程研制（试验试制）阶段，他机试飞大纲审查（里程碑 E）。

（6）工程研制阶段，空军司令部/装备部下文确定试验组长单位，部队试验单位以及所有参试单位（里程碑 F）。

（7）方案（详细初步设计）阶段，研制总要求定稿，初步的试验与鉴定总案（里程碑 C）。

（8）工程研制（详细设计）阶段，批准试验与鉴定总案，首飞/调整试飞大纲审查（里程碑 D）。

（9）工程研制（试验试制）阶段，设计定型试飞大纲、部队试验大纲审查（里程碑 E）。

3.4.1.6　全寿命周期管理及基于能力的试验与鉴定

统筹规划全寿命周期管理及基于能力的试验与鉴定如图 3-4 所示。

（1）方案（详细初步设计）阶段，研制总要求定稿，初步的试验与鉴定总案（里程碑 C）。

（2）工程研制（详细设计）阶段，确定他机试飞总案（里程碑 D）。

（3）工程研制（详细设计）阶段，批准试验与鉴定总案，首飞/调整试飞大纲审查（里程碑 D）。

（4）工程研制（试验试制）阶段，设计定型试飞大纲、部队试验大纲审查（里程碑 E）。

（5）工程研制（详细设计）阶段，批准设计定型试飞方案（里程碑 D）。

（6）工程研制（首次试飞）阶段，批准部队试验方案（里程碑 F）。

（7）工程研制（详细设计）阶段，确定试验资源（里程碑 D）：

a. 试飞测试系统一体化设计与改装；

b. 技术改造的方案论证与实施；

c. 试飞员训练设施与专项训练；

d. 试飞技术研究与试飞技术攻关。

（8）工程研制（试验试制）阶段，批准首飞/调整试飞大纲（里程碑 E）。

（9）工程研制（首飞试飞）阶段，批准设计定型试飞大纲（里程碑 F）。

（10）状态鉴定阶段，批准部队试验大纲（里程碑 G）。

3.4.1.7　技术状态控制及质量安全标准化工作

统筹规划技术状态控制与质量安全标准化如图 3-4 所示。

（1）方案（详细初步设计）阶段，研制总要求终版，初步的试验与鉴定总案

（里程碑 C）。

（2）方案（试验试制）阶段，确定首飞技术状态（里程碑 E）。

（3）方案（试验试制）阶段，确定调整试飞转设计定型试飞条件（里程碑 E）。

（4）方案（首次试飞）阶段，确定设计定型技术状态（里程碑 F）。

（5）状态鉴定阶段，确定设计定型试飞转部队试验条件（里程碑 G）。

（6）方案（详细初步设计）阶段，质量安全、标准化大纲审查（里程碑 C）。

3.4.1.8　档案与信息化管理

统筹规划档案与信息化管理如图 3 - 4 所示。

（1）工程研制（试验试制）阶段，确定设计定型试飞课题组（里程碑 E）。

（2）工程研制（详细设计）阶段，确定整个试验的数据共享管理规定（里程碑 D）。

（3）工程研制（试验试制）阶段，确定试飞测试数据使用管理规定（里程碑 D）。

（4）状态鉴定阶段，颁发三四级成品鉴定技术报告（里程碑 G）。

（5）列装定型阶段，提交设计定型、部队试验报告（里程碑 H）。

（6）生产阶段，完成试验与鉴定的工作总结、技术总结报告（里程碑 I）。

3.4.2　统筹开展试验与鉴定总案的编制和技术状态控制

试验与鉴定总案的设计要求如下：

（1）明确目的、试验内容和方法。

（2）认真分析技术上的难点、试验的关键技术和解决方法。

（3）明确试验任务计划安排并绘制试飞网络图。

（4）评估试验的技术风险，提出技术攻关计划。

（5）评估试飞安全风险，提出缓解风险措施。

（6）提出他机领先试飞安排。

（7）评估试验周期风险，预计试验资源和试验经费，提出控制措施和使用计划。

（8）提出综合保障措施。

3.4.2.1　首飞构型管理与技术状态控制

一般情况下，首飞的目的是确定系统基本技术状态，特别是确定平台飞行能力。如基本的起降特性、发动机基本能力及发动机电子控制器基本能力、无人机基本飞行品质特性、结构特性以及机电系统基本能力（包括供电、液压、环控、通信等)。首飞阶段的全机技术状态不尽完整,特别是缺装任务系统相关的任务载荷及任务软件系统。无人机首飞与有人机首飞相比,最大的挑战是无线电测控链路的稳定性和可靠性问题。所以首飞前针对测控链路需要专门开展的工作如下:

1) 测控链路工作稳定性

机-站-链联合地面通电功能全面检查,包括长时间的工作稳定性检查以及地面开车检查。

2) 测控链路在跑道上的遮挡及盲区确定

一般情况下,测控链路定向天线偏置于跑道 300 m 以外,靠近起飞跑道一端。由于跑道长度一般长于 2800 m 且跑道有不同程度的弯曲,跑道边沿设有较多的辅助飞机起降设施如引导雷达等。这样就必然造成视距不同程度的遮挡,甚至有较大的盲区。需要人工牵引无人机在跑道上反复试验确定。

3) 测控链路在跑道上滑行时的瞬态不稳定区域

由于测控链路车距离跑道较近,地形影响必然存在一定的多径效应问题。无人机在此区域滑行/飞行通过时,会产生较多的下行图像显示"马赛克"效应,会对飞行员、操作员操纵与控制产生一定影响,紧急情况下会直接影响安全。这需要人工牵引无人机在跑道上反复试验确定。

4) 测控链路、地面站及无人机的联合功能试验与应急处置模拟试验

机-站-链组成的系统功能非常多且庞杂,既有专注于飞行操纵与控制的核心系统,也有诸如通信、天气、航管等大量的辅助设施和软件系统。无人机系统首飞前,必须对核心软件系统做全面的功能检查,特别是应急处置飞行模拟检查。

5) 机组人员(包括飞行员、操作员)联合模拟飞行与应急处置演练

一般情况下,首飞阶段的使用操作手册及应急处置程序不尽完善,需要机组人员大量的地面模拟演练和用心的记录、分析和消化理解应急处置程序。这是开展首飞的基本前提条件。

首飞要求的先决条件和技术文件应满足下述要求:

(1) 完成所要求的静力试验,至少达到预计飞行状态的设计限制载荷。对飞行中载荷难以预计或难以控制的情况,应完成极限载荷的静力试验。

(2) 完成结构动态试验(如颤振模型风洞试验、刚度试验和地面振动试验等)。

(3) 完成相关系统的机上功能试验。

（4）完成飞行控制与管理系统地面试验。

（5）完成动力装置地面试验。

（6）完成火警探测系统试验。

（7）完成机-站-链全系统地面联合试验及故障模拟试验。

（8）无人机驾驶员经过了地面站（模拟器）操作及故障模拟训练，并考核合格。

（9）无人机机载设备与任务设备电磁兼容性试验。

（10）全系统供电、配电试验。

（11）完成安全性评定试验。

（12）根据要求还需提交以下技术文件：

a. 初期的气动弹性稳定性分析报告、颤振模型风洞试验报告、刚度试验结果和地面振动试验报告；

b. 强度计算报告和飞行限制报告；

c. 操纵性、稳定性计算报告；

d. 飞行控制系统（飞行任务管理系统）地面试验报告；

e. 推进系统地面试验报告；

f. 火警探测系统地面试验报告；

g. 计算的质量、重心数据及参考 GJB 4558—2004 的规定完成的称重报告；

h. 地面控制站人机界面试验与评价报告；

i. 任务站、数据链（卫通）、无人机系统地面联合通信试验报告；

j. 应急处置系统地面模拟试验报告；

k. 安全性评定报告；

l. 其他有关报告。

（13）飞行监控系统已有安排。

（14）应急处置系统已有安排。

（15）完成特定空域（场域）的申请与报批。

（16）参试人员已经具有相应的资质。

（17）完成飞行区域内部、外部电磁环境评定。

（18）完成试飞风险评估并依据风险点制订试飞过程中的应急处置预案。

（19）对首飞的气象、保障条件已经提出要求。

（20）制订了首飞剖面和指挥预案。

（21）完成了首飞评审。

（22）完成了低、中、高速滑行试验。

3.4.2.2　设计定型试飞转段条件与技术状态控制

首飞完成后，需要总设计师系统牵头组织开展调整试飞。调整试飞有两大任务，一是机-站-链平台系统的技术状态的不断完善与最终确定。二是任务系统功能的不断添加与完善，确保最终全状态的无人机系统用于设计定型试飞。调整试飞的目的陈述如下。

（1）机-站-链平台全系统的不断稳定和完善。

确定基本的飞行性能、飞行品质及基本的机动过载能力，确定发动机基本的工作稳定性及飞-发-桨-控匹配性。

（2）任务全系统的不断调整和功能完整。

不断加装和完善任务系统，尤其是火控系统及武器系统需要调整试飞。

（3）保障工具和设备趋于完善。

确定系统"六性"基本能力，尤其是基本的保障工具和设备。虽然不起眼，但基本工具和设备常常会引起不必要的使用麻烦，甚至影响部队使用人员对系统整体的评价。

（4）技术资料趋于完整和完善。

技术资料完善是件工程量很大的事情，而且好的资料更需要花大力气。设计师系统一定要从思想意识上高度重视，切忌"视而不见"事情的发生。

调整试飞完成后，转入设计定型试飞阶段。设计师系统将控制权转交试飞总师系统。试飞总师系统在相关定型管理机构及研制管理机关的监督下，开展设计定型试飞。设计定型转段技术条件包括飞机技术状态、人员技术状态以及六性技术状态等。在达到以下主要条件后，经过转段会议评审，方可转入定型试飞：

（1）飞机各系统及主要成品功能性能经过试验验证满足设计要求，且技术状态基本冻结。

（2）完成科研调整试飞工作，主要功能和关键性能得到试飞验证。

（3）完成巡航任务高度稳定飞行，80％速度使用包线；最大表速、最大 Ma 数、最小表速达到指标要求。

（4）固化系统状态，能够一次稳定连续飞行 80％能力范围以上；航时达到 80％，航程达到 80％。

（5）飞管系统、机电系统、动力装置稳定工作。

（6）任务系统功能/性能完整稳定可靠，已经取得任务系统基本的性能试飞数据。

（7）机-站-链连续工作，视距、卫通链路稳定，地面站完成功能验证。

（8）风险科目已具有比较完备的试飞方法和处置预案，对满足条件并经过评审确定实施的风险科目完成试飞；其中包括空中起动与空滑迫降试飞等。

（9）试飞员、操作员、试飞工程师完成培训，取得了相关资格证书。

（10）试飞员小组分别给出地面站的评价，经过了集体综合评价。

（11）机务、场务保障设施和工具齐备、完整。

（12）技术资料齐全、到位。

3.4.2.3　部队试验转段条件与技术状态控制

设计定型试飞重点在于对研制总要求战技指标的全面验证和考核，特别是边界能力考核，如最长航时、最大飞行速度、最大飞行高度等。设计定型试飞完成后转入部队试验阶段，部队试验不再针对研制总要求的具体战技指标条款，重点是作战效能考核以及部队保障能力适应性考核及改进完善。设计定型试飞针对的是边界能力考核，部队试验针对的是系统可用性及侦察或打击效果评估。按照系统工程理念，以系统研制的全局出发，以及时交付部队作战能力和降低试验成本为前提，设计定型试飞开展的试飞内容原则上在部队试验中不再单独组织开展。也就是说，部队试验的内容与设计定型试飞的内容不是重复堆积，而应当是全新的试验内容。本书后续有专门阐述作战效能评估的章节予以陈述。

转入部队试验的技术状态控制应为：

（1）边界能力考核完成，全系统技术状态冻结；

（2）六性技术指标全部达标；

（3）工具设备全部到位；

（4）技术资料全面完整；

（5）系统硬件技术状态齐全、质量受控。

3.5　试验与鉴定关键里程碑及其设计定型试飞大纲的编制

大中型无人机系统处于研发初级阶段，对其作战使命任务尚处于初步认知阶段。为满足特定的作战任务要求，大中型无人机系统的设计特征在某些方面加强或弱化了，诸如飞行品质、结构强度以及测控链路、地面站等。大中型无人机系统飞行试验组织也发生了变化，如试飞人员岗位（试飞员、操作员、规划员）

的变化,相比有人机而言,无人机系统可靠性、安全性变差,试飞安全、质量控制也有变化等。正是基于这些特征和变化,美国国防部对"全球鹰""捕食者"无人机的飞行试验考核安排了 ACTD 专项研究,提出了大中型无人机试飞考核的一些基本原则和方法。

美国"全球鹰""捕食者"等大中型无人机没有开展常规的 DoD - 5000 国防采办程序,而是采用了 ACTD 845 他类业务采办方法。这样做,一是面对新产品创新国防采办策略,二是缩短了装备定型试飞周期,及时保证了作战使用,三是降低了国防采购成本,四是降低了国防采购风险。美国 DARPA 对"全球鹰"ACTD 演示验证试飞的底线是:关键系统参数必须满足;18 km 巡航能力、36 h 续航能力、侦察图像性能、情报处理能力、飞管飞控导航系统等关键指标必须满足并达标。所以,美国空军既没有编制"研制总要求",空军试飞中心也没有按照研制总要求逐条去考核。

根据国内大中型无人机的设计特点,结合美国 ACTD 做法,提出了国内大中型无人机的试飞考核原则。在充分分析无人机系统设计和使用特点的基础上,确定了定型试飞工作"一个中心,两个面向、两个对比"的考核原则。一个中心就是无人机特点与特色的考核,以平台考核为基础,以任务能力为核心,以使用要求为目标,成体系、成系统地进行试飞。两个面向就是面向设计,面向部队。面向设计和面向部队表面上看起来是一对矛盾体,部队要求可能很高但设计确实实现不了或实现成本过高。但从本质上分析,站在系统工程的高度,需要统筹规划设计与需求之间的关系,达到综合效益最大化、使用效益最大化,研制成本最小化。需要在方案论证阶段,论证方、用户方、试验鉴定方全面协调论证,在综合考虑时间周期、设计能力及总成本的前提下,及早编制出综合的试验与鉴定总案。两个对比就是对比有人机与无人机的差异,对比国外与国内的差异。根据无人机特定作战使命要求,在试飞总体规划中,按照"面向任务,面向使用"的原则,采用重点科目考核与系统检查结合的方法,总体策划试飞大纲。

在上述背景情况下,给编制大中型无人机考核原则和试飞方法提出了挑战,编制考核方法的原则是:

(1) 依据研制总要求,这是军方需求的"纲";

(2) 平台必须稳定可飞,任务载荷必须 100％满足指标;

(3) 地面站必须稳定可用,测控数据链必须可靠,部队要能用;

(4) 参照军用飞机验证要求 GJB 1015—90,开展试飞内容梳理和编排;

（5）参考美国 ACTD 和美国相关文献报道，结合国内实际，对比有人机与无人机，折中综合考虑试飞方法。

1）面向设计、面向部队开展设计定型试飞

（1）大中型无人机系统处于初级研发阶段，对其使命任务的认识还不够。不能把一些设想的当前技术可能暂时实现不了或成本过高的要求加给设计师系统。

（2）既然是产品，就必须满足部队使用的最低要求。尤其是诸如"全球鹰"ACTD 提出了关键考核指标必须满足。其次是"六性"考核，必须让部队顺利接装并及早会用、会维修。

（3）严格依据研制总要求进行指标分解，编制试飞考核矩阵；根据考核矩阵编制试飞大纲。

（4）以考核无人机平台功能性能和任务使用能力为重点，注重"机-站-链"全系统综合，进行试飞大纲科目的设置和规划。试验大纲和试验内容的裁剪，以能力验证为牵引，以适应作战效用为前提，对飞行关键系统、任务关键系统进行重点考核。

（5）飞行试验难以全面验证的战术技术指标，根据无人机系统的特点，可通过飞行试验、地面试验、模拟仿真、实验室试验等不同方法进行综合考核和验证。

（6）以试飞大纲为主线，统一协调和安排首飞/调整试飞、设计定型试飞和部队试验试飞科目的规划，对满足要求的试飞结果进行采信。

2）无人机特点与特色的考核

（1）定型试飞在使用飞行包线内，以无人机的使用任务飞行剖面为重点进行考核验证，区别于常规有人机在全包线范围内的全面考核。

（2）充分考虑无人机的试飞特点，以使用要求为目标，以平台考核为基础，重点考核系统任务性能和任务能力。

（3）试飞以有人机的试飞科目设置为基础，考虑无人机特点和差异，强调飞行控制和管理系统、机站链等成系统体系的考核。

3.5.1　统筹规划和设计三个大纲，全面覆盖研制总要求

基于能力成熟度要求，不同阶段的试飞大纲有不同的技术特征和阶段要求，如表 3-8 所示。

表3-8 不同试飞阶段试飞大纲的技术特征和阶段要求

试飞阶段	目的/目标	飞行包线/%	预期能力	技术状态控制
首飞	确定基本技术状态	50	基本功能	总设计师系统
调整试飞	确定基本可用状态	80	全部功能/基本性能	设计/试飞总师系统
设计定型试飞	确定完全可用状态	100	全部功能/性能	试飞总师系统
部队试验	作战效能与适用性	90	全部保障能力	总设计师系统/接装部队

1）首飞

确定无人机系统基本技术状态，"只要能飞起来就行"。通过首飞，确定飞机能飞，地面站可用，测控链路可用。尤其是针对创新元素较多的系统，如首次采用飞翼无尾气动布局、新型飞行管理与控制系统、新型复合材料结构、新型发动机、新型测控链路及地面站等，首飞成功意味着巨大的技术进步。首飞状态时，由于系统功能和性能可能还不完备（如任务系统可能还缺装），地面保障的工具和设备还不完备（如有些工具可能还是前期实验室带出来的），所以，新机首飞一般情况下由总设计师系统牵头组织。

2）调整试飞

确定基本可用技术状态，意味着系统功能全部完备，部分性能还待进一步完善确定。一般情况下，要求通过调整试飞将飞行包线扩展到80%以上，任务系统的功能得到了全部的飞行检查且功能正常。全部的保障工具、设备以及技术文件、资料全部到位，且得到了试飞总师系统的初步认可。调整试飞是个过渡阶段，一是让系统成熟稳定，二是让试飞机构逐步介入，逐步掌握全系统技术状态，为定型试飞做好准备。

3）设计定型试飞

确定完全可用技术状态，意味着系统功能和性能全部达到了研制总要求的规定。设计定型试飞的重点在于，全系统的边界能力试验，如最大飞行速度、最大飞行高度、最长飞行时间等。在全系统边界能力考核的基础上，以基于能力的试验与鉴定为基调，综合采用多种考核方式，以最可能多的样本量综合评价各系统以及子系统的功能和性能。同时，对全部的二、三、四级成品给出鉴定意见，对全部保障工具设备、资料给出使用鉴定意见，对全系统可靠性、维修性、安全性和测试性给出鉴定意见。

4）部队试验

首先是系统作战效能及部队保障能力的检验,重点在于作战效能的评价,如无人侦察机系统能拍摄和侦察到什么样的目标,目标情报成功率受什么影响,武器弹药的威力如何等。其次是关于使用部队保障能力的问题,如使用操作人员能否胜任,系统定周期工作的检测仪器和设备是否齐备等。

在考虑试验与鉴定总案时,以综合利用试验资源为基本原则,以高效开展试验、着力降低试验成本为准则,统筹考虑在设计定型试飞与部队试验对全系统的任务能力考核的方式方法。如复杂电磁环境试验需要在部队试验中安排;武器弹药的杀伤力等需要在部队试验中安排。以高效开展试验与鉴定为目标,以及时满足作战装备需要为己任,原则上设计定型试飞与部队试验的内容不得重复,各有侧重,各负其责。

图 3-5 所示为某型无人机试验与鉴定过程中,调整试飞、设计定型试飞和部队试验的架次及占比分析。从该图可以看出,调整试飞占用比重为 9%,部队试验占比 14%,设计定型试飞占比 77%。其中设计定型试飞占总试飞架次的 77%,也就是说,无人机与有人机一样,设计定型试飞占试飞总工作量的 80% 左右。所以一般情况下,飞行试验也称为定型试验。

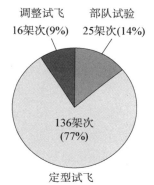

图 3-5　某型无人机系统调整试飞、设计定型试飞、部队试验架次及占比分析

3.5.2　新型无人机系统首飞与调整试飞

首飞与初步调整试飞一般由新机研制单位负责组织管理,必要时可由主管部门调整为试飞鉴定单位实施。进一步调整试飞由试飞鉴定单位组织实施。对于进行首飞和调整试飞的试飞新机应满足下列要求:

（1）按上级批准的研制总要求和《军工产品定型工作规定》及相关标准规定完成新机研制的地面鉴定试验,并证明新机的关键技术问题已经解决,达到移交状态。

（2）经地面开车试验与地面滑行试验证明各系统工作正常,新机的重量、重心符合首飞与调整试飞大纲的要求。

（3）经过风险评估（风险识别、风险分析与评价）并对主要风险源采取有效控制后,表明其试飞风险已经降低到可以接受的程度。

（4）新研装机成品应齐全,并已达到设计技术状态。

3.5.3　设计定型试飞

设计定型（鉴定）试飞大纲的编制要求如下：

（1）严格依据型号研制总要求规定的项目、内容和要求进行编制，随机定型的导弹和武器等产品试飞项目应一起列入。

（2）采用经过验证的试飞方法、试飞技术和判据。

（3）对国内尚不具备条件的项目应安排待定。

（4）上报的试飞大纲应加编制说明，经审查的试飞大纲应说明对评审意见的处理情况。

（5）定型试飞大纲应报定委批准。

3.5.4　部队试验

军用飞机设计定型试飞任务完成后，应根据 GJB 3744《军用飞机部队适应性试验规范》要求应完成部队试验。通过部队试验向作战人员交付部队所需要的作战能力，实现无缝验证使用（作战）能力。

部队试验阶段的管理要求如下：

（1）部队试验单位应编制的试验应以部队实际使用情况为基础确定试飞项目（科目），突出作战部队的特点和使用要求。

（2）部队试验单位应编制部队试验方案或管理计划。

（3）除部队试验组织管理外，所有参试人员都应是经过型号培训（改装）的部队在编人员。

（4）交付部队试验的试验机的技术状态应符合设计定型最终的技术状态。

（5）部队试验单位应给出部队试验报告，报告应给出试验鉴定意见。

（6）部队试验应有试验记录，并把试验机平台和任务系统视为一体，试验报告应既有飞行员的战性评价，也有数据分析结果，特别是评价在研制阶段之后对存在缺陷和问题的改进情况进行评估，报告还应指出未纠正的问题与缺陷。

（7）部队地面工作人员应按部队规定方案进行使用、维修和保障，并对"五性"进行评估。

本章总结

试验与鉴定是件复杂的事情，需要以系统工程理念为指导，以全寿命周期管理方法为工具对试验与鉴定进行全面规划和统筹管理。试验与鉴定一方面服务于产品研制,为确保某项关键能力指标可能需要开展较多的反复迭代试验,为了产品研制服务于总设计师系统是值得的。另一方面,试验与鉴定服务于部队使用,必须给出客观公正的评价,以便国防采办机构以最小的成本拿到最好用的装备。国防武器装备尤其是大型无人机系统,不同于民航飞机有国际安全公约的约束。大型军用无人机系统以能"打胜仗"为前提,以综合平衡成本为国力基础,以能力鉴定为目标统筹规划试验与鉴定,灵活制订试验与鉴定的策略和方法,及时提供武器装备是义不容辞的责任。

第4章 无人机系统试验与鉴定的独特性

一个人怎样才能认识自己呢？绝不是通过思考，而是通过实践。

——德国　歌德

当今时代，世界军备竞赛还在持续中，军事斗争与国民经济发展永远是一对矛盾。在国民经济快速发展、人民幸福的前提下，以最大的试验效率和最小的经济成本开展大型无人机系统试验与鉴定成为军方采办机构、试验与鉴定管理机构、试飞机构及试飞管理与技术人员的最高责任。

无人机系统特别是大型军用无人机系统，其作战使用任务在作战策略及如何使用上还有待进一步深入研究，有待时间和实战的验证。由于大中型无人机系统具有无人驾驶、长航时中高空飞行、机动作战任务需求等显著特点以及大中型无人机适航飞行等问题，使得大中型无人机系统如何进行设计定型（鉴定）成为世界难题。在此背景下，美国国会支持，决定以"全球鹰""捕食者"无人机为模板，创新国防采办策略。突破常规的条条框框，规避技术的细枝末节，以满足部队作战使用为前提，本着由实践检验的原则，在飞机一定成熟度的基础上，优先安排部队使用试验和作战试验。这样做拉近了工厂与战场的距离，把最新的技术直接推到战场前沿。规避了研制风险，降低了研制费用，及时保证了部队作战使用。

北约 AGARD《无人机飞行试验的独特性》(RTO AGARDograph 300 飞行试验丛书-27 卷 AG-300-V27，2010 年 4 月出版)，全面分析和总结了无人机区别于有人机飞行试验的独特方面。该书认为，鉴于无人机发展迅速，为了保证无人机飞行试验与有人机同步快速发展，需要从基本原理上分析和梳理无人机的独特方面，故编辑该书以指导无人机飞行试验。正如 AGARD《无人机飞行试验的独特性》所言，无人机飞行试验仍然遵从常规有人机飞行试验相关的组织程序和流程,仍然遵守常规有人机的基本试飞方法和数据处理方法,无人机自有人机发展而来,需要在有人机的基础上衍生发展,而不是抛弃有人机丰富成熟的试飞技术和质量管理制度。北约 AGARD《无人机飞行试验的独特性》出版较早,仅仅提出了对无人机飞行试验独特方面的一般认识,而且主要针对小型、微型无人机展开飞行试验论述。本书主要针对大型无人机进行飞行试验论述和试飞方法说明,特别应当从如下几个独特方面开展:

(1) 认识无人机的本质特点;

(2) 认识有人机/无人机的飞行使用差异;

(3) 对比有人机飞行试验,查找无人机飞行试验的独特方面;

(4) 分析和梳理无人机飞行试验需要改进和完善的方面。

大中型无人机特别是随着无人作战飞机的研发和逐步成熟,无人机系统一些独特的方面必须要逐步认识并从有人机中识别出来。逐步找出这些差别,目的在于保证无人机系统飞行试验的顺利发展,促进有人机、无人机飞行试验的共同进步。目前已识别出来的无人机飞行试验的独特内容如表 4-1 所示。我们需要逐步总结和提炼无人机飞行试验的独特方面,力求全面梳理和总结,为国家及无人机飞行试验后续发展提供经验积累和技术支持。

表 4-1　无人机飞行试验的独特内容

独特方面	基于飞行试验管理/航空管制	基于飞行试验技术(机动性)
分类	四类(大中、小型、微型、特种)	三类(低、中、高机动性)
术语	《无人机系统飞行试验术语》	
管理规定	《无人机飞行试验管理规定》《无人机系统试飞管理制度汇编》《试飞现场管理细则》	
质量安全	《无人机飞行事故调查办法》《无人机飞行事故征候判定准则》《无人机飞行试验应急处置管理要求》	
测控链路	无人机测控链路频谱管理	
飞行方式	遥控、程控(遥调、指令)、自主、超控	
飞行人员	飞行试验指挥、指挥员、任务指挥员、操作员(规划、链路、载荷)、机上操作(MBIT、任务加载、差分站)、机务指挥、场务指挥	
飞行组织	飞行气象限制条件(能见度、风、雨、雾)	
	自动双向驶入/驶出,自动双向起飞/着陆,低、中、高速滑行试验	
	起降机场跑道信息标定,迫降点选取,数字地图选择与制作	

（续表）

	无人机/无人机飞行水平、垂直间隔，同场飞行试验
	无人机试飞风险科目
机务工作	大型无人机系统维修保障体制
	飞行前地面检查流程与检查项目
	地面开车人员、开车流程、开车设备
标准化	总体规划无人机飞行试验标准体系

1）无人机系统分类与术语

无人机系统五花八门、样式繁多、尺寸大小差异很大，所以首先进行无人机分类研究，从飞行试验的角度对无人机进行分类管理首当其冲。在分类的基础上，规范无人机系统飞行试验术语。这是首先要完成的基础工作，在此基础上才可能开展无人机飞行试验技术研究工作。

2）无人机系统测控链路

测控链路是无人机系统的关键子系统，犹如风筝线一样重要，这是有人机与无人机的重要区别之一。

3）无人机操纵控制与典型使用方法

无人机上没有人，如何操纵和控制无人机是最大的技术难点。

4）无人机控制站与任务规划

大型无人机系统控制站比较复杂、操纵与控制界面多，既要事先开展任务飞行计划，又要飞行中实施监控和必要的操控，这是无人机系统试验与鉴定的关键部分。

5）无人机飞行人员

无人机飞行人员飞行操作资质备受争议，在无人机分类管理的基础上，重点阐述无人机飞行人员资质和飞行人员培训。

6）无人机空域管制与转场飞行

无人机飞行试验同样需要空域管制，空军、民航都颁布了一般的管制规定。

7）试飞安全控制

无人机试飞安全管理与有人机相比没有大的本质性变化，但对无人机事故等级定义有了新的规定。

8）无人机飞行试验的其他一些特别之处

4.1　无人机区别于有人机最本质的区别

4.1.1　无人机是机站链综合的系统

一般情况下,有人机的组成为飞机和飞行员,无人机的组成为无人机、地面站和飞行人员。有人机与无人机外观相比最大的差异是无人机增加了控制站,这也正是有人机与无人机使用上的最大差异。通过地面控制站实现对无人机的远程控制飞行,飞行控制与管理计算机正在逐步替代飞行员完成任务飞行(见表4-2)。无人机区别于有人机在于本该由飞行员完成的工作交由飞行控制与管理计算机完成,从而逐步实现无人化,从而让机器更好地为人类服务。

表 4-2　无人机能够替代飞行员完成的部分任务能力分析

常规飞行员任务职责	无人机能承担的任务职责	目前无人机不具备的能力
任务规划与推演		目前无人机不具备自主飞行能力,需要事先规划任务,如飞行航线、任务设备操作以及飞行空域、气象限制、通信链路使用等
飞行控制程序加载与飞行中实时任务监控	拟定的飞行中自动程序控制	任何航线、任务载荷的临时变化都需要重新加载和确认,空域管理与航管协同,增加临时任务
全飞行过程、全系统、全面健康管理	设定的健康管理	设计没有意想到的健康管理,如组合故障、交联故障以及引发故障等,结构强度管理等
全飞行过程安全管理与应急情况处置	拟定的安全余度管理与既定的应急情况处置	飞行控制系统主功能丧失,导航系统主功能丧失,结构受损(起落架、舵面等)

但并不是说,无人机就不需要"人"了,相反需要更多的人。根本原因在于,飞机作为一个大型复杂系统特别是现代作战飞机系统,飞行员需要承担和完成的任务特别多、特别关键。完全去除飞行员的责任和义务,而让飞行控制与管理计算机去自主完成,短期内是不可能的,至少需要几代人、数十年的不断努力才可能实现。目前技术条件下,飞行控制与管理计算机能代替飞行员的工作如下:

(1) 既定的飞行程序与航迹控制,包括滑行、起飞、爬升、巡航、任务、下降以及进场着陆;

(2) 既定的健康管理,包括 MBIT、PBIT、飞行中自监控以及飞行后;

（3）既定的安全余度管理与既定的应急情况处置；

（4）在上述三条任务基础上，为完成飞行任务，还需飞行员配合完成的工作如表4-2所示：

　　a. 任务规划与推演；

　　b. 飞行控制程序加载与飞行中实时任务监控；

　　c. 全飞行过程、全系统、全面健康管理；

　　d. 全飞行过程安全管理与应急情况处置。

从上述分析可以看出，无人机并不是万能的，只有在"人"的帮助和监控下才能完成既定任务，甚至需要"人"去纠正飞行控制与管理计算机中的程序控制错误。无人机本身给定的替代飞行员的部分任务（程序与航迹控制、健康管理、应急处置等）也只是处于初级研发阶段，并没有成熟和稳定。所以说，无人机目前"智力水平"仅为约5岁孩子的智力能力，需要成年人（试飞员）去体贴和呵护，不断纠正问题、不断成熟，经过一定成熟期才能成为有用的"人"，"成人"之后才能真正"打仗"。

在上述现实背景下，需要我们针对无人机系统的试验与鉴定从下面两个层面思考试验与鉴定策略：

1）机站链综合系统思想

无人机拉到跑道上，由于"智力缺陷"并不知道如何起飞、如何作战。这就需要通过地面站和飞行机组人员共同努力，检查并确认系统工作状态后才能决策起飞。事先需要任务规划员规划好作战程序并现场加载到飞行管理计算机中，无人机才得以按照自动控制程序执行任务。在这个层面上讲，机站链加上"人"合起来才是无人机的性能指标。单讲无人机平台没有意义，犹如人的手离开身体一样，那样的话就不能称作"手"了。

2）作战能力非常有限

由于无人机系统"智力缺陷"并不知道如何作战，事先需要任务规划员规划好作战程序并现场加载到飞行管理计算机中，无人机才得以按照自动控制程序执行任务。在这个层面上讲，无人机系统完成任务的能力非常有限，其能力的鉴定必须是基于"特定的作战环境"。脱离了给定的环境，该无人机系统会显得"非常笨拙""甚至根本完成不了任务"。

4.1.2　无人机系统飞行试验特点分析

无人机型号飞行试验的目的和有人机没有差别，就是考核验证飞机及其主要系统的各项功能和性能指标是否达到了研制总要求,确认飞机的可使用范围;检查飞机使用的可靠性、维修性、测试性、保障性;检查和暴露飞机及其各系统存在的问题和缺陷,为修改设计提供依据;修订、完善飞机交付使用的各项技术文件和使用手册,如飞机维护及使用说明书,飞机驾驶员手册等。

但与有人机相比,无人机的飞行控制和管理方式发生了显著变化,整个系统构成和使用方式也不同,使得无人机飞行试验技术与有人机相比又有显著差异,客观上要求一些独特的方法、进程和管理,特别是试飞考核方法、风险分析和处置等方面。

关于有人机与无人机的差异,有很多论文、很多报告都从不同的角度和方面进行了阐述,众说纷纭,很难有一致性的说法。本书认为,从大中型无人机角度出发,从航空工业内部设计方面看,有人机与无人机同根于航空器,都是飞机。最大的变化是飞机上没有了飞行员,不再需要设计研发与人相关的座舱环控救生系统。在控制与操作人员变化的基础上,衍生出面向特定任务需求的设计变化。即飞行性能、飞行控制与导航、飞行品质、结构强度、任务规划与任务管理等设计理念的变化;同时增加了测控链路和地面控制站。在这些设计理念发生变化时,需要飞行人员适应飞机操纵和控制特点,如测控链路带来的时间延迟影响、情景感知能力变差,以及由于测控链路的影响带来的空中处置能力变化和附加的任务系统使用模式的变化,而这些变化又很难完整精确描述和定义。造成无人机系统飞行试验具有独特的要求,与有人机的主要差别如下。

1) 系统环节增加导致可靠性、安全性变差

无人机系统作为一个完整的多裕度飞行控制和飞行管理系统,其系统组成特别是飞行支持系统的配置与有人机相比有了较大差别,除了飞机本体之外,还有地面控制站、上下指令控制和数据传输链路、任务载荷控制和信息处理、支持自动化的各类功能软件更多更复杂等。机载软件总量超过 100 万行,地面站软件总量超过 1000 万行。系统环节增加的同时,也使整个系统的可靠性、安全性更为脆弱,不确定因素增多。

2) 人-机分离使得飞行员的感知能力减弱,影响其应对不安全因素的处置能力

由于人不在飞机上,出现了人-机分离现象,人的作用不能像有人机那样能实时地感知飞机的飞行状态、飞机及系统的工作状况。即使出现状况时,也不能直接感知和及时处理、化解或减缓不安全的飞行状态。

3）对测控链路的依赖使得整个系统对电磁环境敏感，抗干扰能力弱

上下测控链路和控制站是飞机系统构成的基础，因传输路线长，电磁干扰与兼容问题更为突出、脆弱，人-机闭环回路的指令和信息的传输及执行、信息反馈和显示、决策过程等不再像有人机那样紧凑及时、抗干扰，系统的控制执行、反馈显示、决策过程较为松散，易受干扰，容错能力、鲁棒性、故障安全能力较差。任务飞行时，GPS 和 BD 易受干扰，着陆时差分引导电台易受干扰。较强电磁干扰时，情报传输等任务系统有可能不能正常工作。

4）无人机自身补偿能力有限，其安全性高度依赖试验的设计及安全预案

无人机是个机器人，虽然自动化程度较高，但只能执行人的指令（或编程指令），只能按预定的或想定好的动作行动。因此，对试验的设计、安全分析及处置要求更加依赖，一旦出现缺陷（包括飞控逻辑、系统设计、飞行试验设计、安全分析及预案等），则补偿能力有限，风险更高。

5）无人机飞行试验技术体系目前尚不完整，潜在的不安全因素较多

与有人机情况不同，当前无人机飞行试验方面缺乏完善的飞行试验技术体系，试飞员、操作员、各类试验人员的技术培训、技术保持体系和程序不够健全，缺乏应有的基本理论培训和实践资源。相反，有人机飞行试验经过 50 多年的发展，锤炼出的飞行试验技术体系基本成熟，其试验人员包括试飞员、工程师、各类操作人员的资质培训、技术保持及技术实践训练都有较为完整的组织程序、方法和流程保证。

4.2　无人机系统测控链路

无人机系统（UAS）主要由测控链路系统、任务控制站（MCE）和飞机平台（UAV）等三个主要部分构成，而测控链路系统又是这三个主要组成部分中的重中之重。

UAS 测控链路系统的目标就是建立一套无缝测控通信体系，它可以在无人机平台和各地面站以及其他友军作战单元之间经由各种不同的链路传递数据，以实现无人机平台操控以及数据共享等功能。其信息传递的主要途径包括视距（LOS）通信链路、卫星（SATCOM）通信链路和中继通信链路等。典型的 UAS 测控链路系统组成如图 4-1 所示。

无人机的操作与控制、情报信息分发与传输，甚至包括武器发射等主要工作都要通过测控链路来完成，这也是无人机区别于有人机的一个重要特点，因此对于无人机来说，其测控链路系统性能的优劣直接决定了整个无人机系统性能的

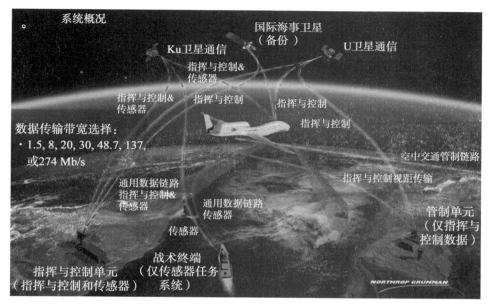

图 4-1　UAS 测控链路系统组成

优劣。鉴于此,测控链路系统也就成了整个无人机系统性能试飞的重点考核内容,例如在美国"全球鹰"无人侦察机的 OT&E 定型试飞过程中,测控链路系统就进行了 440 h 的专项试飞,占到总试飞小时数的 18.7%。

相对于有人机数据链系统试飞,无人机测控链路系统试飞有以下显著特点:

(1) 覆盖频段较宽(见表 4-3);

表 4-3　无人机系统所使用的主要无线电频段

序号	频段/MHz	序号	频段/GHz
1	112.7~117.9	9	2.3~2.4
2	118~136	10	4.2~4.4
3	225~400	11	5.4~5.9
4	1 030~1 090	12	8.4~9.0
5	1 217~1 235(L2)	13	9.75~9.95
6	1 530~1 559	14	10.015~10.425
7	1 565~1 585(L1)	15	10.95~12.75
8	1 626~1 660.5	16	14.0~14.5

（2）传输速率高（高达 100 Mb/s 以上）；

（3）可靠性要求更高；

（4）抗干扰要求更高；

（5）对系统延时更为敏感。

测控链路是无人机系统飞行控制的核心构成单元和信息传输中心，尤其对处于飞行试验初期的大型无人机系统异常重要。不同于常规传统航空无线电通信系统，无人机测控链路对通信数据的实时性和可靠性提出了更高要求，而且实时数据在实时控制着庞大的无人机系统。在这个层面上讲，无线电通信系统不同于测控链路，测控链路作为无人机系统的核心构成单元有其独特的方面，应当着重予以关注和重视。

在美国"全球鹰"ACTD 试验的初期，无人机发生了因测控链路频率使用不当，导致 1999 年 3 月 29 日在进行第 18 次飞行试验时 2 号机坠毁。当时合同商决定在星期一重飞 3 天前撤销了的飞行架次，但当天负责测控链路频谱协调管理的爱德华空军基地责任人员因礼拜六休息而没有上班，合同商公司人员则想当然地认为前一天已经协调好了，并提前告知了。但不幸的是，内利斯空军基地和爱德华空军试飞基地飞行试验靶场之间没有真正开展测控链路频率协调。当时，内利斯的官员正在进行另一架"全球鹰"无人机的地面试验，为下一阶段的飞行试验做准备。他们没有注意到中国湖海军航空武器试验站上空正在飞行的另一架"全球鹰"，这一区域是爱德华空军基地的管辖区。当内利斯试验飞行试验发送任务中止代码时，飞行中的"全球鹰"响应了这一指令代码。

国内某无人机执行科研调整试飞时，发生了测控链路丢失 30 min 的事故征候。当天飞行过程中，由于瞬态原因导致 C 定向天线失去了对无人机的定向跟踪，当时利用全向天线以数引方式可以将 C 定向重新锁定。但链路操作员进行了误操作，结果将测控链路信号完全中断了。万幸的是，无人机在判断了断链规定时间没有恢复后，自动应急返航着陆了，造成一起事故征候。

4.2.1　当前大中型无人机测控链路组成体制

典型无人机机载测控通信链路总体布置如图 4 - 2 所示。C 波段视距链路机载数据终端由 C 射频前端、C 收发组合、机载伺服控制单元、C 全向天线（上）、C 全向天线（下）和 C 定向天线组成。UHF 波段视距链路机载数据终端由 UHF 射频前端、UHF 收发组合、UHF 全向天线（左），UHF 全向天线（右）组成。Ka/Ku 波段卫星中继链路机载终端保持中继卫星无人机卫通机载数据终端的设备

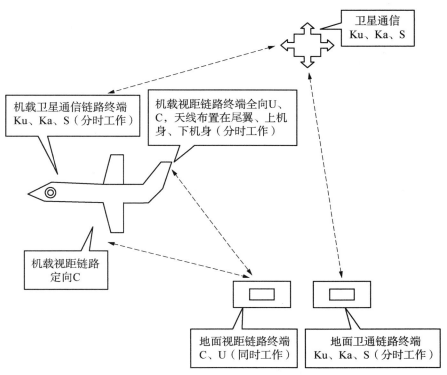

图 4-2　典型无人机系统测控链路组成与链路传输关系

组成，由 Ka/Ku 天伺馈分机、Ka/Ku 信道分机以及 Ka/Ku 信号与数据处理分机等组成。

地面站视距链路地面数据终端包含 C 波段视距链路地面终端、UHF 波段视距链路地面终端。视距 C 波段地面设备由天线组合（含定向天线和全向天线）、伺服组合（含伺服控制和天线座）、射频组合（含双工器、功放和低噪声放大器）、收发组合（含上下行变频和终端处理机）等组成，视距 UHF 波段地面设备由全向天线、射频组合（含双工器、功放和低噪声放大器）、收发组合（下行接收机、上行发射机和终端处理机）等组成。C 波段视距链路地面终端、UHF 波段视距链路地面终端安装在一个方舱内。

4.2.2　无人机系统测控链路特点分析

无人机测控链路犹如放飞风筝的风筝线，异常关键和重要。无人机测控链路不同于常规传统意义上的无线电通信系统，测控链路有其独特的方面。具体表现为：空间多自由度运动的动态性、数据传输的实时性、对远程计算机的准确控制性以及多维度情境下的持续可靠性。

4.2.2.1　无线电测控链路工作机制

如图4-3所示,典型无人机视距天线共有5个。其中,C天线共有3个,机腹2个(1个定向、1个全向),机身上部1个全向;U全向天线共有2个,在尾翼尖处。

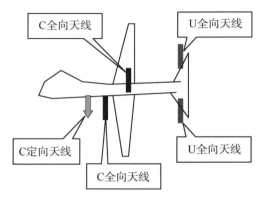

图4-3　典型无人机测控链路天线布置

图4-3中,这5种天线的不同位置已经基本规避了起降和滑行阶段的遮挡问题,由机身区分上下两个层面,区分前后两个层面。但目前由于成本及设计技术等因素制约,这5个天线如何分时工作基本由链路操作员人工凭经验进行操作和控制,测控链路系统本身并没有能力判断上下、前后的优劣。

起降阶段时,使用V尾顶部的U定向天线,使用机身下部的C定向天线和机身上部的C全向天线。在滑行前,就需要人工设定这些天线。在滑行过程中或飞机过顶过程中,可能出现C全向不稳定或定向跟踪不稳定的情况,C天线需要根据实际情况由链路操作员综合判断后随时进行人工切换。在任何时刻,仅能使用一个C天线和一个U天线。

巡航飞行阶段时,使用机腹的C定向和全向天线,使用机腹的U全向天线。在机动飞行时,可能会出现链路不稳定情况。

令人欣慰的是,在任何时刻C天线和U天线同时出现不稳定的情况很少。合格的操作员会全身心投入,密切关注测控链路动态情况,及时动态调整天线。

4.2.2.2　空间多自由度运动的动态性

无人机在大气空间不断运动中,其姿态和位置在时刻变化。目前无人机常规机动飞行时滚转坡度超过 40°,无人攻击机机动时的滚转坡度可能超过 90°。而无线电通信要求"通视",即没有物理造成的视线遮挡。但无人机机动飞行时必然造成视线遮挡。这是无人机测控链路区别于常规无线电通信的第一个显著特点。

视距遮挡会造成传输数据瞬间不稳定或长时间不稳定,而测控链路要求数据的高可靠性,所以在无人机测控链路天线设计时应尽量规避遮挡。抗遮挡设计分两个飞行阶段,一是起降与滑行阶段,二是空中机动动作阶段。

1) 起降与滑行阶段

问题的根源在于,无线电测控链路受机场地形遮挡情况严重。某机场地处山区余脉北端,造成机场端头南北高度相差近 20 m(见图 4-4)。当无人机置于南端向北起飞时,相对高度可能低于控制站 20 m 以下。这时,位于机腹的天线可能受地形遮挡严重,但机身上部或 V 尾上的天线却工作良好。所以滑行阶段,不同于其他机场就只能使用机身或 V 尾上的天线了。但在起飞时,就需要在无人机离地后,人工迅速决策切换为机腹天线。

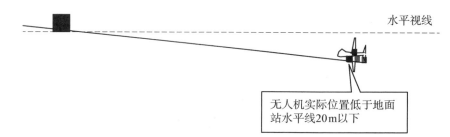

图 4-4　跑道地形导致无人机实际位于地面站水平线以下

2) 空中飞行阶段

空中飞行阶段,无人机姿态和位置在随时动态变化,要想做到毫无遮挡是不可能的。所以,飞行过程中随时可能出现链路瞬态情况(数据跳变或图像呈马赛克)。当前阶段的无人机多为低机动性无人机,姿态变化范围有限。无人攻击机在中、高机动性飞行时,视距遮挡问题可能会比较严重。

4.2.2.3　数据传输的实时性

无人机测控链路不同于常规通信系统,第二个显著特点是强烈的实时性要求。测控链路已经成为无人机飞行控制系统的关键组成单元和核心控制组件。无人机飞行控制系统要求测控链路传输数据的时间延迟越小越好,目前阶段的上下行传输延迟在 100 ms 左右,但这远远没有达到飞行控制系统的飞行品质要求。任务系统处理任务载荷数据以及在地面站传输和处理任务载荷数据时,也提出了在海量传输量前提下的实时处理要求。

4.2.2.4 对远程计算机的准确控制性

伊拉克战争以及后续的海湾战争中,多种媒体都报道了美国 RQ-7 无人机被伊拉克诱骗捕获,还有照片说明。这其中暴露的深刻问题是,无人机导航系统或测控链路受干扰时,无人机将失去控制,其后果将不堪设想。所以说,测控链路区别于常规通信系统的第三个显著特点是,地面站通过测控链路在实时精准地控制着无人机飞行,任何误传的指令都可能酿成大祸。任何指令、任何回传的状态都绝不允许发生错误传输的情况。以至于作战过程中的导弹发射指令,更必须实时、准确无误。

4.2.2.5 多维度情境下的持续可靠性

中高空长航时察打一体无人机、高空长航时无人侦察机是当前军用无人机的主要作战装备,各国竞相研制或采购。以以色列"苍鹭"无人机为例,升限10 000 m,续航时间超过 50 h,可以长时间巡弋于敏感区域开展持续侦察。苍鹭无人机已经出口到美国、俄罗斯、意大利、印度等数十个国家和地区共 70 多架,在世界无人机历史上久负盛名。在这种前提下,就提出了测控链路区别于常规通信系统的第四个显著特点,即多维度情景下的持续可靠性。机载测控链路随无人机飞行于大气环境中,高空低温可达−80℃(地面静态可达+70℃),飞行中可能遇到各种复杂气象环境,但要求测控链路在多维度环境下必须长时间稳定可靠。作战无人机是无人机技术发展的推动力,但战场的复杂电磁环境却向测控链路提出了严峻挑战。

4.2.3 无人机视距链路存在盲区(多径效应)

无线电通信中接收机接收除发射端直射信号外,还可能会接收发射端经过周围环境(地面、高山、树林、建筑物等)反射的信号,这些反射信号到达接收机会干扰接收机对直射信号的解调处理,导致误码甚至信号中断,产生"多径效应"。山区河谷地带,高山影响易产生"多径效应",原理如图 4-5 所示。某无人机进场着陆阶段,当链路操作员将地面定向天线切换至全向天线时,由于周围复杂地理环境的影响,产生了"多径效应",导致 C 波段下行链路不能正常建立。

"多径效应"对无线电通信影响很大,需要采取多种措施来降低影响。降低"多径效应"影响的技术措施主要有:抗多径调制体制、采用定向天线以及分集

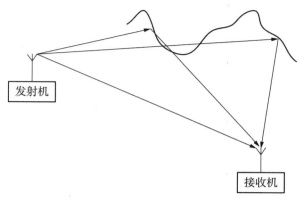

图 4-5　"多径效应"示意图

接收技术等。

4.2.3.1　视距链路"锅"与跑道要保证 200 m 的最小垂直距离

　　视距链路分为 U、C 两种,U 仅仅为备份模式,仅传输有限的飞行控制信息和飞机状态信息。C 为主模式,包括前视摄像头的平显画面传输、控制与状态信息传输以及海量的任务载荷和情报信息传输。为保证在较大数据传输速率前提下的远距离数据传输,视距链路采用了定向传输模式。机载定向天线安置于飞机腹部,离开机身约 50 cm。机身上部、下部还安置有 C 全向天线,用于近距离传输。

　　图 4-6 中,视距链路在参与定向飞行时,视距链路"锅"的最大水平移动角速率为 40(°)/s,视距链路"锅"距跑道最小距离取 200 m,在上述两个条件下视距链路"锅"能够跟踪的允许飞机的最大滑行速度为 130 m/s。所以视距链路"锅"距离跑道的最小垂直距离,一般情况下不得小于 200 m。

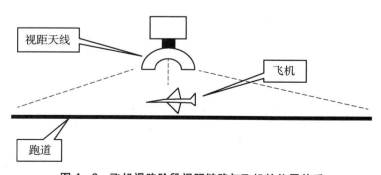

图 4-6　飞机滑跑阶段视距链路与飞机的位置关系

4.2.3.2 视距链路通信存在一定的不稳定区域

飞机在跑道上高速滑行、起飞、着陆时,特别是在视距最短距离时,易发生因"多径效应"而引起的飞行员平显画面的"马赛克"现象。飞机在通场飞行或高空越过地面站顶飞行时,易发生因"多径效应"而引起的飞行员平显画面的"马赛克"现象。

某无人机执行任务过程中测控链路使用了视距 C 波段、视距 U 波段和卫星通信 Ku 波段链路。在无人机着陆过程中,视距链路共出现三次"中断现象"。前两次中断发生在无人机通场过顶,属于技术性中断,对无人机没有安全影响。第三次中断发生在跑道进近过程中,由于人工操纵以及阵风影响,无人机姿态变化较大,视距 C 波段下行链路工作不稳,出现瞬间失锁现象。

4.2.3.3 C 视距链路全向与定向切换应实现自动

无人机在试飞期间,由于沙尘暴等强烈灰尘的影响,引起视距链路"锅"不能及时进行位置反馈修正,造成 C 定向不能跟踪和控制,致使 C 定向通信中断。后经风险控制分析认为,在 C 定向断开后可以人工切换 C 全向天线来解决 C 通信中断问题。但实际情况是,C 定向断开后人工切换 C 定向需要时间,实际会引起短暂的"黑视"。所以,随着技术的进步,建议在后续型号项目中,引入自动定向与全向切换功能,以解决视距链路通信存在不稳定区域的问题。

4.2.4 转移新机场后视距链路需要地面数据标定

在某次无人机首飞后的讲评会上,试飞员对飞行过程中出现的链路不稳定现象极为不满,甚至怀疑由于机场地形影响而使视距测控链路不可用。随后立即组织对视距链路进行了问题分析,原因在于:

(1)视距链路转达新机场后,应当把标定过的视距车的位置信息写入视距车作为一个基本参数。

(2)飞机在跑道上牵引滑行标定跑道时,应当根据飞机和站的相对位置修正视距链路的位置指示偏差。

4.2.5 无人机试验场需要无线电信号频谱管理和实时监控

无人机试飞时,高度依赖于视距测控链路和卫星测控链路。但通信链路易受试验场电磁环境影响,甚至会受到恶意干扰。所以必须进行试验场无线电信号频谱的实时监控和管理。

(1)应对所使用的无线电频点向当地无线电管理部门申请使用备案。特别

是 GPS 差分电台信号易对民用通信造成影响。某无人机试飞时，其差分 GPS
电台即对已经申请使用了该通信频点的当地火车通信造成了影响。

（2）周期性地对试验场进行频谱监测，特别是与测控链路频点相近的信号。
不仅如此，还要检查所用频点之间的相互干扰检查，尤其是不同飞机同场飞行
时。对监测到的功率比较大的相近频点信号一定要排除。

（3）多型无人机同场飞行时易发生频点相互干扰甚至指令信号误接收的问
题。虽然无人机测控链路在 C、U、S、Ka、Ku 等无线电频段设置了多个可用频
点，但在多型无人机同场飞行时必须事先制订频点使用管理规定。而且不同机
型的地面站之间也应建立实时地相互沟通信息机制，本站的每一次任务动作都
应及时通知另一方。一旦发生问题，便能及时发现和处置。

（4）随着无人机型号的不断增多和投入作战使用，作战部门应当对无人机
系统各设备、各频点给出明确的使用规定和要求，避免发生冲突甚至影响飞行安
全和作战使用。

4.3　无人机地面控制站

从美国"全球鹰"的初始作战使用评估报告看，无人机在起飞前由于 BIT、任
务加载等原因撤销飞行计划，飞行中各种原因导致中止任务返航，飞行后成品故
障频繁升级和更换成品，导致规定时间内任务成功概率仅达到预想的 50％ 左
右。究其原因，就是无人机机-站-链系统及任务载荷管理系统尚不成熟和完善，
导致任务成功概率较低。有人机到无人机的过渡技术发展的明显标志就是增加
了地面控制站，特别是当无人机自主能力很难短时间内实现的时候，地面站临时
补加了大量的人工辅助决策人员，以弥补无人机的自主决策，保证飞行安全和任
务完成。

地面站是个比较庞大的系统，成本较高，甚至比飞机平台成本高。地面站主
要有两个，一是起降控制站，二是任务控制站，对于小型无人机两站功能可合二
为一，一般为车载。起降控制站主要配套为视距测控链路车和起降引导车，在此
基础上任务控制站再加配有卫星测控链路车和情报处理车。两站同时配套有应
急电源车等其他保障设施。地面控制站是与无人机系统配套的地面指挥控制系
统，整套地面控制站包括任务控制站、起降引导站、视距链路地面站及卫星链路
地面站（见图 4 - 7）。其中起降引导站、起降控制站及一套视距链路地面站布置
在起降机场，主要负责完成无人机起降阶段的实时监测和控制；任务控制站、一

套视距链路地面站、卫星链路地面站和情报处理系统一起突前布置,主要负责无人机任务执行阶段的实时监测控制、侦察信息分析处理及分发等工作。

任务控制站的一般功能构成如图4-8所示。

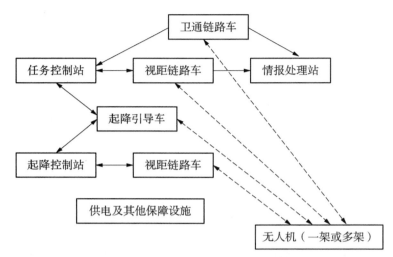

图4-7　大型无人机系统控制站一般构成和基本配置

4.3.1　大中型无人机系统地面控制站组成及工作机制

任务控制站是无人机系统的控制中枢,可以完成无人机起降和任务飞行控制。起降控制站仅可完成起降控制以及完成部分任务飞行控制。作战时,任务控制站可以部署在前线,起降控制车可以部署在基地。转场飞行时,随车辆可以部署在不同的机场。

起降引导站仅服务于任务控制站和起降控制站,主要用于无人机起降时的实时进场着陆的航迹导航,包括差分 GPS 导航等。当起降站和任务站在不同机场部署时,必须各自配置一个起降引导站。

视距链路车分别给起降站、任务站各配置一套,用于视距范围内对无人机的飞行控制和监视。卫通链路车仅配置给任务控制站,用于视距外、远距离对无人机进行控制和监视,以及任务飞行。图4-9所示为美国"全球鹰"无人机任务控制站内工作情况。情报处理站仅能和任务控制站一起,在视距、卫通链路的配合下,完成无人机侦察情报实施和事后处理,包括快报、简报和要报等情报产品。

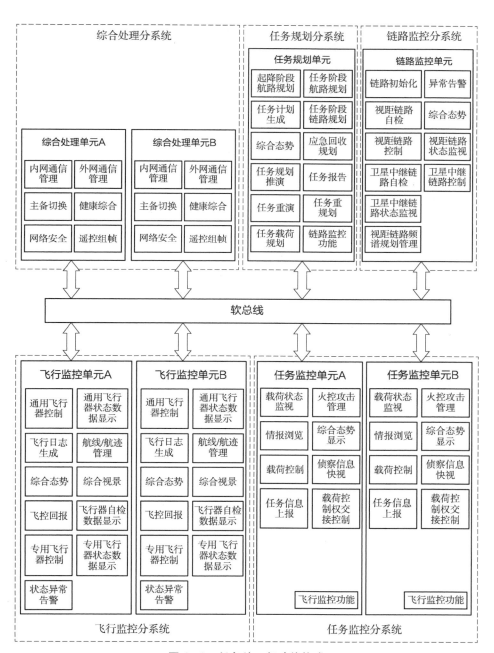

图 4-8　任务站一般功能构成

图 4-9 美国"全球鹰"无人机的任务控制站

4.3.2 大中型无人机系统地面控制站人员配置

如图 4-10 所示,任务控制站涵盖了起降控制站的功能,可以单用起降(控制)站或任务(控制)站参加飞行。但起降站仅能在视距内起降飞行,不具备超视距操作任务载荷飞行能力。任务站不仅可以起降飞行,而且可以超视距飞行,并具有执行任务载荷操作能力。若起降站、任务站在异地,则需要同时配置任务站、起降站人员。

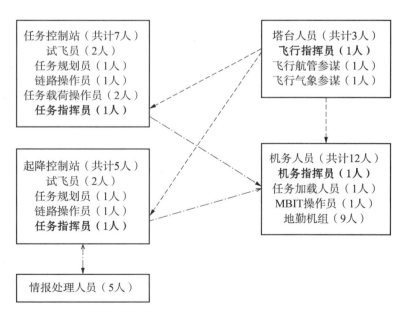

图 4-10 任务飞行地面站飞行人员最小配置

一般情况下,一次任务飞行中任务站配置 7 人,塔台人员 3 人,机务人员 12 人,这是一次任务飞行地面站飞行人员的最少配置。

控制站是无人机系统的飞行控制中枢,直接决定着飞行的安全。但在科研试飞中,由于职责岗位不清或者在实施新的界面和功能改进试飞时,站内往往"人满为患"。而在发生紧急情况时,可能又缺少必要的技术支持人员。在这种情况下,就必须出台并编制地面站机组人员岗位职责和最少岗位人员管理规定。

试飞员 A、B 和任务规划员、链路操作员、任务载荷操作员(任务)、任务载荷操作员(武器)(6 人)组成任务控制站的最小飞行机组,如图 4 - 11 所示。任务指挥员 02(03)、任务总指挥 01、技术保障人员为最小飞行机组的辅助部分,主要职责是任务协调以及辅助应急情况处置。其中,技术保障人员最多 2 人,其他技术保障人员只能在站外待命,飞行期间不允许私自进入站内。

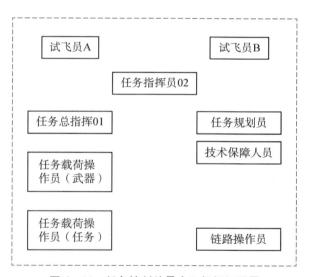

图 4 - 11　任务控制站最小飞行机组配置

地面站开机和关机工作需要具有相关资质的人员进行,主要由地面站维护人员进行,按照系统的开机和关机操作流程进行操作。

4.3.3　大中型无人机系统地面控制站飞行前任务准备

飞行前准备主要包括任务规划、机-站-链联试和闭环试验等。其中,任务规划的依据文件是试飞大纲、课题试飞方案或试验任务单。机-站-链联试的依据文件是试飞任务单、试飞任务书、地面试验任务书或排故单等。闭环试验的依据文件是地面试验任务单。开车、滑行和飞行的依据文件是地面试验任务单和试飞任务单。依据文件必须签署完整有效,批准应为试飞总师/副总师或试飞队队长。

系统开机后需进行相关系统的检查,包括油门杆、杆舵、相关按钮等的检查,确保系统工作正常。

地面站人员根据工作内容做好人员的登记工作。

4.4　无人机系统飞行操纵与控制模式

4.4.1　无人机的三种控制与操纵模式

一般情况下,有人机的组成为飞机和飞行员,无人机的组成为无人机、控制站和飞行员。有人机/无人机外观相比最大的差异是无人机增加了地面控制站,这也正是有人机/无人机使用上的最大差异。

按照控制和使用主模式,一般将无人机分为三大类,一类为人在控制回路(人在回路),称为遥控驾驶无人机(RPV);第二类预编程,称为(自动)程控无人机(pre-program control UAV),第三类为代表未来无人机发展方向的自主控制(autonomous UAV,带人工智能)。由于无人驾驶飞机操纵与控制的复杂性和高风险,设计者千方百计设置尽可能多的多种操纵方式,一是便于地面操纵者使用,二是希望在一旦发生意外情况时能够挽救飞行器。航模、个别微型、小型无人机以遥控模式为主,高端大型无人机以程控模式为主、或兼具部分自主控制能力,大部分无人机都是遥控、程控的综合应用。自主控制模式的无人机尚处于研究开发阶段,如无人作战飞机等可以自行做出"人工智能"决策。

遥控控制是无人机系统的一种控制模式,飞行控制系统通过测控链路传递驾驶员人工发出的无人机舵面控制指令,并通过测控链路返回驾驶员控制无人机所必需的无人机状态信息,以"人在回路"方式(本书简称为仪表遥控)或目视由人工完成无人机相应的飞行控制功能(本书简称为目视遥控)。遥控又可细分为三种形式,即舵面连续遥控控制、姿态角速率连续遥控控制和姿态角连续遥控控制。遥控控制模式必须具备三个人机界面特点,即指令连续、指令全权限及使用驾驶杆及脚蹬(游戏杆)。

程控是无人机系统的一种控制模式,飞行员在其中执行更改并通过飞行管理系统界面执行任务。如果没有指令输入,无人机系统自动执行预编程作业;也可包括一些自主控制功能(如起飞、着陆和规避)。

所谓程序控制,实际上是在飞机姿态角速率稳定和姿态稳定的基础上,由飞管计算机根据预先规划的航迹指令指导飞控计算机以给定的高度、速度自动飞行的过程。遥控控制针对的是飞机姿态稳定,而程控控制针对的是给定速度、高度下的航迹稳定。程控模式也可以细分为三种形式,第一种是对无人机起降的精确航迹控制;第二种是按照给定要求的航迹精确控制基础上的一定的攻击机动能力;第三种是自适应任务系统要求而具备的一定的自身防御机动能力。

自主控制是指,在没有人的干预下,把自主控制系统的感知能力、决策能力、协同能力和行动能力有机结合起来,在非结构化环境下根据一定的控制策略自我决策,并持续执行一系列控制功能完成预定的目标。自动与自主在概念定义上是有严格区分的,不能混淆使用。自动控制使用现代经典控制理论,在确定性环境下进行已知响应的决策控制。自主控制使用人工智能技术;在非确定性环境下,不受人的支配和控制,自行作出决策控制。

超控模式指的是,在程序控制过程中,飞行员有优先控制权,无人机优先按飞行员操纵指令飞行。飞行员操纵指令解除后,无人机按原程控模式飞行。无人机超控控制模式复杂,控制律设计难度大。但这种方式具有"得天独厚"的优势:在飞机有意想不到的情况发生时,人工可以随时介入操纵"挽救"飞机,如某无人机在发生事故征候时,试飞员及时拉杆挽救了飞机。尤其是在演示验证试飞阶段,在飞管系统存在意想不到的设计缺陷发生时,显得尤为重要。

表 4-4 罗列了不同操纵与控制模式以及指令形式与操控界面。目前阶段,大多数无人机仅具备遥控模式 3(姿态角连续遥控)和程控模式 1(航迹控制)能力,程控模式 2(攻击机动能力)程控模式 3(自身防御机动能力)还处于初级研发阶段,需要不断成熟、完善和发展。自主控制模式需要人工智能技术支持,其发展道路尚漫长。

表 4-4　按操纵与控制模式对无人机分类

模式	控制目标	指令形式	操纵者	飞机	指令形式	操纵界面
遥控 1	舵面控制	操纵者直接生成指令,飞机完全受控飞行,直接操纵飞机舵面	全权限	无权限	驾驶杆和脚蹬给出的连续指令	游戏控制盒(目视遥控)或驾驶杆、脚蹬、平显等(仪表遥控)

（续表）

模式	控制目标	指令形式	操纵者	飞机	指令形式	操纵界面
遥控2	姿态控制	操纵者直接生成指令，飞机完全受控飞行，直接控制飞机姿态	全权限	无权限	驾驶杆和脚蹬给出的连续指令	
遥控3	角速率控制	操纵者直接生成指令，飞机完全受控飞行，直接控制飞机角速率	全权限	无权限	驾驶杆和脚蹬给出的连续指令	
程控1	给定航迹条件下的完全飞行控制	根据航迹规划，计算机生成指令、飞机自动飞行，且操纵者可随时干预	半权限	半权限	姿态微量调整、指定的飞行动作、完全程序控制	
程控2	无人机完全程控基础上给定作战任务前提下一定的无人机机动攻击能力	根据作战任务规划，计算机生成自动攻击指令，飞机自动飞行，且操纵者可随时干预	有限权限	全权限	攻击动作态重规划	键盘、按键或操纵杆
程控3	无人机完全程控基础上给定作战任务前提下一定的无人机自动机动防御能力	根据作战任务规划和作战态势，计算机生成自动防御指令，飞机自动飞行，且操纵者可随时辅助	有限权限	全权限	防御动作态重规划	
自主控制		有人机协同或多无人机协同下，由无人机自主控制系统在非预期环境下，自主决策完成给定作战任务	监视	全权限	无指令	飞机任务管理系统
超控控制		飞机自动飞行，飞行员可高权限人工干预，人工退出后，仍保持自动飞行到原状态	半权限	半权限		

表 4-5 给出了不同控制模式下无人机能够完成的典型机动动作。这仅仅是初步构想,不一定完全合理。当然,无人机飞行控制与管理技术在飞速发展中,我们期待着人工智能技术发展带动无人机作战以及商业能力的不断提升。

表 4-5　无人机典型机动动作与控制模式对应关系表

控制模式	任务动作		遥控1	遥控2	遥控3	程控1	程控2	程控3	自主
飞行阶段						√	√	√	√
A 种	侦察/监视	各种侦察/监视任务载荷使用				√	√	√	√
	目标/反潜搜索	EO,SAR,声呐,通信侦察				√	√	√	√
	武器投掷	水平投掷				√	√	√	√
		非水平投掷					√	√	√
	对地攻击	中等威胁对地攻击					√	√	√
		高等威胁对地攻击						√	√
	地形跟踪/躲避							√	√
	空中加油/编队							√	√
	空战								√
B 种	爬升/应急爬升		√	√	√	√	√	√	√
	巡航		√	√	√	√	√	√	√
	待机(徘徊)		√	√	√	√	√	√	√
	下降/应急下降			√	√	√	√	√	√
	应急减速			√	√	√	√	√	√
	空投					√	√	√	√
C 种	常规起飞					√	√	√	√
	复飞					√	√	√	√
	常规/制动着陆					√	√	√	√

4.4.2　目前一定时期内无人机仍以自动控制为主

遥控驾驶需要"人"去控制飞机姿态、高度、速度,"人"控制无人机飞行很"累",难以精确完成给定的作战任务。程控驾驶需要"人"去控制无人机航迹,不断地人工调整高度、速度和航迹,"人"控制的无人机飞行"较轻松",可以完成给定的简单作战任务。自主模式下,不需要"人"控制无人机飞行,仅仅选择作战航线和作战方式即可,作战中需要不断地辅助决策攻击方式和攻击时机。自主模式下,无人机可以完成给定的复杂作战任务。

时代不同,所赋予的无人机作战任务的完成形式不同,从而决定了三种控制方式的不同。导航技术、飞控技术、飞行管理技术、动力控制技术、火力控制技术等不断完善和发展,促使无人机本身能够替代"人"完成的事情越来越多。对"人"的需要不断地减小、减轻了控制无人机的"工作负荷",而更多地把精力投入到真正的作战任务上。这是无人机控制与管理技术真正发展的驱动力所在,也是无人机作战能力提升的根本所在。

无人机的人机权限分配,随着不同无人机自主水平的不同以及面向作战使用要求的不同,差异很大,万不可随意评价。人的负荷,也不能随意说"大"或"小"。目前大多无人机以程控为主,遥控为辅,如表 4 - 6 所示。此处需要特别说明的是,表 4 - 6 给出的相对权限(百分比)仅仅是作者的定性表述,不一定完全正确,还请广大读者批评指正。在人工遥控与完全程控之间,配置有"超控"模式。

表 4 - 6　目前阶段无人机的人机权限分配比例

控制模式	子模式	具体内容	无人机权限/%	飞行员权限/%
完全程控		起飞到巡航、任务、着陆	全权限 100	仅监视
半程控	起飞/着陆	随时人工超控辅助(刹车)	80	20
	任务导引	速度遥调	70	30
		高度遥调	70	30
		航向遥调	70	30
		8 字机动遥调	70	30
		盘旋	70	30
	姿态保持		65	35
	人工超控	位置	40	60
		油门	40	60

（续表）

控制模式	子模式	具体内容	无人机权限/%	飞行员权限/%
		航线、航向、高度	40	60
		上升、下降、盘旋、坡度	40	60
遥控		任务阶段	20	80
		巡航阶段	20	80
		着陆阶段	30（半程控）	70
		着陆阶段	20	80

4.4.3　目前无人机程控飞行缺陷多、安全隐患大

当前，无人机还属新生事物，飞行控制和管理强烈依赖于飞行管理计算机，自动控制与自主控制技术尚不成熟，与有人机相比系统技术成熟度不够，标准规范不完善，飞行控制和飞行管理模式有待探索和完善。一段时期以来，国内大型无人机系统设计定型试飞中统计出的主要试飞安全问题 28 起。其中厂家试飞阶段发生飞行事故 4 起，飞行事故征候 9 起（不完全统计），飞行问题 13 起，地面不安全事件 2 起。28 起试飞安全问题中，主要原因为软硬件故障的问题有 22 起，占总数的 78%；人为操纵问题 3 起，占 11%；其他原因 3 起，占 11%。28 起问题中，严重飞行事故（A 等）4 起，其中有 3 起都是因为飞管系统设计不完善而引起的。主要表现为：飞行控制规律不完善（欠缺迎角、过载保护功能），空中发动机自动起动程序不完善，严重故障消除后不能返回到正常任务状态，应急任务规划存在错误等问题。

无人机特别是大型无人机长航时飞行时，必须依靠程控飞行。但长时间飞行带来的问题是，机载飞行系统和地面控制站可能会出现意想不到的故障问题，飞行中随时可能需要人工调整任务航点和航路。在这种情况下，如果飞行管理系统自身存在缺陷或问题较多时，若再叠加飞行员（操作员）的误判或误操作，就容易造成意想不到的后果。

4.4.4　自主飞行是未来无人机发展的必然趋势

目前，无人机的飞行控制与管理系统已具备很完善的自动控制功能，能保证无人机在没有人为参与的情况下自动完成飞行任务的全过程，能按照预定的自

动控制程序和步骤来处理飞行中各种已知的情景和要求。所以,目前只能认为这种控制水平是自动化,而非自主化。

　　自主意味着具有自制能力,不受他人的支配和控制,自主是控制的目的。美国学者 M. pachter 和 P. R. Chandler 将自主控制定义为应用于非结构化环境下的高度自动化,其中的自动化强调了无人参与,非结构化强调了各类不确定性。如参数不确定性、未建模动态、随机干扰、传感器或测量的随机噪声、分散控制中的多控制用于复杂的信息模式等。总结对于"自主"概念的理解,我们可以这样来解释:自主控制是能够在线认知环境态势,对环境的变化具有快速而有效的自主适应能力,能够不需要人的干预即可决策出最优的控制策略并执行。面对无人机的自主控制,就是无人机能够自主感知态势环境,并根据任务目标和当前态势自主决策任务行为,包括实时的航路、动作和传感器的使用等;在复杂不确定环境下自主执行多样化战术任务,并自主保证自身系统的稳定和安全。

4.5　无人机飞行方式

　　无人机飞行方式与操纵和控制模式密切相关,无非就是微小型类的遥控操作以及大中型类的程控操作。但为了更好地保证飞行安全以及飞行员的自主能动性,在设计无人机时往往就综合考虑了各种操纵与控制模式的组合。可以一次完全的全程自动飞行,可以一次人工遥控飞行,但更多的是根据飞行任务需要进行组合控制飞行。针对已经成熟的无人机来讲,这种常规的各种飞行就是例行作业。但对于处于研制状态等待设计优化和完善的大型无人机系统来讲,事情就会变得比较复杂,稍有使用不慎可能就会造成意想不到的后果。

　　图 4-12 所示的传统有人机的驾驶技术并不适用于无人机。驾驶有人机时,飞行员坐在飞机驾驶舱里,依靠飞行员直接感受飞机运动的方向、姿态和过载,综合判断后通过驾驶杆(盘)和脚蹬操纵飞机运动。但无人机飞行员坐在地面站的驾驶舱里,已经基本没有直接感受飞机运动趋势的条件。所以,无人机飞行必须依靠无人机飞行管理系统由飞行控制计算机控制飞机运动,而不是传统意义上的飞行员了。飞行控制与管理计算机正在逐步取代飞行员,对飞机进行操纵和控制。在有人机上,以飞行员操纵为主;在无人机上,以计算机操纵为主。在无人机上,应尽量依靠飞控计算机(飞管系统)自动/自主控制飞机飞行,如表4-7 所示。

图 4 - 12　传统有人机飞行驾驶模式

表 4 - 7　有人机/无人机控制使用模式对比

操纵控制方式	有人机使用建议	无人机使用建议	备注
直接舵面操纵控制	推荐使用	不推荐使用	纯粹人工
角速率增稳控制	推荐使用	不推荐使用	
姿态控制	可以使用	谨慎使用	指令动作
航向速度高度控制	可以使用	可以使用	
机动动作(8 字机动)	可以使用	可以使用	
自动起飞	不推荐使用	推荐使用	程控动作
自动着陆	不推荐使用	推荐使用	
全过程自动程序控制	不推荐使用	推荐使用	全自动

自动控制系统的目的就是减轻人工负担,让机器为人类服务。无人机也一样,应尽量让飞行控制与管理计算机替代飞行员完成飞行管理和控制。

开展无人机试验与鉴定时,应以程控模式为主进行飞行试验,如果科目特别安排了需要进行人工超控(遥控)的内容,必须首先在地面模拟飞行充分验证;并对人工操作的具体内容在试飞任务书中要详细规定和应急处置描述。

4.5.1　深刻理解和体验无人机独特的"行为习惯"

无人机飞行试验有其特殊的方面,即无人机程控飞行带来了试飞员工作负荷的减小,但其智能化水平较差是其脆弱的方面,如果试飞员没有真正理解自动控制程序的设计,那安全问题就随时可能发生。也就是说,试飞员需要真正理解无人机自动控制程序的"脾气",要深刻理解无人机独特的"行为习惯"。这些独特的"行为习惯"具体体现在如下几个方面。

（1）放飞许可程序，即 BIT 前后顺序、任务加载前后顺序、开车检查前后顺序以及最终放飞指令；放飞指令发出后飞管系统的自动处置指令等。这些都是至关重要的步骤，每一步检查都需要飞行机组人员仔细核对确认，这时就像对待一个"婴儿"一样，因为他太不"懂事"了。起飞前需要确认刹车系统是否良好；前轮转弯系统是否良好；位置和姿态信息是否正确等。

（2）在什么时机下实施人工干预的问题。人工干预有两种，一是直接的杆舵干预；二是间接的自动控制程序基础上的指令调整。这与系统设计密切相关，与自动或自主化程度密切相关，与试飞员的判断能力有关。这是无人机飞行人员基础培训的核心和关键。

（3）熟练掌握无人机人工遥控的飞行品质，时间延迟大小如何影响遥控效果；杆舵是否适合操纵；平显显示是否完整合理等。

（4）准确把握无人机着陆阶段的综合品质，前视视景是否满足着陆要求；侧偏如何控制；侧风如何抑制；迎角如何判断；着陆点如何把握等。

（5）如何开展无人机火控系统的操纵品质评价，如何利用飞行机组人员开展目标搜索和武器打击及损伤效果评估等。

4.5.2　无人机如何安全着陆成为头等安全问题

目前从无人机实际飞行试验情况看，如何安全着陆是试飞员面临的最大问题。具体有以下难点：

1）侧风

现阶段的无人机系统为保证久航使用了高升阻比的气动设计方案，但给着陆带来了较大的抗侧风安全隐患。"全球鹰""捕食者"类无人机，一般情况下在着陆阶段自动控制着陆的最大侧风仅为 $5\sim7\,\mathrm{m/s}$。

2）前视综合判断

无人机在着陆阶段，试飞员仅仅依靠前视摄像头观察飞行前方态势是不够的，试飞员往往要同时结合虚拟视景综合判断。特别是飞机在进近跑道端头和在跑道上的高速滑跑阶段，试飞员一定要密切关注飞机运动趋势。但无人机前视摄像头得到的前方运动趋势往往不精确，经常与虚拟视景运动趋势产生一定偏差。试飞员必须综合判断。

3）飞机高速滑行侧偏后的纠正

飞机高速滑行侧偏后，试飞员出于战斗机试飞员操作习惯，通常会立即蹬脚蹬予以纠正。但往往就在这个时刻会发生问题。原因是试飞员没有正确适应无人机测控数据延迟大这一特点,一般会发现在飞机没有响应的瞬间给飞机施加了2倍的执行命令。而且在同一瞬间,无人机飞管系统也施加了1倍的执行命令。结果就是飞机的左右飘摆运动以及其他意想不到的结果。

4) 中速滑跑阶段的控制

飞机在中速滑跑阶段,气动舵面作用减弱,前轮转弯及刹车系统开始起作用。在这个阶段,侧风干扰更加明显,试飞员很难综合判断。试飞员会蹬脚蹬或踩刹车进行侧偏控制,这需要充足的飞前训练和安全预想。

5) 无人机试飞中需谨慎执行"人工遥控动作"

结构强度科目试飞中,要求试飞员施加人工遥控动作,如对称拉起、大坡度稳定盘旋等动作。在一些应急处置情况下也需要试飞员施加一些人工动作,如空中应急人工起动发动机、飞机应急拉起、飞机应急下降等动作。在执行这些人工遥控动作时,试飞员必须事先完成地面模拟飞行演练,并要求将应急处置的策略和措施熟记于心。

4.5.3 国内开展过部分人工遥控驾驶技术研究

4.5.3.1 人工遥控驾驶的基本技术要求

美国在20世纪70年代编制了人在回路遥控驾驶的品质设计标准研究报告"RPV flying qualities design criteria",其中提到了很多有价值性的意见和建议,遥控驾驶需要一些基本的技术要求保证安全飞行。

1) 系统时间延迟要求

系统时间延迟包括三大部分,一是测控链路数据传输和计算时间延迟;二是飞机响应延迟;三是平显显示延迟以及飞行员判断延迟等。地面全任务模拟飞行状态下,都可以实测到前两种物理时间延迟。第三种延迟不好实测,只能通过飞行员地面模拟飞行后综合评价给出总的时间延迟效果。飞机响应时间延迟综合平均在150~300 ms之间,因为飞机之间的差异较为明显。航模的响应延迟非常小,由于大型飞机复杂控制系统导致时间延迟较大,特别是舵机运动延迟的贡献量大。视距内数据链数据传输和计算延迟综合平均在110~600 ms之间,这主要取决于数据传输协议控制和数据量的大小。这两种延迟综合起来平均在200~800 ms。

时间延迟越大,飞行员适应和训练时间就越长。但不能无限制地加大,有一个最小可接受的时间范围。同时这个时间延迟要服从于给定的任务,不同的任务有完全不同的要求。

2）地面站综合仪表显示逼真度要求

如果没有专门从事过飞行仿真或做过地面飞行模拟，很难做出高逼真度的地面虚拟平显画面和下显画面。这个画面必须经过专业人员设计，不仅要显示出遥控驾驶必需的信息，还要显示出能够操纵飞机起飞和着陆的额外的绝对真实物理信息，这是不同于普通飞行模拟器的特殊之处。

3）测控链路实时数据传输处理要求

无线电测控数据传输极易受到干扰，必须由飞控/飞管系统主动对所传送和接收的数据进行充分的滤波、筛选及平滑处理。飞控/飞管系统要对指令和数据进行全面的幅值、速率、极性处理以及平滑、惯性过渡处理。飞控/飞管系统要能充分忍受测控链路较长时间的中断，同时在中断后能够自行控制飞机稳定、平飞直到测控链路恢复正常。出于安全设计考虑，有时不能真实地接收、还原和执行地面遥控驾驶员的遥控指令，这是过分安全设计考虑带来的副作用。

4）遥控飞行员资质要求

大型无人机遥控飞行为高风险试验科目，建议选用有一定经验的战斗机飞行员或退役飞行员，而且必须经过理论培训和地面模拟训练。

4.5.3.2　人工遥控驾驶时间延迟实际测量

本书以中国飞行试验研究院"十一五"期间开展的无人机技术验证平台为例，说明无人机操纵时间延迟的组成和测量结果，该测量结果仅是时间量值参考，实际型号无人机操纵时间延迟会有轻微的量值变化。

1）测控链路延迟

测控链路延迟沿用地面闭环试验方法，任务站发送测试指令（三角波）经过测控链路上传至机载飞控计算机，飞控计算机不作任何处理将此测试数据经测控链路下传至地面任务站，此时两信号之间的延迟就为数据链路时间延迟。经过一定的飞行试验可以得出数据链路时间延迟平均分布在 $90\sim110\,\mathrm{ms}$ 之间，图 4-13 为数据测控链路的时间延迟分布图。

2）飞机平台延迟

根据飞行统计，纵向时间延迟为 $300\,\mathrm{ms}$ 左右，横向为 $330\,\mathrm{ms}$ 左右，航向为 $270\,\mathrm{ms}$ 左右。由于某试验机所使用的舵机功率有限，所测得的延迟偏大，对无人机系统操纵评价有一定影响。

3）总时间延迟

地面试飞员遥控驾驶飞机时关注的是整个系统的闭环延迟，积累了一定的试飞数据，图 4-14 和图 4-15 为纵、横向操纵时的总系统时间延迟。

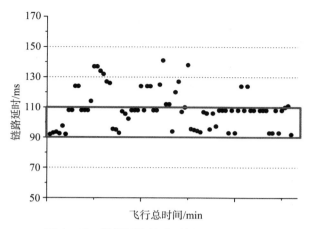

图 4 - 13 数据测控链路时间延迟实际测量

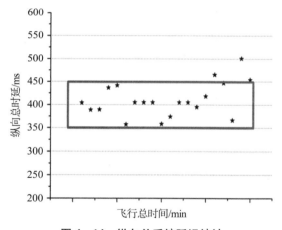

图 4 - 14 纵向总系统延迟统计

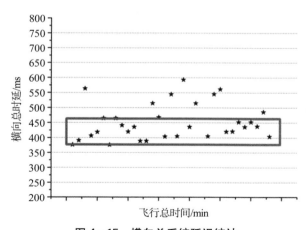

图 4 - 15 横向总系统延迟统计

4）图像延迟

平台视频传输延迟控制在 500 ms 以内,经过不同任务和动作分析,表明在遥控驾驶进行阶跃、脉冲和闭环跟踪任务中,1～2 s 图像延迟对任务影响较小;在模拟进场着陆任务中,图像延迟影响较大,基本不能依靠图像信息进行精确控制,必须进行补偿处理。

4.5.3.3   人工遥控驾驶对典型部分机动动作的适应能力评价

首先,时间延迟带来了试飞员工作负荷增加,针对不同试飞员进行的遥控驾驶训练,遥控驾驶试飞员反映"较累"。试飞员表明自己可以完成既定动作和任务,若时间延迟再大则无法实现闭环精确控制,仅仅可以实现一些简单开环控制。其次,无人机系统中较大的时间延迟容易带来耦合振荡现象,这与有人驾驶飞机中的驾驶员诱发振荡(PIO)相似。尽管有人驾驶飞机 PIO 现象是由于试飞员和飞机系统之间的耦合,但无人机系统中出现的耦合现象大多因素都归咎于时间延迟。美国早期无人机品质规范中已经包含了防止系统诱发振荡产生的严格要求。中国飞行试验研究院相关课题组在研究时间延迟对无人机飞行品质的影响中曾做了多项地面模拟飞行试验评价,本书援引的具体数据如表 4-8 所示。

表 4-8   试飞员地面模拟飞行试验评价

编号	数据测控链路延迟时间/ms	开环操纵(阶跃、脉冲)	闭环操纵(精确跟踪)
1	110	易于操纵	可以实现
2	160	易于操纵	可以实现,需付出较大注意力
3	210	较难操纵	很难实现
4	260	较难操纵	很难实现
5	310	较难操纵	耦合振荡
6	360	较难操纵	耦合振荡
7	410	较难操纵	耦合振荡

对于开环操纵来讲,时间延迟增大对操纵影响不大,但对精确闭环跟踪来讲,极易引发系统的耦合振荡。因此在无人机飞行品质特别是遥控操纵中,必须考虑时间延迟对无人机系统耦合振荡的影响。

该课题曾进行了模拟进场试飞,开展时间延迟对无人机着陆阶段飞行品质影响的研究,试飞员反映横向延迟较大机头指向较难。从试飞曲线和试飞员评述中得出结论,可以实现着陆,但试飞员必须经过足够多的闭环模拟飞行训练。表 4 - 9 为遥控飞行试验中试飞员的部分评述。纵向响应良好,延迟对遥控飞机有一定影响,但控制飞机、完成任务不困难,可以完成任务书要求的内容。横向比纵向影响明显大,影响任务完成。

表 4 - 9　遥控飞行试验中试飞员部分评述

试飞任务单主要内容	试飞员评述
轻微动作　爬升 下降	飞机纵向控制良好,时间延迟约 300 ms 可以接受。横向时间延迟约 500 ms,偏大适当改进,进入和退出飞机响应瞬态很小
轻微动作　爬升 下降	驾驶杆力调整后感觉良好,总体上时间延迟对飞机遥控有一定影响,但控制飞机不困难,可以完成任务书要求的内容
爬升下降稳定盘旋 300 m 通场	按要求完成任务,转弯坡度 30 度在一定角度时信号断,平飞通过机场时,在上空信号易中断。操纵感觉有时延但可以完成动作

结果表明,时间延迟影响明显,较大的时间延迟将会导致整个系统操纵品质急剧下降。

4.5.4　谨慎使用人工遥控模式

当前大型无人机多为大展弦比、中高空、长续航能力无人机,最后落地阶段受大气扰动影响往往使得飞机航向不易稳定精确控制。较大侧风时,易导致单轮先落地,甚至发生冲出跑道等意想不到的后果。目前大部分无人机,包括美国"全球鹰"在内,飞控计算机自动程序控制情况下最大侧风限制为 7 m/s。

现行的操纵无人机试飞的试飞员,一般是从有人机职业试飞员过渡过来的。在无人机进场着陆阶段,通过平显一旦发现有航向偏差(特别是侧风较大时),试飞员会潜意识地去超控操纵飞机。但有人机试飞员没有意识到测控链路传输带来的时间延迟影响,情急之下就可能发生类似 PIO 航向振荡现象,严重者导致飞机侧偏冲出跑道。在大侧风着陆时,同时有三种作用力作用在飞机上,一是飞控计算机自动或自主的纠偏计算与控制,二是侧风扰动带来的飞机的不稳定运动,三是试飞员潜意识的人工纠偏,如图 4 - 16 所示。

侧风扰动后飞机首先感知运动,由于测控链路传输时间延迟的影响,飞控计算机自动或自主纠偏指令和试飞员人工纠偏指令可能(正向、反向)叠加,给无人

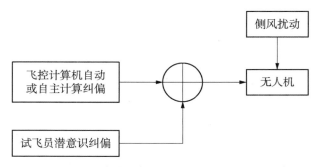

图 4 - 16　进场着陆时无人机可能同时受到的三种指令影响

机一个双倍的纠偏指令,造成无人机意想不到的异常运动趋势。

　　侧风扰动是最直接的扰动,特别是对于带 V 尾布局的无人机来讲,侧风扰动直接带来航向的瞬间变化。这个瞬间变化通过迎角、侧滑角和角速率变化传递给飞控计算机,飞控计算机会在瞬间扰动的 100 ms 后才带动舵机采取抑制飞机运动趋势的动作。通过平显观察和数据链路的延迟传输,试飞员可能会在 500 ms 后才操纵杆舵抑制飞机运动。瞬间风的扰动、无人机自动或自主纠偏指令和试飞员人工指令的叠加,会引起无人机的异常运动,导致意想不到的结果。

　　无人机往往都设计有比较灵活的"超控"模式和完全的人工遥控模式,以及比较多样的指令控制模式(高度、速度遥调,盘旋、8 字机动动作等)。在正常情况下,无人机全程按照程序自动控制飞行,试飞员仅需要监视无人机飞行状态和系统的健康状态,无须"动手"。但这只是"理论"情况,更多的是不断发生的故障和不断认识到的设计缺陷。试飞员、操作员及飞行机组在飞行过程中始终处于"紧张"状态,"怕"的是无人机可能随时"出事"。目前状态的大型无人机系统没有自主能力,自动控制设计缺陷较多,成品问题多发,试飞安全依赖试飞员和飞行机组人员的人工干预和控制。接着问题又来了,什么情况下需要人工干预?人工干预会有好的结果吗?试飞员发的"牢骚"话是:我一动杆,无人机就"完蛋",况且无人机本来就是自动控制的,我为什么要去动呢?无人机出事了,说是试飞员操作不当引起的;无人机安全落地了,说是自动控制系统设计得好。既然这样,我就不动了呗!

　　超控模式设计得非常灵活、可靠、稳定,如果试飞员操纵恰当则可以很好地弥补自动控制设计缺陷和成品故障,在发生问题时至少可以把无人机操纵安全落地。但问题是,人工干预的时机如何决定,该如何干预。

　　使用人工遥控模式很难操纵无人机安全着陆。表面上看,试飞员操纵不当、训练不足;本质上看,人工遥控模式是否适合遥控着陆这个过程值得深思。美国 "全球鹰"无人机已经完全取消了人工遥控模式,说明了什么,值得反思。

国内某无人机着陆阶段人工遥控过程分析如下:在返航途中,发现前方出现积雨云,现场决定终止任务避开前方积雨云,并沿预设安全高度返场。之后飞机沿既定航路返航至最后一个航点后,进入下滑阶段,在场高 13～2 m 处飞机出现较大姿态变化,导致飞机着陆后向左偏出跑道,后经纠偏飞机返回跑道并刹停飞机。

如图 4 - 17 所示,将飞机场高 1025 m、航向－89.3°时刻记为 T_0 时刻,整个下滑过程,风场变化较多。

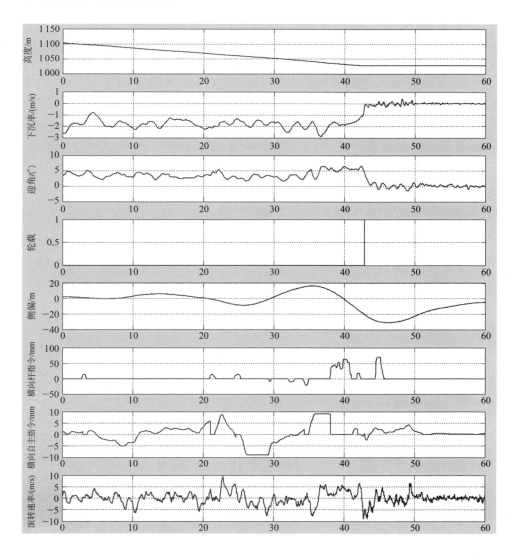

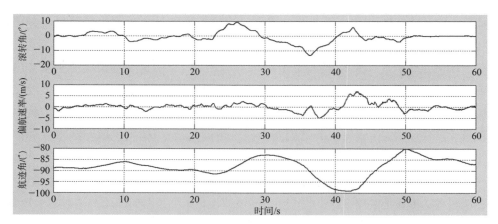

图 4‑17   实际下滑过程中风场变化情况

（1）T_0 时刻：侧偏 5.1 m，滚转角 −1.85°，航迹角 −89°；

（2）T_0+5.6 s，飞机滚转角 −2.4°，航迹角 −90.5°，侧偏 −0.5 m，飞管自主横向指令为正，5.6～11.1 s 内有两次右压杆（杆量约 13.5，满行程为 70，持续时间约 0.25 s），之后飞机滚转角最大达到 8.8°，航迹角最大 −83.0°，其间右侧风突然变化为左侧风，变化量约 3 m/s；

（3）T_0+13.9 s，飞机滚转角 0°，航迹角 −83.2°，侧偏 0.8 m，飞管自主横向指令为负，13.9～20 s 期间有三次左压杆（杆量分别为 −9.5、−10.6、−21.6，持续时间分别为 0.5 s、1.1 s、0.8 s），之后飞机航迹角最大达到 −99.1°；

（4）T_0+22 s，飞机滚转角 −7.5°，航迹角 −94.6°，侧偏 10.6 m，飞管自主横向指令为正，右压杆持续 3 s，杆量平均约 50，滚转速率最大 5.5 (°)/s，压杆后 2.5 s，滚转角变为正值，最大达到 5.4°，其间右侧风较快地在 1～4 m/s 间变化；

（5）T_0+27 s，飞机接地，接地下沉率 −1.0 m/s，迎角 5.6°，侧偏 −17.7 m，航迹角为 −98.3°；

（6）T_0+31.5 s，侧偏达到 −31 m，飞机开始向跑道中心线运动；

（7）T_0+1 min 13 s，飞机刹停，侧偏 −1.6 m，着陆滑跑距离约 840 m。

事后经组织的会议分析认定，一致意见如下：

（1）无人机下滑着陆阶段飞控自动/自主纠偏逻辑正常。

（2）无人机下滑过程中，在地面风场变化较为剧烈的情况下，飞行员人工介入纠偏时机恰当。

（3）下滑过程中由于地面风向突变较多，无人机难以建立稳定下滑线、加之无人机存在链路延迟、驾驶杆难以精确操纵等因素，增大了飞行员人工介入难度。

（4）建议进一步开展无人机的人机耦合、人机权限分配等研究工作。

4.5.5　进场着陆阶段可以使用姿态保持模式替代人工遥控模式

使用人工遥控模式很难操纵无人机安全着陆，但还是有解决办法的。那就是把试飞员的过重负担转移给飞控计算机，而不能一味地要求试飞员承担这么大的责任。在最后遥控进场阶段，使用姿态保持模式让飞控计算机保持飞机稳定姿态下滑，试飞员仅仅适量调整和监视。在这种情况下，试飞员才有精力关注下滑速度、高度等更多信息，而不是一味地调整下滑航向对准跑道。最后落地阶段，试飞员解除姿态保持，拉平飞机落地。

无人机人工干预落地产生不良结果后，试飞员也在反思。试飞员多次建议，应当使用姿态保持半自动模式让飞控计算机更多地控制无人机，人应当更少地干预。这样，才有可能规避一些异常结果。美国"全球鹰"无人机认识到类似"捕食者"无人机遥控操纵的问题后，已经摈弃了人工遥控模式。这类无人机在进场着陆阶段，并没有使用人工操控模式辅助无人机落地这种方式，替而代之的是离散的自动程序控制指令，如航向修正、侧偏修正等。

4.5.6　人工超控模式在某事故征候中挽救了无人机

某无人机昼间飞行，起飞后各项数据均正常。完成所有计划科目，飞机准备返航，飞行员按任务书要求手动将惯导组合模式切换为"纯惯性"之后飞机开始下降高度，到达航路点 65 前，飞行员手动切换惯导组合模式为"自主选择"，此时屏显画面显示爬升率为 0，前视摄像头显示飞机机头朝地面俯冲，飞机响应异常，飞行员人工操纵拉杆保持飞机状态，约 40 s 后飞机工作恢复正常，按照设计航路向航路点 66 点飞行，过点后按照任务规划航线下降高度进场返航，之后安全落地。

经事后飞参数据处理，飞机出现异常状态时，飞机最大下降率达到 $-37.89\,\mathrm{m/s}$，最大法向过载为 2.219，最大轴向过载为 0.219，最大侧向过载为 0.311，最大表速为 $340.7\,\mathrm{km/h}$，最大俯仰角为 $-27°$。

在该次事故征候中，惯导在纯惯性模式转回组合模式时，高度从无效转为有效模式，需经过一段时间延时才能正确输出高度、天向速度，飞控系统未考虑此情况，根据错误的天向速度操纵飞机，持续推杆，造成飞机超出设计使用包线。万幸的是，试飞员通过人工操控方式及时"拉杆"挽救了飞机。如果没有人工操纵方式，事故征候可能就变成 A 等飞行事故了。

图 4-18 所示为某事故征候发生的时间历程。

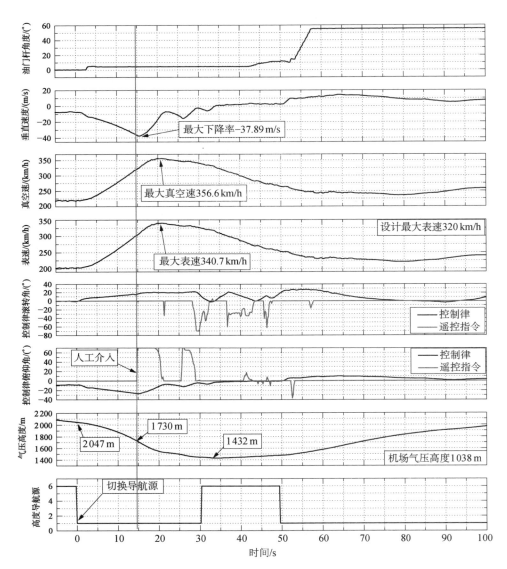

图 4-18　某事故征候发生的时间历程

4.6　无人机飞行人员

大中型无人机系统飞行人员类似于大型军用运输机机组体制,一般由主副飞行员、任务规划员(担任事先规划与飞机安全监控)、链路操作员、任务载荷操作员和武器操作员等组成。另外,由于无人机系统设计和使用尚不成熟,还增加了地面站任务指挥员、起降引导站操作员(保证 DGPS)以及飞机起飞前的 BIT 操作员和任务加载员(可选)。

　　以典型大型无人机飞行试验为例,其飞行人员配置包括塔台指挥员、任务站指挥员、无人机飞行员、任务规划员和链路操作员、任务载荷操作员,另外还包括机务指挥、机务人员、场务指挥、场务人员和航管、气象人员等飞行保障人员,具体位置分布如图 4-19 所示。

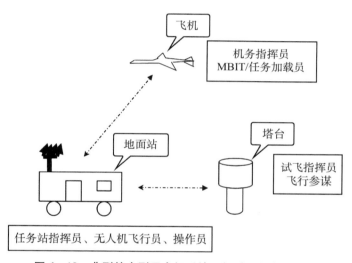

图4-19　典型的大型无人机系统飞行时飞行人员配置

　　(1) 塔台(试飞)指挥员:1 人,由试飞员选拔担任(代号 1 号);

　　(2) 试验总指挥:1 人,由试飞总师担任(代号 01);

　　(3) 任务站指挥员:1 人,由经过培训的相关专业人员担任(代号 02);

　　(4) 无人机飞行员:2 人,由经过培训后的试飞员担任;

　　(5) 任务规划员:1 人,由核心技术人员担任;

　　(6) 链路操作员:1 人,由核心技术人员担任;

　　(7) 任务载荷操作员:若干人,由核心技术人员担任;

　　(8) 机务指挥员:1 人,由机务人员担任(代号 21);

　　(9) 机务人员:8 人,由经过培训,考核合格人员担任;

　　(10) 场务指挥员:1 人,由场站站长担任;

（11）场务人员：若干人，由经过培训，考核合格人员担任；

（12）航管、气象人员：若干人，由飞行参谋担任。

4.6.1　无人机飞行机组

早期的飞机飞行过程中，机上需要较多人员参与飞行控制，尤其是在大型运输机和民用运输飞机上。例如在伊尔-76飞机上，有飞行员2人、机械师1人、领航员1人、通信员1人，机上人员各司其职，组成完整飞行机组，保证飞行任务完成和飞行安全。但随着航空技术的不断发展，机组人员逐步减少，以至现在的大型民用运输飞机上仅保留了两名飞行员。而从目前的无人机系统技术发展状况看，就非常类似于早期的大型军用运输机发展的技术水平。所以需要在大型无人机系统中发展无人机飞行机组概念，并在此概念的基础上，确定无人机系统飞行机组的岗位职责、训练方法和应急处置原则。

4.6.1.1　逐步加强地面站无人机机组人员岗位管理

地面站是无人机系统的飞行控制中枢，直接决定着飞行的安全。但在设计定型试飞期间，由于岗位职责不清或者在实施新的界面和功能改进试飞时，站内往往"人满为患"。而在发生紧急情况时，可能又缺少必要的技术支持人员。在这种情况下，就必须出台并编制地面站机组人员岗位职责和最少岗位人员管理规定。

如图4-20所示，试飞员A、B，任务规划员，链路操作员，任务载荷操作员（武器）和任务载荷操作员（任务）（6人）组成最小飞行机组。任务指挥员02、任

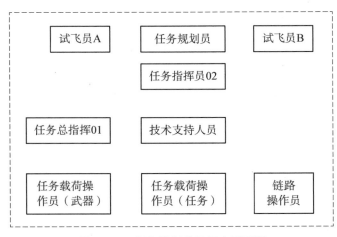

图4-20　任务控制站机组人员配置

务总指挥 01、技术保障人员为最小飞行机组的辅助部分,主要职责是任务协调以及辅助应急情况处置。其中技术保障人员最多 2 人(飞控和导航专业),其他技术保障人员只能在站外待命,飞行期间不允许私自进入站内。

1) 飞行机组人员岗位职责

飞行机组人员包括控制站任务指挥员(起降站 02、任务站 03)、试飞员(A、B)、操作员、任务总指挥(01)、试飞工程技术人员等。这其中又分为两类,一是直接参与飞行控制的最小飞行机组人员,即试飞员、任务规划员、操作员。第二类是科研试飞期间辅助飞行控制人员,即控制站任务指挥员、任务总指挥、试飞工程技术人员等。

2) 无人机试飞员(A)

无人机试飞员(A)是在控制站对无人机飞行进行状态监控或实施必要的人工遥控操作的地面驾驶者,应具有大学本科以上学历,具有航空及飞行方面的知识或经验,身体健康,并经过无人机型号试飞理论、实际操作培训,取得相应资质。主要履行下列职责:

(1) 安全执行飞行任务;

(2) 执行塔台指挥员的调度指令;

(3) 负责正常飞行过程中飞行数据监视和指令操控;

(4) 负责故障监视和应急状态下的处置和飞行操控;

(5) 执行或否决临时变更的试验科目。

3) 无人机试飞员(B)

无人机试飞员(B)是在控制站对无人机飞行进行状态监控或实施必要的人工遥控操作的地面驾驶者,应具有大学本科以上学历,具有航空及飞行方面的知识或经验,身体健康,并经过无人机型号试飞理论、实际操作培训,取得相应资质。主要履行下列职责:

(1) 换岗到 A 安全执行飞行任务;

(2) 换岗到 A 执行塔台指挥员的调度指令;

(3) 负责正常飞行过程中飞行数据监视和必要的指令控制;

(4) 辅助负责故障监视,辅助应急状态下的处置或飞行操控;

(5) 应急情况的辅助操控或具体监控职责须在实际应急科目训练中落实。

4) 操作员

操作员是无人机系统飞行地面各设备(起降、链路、任务、规划等)的运行操作者。操作员应具有相关专业的知识或经验,身体健康,且应根据型号的特点设置相应岗位,进行理论培训和实际操作训练并取得相应资质。

(1)武器操作员。

武器操作员专门进行武器操作,包括正常发射操作和应急发射操作。

(2)任务载荷操作员。

任务载荷操作员主要负责侦察相机以及光电监视/瞄准装置(EO)等任务载荷,还包括飞行任务相关的机载设备操作(航管应答机、敌我识别器等)。

(3)链路操作员。

链路操作包括视距C、U测控数据链以及超视距卫星测控通信链路,还应包括应急情况下的链路状态监视、切换和处置。

(4)任务规划员。

飞行前的任务规划和应急处置措施规划是任务规划员的首要责任,其次还要在飞行过程中辅助试飞员重新规划任务(如航路点切换、航点重新规划),应急航线确认等。主要履行下列职责:

a. 飞行前任务规划,包括航线规划、任务载荷规划;

b. 飞行前应急处置规划,包括迫降场、备降场、应急发射等;

c. 负责正常飞行过程中航点确认和重规划;

d. 负责故障监视和应急状态下的航点确定。

(5)控制站任务指挥员。

控制站任务指挥员是组织实施无人机系统飞行试验任务的指挥者,应具有丰富的无人机系统相关的专业知识和飞行方面的理论知识,具有试飞组织的实践经验和飞行现场管理与指挥能力,身体健康。控制站任务指挥员包括起降站的02(负责无人机平台系统)和任务站的03(负责任务载荷及任务系统)。

02主要履行下列职责:

a. 负责指挥完成无人机系统的试验任务;

b. 负责飞行前技术准备状态确认;

c. 负责飞行试验任务的实施或取消的决策;

d. 负责试飞员与操作员之间的技术协调;

e. 负责组织决定飞行中系统试验科目的变更;

f. 负责发生应急处置预案中未涉及的应急状态时,向试飞员和操作员提出应急处置建议;

g. 接受试飞员和操作员的技术咨询。

03主要履行下列职责:

　　a. 负责指挥完成无人机系统的试验任务；

　　b. 负责飞行前任务载荷技术状态确认；

　　c. 负责试飞员与操作员之间的技术协调；

　　d. 负责组织决定飞行中任务系统试验科目的变更；

　　e. 负责发生应急处置预案中未涉及的应急状态时，向试飞员和操作员提出应急处置建议；

　　f. 接受试飞员和操作员的技术咨询。

　　(6) 任务总指挥。

　　任务总指挥是整个无人机系统试飞的总指挥者，是试飞过程的总决策者，但飞行过程中的安全决策应当由试飞员主责决定。任务总指挥主要履行下列职责：

　　a. 负责试飞前的资源配置和安全策略控制（安全评估、应急演练等）；

　　b. 负责飞行前技术状态、岗位检查和确认；

　　c. 负责飞行试验任务的实施或取消的决策；

　　d. 负责与试飞员的技术协调和重大决策协调。

　　(7) 试飞技术支持人员。

　　试飞技术支持人员包括设计相关的总体、飞控、飞管、任务、机电等核心专业技术人员。主要履行下列职责：

　　a. 负责试飞前的系统技术状态确认；

　　b. 负责解释飞行前的技术状态变更及可能对飞行安全的影响；

　　c. 负责解释飞行试验任务过程中出现的问题；

　　d. 负责提出应急处置措施并辅助试飞员决策；

　　e. 负责 GDAS 实时监控。

4.6.1.2　加强机组资源管理

　　机组资源管理（CRM）的理念来源于民航系统。CRM 是指充分、有效、合理地利用一切可以利用的资源来达到安全有效地运营的目的，核心内容是权威、参与、决断、尊重，通过有效地提高机组人员的沟通技巧、提倡团队合作精神、合理分派任务、正确做出决策来体现。CRM 的对象包括软件（如文件资料管理等）、硬件（如飞机、设备等）、环境和人这四个方面及其相互关系。涉及的人员除飞行机组外，还包括日常与飞行机组一起工作的所有人员，这些人员与决断飞机运营有关。这些人员包括但不限于飞行乘务员、空警（航空安全员）、飞行遣派员、机务维修人员及空中交通管制员等。

CRM 训练是指培养飞行机组"有效利用一切可以利用的资源(包括硬件、软件、环境以及人力资源)以便达到安全高效以及舒适飞行目的的过程"。角色扮演是通过机组成员轮换各种角色,可以直接体验自己所扮演的角色的实际感受、对方的对应问题等,以使机组成员深化 CRM 经验,加深对机组其他成员的理解。情景意识是指个体对不断变化的外部环境的内部表征,即飞行机组在特定的时间段内和特定的情景中对影响飞机和机组的各种因素、各种条件的准确感知。领导与管理是指在飞行过程中,机长率领、引导、影响成员按预定的规范,为保证飞行的安全性、舒适性和经济性而进行的一系列实践活动。交流与合作是指机组成员为了安全、高效地完成飞行任务,通过利用驾驶舱内外信息资源而产生的一种分工明确、协调一致的行为过程。

4.6.2 无人机飞行机组人员岗位资质

从文献报道看,美国"全球鹰""捕食者"等大中型无人机均以空军试飞员为主操纵和控制飞行。从《美国空军 2030 远景规划》报告分析看,由于空军试飞员的培养成本过高,所以美国在考虑和规划无人机飞行员的长期培养和职业生涯。例如,只要具备美国空军初级飞行员资质(完成初级教练机培训)后,经过一定的无人机基础培训后就直接转岗为无人机飞行员。

小型无人机以弹射或伞降回收为主,其控制系统设计简单,以自动驾驶仪为主。所以以地面专业技术人员为主操纵飞机。

部分中型无人机,其飞行使用方式以完全程控和指令控制模式为主,兼有人工遥控模式。因其控制系统设计相对复杂,并没有设计超控模式。而且为保证安全飞行,还先期为操作员自行开展了部分有人机(仪表)驾驶飞行培训。即使这样,当发生故障必须降级进行人工操纵飞机时,极少有成功的案例。部分中型无人机目前以地面技术人员为主操纵飞机,即航空院校气动总体控制等本科毕业的专业技术人员。

部分中型无人机,其飞行管理系统设计比较复杂,已经嵌入超控模式。由于需要装备空军,战斗机试飞员资源丰富,所以无人机的操纵者和部队飞行者都为空军飞行员。随后设计生产的大型无人机,由于控制系统设计日趋复杂,成本指数级增长,目前全部以空军飞行员为主操纵和控制飞机。

综上所述,针对不同类别的无人机需要不同的人员操纵和控制。就目前情况看,大中型无人机还得坚持由空军飞行员承担。根据中小型无人机的实际情况,可以安排专业技术人员承担。

4.6.3　无人机飞行机组人员培训

有人机试飞员培训,首先是从优秀飞行员中选拔出来,在部队已经完成 500 小时以上作战飞行。其次要完成试飞员学校将近一年的理论授课,然后完成超 10 个机种的近 400 小时飞行教学实践,尤其是要完成变稳飞机 20 小时的飞行体验以及关于飞机变稳定性的飞行品质体验论文。在此基础上,再到变稳飞机上进一步体验,或到世界各地的试飞员学校等地方进一步体验飞行。上述都是试飞员最基本的基础培训,没有足够的基础培训和飞行体验,谈不上试飞员资格。最后,才是具体型号飞机的理论改装和飞行改装。

无人机试飞员培训是件新鲜事情,需要考虑,需要人们关注,逐步引起管理层的理解和支持,从而给予资金支持以研发培训设施和编制理论教材。针对无人机飞行试验特点,国内仅开展了无人机试飞员型号改装培训。制订了"无人机系统试飞员操作改装培训要求",规定了试飞员针对型号任务要求需进行的飞行操作培训内容。

型号改装培训基本内容如下:
(1) 操作理论培训;
(2) 虚拟仿真训练;
(3) 半实物闭环训练;
(4) 应急程序操作(仿真、人机闭环)训练;
(5) 开车训练;
(6) 低中高滑行实际训练;
(7) 带飞及改装飞行。

4.7　无人机任务系统

为了使无人机上的任务载荷能够有效且可靠地工作,并确保任务高效完成,必须对无人机任务载荷的工作状态进行管理和控制,即无人机任务系统。无人机任务系统指的是无人机上负责任务载荷管理、任务数据实时记录、任务数据处理与下传、身份识别与航管应答、任务规划数据加载等,以确保无人机执行指定任务的机载系统。对于大型无人机系统,机载配置有多余度的任务管理计算机专门对指定任务进行管理和控制,如光电侦察设备管理、通信侦察、电子战、武器攻击导引与投弹控制、敌我识别与航管应答管理、航路点管理、情报处理与分发管理等多种功能模式,需要多个岗位的操作员同时监视和协同控制管理。

以无人机光电侦察载荷为例,包括相机、电视(摄像机)、激光测距机等,这些光电设备的光轴需要参照相对于无人机运动的轴线动作,可分为定轴、可转动光轴、有光轴稳定平台等多种方式。对于这些不同特点的光电侦察设备,要想获得质量较好的图像侦察情报,就需要对光电侦察载荷的光轴、焦距、拍摄时机、开关机等进行控制和管理。实现这种控制和管理有两种方式,一是任务站中的任务载荷操作员通过按键、鼠标、遥控杆等对设备进行遥控操作;二是机载的任务管理计算机按照预先编制的程序进行自动控制。在一个任务过程中,这两种方式可以单独使用,也可综合使用。

图 4-21 所示为典型无人机任务系统结构框架,以任务管理计算机为核心,主要管理和控制的对象为任务载荷(相机等)、武器系统(含外挂)、敌我识别与航管应答、机外照明、飞参记录器以及任务数据记录器等。

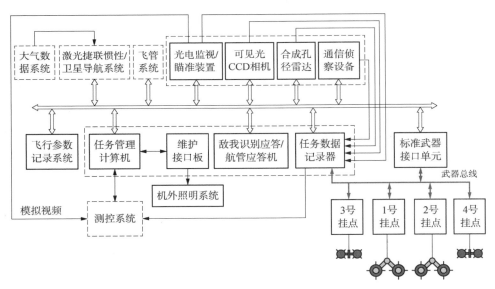

图 4-21　典型无人机任务系统结构框架

4.7.1　无人机任务载荷类型

自 20 世纪 60 年代以来,无人机逐渐用于照相侦察、情报收集、侦察监视、毁伤评估、人员搜救、对地攻击等任务。支持无人机完成这些任务的载荷主要有光学相机、电视(摄像机)、红外热像、激光测距、SAR 雷达、通信侦察、电子干扰、武器弹药等。按照任务载荷的功用,可以将其分为侦察监视、通信中继、电子战、武器弹药和靶标等五大类。

4.7.1.1　侦察监视类

以数字相机为主,按照光学频段不同分为白昼相机 CCD、夜间红外、高光谱、多光谱、激光等。按照静态、动态的不同分为电视(摄像机)实时传输和高分辨率相机事后处理。多光谱同时拍照获得不同频段的图像,目的是为了分辨伪装目标,如沙漠中在武器上覆盖的沙漠颜色的伪装网等。

由于光学侦察受天气影响特别是云雾的影响较大,所以合成孔径雷达(SAR)成为第二类重要的侦察监视任务载荷。

4.7.1.2　通信中继类

通信侦察是第三类侦察监视手段,如针对"恐怖组织"超短波电台、卫星通信电话的侦听与定位等。机载 U/V 电台是专用通信电台,可用于航管语音应答、空中(无人机)和地面(攻击引导、情报定位)实时通信及中继。

4.7.1.3　电子战类

电子战包括电子支援、电子攻击和电子防护。电子支援指的是在指挥员授意或直接指挥下对有意或无意的电磁辐射源的搜索、截获、识别和定位。电子攻击指的是使用电磁能或定向能,以削弱、压制或瓦解敌方作战能力为目的,对人员、设施和设备的攻击。电子防护指的是采取行动保护人员、设备和设施,防止敌方(我方)利用电子战削弱、压制或瓦解己方战斗力。

目前国外都配置有专用的电子战类无人机,另外出于自身保护,大型无人机也配置有自卫电子战设备(高威胁区作战)。

4.7.1.4　武器弹药类

当前国内外可供无人机攻击用的武器弹药有:空地制导导弹、小型制导炸弹、制导火箭弹、滑翔弹、反辐射导弹等。另外还有新概念武器,如定向能激光武器,未来可能用于空天无人机作战。

4.7.1.5　靶标类

无人靶机长久不衰,而且要求越来越高。而且目前国内的无人靶机,还远远没有达到军方用户的训练和作战要求。

4.7.2　无人机武器系统一般构成与操作使用特点

目前,国际上典型的攻击型无人机是美国的"捕食者"A、B、C 系列察打一体无人机,以及正在研制的"X-47B""雷神""神经元"等无人机攻击机。目前已经得到广泛应用的察打一体无人机,其主战武器主要是半主动激光制导武器,现在正处于不断加装各型武器的快速发展态势。

4.7.2.1　半主动激光制导导弹

美国"捕食者"系列无人机使用的半主动激光制导导弹主要是"海尔法"系列导弹(见图 4-22)。半主动激光制导导弹由激光导引头、战斗部、引信、弹上计算机、俯仰陀螺仪、倾斜偏航陀螺仪、发动机、气动舵机、热电池等部件组成。这些导弹可以在全天时对地面装甲车和坦克等轻型装甲车辆、雷达站和导弹发射阵地等技术兵器、普通车辆、简易堡垒和房屋、集结人群等固定目标和移动目标发起攻击。

图 4-22　半主动激光制导导弹示意图

4.7.2.2　光电监视/瞄准装置

光电监视/瞄准装置(EO)的主要作战任务是持久侦察监视、导弹制导、毁伤效果评估等。EO 主要组成包括彩色电视观瞄具、黑白电视观瞄具、热像观瞄具、激光测距/照射器、任务管理单元、伺服机构、视频跟踪单元、供电单元等,常见外形如图 4-23 所示。

配装于无人机上的 EO 在地面站操作员的操控下,以电视、红外方式工作,全天时对地(海)面区域执行目标搜索、持久侦察监视,向操作员、情报系统提供实时昼夜侦察图像,提高作战部队态势感知能力;对可疑目标进行瞄准、跟踪、激光

图 4-23　EO 外观图

测距和定位,向无人机火控系统提供目标距离、瞄准线角度和角速度等信息,并对确认目标执行激光照射,制导机载激光制导武器对目标实施精确打击;打击后执行毁伤效果评估后,为后续作战计划提供信息支持。

4.7.2.3　地面站操纵与显示界面

无人机与有人机操作上最大的差异是将座舱搬到地面,可能置于地面方舱

内也可能置于房屋内,多名操作员在地面配合,通过发送遥控指令完成目标捕获、导弹发射与制导等任务。

　　与攻击任务直接相关的席位主要包括飞行监控席、任务监控席和链路监控席。飞行监控席完成飞行操作,负责调整无人机姿态;任务监控席完成传感器和武器的操作和监视;链路监控席完成链路频道、工作模式等操作和监视。典型的席位显示界面如图 4 - 24 所示。

图 4 - 24　典型的席位显示界面

4.7.3　无人机对地面时敏目标攻击的流程及特点

4.7.3.1　对地面时敏目标攻击的流程

　　察打一体无人机采用本机照射本机发射方式对地时敏目标的攻击过程如图 4 - 25 所示。无人机根据任务规划或者地面人工指令进入攻击航路后,操作员操作 EO 对地面目标进行搜索,识别后进行锁定、跟踪,在此过程中进行激光测距,以获取目标经纬度、距离等信息,无人机火控系统进行解算发射条件,进入允

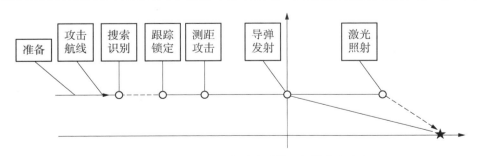

图 4 - 25　激光制导导弹对地时敏目标的攻击流程

许发射窗口后,操作员择机按压发射按钮发射导弹,导弹离机后首先以方案弹道飞行,然后导引头解锁,EO 发射激光照射目标,对导弹进行制导,导弹调整姿态飞向目标,命中目标或者导弹落地后战斗部起爆。

另一种方式是地面照射本机发射,无人机装订其他作战部队提供的目标信息,引导 EO 持续对该目标锁定跟踪,操作员操作无人机飞向该目标,进入发射窗口后,操作员发射导弹,地面激光照射器发射激光照射目标,对导弹进行制导。

4.7.3.2   无人机与直升机/有人机武器系统差异分析

目前,攻击型无人机多采用小型化激光制导或 GPS 制导武器,采用遥控模式进行武器发射,未来可能实现人工智能/自主飞行攻击模式。无人机对测控链路通信的高度依赖是攻击型无人机武器系统的显著特点。在当前小规模反恐行动中,面对技术层次较低的非对抗干扰不存在大的问题,但是未来如果面对层次更高的对抗时,测控链路的抗干扰能力将会是无人机技术的关注重点。另外,由于测控链路带宽限制和时间延迟的存在,往往会导致无人机对后方传来的指令不能及时反应,由此可能贻误战机,因此无人机武器系统的任务效能与有人机相比还是存在着明显的差距。

1)操作模式

表 4-10 从人员、方式、感知等多方面对有人和无人操作模式进行了分析说明。

表 4-10   有人机和无人机操作模式

序号	类别	无人机	直升机或战斗机
1	操作人员	完成一项任务,地面站需要 2~3 人分工合作。飞行员、操作员、指挥员、情报分析员、链路控制员; 预设航路,飞行主要依靠自动飞行,攻击过程中,人工干预	一般需要前舱和后舱 2 人,或者左座与右座。分别担任驾驶和任务操作;也可以单人执行任务
2	操作方式	依靠触屏、平显进行控制,选择设置; 操纵杆上按键功能也可以在平显上完成; 通过视距链路或者卫通进行远程遥控	机械操作,左右军械手柄,下显周边键
3	操作地点	操作人员在地面控制站进行遥控,不直接与前线战场接触	飞行员进入前线战场环境,人员伤亡风险大

（续表）

序号	类别	无人机	直升机或战斗机
4	战场感知	通过链路下传显示画面进行感知； 链路延迟造成感知失真； 不直接参与前线战场，生命不受威胁，易冷静做出正确反映	直接感知真实的战场环境，飞行员素质影响战斗结果
5	人员要求	只要经过培训，基本都能胜任无人机操作工作； 站内作业，对身体素质要求低	需要长时间训练培养才能形成战斗力；对身体素质要求苛刻

2）攻击模式

表 4-11 从不同使用方式等多方面对有人和无人攻击模式进行了分析说明。

表 4-11　有人机和无人机攻击模式

序号	类别	无人机	直升机或战斗机
1	照射方式	他照/本照，本投方式	具备本照本投、他机照射和地面照射方式
2	连发能力	单发发射	可以进行连续发射（多架照射装置，同时攻击多目标）；可以快速发射（本照本投，同时攻击多目标）
3	作战半径	作战范围广，任务时间长	受作战半径限制，任务时间有限
4	武器选择	小型化空地导弹/炸弹等	武器选择类型多样化
5	投放方式	水平投放； 一般进行人工投放	水平投放，俯冲，俯冲拉起等多种方式； CCIP、CCRP 火控系统成熟

3）作战使用

表 4-12 从使用用途、环境、保障等多方面对有人和无人机使用模式进行了分析说明。

表 4-12　有人机和无人机作战使用模式

序号	类别	无人机	直升机或战斗机
1	使用用途	可担负国土边境、边远和敏感地区监视及目标打击任务； 战时可对战场重要区域进行侦察和监视，对发现目标进行攻击； 可对打击效果进行评估	作战任务较为明确，各自负责范围内任务

（续表）

序号	类别	无人机	直升机或战斗机
2	使用环境	可在地形复杂区域进行作业； 链路控制，受电磁环境影响较大	受地形影响，工作区域受限； 可实现全天候作战
3	工作时间	具备长航时作业能力	作战时间短
4	后勤保障	维护成本相对低廉； 反应快速，机动灵活，再次出动时间短； 日常维护简单，成本低	出动消耗大，成本高； 地面保障复杂，更换发动机或者其他部件耗时长； 日常维护相对复杂
5	操作机动	没有驾驶员生理限制，可实现高机动，作战方式灵活	受驾驶员生理限制明显
6	与其他作战单位综合化	全数字化操作，数据链功能齐备； 可长时间滞留战区，可高空作业； 容易融入其他战争体系，也可作为中继平台，完善指控系统	也可作为中继平台，但改型或者装备新电磁设备难度大

4.7.3.3　操作人员使用习惯与操作人员资质

战斗机飞行员在操作武器时，一般遵守的原则是"手不离杆"，即要求飞行员不仅要控制和稳定飞机，还得同时引导和发射导弹。在这种前提下，高水平的飞行员对武器的操作往往会"得心应手"。但无人机地面站武器操作界面设计者，没有完全遵守战斗机武器操作"手不离杆"的基本规则，而是更多地考虑了如何能完成任务，对人机工效考虑得少。

这样导致的结果可分析为：飞机操作与武器操作不能紧耦合、协调不一致；武器发射操作界面按键烦琐，可能会导致不能完成一些时间紧急、突发的武器发射和攻击过程。

当前状态下的无人机对地攻击过程中，地面站中的飞行员、链路操作员、任务载荷操作员、武器操作员分工明确、相互协同，不同于常规战斗机上的"一人独打天下"。在这种背景和前提下，一般专业技术人员经过培训合格后上岗，是可以胜任武器操作员这个岗位的；当然，战斗机飞行员可能会更能胜任。

4.8　无人机飞行任务规划

无人机任务规划系统归类于计算机软件系统，为无人机规划最佳航路和任务载荷运行方式。任务规划系统的规模与无人机系统的功用密切相关,对于一些从事简单任务的小型无人机系统来说,任务规划系统的组成相对简单,只需要给出一条满足任务要求的航路即可。对于从事复杂战略或战术任务的大型无人机系统,其任务规划系统组成就相对复杂。一般来说,一个完整的面向单机的任务规划系统应包括 9 个子系统或者有相应的功能模块。

4.8.1　起降机场基础数据库设置与维护

根据任务要求,为无人机设置一些基本的规划要素和作战要素,包括起降机场、任务构型、任务载荷工作(攻击)方式、燃油加载量等。

(1) 起降机场基础数据,包括位置、航向、高度及 FAF 圆设置等;

(2) 起降阶段跑道端净空与侧偏限制数据;

(3) 起降引导站工作模式,如 GPS 使用模式、差分电台工作频率等;

(4) 起飞中止距离设置(保留自动任务中止后的滑跑距离);

(5) 跑道起降点设置(跑道两端各一个);

(6) 备降机场、迫降点设置;

(7) 自动驶入与驶出信息设置。

4.8.2　航路规划

为无人机规划合理的航路,包括规划算法选择、航路威胁数据、航路点特征设置等。根据规划工作阶段,可分为粗规划和精细规划两个阶段。

4.8.3　任务载荷规划

根据任务要求和任务构型,规定任务载荷工作的时机和工作方式,包括任务载荷选择、工作起始航点和时机以及工作模式等。为适应复杂多变的气候条件及作战需求的不断变化,一般情况下多由操作员人工对任务载荷进行飞行中实时操作和控制,包括武器系统的操控。

4.8.4　测控链路使用规划

为无人机设定飞行中测控链路工作状态,包括工作模式、工作频点以及必需的切换时机等。无线电测控链路易受大气环境、地杂波、其他通信设备等的影响,往往表现出在起降阶段瞬时断链、图像马赛克现象,这些都需要链路操作员提前规划好使用频段、使用频点及使用时机,并随时做好切换准备。

4.8.5　应急方案规划

为无人机规划应急状态下的安全飞行方式或应急返场方式,包括应急状态判定、决策方式、应急备降迫降等。

（1）迫降场设置；

（2）备降场设置；

（3）测控链路中断时间设置（应急返航）；

（4）应急返航航线；

（5）任务中止返航航线。

4.8.6　任务推演与评估

对规划好的任务进行地面仿真推演,由试飞员、操作员共同确定规划结果的合理性、可行性,并进行检查修正。任务仿真推演有两种模式:

（1）纯数字仿真推演；

（2）接入无人机的半物理仿真推演。

4.8.7　作战应用数据库

作战任务规划需要的基本数据库,包括地空导弹、高炮、拦截飞机、防空阵地等的威胁数据等。

（1）目标侦察点设置；

（2）敌方防空雷达威胁区；

（3）攻击目标点设置；

（4）航管代码与敌我识别代码设置。

4.8.8　任务加载

任务规划后形成的文件最终要加载到任务管理计算机中,飞管计算机中要加载应急返航航路文件（见图 4-26）。正常情况下,任务规划文件加载到任务管理计算机中,应急返航任务加载到飞管计算机中。在飞行过程中,任务管理计算机按照任务规划文件要求飞管计算机执行平台飞行,要求各任务系统执行任务。一旦任务管理系统出现问题,或地面站紧急要求,飞管计算机会终止任务管理计算机的任务直接应急返航。

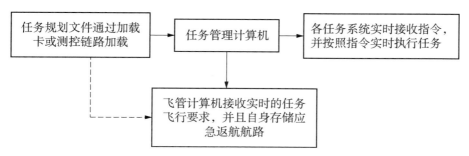

图 4 - 26　任务规划文件加载路径与实时执行路线

4.8.9　放飞流程

以典型无人机为例,说明无人机放飞流程如下:

(1) 机务指挥员请示任务指挥员飞机可上跑道;

(2) 任务指挥员请示塔台指挥员飞机可上跑道;

(3) 得到指令后,机务人员拉飞机上跑道或在跑道进入点准备;

(4) 任务指挥员进行各岗位通信检查;

(5) 操作员去各岗位签署飞机放飞流程单;

(6) 操作员给地面站进行全面通电检查(起降、任务、引导、视距、卫通);

(7) 操作员检查任务规划文件(迫降场、备降场设置,跑道基础数据等);

(8) 无人机上跑道到达起飞点后请示任务指挥员全系统上电;

(9) 操作员(试飞员)手动给机载飞管计算机加载试飞任务;

(10) 全系统上电后,进行全系统 PBIT 通电检查;

(11) 进行惯导对准、光纤航姿对准;

(12) 进行飞控系统杆舵极性检查;

(13) 进行发动机燃油系统检查;

(14) 进行发动机操纵系统检查;

(15) 进行发动机冷运转;

(16) 任务指挥员请示塔台指挥员开车;

(17) 发动机暖机;

(18) 试飞员进行发动机操纵系统检查;

(19) 任务指挥员请示塔台飞行参谋通报天气状况;

(20) 任务总指挥批准放飞单;

（21）任务指挥员请示任务总指挥放飞；

（22）任务指挥员请示塔台指挥员放飞；

（23）塔台指挥员通报天气状况后下达起飞指令；

（24）试飞员按下起飞指令，放飞。

4.8.10 返场着陆流程

以典型无人机为例，说明无人机返场着陆流程如下：

（1）任务指挥员请示塔台指挥员要求返航；

（2）塔台指挥员批准后试飞员操纵无人机返航；

（3）任务指挥员请示无人机进场；

（4）塔台指挥员批准后试飞员操纵无人机进场；

（5）任务指挥员请示塔台飞行参谋通报本场天气状况；

（6）任务指挥员通报塔台指挥员无人机进入 FAF 点；

（7）任务指挥员通报塔台指挥员进入三转弯、四转弯；

（8）塔台飞行参谋通报本场天气状况；

（9）试飞员监视或操纵/控制无人机着陆；

（10）落地后试飞员关车、关油泵，松刹车；

（11）塔台指挥员指令机务指挥员拉飞机下跑道或自动驶出跑道。

4.9 无人机飞行试验活动分类与无人机飞行试验场地管理

无人机特别是大中型无人机系统作为新生事物仍处于初步研发阶段。无人机系统可靠性、安全性水平仍然低于常规有人机 1～2 个数量级。无人机如何安全、高效地融入飞行航管体系仍处于摸索阶段。在上述前提下，对无人机特别是大中型无人机飞行试验场地提出了额外的苛刻要求。

4.9.1 无人机飞行试验活动分类

从目前国内外无人机飞行试验活动看，按管制方式总体上划分为四大类，即严格隔离区、人工监控模式下与军机协同飞行区、人工监控下与民机飞行规避区以及可适航飞行区，如表 4-13 所示。

表 4 - 13　按管制方式无人机飞行试验活动分类

按管制 方式分类	严格隔离区	人工监控模式下 与军机协同飞行区	人工监控下 与民机飞行规避区	可适航 飞行区
按场地 举例说明	微小型无人机在 G 类空域内	各类军用机场	D、E 类民航机场、民 航活动较少机场或通 航机场	暂无

4.9.1.1　严格隔离区

在无人机给定空域内飞行时,该给定空域内没有任何其他飞行器同时飞行。对于微小型无人机来讲,其航程、航时、航速、重量等指标非常有限,对地面或其他飞行器的影响很小,所以从一般意义上说,微小型无人机的飞行就是在隔离区内飞行。大中型无人机一般情况下也可在相对隔离空域内开展飞行。而且飞行时必须保证所划定的空域内飞行,且必须限定在所划定空域水平 20 km 范围以内。

大型无人机飞行试验时一般都需要至少 $100 \times 50 \, \text{km}^2$ 以上的空域,如果实施严格隔离飞行,则无人机试飞成本就会过高(影响到同机场的其他有人机不能同时起飞作业)。因为无人机所在机场以及机场周边都有大量的有人机在开展飞行活动。从这个意义上讲,大型严格隔离区飞行的成本就很高了,如果没有政府和空军部门的特别支持,大量使用严格隔离空域飞行是做不到的。

4.9.1.2　人工监控模式下与军机协同飞行区

在无人机给定空域内飞行时,该给定空域内有提前计划协调好的军机(包括无人机)同时飞行。与军机协同飞行时的间隔为水平 20 km、垂直间隔 1 km。该间隔要求来自空军颁发的无人机飞行航空管制暂行规定。

4.9.1.3　人工监控下与民机飞行规避区

在无人机给定空域内飞行时,该给定空域内有提前计划协调好的民航与通航飞机,无人机须按规定避让民机飞行。避让民机飞行的间隔与民航航管部门一般提前约定为水平间隔 20 km 以上。目前空军与民航部门之间,还没形成专门的民机与大中型无人机飞行的相关具体规定。

4.9.1.4　可适航飞行区

无人机经过适航管理部门认证批准后的飞行。所谓适航飞行指的是有完整规则指导下的无人机在国家(国际)空域内飞行,而不是目前通过提前技术协调,飞行中实施人工实时监控的过程。

4.9.2　选择无人机飞行试验场地需要考虑的因素

根据前期飞行试验场地经验,建议综合考虑以下几个方面的因素选择试验场地:

(1) 地面保障情况,如机库、特种车辆、燃油油料、供电、办公环境等。

(2) 空域属性,上级管控部门、申报程序、同场飞行、应急处置等。

(3) 靶场属性,靶场进入程序、靶场安全控制、爆炸物应急处置等。

(4) 气候属性,海拔高度、云雾特性、雨雪特性、高空风、地面风场与测量。

(5) 电磁环境,周边移动通信基站、大型发电厂、人口密集区等情况。

4.9.3　飞行计划申请

从目前国内外飞行情况看,一般运行机场对无人机都持有一定的质疑态度,一般认为无人机安全性差,不好控。所以无论在哪个机场,无人机的飞行计划很难得到顺利的申请和批准。究其原因,总结为两条:一是对大中型无人机系统认识不足;二是对无人机航空管制政策不清楚,或者说关注不多。针对这两条原因,此处重点说明无人机飞行计划申报方法和计划申报模板。让机场航管人员和空军航管人员在接到计划申请后,能快速理解飞行计划内容以及空域管制措施和安全控制措施,及早批准无人机飞行计划。

4.9.3.1　与机场航管等相关人员及时沟通交流

目前情况下,无人机按航管要求主要为三类飞行活动,即严格隔离区飞行、人工监控模式下与军机协同飞行和人工监控下与民机协同飞行。不管哪种情况,都必须提前与航管部门沟通交流,交代清楚待飞无人机的基本情况、基本飞行性能、气象限制条件、人工干预飞行能力、空中飞行机动处置能力以及应急处置能力等。必须按照航管部门给定的间隔要求,严格按照事先申报的航线飞行。事先申请临时航管代码,并在起飞前予以加载和确认。

4.9.3.2　设计和编制较好的飞行计划申请模板

一般情况下,申报与批准的空域大,无人机在该空域中实际飞行的范围小。一旦有有人机活动,航管部门出于"省事"考虑,就不再穿插安排无人机飞行。这种情况往往较普遍,造成无人机申报飞行的效率较低,这是人为造成的情况。在这种被动情况下,编制较好的飞行计划申请模板就显得尤为重要。

如图 4-27 所示,某机场有 1 号、2 号、3 号三个飞行空域可用,而某无人机某次飞行时仅使用了 1 号空域划虚线部分内的一小块区域。无人机飞行前,必须让航管部门明白,无人机仅使用了这一小部分,并必须把明晰的航线航点数据

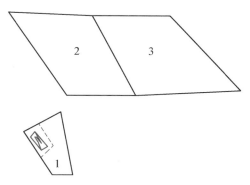

图 4-27　飞行计划申请模板示意图

及早交给航管部门。这样的话,航管部门就可以充分考虑空域使用情况,及早"爽快"地答应,让无人机及早起飞飞行。

申请模板中还应明确的主要内容有,最大高度、最大速度、最长飞行时间以及应急返航航线等。该模板中,应有明晰的飞行航线及航点数据,并明确水平间隔 20km 外的外廓数据(以简单四边形方式明确四个角的位置数据)。

4.9.3.3　试飞计划编制与日计划申报

由于大中型无人机系统高度复杂,设计定型试飞内容复杂,而且试飞现场常受到技术状态优化变更迭代以及天气因素、人员因素等的影响,所以试飞计划编制是一个阶段性工作。不管是月计划还是周计划,在不同的时间阶段均需要重复迭代,而不是一蹴而就的。月计划、周计划是在动态变化中的,切不可以月计划、周计划没有完成或实际内容变更而"错误"地认为试飞现场"组织不力"。

日计划的变化也很大,很大程度上取决于系统技术状态是否稳定可靠。为了争取半天时间,试飞现场组织者往往提前预判某一状态能够在 2h 内到位保证飞行。但试飞现场一般情况下受客观条件约束较多,很有可能没有按 2h 完成而耽搁了日计划。从而,受到所在机场相关部门的"误解"。

试验与鉴定试验、试飞不能等同于部队的作战训练,"说飞就飞"的要求,科研飞机是做不到的,特别是针对大型无人机系统。

日计划的申报时间应该限制在飞行前一天的下午四点到六点之间,而不是飞行前一天的上午 11 点。

4.10　地面低中高速滑行试验

大量的地面滑行试验是无人机飞行试验的一大特色,首飞前滑行试验可能多达 50 次以上。设计定型试飞期间,滑行试验次数可与飞行试验架次数相当。其主要作用有两点:一是首飞前的机-站-链全系统综合检查试验;二是长时间停放后或技术状态变化(硬件变化、软件升级)后必须进行的地面全系统检查试验。

4.10.1　低速滑行试验

检查无线电测控链路在全跑道上的覆盖能力,尤其是 C 定向测控链路,可能有盲区。由于地面站布置在跑道垂直向很近,飞机经过地面站最近时会出现数据跳动和图像马赛克情况。检查前轮转弯和刹车系统工作能力,检查地面站整体工作情况。

4.10.2　中速滑行试验

检查飞管系统、飞控系统、导航系统、任务系统综合工作能力,检查飞控系统纠偏能力和抗侧风能力。检查动力系统、机电系统工作能力,检查起落架、机轮及刹车工作情况。

4.10.3　高速滑行试验

检查大气数据系统,检查飞管系统整体控制能力(控制律构型变化、控制精度)。检查动力系统、机电系统整体工作情况。

4.10.4　滑行试验重点在于检查前轮纠偏和刹车

目前情况下,大多数无人机没有设计安装减速伞,地面滑行阶段主要靠刹车进行减速。无人机靠程控程序进行滑行,所使用的主要控制逻辑和控制装置是前轮转弯和刹车。"全球鹰"无人机 ACTD 阶段,主要考核的关键系统就包括前轮和刹车。前轮和刹车是无人机的关键系统,这也是无人机系统的最大特点。必须通过地面滑行和飞行给予充分的检查和考核。

国内某无人机试飞时,发生了两次因前轮和刹车控制规律不完善而导致飞机滑行侧偏大的问题。一是飞机侧偏超过门限而导致任务中止;二是地面开车试验时,发生了前轮转弯控制器通信故障。目前无人机多为碳刹车装置,尤其是新安装的碳刹车装置,在低速滑行时刹车效率较低,滑行距离可能是正常刹车距离的 2 倍。而高速滑行时,刹车效率基本不受影响。这一点应引起使用者的注意,即换装的刹车装置应先期以低速人工滑行方式对碳刹车装置进行基本磨合后,再飞行、滑行正常使用,尤其要注意驶入与驶出时的操作和控制。

4.10.5　无人机系统自动驶入和驶出滑行试验

大中型无人机系统起飞前需要开展 BIT、任务加载及飞行前人工检查、开车检查及其他必要的工作,一般通电起飞准备过程需要较长时间。这种情况下,单架无人机起飞可能需要单独占用跑道不少于 30 min,电源车、空调车以及机务人员等全部在起飞点上等待,不利于同场其他飞机起降和安全控制。这种背景情况下,要求无人机同有人机一样,要具备自动驶入和驶出功能。

以典型机场为例说明驶入和驶出过程(见图 4-28)。驶入点位于跑道西端头,大致位于滑行道对应线的外端 10～20 m 处。无人机向南自动驶入跑道,对准跑道后自动刹停(西向东起飞方向)。无人机西向东落地后,通过 3♯或 4♯联络道自动驶出跑道,并自动刹停于联络道上。针对某无人机开展的驶入和驶出试验,提出以下意见和建议。

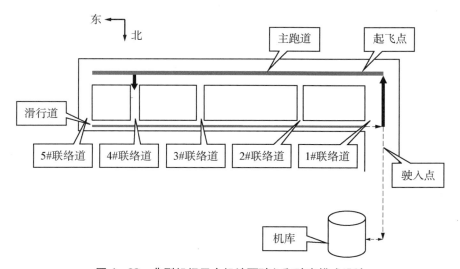

图 4-28　典型机场无人机地面驶入和驶出模式设计

4.10.5.1　根据驶出待滑行距离自动调节滑行速度

一般跑道长度为 2400 m 以上,无人机轻质量落地的滑行距离仅为 700 m,大质量落地滑行距离不到 1200 m,落地后从 4♯联络道驶出的话,待滑行距离可能就长达 1000 m 以上。为减少滑行时间,建议无人机的滑行速度参照有人机执行,即滑行速度不大于 50 km/h;如果滑行距离少于 500 m,则建议滑行速度不大于 20 km/h;而在驶出转弯处,则不大于 10 km/h。这就要求飞管系统能够预先装订机场跑道所有道口信息,比较智能化判断自身位置并自动决策滑行速度。

而其中更为重要的是,不能等无人机完全刹车停止、滑行阶段结束后,再启动自动驶出功能。正确的做法是:落地滑行刹车,减速到 50 km/h 以后,飞管系统自动启动自动驶出控制,利于节省驶出时间,并减少刹车能量消耗。

4.10.5.2　条件允许时应要求驶出后自动滑行至起飞点

无人机自动驶出刹停在 4♯联络道,此时的位置距跑道西端头还过于遥远,还需牵引车在滑行道上较长时间后才能离开跑道回机库。所以条件允许的话,应要求无人机能从 4♯联络道自动滑行回到起飞点,以利于执行下次任务;或要求无人机自动滑行至机库门口。

4.11　无人机空域管制与转场飞行

4.11.1　当前阶段的飞行空域管制

无人机最终是要上天飞行,既然空中飞行就必须接受飞行空中交通管制。对于不同种类的飞行器有不同的管制方法和管制机构。民用运输机即民航飞机按照中国民用航空法规接受民航飞行空域管制。小型民用、通用飞机按照通用飞机航空法规接受空军飞行空域管制。民航飞机、通用小型飞机还要同时接受空军飞行空域管制。军用飞机,接受空军飞行航空管制(见图 4-29)。

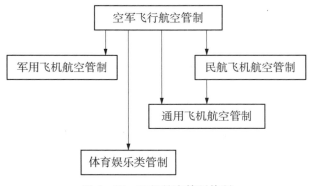

图 4-29　飞行航空管制体制

空域属于国家资源,任何单位、任何个人不得独自占有,在空管规则下必须分时共享。任何大型飞行器上天飞行前,必须提前申报并得到批准。

从空军航空管制角度看,空域分为以下 6 种类型:

(1) 指定训练空域,给常驻海陆空部队师团级划设的空域,民航须绕行。

(2) 指定的特殊空域,如重要的靶场、地面重要设施等任何飞机都必须绕行。

(3) 作战(演习)临时划设空域,不定期划设使用,民航须避让或停飞。

(4) 转场飞行航线,沿民航航线飞行或穿越民航航线。

(5) 给大中型民航飞机划设航线或给所有机场规定所需的最小活动空域。

(6) 给其他飞机划设的空域,如通用飞机、训练飞机等。

从民航管制角度看,空域分为以下 5 种类型:

(1) A 类空域。7 000 m 高度以上,仪表飞行规则(军机、民机皆适用)。

(2) B、C 类空域。大中型繁忙民航机场周边,供民航起降使用。

(3) D 类空域。小型不繁忙机场周边,供民航飞机或通用飞机起降。

(4) E 类空域。管制空域的其余部分,等待发展通用航空。

(5) G 类空域。非管制空域,300～5 000 m 高度,体育娱乐类微小型飞机使用。

4.11.2　美国国防部(空军)为无人机进入国家空域系统做的工作

随着美国"全球鹰""捕食者"等无人机的成功应用,美国军方持续在为"全球鹰"无人机能在全球飞行努力。美国国防部在其制订的无人机系统路线图中,按照无人机飞行管制的需要,将无人机分为三类(见表 4-14)。从美国国防部和美国空军的无人机分类情况看,他们重点仍然是关注在因使用方式不同而强调如何规范管理上。无人机同样是飞机,那就要与有人机"争夺"蓝天。如何让无人机"飞"得上去,又能安全地"回来",是无人机管理最基本、最现实的做法。无人机处于快速发展的初期,我们没必要关注有什么用途,没必要关心能否空战。作为管理者,就是要拿出准生证,颁布空管运行规则,营造有人/无人共享蓝天的安全、和谐氛围。

表 4-14　美国国防部对无人机按可进入空域分类

	注册航空器Ⅲ类	非标准航空器Ⅱ类	遥控模型机Ⅰ类
一般运行规则	14CFR 91 视距外	14CFR 91, 101, 103	无

	注册航空器Ⅲ类	非标准航空器Ⅱ类	遥控模型机Ⅰ类
可进入的空域类型	所有	(1) E\G类空域 (2) 在D类空域中不能与其他航空器共享这类空域	G类空域
可进入空域的描述	无限制＝可进入所有空域	(1) 非管制空域（远离有塔台机场的低空空域） (2) 繁忙/主要机场以外的区域 (3) 可使用交通量较少的机场，但在机场不能与其他航空器共享空域	(1) 非管制空域 (2) 一般在366 m高度以下
指示空速限制	无限制	不超过125 m/s（建议）	不超过50 m/s（建议）
相当的航空器	有人驾驶航空运输机	有人驾驶超轻类型 有人驾驶运动类 有人驾驶限制类	无线电遥控模型机

2000年初期，美国"全球鹰""捕食者"无人机交付部队后，空军就急于让这些大中型无人机进入国家空域系统。需要全球作战，就必须跨区域、长航时飞行。所以急需制定无人机飞行规则，以便能让民航飞机、通用飞机、空军作战飞机能接受这些"不长眼睛"的"新鲜玩意"。

2001年，《高空长航时无人机认证和规范路线图》一书第一版由新墨西哥州立大学出版。这项工作由美国航空航天局ERAST工程项目资助。ERAST计划是由美国国家海洋和大气管理局（NOAA）发起，NASA组织实施的科学探测项目，项目终止于2003年。此后，根据其他利益攸关方的反馈，新版本相继出版。路线图的目的是要成为美国联邦航空管理局、业界和其他利益攸关方讨论建立无人机适航、飞行标准、空中交通监管的基础，以确保高空长航时无人机系统在国家空域系统中的安全操作。

随后，2004年启动"HALE ROA in the NAS"计划（High-Altitude Long-Endurance Remotely Operated Aircraft in the National Airspace System）。这个项目即Access 5/UNITE项目。美国六大无人机制造商（Boeing、Lockheed Martin、Northrop Grumman、Aero Vironment、General Atomics Aeronautical Systems、Aurora Flight Sciences）联合NASA DRYDEN试飞中心、美国联邦航空管理局（FAA）进行"HALE ROA in the NAS"计划，希望5年内高空长航时

无人机进入国家空域系统(简称 Access 5)。Access 5/UNITE 项目的主要经费由美国航空航天局承担,同时得到了 UNITE 财团、美国联邦航空管理局、美国国防部和其他利益攸关方的资助。虽然这个项目由于预算原因于 2006 年 2 月提前终止,但有人声称,该项目使得行业合作伙伴和公共机构之间建立了稳固的合作关系,并针对无人机系统如何进入国家空域提出了宝贵建议。

美国联邦航空管理局的监管部门进一步指出,无人机系统适航认证的过程充满了技术挑战,如感知与规避系统和地面站、ATC 与飞机之间的通信问题。美国联邦航空管理局目前认为,将无人机系统集成到国家空域系统中的技术仍不成熟。2009 年美国联邦航空管理局局长 J. Babbit 给航空高管训话的摘录表明了该机构的立场:

(1) UAS 技术不够成熟,不足以在 NAS 中完全运作。在能力方面,UAS 有了实质性的飞跃,这个飞跃需要技术和程序的共同发展,并需要确保其安全。

(2) (无人机感知与规避系统)的复杂性是无人机系统难以进入 NAS 的原因。

(3) 大多数无人机在液压、电气、飞行控制和卫星链路等方面都存在单点故障,这是一个问题。如果因为单点故障导致系统每数千小时便会发生故障,那确实是一个问题。

(4) 特别是关于感知和规避这一问题,美国联邦航空管理局官员在 2008 年向政府咨询办公室提交的报告中指出,在任何情况下,研发可靠的系统不仅成本可能高达 20 亿美元,同时还需要花费数年时间。

为了解决无人机相关技术问题,美国联邦航空管理局联系了航空无线电委员会(RTCA)。2004 年 10 月,在政府和数个国家行业代表的参与下,成立了 SC-203 委员会。该委员会的首要任务是制定《无人机系统的指导材料和注意事项》,这一文件于 2007 年 3 月发布。据最初估计,这些标准将于 2013 年完成。但是,RTCA 很快认识到,由于该项目的覆盖范围很广以及无人机的独有特点和运作方式,可能需要到 2017 年或 2019 年才能完成全面安全评估。反过来,这意味着在 2020 年之前,即在 RTCA 制定的标准可被纳入联邦航空管理局规定之前,可能无法完成 UAS 在美国 NAS 的集成。

4.11.3　国内无人机飞行航空管制工作

不管是军用无人机,还是民用无人机,开展设计定型(适航鉴定)试验、试飞都必须提前向当地空军飞行管制部门提交飞行申请。国内空军于 2014 年 6 月颁布《无人机飞行航空管制规定(暂行)》。该规定主要针对空军以及其他军兵种现役的大中型无人机。该规定明确要求,无人机应当在相对隔离的空域内飞行,且无人机应当具备航管应答、敌我识别等空管能力。需要转场飞行或与有人机同场飞行时,需要提前申报,并明确要求控制水平间隔20 km以上。

中国民用航空局于2016年9月颁发了《民用无人驾驶航空器系统空中交通管理办法》,并要求遵照新修订的颁发执行。该管制办法依据《中华人民共和国民用航空法》《中华人民共和国飞行基本规则》《通用航空飞行管制条例》和《民用航空空中交通管理规则》的规定,参考国际民航组织10019号文件《遥控驾驶航空器系统手册》的相关要求,为适应民用无人机驾驶航空器的快速发展,组织对《民用无人机空中交通管理办法》(MD-TM-2009-002)进行修订。新修订完成《民用无人机驾驶航空器系统空中交通管理办法》(MD-TM-2016-004)并下发。新修订的空管管制办法重点从以下三个方面理解:

(1)微型无人机造成的空管危害小或管控过于困难,民航重点关注的仍然是小型到大中型无人机系统。

(2)在无人机与有人机同场飞行时,水平间隔不得小于10 km,且无人机需要飞行在划设的规定空域边界5 km以内。

(3)无人机飞行前,须向民航有关管理部门提交飞行安全评估报告并须通过审查。

2018年1月26日,由国务院、中央军委空中交通管制委员会办公室组织起草的《无人驾驶航空器飞行管理暂行条例(征求意见稿)》在工信部官网发布。该条例对无人机种类、驾驶员要求、空域申请、安全监管均有详细说明。这是国内首次从国家战略层面对无人机未来发展以及管理作出指导和部署。并明确指出,大于25 kg的民用无人机按照相关法规要求必须开展适航试验,取得国家颁发的适航证明之后才可开展后续的商业飞行活动。

当前技术状态的无人机,没有设计防撞系统,没有研发"发现与规避系统",没有航管态势显示和气象情报信息,没有防除冰系统。一般情况下,无人机飞行须在相对隔离的空域单独飞行。在有相关单位和航管人员的协同下,允许个别的有人机和无人机同空域飞行,但水平间隔一般很大(20 km以上)。综上所述,目前国内无人机飞行管制还基本处于初步管制阶段,空军针对大中型无人机颁发了航空管制规定,民航部门针对微小型民用无人机也颁发了相关飞行管制规定。至于大中型民用无人机的适航飞行要求,国内刚刚开始着手计划做这方面的工作。

4.11.4　需要无人机飞管系统自动设置进场盘旋等待区

等待程序是为疏导交通流量,为飞行中的飞机提供等待区域,并得到必要的时间间隔和进近序列而设计的一种飞行程序。等待程序是指航空器在遵循交通管制指令的基础上保持在指定的空域或飞行计划航线上,并在此飞行空域或计划路线上等候进一步的飞行指令与计划。等待程序一般设置在机场上空、航路末端或进场航路的指定航路点上。

有人机在完成任务准备返场着陆前,需要取得空管许可后方可做进场准备。无人机也一样,需要遵守同样的空中交通管制(ATC)规则。在待降机场飞机起降飞机较多或发生异常情况时,常常要求有人机飞行员在起降机场外给定空域范围内盘旋等待。无人机也一样,需要无人机飞管系统自动设置盘旋等待区并自动或自主在盘旋等待区盘旋等待。无论无人机与有人机同场飞行,还是有人机与无人机同场飞行,无人机盘旋等待功能实现意义重大,是实现无人机自觉遵守 ATC 的重要措施。

如图 4-30 所示,无人机盘旋等待区应设置的高度为 5 000 m 左右,这样既规避了其他飞机起降又规避了空中的航线飞机。等待区大小,应设置在 200 km² 左右,这样基本满足了大型无人机的正常任务盘旋半径要求。盘旋等待区侧面距跑道延长线应大于 10 km,应不影响其他飞机的正常起降。

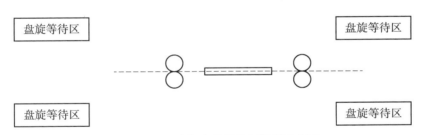

图 4-30　无人机盘旋等待区设置示意图

在目前无人机飞管系统待改进完善的初级阶段,可以人工实现规划盘旋等待区,待盘旋等待区取得 ATC 认可后,再由飞管系统自动实现盘旋等待。

4.11.5　无人机需要事先标定自动驶入或驶出信息

为实现无人机自动驶入或驶出功能,需要事先人工规划驶入或驶出航线,并将相关航迹信息写入飞机管理系统(见图 4-31)。所以,不仅需要标定跑道信

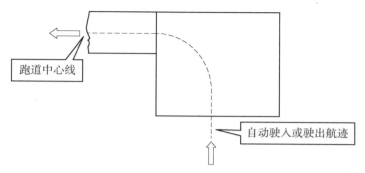

图4-31　无人机自动驶入航线图

息,还需要事先标定驶入或驶出航迹信息。在此基础上,还需将标定好的航迹信息以明确的形式(刷黄漆等形式)显示给试飞员,以便于试飞员确定驶入或驶出航迹路径是否正确。

目前阶段的大中型无人机,起飞和着陆滑跑距离一般在1000 m以内,而军用或民用飞机跑道长度一般在2400 m以上。无人机落地后,还需要滑行500～1000 m后才能驶出跑道。这种情况下,就要求无人机能以较快的速度(不大于50 km/h)驶出。

4.11.6　无人机应当具备自动双向起降能力

风场随时在变,早上西风,下午可能就是东风。所以,无人机应当具备双向自动起降能力。在做人工任务规划时,仅仅规划和指定单边起降。飞管系统需要根据起降时刻的风速风向,在人工决定起降方向后,自动实现双向起降。

4.11.7　专项开展无人机转场飞行

大型无人机转场飞行,需要在作战部门的指导下,协调空军和民航。特别是在经过大型高密度民航机场时,需要提前对民航飞机、军用飞机进行特别飞行管制。飞行高度间隔一般不小于1000 m,水平间隔一般不小于20 km。

美国在进行"全球鹰"适航试验飞行时,已经感觉和发现无人机如何进入国家空域管理系统飞行的问题很难短时间内解决,所以无人机转场飞行仍然需要空军机关组织,专项安排。

4.11.7.1　虚拟视景和数字地图

大中型无人机具备转场飞行的能力,但前提是必须对待降机场进行起降航线、数字地图、虚拟视景的设计和确认、飞行前的地面闭环试验确认,以及转场飞行中迫降点的选择和确定。

虚拟视景对无人机试飞异常重要,特别是在起降阶段和空中穿云期间。无人机之所以能够在低能见度情况下起降,飞行员必须依靠虚拟视景监视和控制飞机运动,这也就类似于常规战斗机上的"平显"。虚拟视景还非常类似于飞行模拟器中的计算机视景,既包括平显信息,还带有高精度的三维地形图像实时显示。同时,虚拟视景类似于民航飞机的盲降设施,在能见度不足时,需要盲降设施辅助飞行员安全降落。

有两点对视景的要求,应当引起设计部门的注意:

1) 传统飞行员视场与无人机前视视场(摄像头)偏差较大

传统虚拟视景制作中,视场设计是以飞行员视场为基准设计的。但无人机前视摄像头所得到的视场远远小于飞行员视场。这样就导致摄像头前视视场与虚拟视景产生较大偏差,给飞行员主观判断造成一定的干扰和影响。特别是当飞行在山区时,高山的位置和高低以及河流显示都有较大的视觉偏差。飞机进场着陆阶段,对远处跑道的位置和外形指示的偏差也较大。究竟是采用类似前视的小视场设计虚拟视景,还是采用常规视景,目前还有待进一步研究并经使用验证和评价确定。

2) 虚拟视景设计中应对飞机眼位设计有标准化要求

无人机大小不同、高低不同,决定着虚拟视景设计中必须考虑眼位的高低和远近。如果没有考虑,飞行员可能会"觉得很累",甚至会产生其他意想不到的灾难性飞行后果。这一点应当引起高度关注,应有相关的标准化设计要求。

三维地形图像实时显示与数字地图密切相关,所以在制作大范围虚拟视景之前,必须先期得到高精度数字地图。虚拟视景制作中应注意以下几个问题:

(1) 制作虚拟视景的目的是在飞机前视发生问题时(结冰遮挡、雨雾遮挡等)辅助试飞员进行飞行操控和决策,所以视景中不需要有所谓"云彩"等"花里胡哨"等画面的设计和制作。

(2) 考虑到虚拟视景多为夜间着陆使用,所以直接把跑道灯光指示系统制作进去。

(3) 传统的虚拟视景用于数字地面飞行模拟,虚拟视景运动所需要的参数来自对六自由度飞机运动方程的解算,所以数据稳定平滑。但无人机地面站中虚拟视景的驱动数据来自飞机的真实运动,而且要经过测控链路传输和解码,所以这些数据一般情况下不平滑,多出现跳点和野值点。这就要求在驱动视景之前对这些飞机真实运动数据进行平滑处理。

4.11.7.2　待降机场及周边的数字地图

转场飞行,尤其是高原转场飞行时需要三维数字地图,一般以经纬度和高程信息形式表现。三维数字地图的来源有三种,一是军用数字地图,需要严格的审批程序。二是购买商用数字地图,需要花钱。网站上也有可以免费下载使用的数字地图。三是网络上的软件工具之类的网站信息,也可以专门申请购买。

机场及周边 50 km 范围内,需要详尽的三维数字地图,用以制作高精度的进场着陆虚拟视景。目前确实有一些实际问题困扰着三维数字地图的使用,如执行某任务时待降机场虚拟视景制作花费了 30 天时间,尤其是某机场虚拟视景制作花费了 50 天。一是获取的军用数字地图为机密级,申请手续多且用户保存难度大;民用数字地图需要花钱购买。二是需要专业的视景公司用专业软件制作,花钱而且需要时间。

在这些约束下,设计部门提出了待降机场在平显上的简易显示方法。无人机起降阶段特别是着陆阶段,在能见度不高或侧风较大时,飞行员需根据虚拟视景指示精准下降和低中高速滑行直至刹停。既然这样,就在平显上临时做一个虚拟跑道指示。该虚拟跑道能够显示平显上的速度矢量指示,能够显示飞机相对于跑道的相对位置即可。

4.11.7.3　不同机场的地形对无人机起降影响很大

由于机场跑道较长,一般情况下,跑道在几何上不平整。受山区特殊地形影响,某机场南北高差将近 20 m,机场跑道呈坡度形延伸。在这种特殊地形机场影响下,从南起飞和从北起飞影响很大,所以南和北必须标记为两个不同的机场,如表 4-15 所示。

表 4-15　某机场南、北起飞地形影响　　　　　　　（单位:米）

北向南起飞	相对高度	北向南落地	北向南起飞	相对高度	北向南落地
0	28.6	2800	2300	45.1	500
100	29.5	2700	2600	47.2	200
200	30.1	2600	2700	48.8	100
500	32.2	2300	2800	48.4	0
1400	38.8	1400	南向北起飞		南向北落地

某无人机在此机场开展飞行任务,开车检查正常后起飞,离地 26 m 后先后报起落架收放故障,随后飞管系统自动中止,收油门打开刹车系统,无人机以 5 m/s 下沉率坠地后弹起,再次落地跑到端头,连续冲坏跑道引导灯数十个,机体严重受损。

4.11.7.4　特殊机场事故征候引起的反思

表面上看来,事故征候是由于机场跑道南高北低的特殊地形引起的,导致飞管系统错误地判断"起飞""着陆"阶段。但从本质上看,引发出以下问题。

1) 无人机应如何正确使用无线电高度表

多数无人机设计上普遍使用了至少 2 个余度的无线电高度表,确保无人机在落地阶段能有正确的场高判断。而且在差分 GPS 失效后,无线电高度表显得尤其重要。还有一个更重要的作用,即起飞离地状态的判断,无线电判断场高 10 m 时,无人机自然离地了。但某无人机仅安装有单套无线电高度表,所以在起飞离地时需要借助差分 GPS 判断相对高度进而决策无人机是否场高 10 m 就离地了。但该机场问题是跑道是倾斜的,所以错误地判断了"起飞""着陆"状态。从这个意义上讲,某无人机应当具备双余度的无线电高度表。但另外一型无人机在该机场起飞前调研时发现,该机场跑道南端头有一个宽约 100 m、深约 30 m 的雨水冲刷成的沟壑,在无人机着陆过程中,如果依靠无线电高度表判断场高时,也会出现严重问题。所以,某无人机又增加了一套差分 GPS 系统(变成双差分 GPS)。目的是保证落地时能有准确、可靠、精准的判断场高的方法。总之,无人机如何正确使用无线电高度表,值得深思。

2) 起飞阶段如何正确中止起飞任务

事故征候发生后,要求设计完善起飞任务中止逻辑,而恰恰在该问题上,将起飞任务中止逻辑问题又暴露出来。不能一概而论,凡三级以上故障就中止,将故障保留在地面,而不能带上天。而且还应当确定故障发生的时机,发生在决策速度之前可以中止。无人机已经抬前轮或已经离地了,再中止起飞任务显然是非常危险的做法。如何中止起飞任务,值得反思。

4.11.7.5　机场标定方法

机场标定至少需要 7 个点,即端头两个点、端头内 200 m、400 m 以及机场几何中心点。差分站基准点至少需要以差分 GPS 形式至少标定 24 小时。必须给出精确的位置信息和高程信息,精确到米以下。结合机场专用标定信息,才能制作成功完整的进场着陆理想航迹。另外,还需要根据机场使用细则,确定无人机的进场航线和复飞航线,一般参照运输机起降航线确定。

4.11.7.6 无人机进场下滑角小于常规有人机

常规有人机包括战斗机和民航飞机,进场下滑角一般在 $2.5°\sim3°$,而无人机进场下滑角一般在 $2°\sim2.5°$。在地形比较复杂地区,有人机可起降,但无人机不一定能起降。单单由于这么小的差异,就有可能造成无人机灾难性事故。

4.11.7.7 备降点、迫降点选取

理论上讲,目前大型无人机系统可以备降在所有机场,但目前并没有对其他机场进行机场信息标定,而且其他机场没有配备起降控制站,所以从目前情况看,无人机基本不具备其他机场备降的能力。

由于目前无人机多易发故障且可靠性不高,所以在远程转场飞行时必须选择迫降点。某无人机在发生灾难性故障时,系统会自动让无人机低头冲向迫降点。但其他类型的无人机都没有设计这种模式。在发生无法挽回的故障而无法返回本场时,需要人工将飞机迫降在指定的地点。

迫降点一般选在人烟稀少、地势相对平坦的地方,面积一般不少于 10 平方公里。可以实际勘察或通过软件工具进行检查和确认,而且要经过飞行员的认可和确认。迫降点确定后,交给任务规划员,提前给无人机做出迫降任务规划。在任务规划中,需要事先确定迫降的地点并在平显画面和规划的航迹上予以显示。同时,在迫降场需要事先在地面标识比较明显的指示,如白灰划线或白灰画出比较明显的滑跑方向指示和滑跑起始点。但长距离转场飞行时,在判断无人机故障无法返回指定机场时,很有可能是一个很随机的位置,这时就需要飞行员的智慧和胆识灵活处置。

4.11.7.8 航线及航路点的选取

按照空军无人机飞行航空管制规定的要求,无人机飞行应避开繁忙机场、密集人口区、繁忙的国际及国内航路和规定的禁飞区等。所以在转场飞行前,应先期规划转场航线和航路点。航路点间隔不宜过大,以 $100\sim300\,\mathrm{km}$ 以内为宜,利于航空管制和特情处置。

民航部门对无人机飞行比较敏感,强烈要求无人机与最近的民机水平间隔不能小于 $20\,\mathrm{km}$。民航繁忙机场或高等级作战机场的水平间隔,目前看来不得少于 $50\,\mathrm{km}$。无人机穿越民航航线时,须事先与民航航管部门协调。

4.11.7.9 高原转场飞行

高原机场具有明显的特点,往往存在很大的安全风险,具体表现在:高原机场往往是地形复杂的机场,机场周围净空条件差,导航设施设置困难,导致飞机起降、复飞操纵难度大;高原机场海拔高,高空风通常很大,接近地面的空气因太

阳照射导致向阳和背阳方向的受热不均匀,加上地形对风的阻挡和加速,使得高原机场经常出现大风,风速、风向变化很大,极易形成乱流、颠簸和风切变;由于受地形的遮蔽和反射,高原机场无线电波产生多路径干扰,地面通信作用距离变短,信号变弱;无人机飞行光靠飞机上的前视摄像头难以决策和判断复杂的高山地形,地形规避、地标确认、空中风判断等难度大。同时由于在距离边境较近的机场开展飞行试验,需要考虑敌方干扰以及偏离航线到边境或出界的风险。

建议及解决措施如下:

(1) 高原环境恶劣程度超乎想象,首先必须从思想上高度重视。

(2) 建立精准的起降机场三维数字地图和数字化的虚拟进场视景,帮助试飞员进场着陆。

(3) 建立精准的机场周边三维数字地图和数字化的地形态势提醒界面,帮助试飞员从航线上下降高度到进场着陆航线上。

(4) 试飞员进行完整的地面闭环模拟训练和应急演练,特别是各种风场的情况演练。

(5) 加强机场周边无线电频谱特别是视距链路、卫星链路的可靠性监控。

(6) 严格控制飞行空域,预留较大的安全距离,同时与相关部门密切沟通,严防意外偏离航线情况。

4.11.8　青藏高原试飞情况

4.11.8.1　青藏高原气候特点

青藏高原平均海拔 4000 m 以上,耸立于对流层的中部,与同高度的自由大气相比这里气候最温暖、湿度最大、风速最小。但就地面而言,与同温度的周边地区比较,这里气候最冷、最干、风速最大。这是巨大高原的动力和热力作用的结果。高原气候总体特点表现为辐射强烈,日照多,气温低,积温少,气温随高度和纬度的升高而降低。夏季温凉多雨,冰雹多。以雅鲁藏布江河谷的巴昔卡为例,降水量极为充沛,平均年降水量可达 4500 mm,是国内最多的降水区域之一。日喀则 5～9 月,气候温和、空气湿润,降水量占全年的 90% 以上,降水集中在雨季 7、8 月份,多夜雨,多雷暴冰雹。

4.11.8.2　某无人机在青藏高原试飞时结冰严重

云中若存在过冷水滴,过冷水滴是不稳定的,稍受扰动即冻结成冰。当飞机在含有过冷水滴的云中飞行时,如果机体表面温度低于 0℃,过冷水滴就会在机体表面某些部位冻结而形成积冰。根据温度不同,积冰有明冰、雾冰、毛冰、霜等不同形态。飞机速度越大,结冰越少,飞行速度较小,容易结冰。飞机积冰的形状有三种:楔形平滑状明冰、槽型粗糙冰、无定形起伏状积冰。积云和积雨云时,通常是强积冰。飞机结冰强度等级如表 4-16 所示。

表 4-16　飞机结冰强度等级划分

积冰等级	弱积冰	中积冰	强积冰	极强
单位时间积冰厚度/(mm/min)	<0.6	0.6~1.0	1.1~2.0	>2.0
飞行过程中积冰厚度/cm	<5	5.1~15.0	15.1~30.0	>30

某无人机在青藏高原执行试飞任务,飞行过程中频频发生结冰告警现象,整个飞行过程中发生了 16 次结冰告警(见图 4-32)。特别是在飞机返航下降过程中,遭遇发动机异常停车阶段结冰告警频繁,碎冰混合水进入发动机燃烧室导致停车。

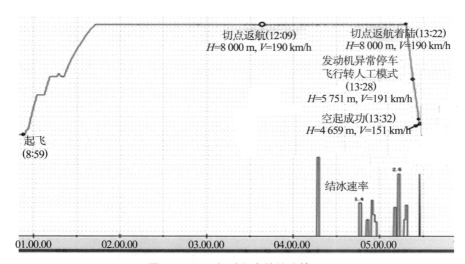

图 4-32　飞行过程中的结冰情况

飞机正常执行约 2 h30 min 任务后,报结冰告警,飞行员通过 EO 发现无人机有结冰现象,任务指挥员报飞行指挥员同意后切点返航。返航途中,报结冰速率为 3.3 mm/min,由于本场上空空域调配原因,需要在指定区域飞行等待,在等待区,频繁报结冰告警信号,报结冰速率为 2.6 mm/min,飞行员通过 EO 发现无人机结冰现象加重,任务指挥员通报飞行指挥员,经飞行指挥员同意后,切点返航着陆;返航着陆途中发动机停车,飞行员转人工模式操纵飞机返航落地,如图 4 - 32 所示。

机翼结冰情况见图 4 - 33;天线盒结冰情况如图 4 - 34 所示。

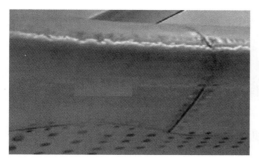

图 4 - 33　12:16 时飞机机翼开始结冰

图 4 - 34　13:00 时天线盒所结冰块持续增大

4.12　无人机系统维修与地面保障

系统维护保障是保证飞机作战能力的基础,至关重要。无人机与有人机的最大不同之处在于增加了对地面站的维修和保障。

综合保障(ILS)在《可靠性维修性保障性术语》中对其定义为:"在装备的寿命周期内,综合考虑装备的保障问题,确定保障性要求,影响装备设计,规划保障并研制保障资源,进行保障性试验与评价,建立保障系统等,以最低费用提供所需保障而反复进行的一系列管理和技术活动。"通过这一系列活动,要达到两个目的:一是通过开展综合保障工作对装备设计施加影响,使装备设计得便于保障;二是在获得装备的同时,提供经济有效的保障资源和建立相应的保障系统,以便使所部署的装备能够得到保障。综合保障的主要任务包括确定装备系统的保障性要求;在装备的设计过程中进行保障性设计;规划并及时研制所需的保障资源;建立经济而有效的保障系统,使装备获得所需的保障。其基本原则如下:

(1) 应将保障性要求作为性能要求的组成部分;

(2) 在论证阶段就应考虑保障问题,使有关保障的要求有效地影响装备设计。

(3) 在充分地进行保障性分析,权衡并确定保障性设计要求和保障资源要求,以合理的寿命周期费用满足系统战备完好性要求。

（4）在寿命周期各阶段,应注意综合保障各要素的协调。

（5）在规划保障资源过程中应充分利用现有的资源（包括满足要求的民品）,并强调标准化要求。

（6）保障资源应与装备同步研制、同步交付部队。

（7）应考虑各军兵种间的协同保障问题。

（8）应尽早考虑停产后的保障问题。

4.12.1　大型无人机系统综合保障体制

4.12.1.1　维护人员岗位资质

对于无人机平台的维护,与有人机相比没有什么大的区别。

4.12.1.2　无人机维护人员岗位设置

一套无人机系统通常配置四架无人机,对于无人机维护人员应有多少个岗位、多少个人员合适,不能一概而论。完全可以根据实际情况做适当调整。如机械师及员、航电师及员、特设师及员、任务师及员等,但"四个师"是基本要求,"机械师"负责制也是常规要求,大队长负责制也是基本的要求。

4.12.1.3　地面站维护保障

从美国"全球鹰"无人机初始部队试验报告分析看,地面站可靠性、安全性比较高,能够满足作战需求。从国内几型无人机系统看,地面站与"全球鹰"地面站类似,可靠性、安全性较高,故障情况较少。

1）地面站维护人员岗位设置

地面站维护是机务维护的新特点,还有很多问题需要解决。地面站维护人员应当受到关注,建议的岗位设置如下:

（1）地面站师,对无人机的控制站全面负责,类似于机械师。

（2）地面站员,对站内的各种功能进行分工负责,如起降引导、应急供电、工具保障等。至于地面站员的岗位职责分工,是按专业还是按功能,有待进一步确定。一般情况下,地面站车辆到达某个机场开展试飞时,车辆往往一停就是数月甚至数年。风吹日晒,若没人主动维护,车载蓄电池等部件很快就会报废。

2）地面站维护人员

地面站开机和关机工作需要具有相关资质的人员进行,主要由地面站维护人员进行,按照系统的开机和关机操作流程进行操作。维护人员对地面站工作应有相应的记录,记录相关的操作人员和操作内容。

3）地面站维护检查内容与检查方法

从对地面站的维修保障方面看，存在困难较多，主要表现如下：

（1）地面站功能很多，难以定性、定量进行完整的周期性检查。

（2）周边健指令繁多，难以在飞行前一次性做全面检查。

（3）地面站设备多为商用货架产品组装而成，与常规机载成品管理不同，履历本管理、存储、运输、检查等都存在困难。

4.12.1.4　机载设备、成品维护保障方法需要不断改进和完善

无人机所配装的发动机、机载成品、设备等，大多直接来自有人机。但有人机飞行时间短，无人机飞行时间长，这样就给维护保障带来了问题。例如：

（1）某型发动机，要求每 25 小时进行一次滑油光谱检查。该发动机原来自于直升机、通用飞机，25 飞行小时相当于 10 个飞行架次/90 天。但对于无人机而言，一次长航时就 20 小时，也就是说，几乎每次飞行后都需要光谱检查。这显然不适应无人机长航时飞行情况，而且滑油光谱检查设备较贵，一般空军场站不具备检查能力。

（2）某型光电监视/瞄准装置（EO）设备，要求每 50 飞行小时开展一次光轴检查。该装置原来自于某直升机，50 飞行小时相当于 30 个飞行架次/180 天。但对于无人机就不适应，三次长航时飞行就可能超过 50 飞行小时。而且光轴检查非常麻烦，需要厂家专业人员或经培训有资质的人员完成。

4.12.1.5　机载软件、硬件升级不断，需要严格的质量控制程序

由于无人机系统设计不成熟，试验过程中需要频繁升级软件或硬件，给机务维护工作和飞行安全造成了较大影响。任何软件、硬件的升级都需要严格的审批程序，任何人、任何单位不得私自为之。

本章总结

认识无人机系统的本质特点，必须基于两个前提。首先是时代特点，即当前无人机系统多为自动飞行控制与管理系统，以程控飞行为主，人工辅助。其次，本书以阐述大中型军用无人机为主，小型和微型无人机系统可能就表现不出那么多的技术特征。如控制站中，飞行机组概念显然不适应于微小型无人机，复杂的任务规划及驶入和驶出跑道等能力在微小型无人机上是不需要的。所以，本书提出的无人机系统本质特点不一定适合和全面，希望读者能够理解和谅解。

无人机上没有了"人"，致使无人机系统的任务规划和作战飞行变得与有人

机有很大变化。正是没有了"人",而人工智能水平又较低,致使无人机系统可靠性、安全性变差。认识无人机系统区别于有人机的本质特点,摸索无人机系统飞行试验的独特性,是做好无人机系统试验与鉴定的基本前提。无人机如何与有人机协同作战,如何将侦察情报发送给作战指挥单元,无人机如何在 C^4ISR 体系中发挥越来越大的作用,这些疑惑致使无人机系统的试验与鉴定工作更加复杂。无人机系统快速发展中,特别是自主控制及人工智能理念和方法不断强化了无人机系统执行任务的能力。需要不断深入认识和发现无人机系统飞行试验的独特性,不断发展和完善无人机系统试验与鉴定的理念和方法,服务于无人机系统研制及作战使用。

第 5 章　无人机系统飞行试验
新理念和新方法

苟利于民,不必法古;苟周于事,不必循俗。

——道家学派代表人物　文子

基于能力的试验与鉴定分为两大部分,一是针对研制总要求战技指标的边界能力考核,即性能试验(设计定型试飞),二是近真实作战环境下的作战试验(部队适应性试飞)。本章重点研究边界能力考核方法。基于能力的试验首先必须研究确定当前无人机能够完成什么任务,完成规定任务时需要具备哪些边界能力。无人机系统的独特性决定了必须创新飞行试验理念和方法,才能真正地试验无人机的边界能力。重点开展无人机飞行品质、飞行性能、结构强度、发动机、地面控制站以及操纵与控制等试验方法研究。最后对他机试飞做了简单陈述,他机试飞适合完成发动机及关键任务载荷系统的调整试飞与鉴定试飞。他机试飞可以与本机试飞并行开展,可以显著提高试验效率,降低试验风险和成本。

5.1　开展无人机系统飞行试验方法研究的方向和内容

无人机作为以空气为介质的飞行器,飞机本体的系统组成和结构框架与有人机大同小异,飞行原理和控制基础都是相同的。因此,已经发展的用于支持有人机飞行试验的众多经典的飞行试验技术和方法、程序可以直接用于无人机飞行试验。无人机型号试验的目的和有人机没有差别,就是考核验证飞机及其主要系统的各项功能和性能指标是否达到了研制总要求的规定,确认飞机的可使用范围;检查飞机使用的可靠性、维修性、测试性、保障性;检查和暴露飞机及其各系统存在的问题和缺陷,为修改设计提供依据;完善、修订飞机交付使用的各项技术文件和使用手册,如飞机维护及使用说明书,飞机驾驶员手册等。

但与有人机相比,无人机的飞行控制与管理方式发生了显著变化,整个系统构成和使用方式也不同,使得无人机飞行试验技术又与有人机相比有显著差异,客观上要求一些独特的方法、进程和管理,特别是鉴定考核方法、风险分析和处置方面。关于有人机和无人机的差异,有很多论文、很多报告从不同的角度和方面进行了阐述,众说纷纭,很难有一致的说法。本书认为,从世界航空工业内部设计方面看,有人机和大中型无人机同根于航空器,都是飞机。最大的变化是飞机上没有了飞行员,不需要设计研发与人相关的座舱环控救生系统。在控制与操作人员的变化基础上,衍生出面向特定任务需求的设计变化:即飞行性能、飞行控制与导航、飞行品质、结构强度、任务规划与任务管理等设计理念的变化;同时增加了测控链路和地面控制站。在这些设计理念发生变化时,需要飞行人员适应飞机操纵和控制与管理特点,如测控链路带来的时间延迟影响、情景感知能力变差以及由于测控链路的影响带来的空中处置能力变化和附加的任务系统使用模式的变化等。这些变化很难精确描述和定义。无人机系统试验与鉴定试验新理念和新方法应从如下几个方面开展思考。

1) **面向飞行员的传统设计考核理念转变为面向任务系统设计的考核理念**

无人机上没有了"人",所以机上取消了与"人"相关的环控救生装置,同时在设计理念上发生了深刻变化:飞行控制与管理系统自行规划和运行起降规则,自行最优爬升和下降,自行巡航以及必需的包线(高度、速度、迎角)保护机制。在给定任务包线内,无人机"傻瓜"式地自动飞行,其性能试飞相对简单。无人机设计服务于传感器的正常工作以及机动条件下的武器打击。飞行品质面向任务系统设计,结构强度面向任务设计,这就是考核理念该发生变化的地方。

2) **面向无人机人机分离特点着重考核任务系统的操作性/可用性**

当前状态的侦察类无人机为适应任务要求,具备多种任务载荷配置能力。作战任务要求就是任务系统要求,必须100%地满足。包括任务系统的规划、地面站操作方法以及实际任务能力,都必须严格考核。这与有人机是一样的。

3) **对测控链路的依赖使得整个系统对电磁环境非常敏感,着重考核系统抗干扰能力**

由于无人机上没有了"人"的主观判断,所以无人机的导航系统至关重要。这是无人机与有人机的显著区别,需要重点关注。同时,针对无线电导航的脆弱性,根据实际需要适当地加大系统抗干扰能力试验与考核。

4) 以六性考核为基础,着重检验系统的应急处置能力

受操纵与显示时间延迟大、人机分离等多种因素影响,加之系统控制与传递环节增多,无人机故障较多且应急处置能力有限。特别是针对空中应急起动发动机、应急返航、任务终止、空滑迫降等应急处置逻辑必须进行严格试验和考核,以确保基本的安全性能力。随着多样任务系统的不断加入,维修性和测试性等问题不断涌现,需要加大试验力度,确保基本的六性能力。

5) 无人机试验技术体系目前尚不完整,潜在的不安全因素较多

与有人机情况不同,当前无人机试验方面缺乏完善的飞行试验技术体系,试飞员、操作员、各类试验人员的技术培训、技术保持体系和程序不够健全,缺乏应有的基本理论培训和实践资源。

5.2　以飞行品质理念和方法研究无人机系统任务要求

飞行品质是有关飞机稳定性和飞行员在回路中操纵性的航空科学准则。1949 年美国 Phillips(NACA Report 927)出版物定义了飞行品质:"一架飞机的飞行品质是指其稳定性和操纵性,它对飞行安全及对飞机在定常(稳定)飞行和机动飞行中驾驶员的效果都有重要的影响"。

随着复杂飞行控制系统的出现,如矢量推力、前掠翼和静不安定性,飞行品质概念中包含了新的内容。美国 MIL - STD - 1797A 对有人驾驶飞机飞行品质提供了如下定义:飞行品质包括任何飞机安全飞行(包括地面驾驶)和驾驶员使用任务相关的性能。于是,飞行品质的定义不仅仅包括操纵性和稳定性,它还应当包括相关于驾驶员意见在内的操纵品质子集。MIL - STD - 1797A 军用标准中,也说到"不管设计如何实现、飞控系统如何增稳或其他相关子系统如何影响,飞行品质应当确保足够的任务能力和飞行安全"。由此来看,整体作战任务的成功执行是飞行品质的核心。这段描述摘自美国加州爱德华空军基地空军试飞员学校教材(第二卷第一章)《飞行品质》,1991 年 3 月。

在无人机系统中,必须考虑整个无人机系统。这不仅包括飞行器的稳定和控制,还必须包括对无人机有直接影响的自动和手动控制、指令和测控信息链路以及人机界面(地面站显示信息和控制),如图 5 - 1 所示。无人机系统品质要求是一个完整的包括任务性能、系统、子系统要求的分等级的要求。除了重点优先考虑飞机的可恢复性、可靠性和(地面)人员安全以外,无人机系统主要考虑的是任务性能要求。需要确定飞行品质体制,这种体制允许对每项要求可按下列各

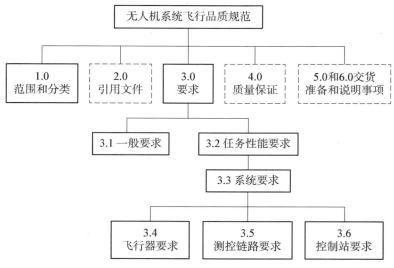

图 5-1　无人机系统飞行品质要求框架

项内容进行裁剪：

　　(1) 无人机种类(低机动、中等机动、高机动三类)；

　　(2) 完成的任务(不同的任务飞行阶段)；

　　(3) 任务完成的方式(自主、自动、人工控制)；

　　(4) 任务完成得如何(飞行品质等级)。

5.2.1　按过载大小提出不同种类无人机的验证原则和方法

　　目前阶段无人机自主飞行能力相对很弱,大多是自动程序控制飞行。必须事先人工规划航路以及任务载荷工作,特别是侦察机和察打一体无人机基本上没有机动飞行能力。随着无人攻击机的出现,逐渐对无人机的机动能力提出了要求。随着机动能力要求的不断提升,对飞机性能、飞行品质、结构强度的要求剧烈增长。美国等航空发达国家也在基于第四代作战飞机逐步研发无人空战技术和演示验证,相信不久的将来,无人机会直接参与空战并成为绝对优势的"制空霸主"。而这些设计要求目前还不明晰,作战使用上也不明晰。

　　过载能力的要求,直接决定着无人机设计、生产和试飞的技术难度和成本以及作战使用能力。所以必须从机动性要求上对无人机飞行试验进行分类。飞机平台机动性决定着飞机性能、结构强度、飞行品质、火控系统、无线电测控链路和地面站的设计,这是无人机设计和试飞验证的关键和核心所在。而飞机任务载

荷本身工作能力无人机与有人机并没有大的变化。参考飞行品质的理念和方法,无人机应分为下列类别:

1)Ⅰ类　低机动性类无人机

高空长航时(HALE);

监视与侦察——高高度(如高空盘旋机);

中空长航时侦察机;

察打一体无人机;

电子战机(告警/电子对抗);

命令/控制/通信中继机。

2)Ⅱ类　中机动性类无人机

监视、侦察机——低高度;

低空地形跟踪机;

对地无人攻击机;

电子战机(告警/电子对抗)。

3)Ⅲ类　高机动性类无人机

制空与空战无人机;

无人作战飞机。

在过载系数大小上,按《有人驾驶飞机(固定翼)飞行品质》(GJB 185—86)并按 4.5 的过载系数对有人机进行了分类,即小于 4.5 的一般分类为低机动飞机,如运输机等;而大于 4.5 的即分类为高机动飞机,如空中格斗类的截击机等。无人机存在同样的分类问题,但目前对过载系数具体大小的确定尚不明确,本书在此仅仅给出一个参考值(见表 5-1)。本书仅仅研究低机动性类无人机。

表 5-1　基于过载能力的无人机分类

分类	用　　途	过载能力(参考值)
低机动类	察打一体机、侦察机、电子战机	过载系数 2 以上
中机动类	对地无人攻击机	过载系数 4 以上
高机动类	制空与空战机和无人作战飞机	过载系数 8 以上

从管理上固定翼无人机可分为四大类(微型、小型、大中型和特种),而大中型又可分为低机动性类无人机(高空长航时、中空长航时察打一体无人机、告警电子战机等)、中机动性类无人机(无人对地攻击机)、高机动性类无人机(制空与空战无人机等)。本书仅针对大中型类、固定翼、低机动性类无人机展开研究。

5.2.2 无人机要完成的任务

美国 MIL-F-8785C《军用规范——有人驾驶飞机的飞行品质》对有人机驾驶飞机的飞行阶段进行了规定,将飞行阶段归并为三类,并在说明要求中加以引用。该标准规定这些飞行阶段应从整个任务的前后关系上考虑,使任何一次飞行的前后衔接的阶段之间不出现间断地光滑过渡。该标准规定的飞机执行任务时的飞行阶段可描述如下。

战斗阶段(A类):要求急剧的机动动作,精确跟踪或精确控制飞行轨迹的飞行阶段,其中包括:

(1) 空战(CO);

(2) 对地攻击(GA);

(3) 武器投掷或发射(WD);

(4) 空中回收(AR);

(5) 侦察(RC);

(6) 空中加油(受油机)(RR);

(7) 地形跟踪(TF);

(8) 反潜搜索(AS);

(9) 密集编队(FF)。

航行阶段(B类):尽管可能要求精确控制飞行轨迹,但可通过缓慢的机动并无须精确的跟踪就能正常完成的飞行阶段,其中包括:

(1) 爬升(CL);

(2) 巡航(CR);

(3) 待机(LO);

(4) 空中加油(加油机)(RT);

(5) 下降(D);

(6) 应急下降(ED);

(7) 应急减速(DE);

(8) 空投(AD)。

起降阶段(C类):场域飞行阶段通常采用缓慢的机动动作来完成,并常常需要准确地控制飞行轨迹,其中包括:

(1) 起飞(TO);

(2) 弹射起飞(CT);

(3) 进场(PA);

（4）复飞（受油机）（WO）；

（5）着陆（L）。

总体来说，有人驾驶飞机的分类方式是按照"执行什么样的任务、具备什么样的能力"这样的思路实施的，其任务牵引的思路比较明确。但这些分类是以20世纪50年代研发的有人驾驶飞机为基础定义的，随着飞行器控制技术的发展乃至使用方式的改变，飞机飞行品质有了新的变化，一些研究人员综合考虑以任务使命为目的的飞行动作，对这些动作进行分类，并针对飞行品质标准提出了变化建议，同时给出如下理由，把传统的三个飞行阶段种类分成四个：

"从空战到侦察的 A 类飞行阶段太宽泛""B 类飞行阶段太不严格并且应当只适用于目视气象条件（VMC）的飞行""对于飞行研究中进行的典型精确着陆任务，C 类飞行阶段不够严格，而对于使命任务动作基于 A 类飞行阶段太严格。"在代替方案中，研究人员沿用 MIL-STD-1797A 修订意见按照机动性和精确性的划分方式，将飞行阶段划分为如下四个阶段。

（1）阶段 A：迅猛和精准；

（2）阶段 B：非迅猛和非精准；

（3）阶段 C：非迅猛和精准；

（4）阶段 D：迅猛和非精准。

将四个阶段与使命任务关联考虑，图 5-2 给出了一个示例，说明这些新的种类如何与以前的 MIL-F-8785C 中定义的种类相关联，这样一架给定飞机要

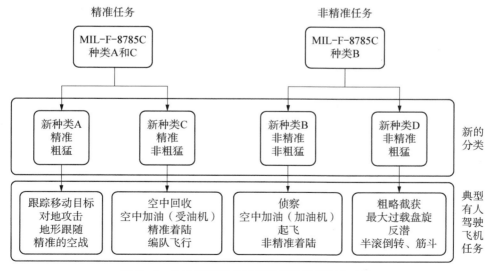

图 5-2　有人驾驶飞机飞行阶段种类的变化建议

完成的使命任务动作就被划分为这四种新的种类之一。这些使命任务动作称为任务科目，并且要从预先确定的任务动作目录中选择。表5-2给出了研究人员对于典型飞行阶段的任务科目动作基元的分类。

表5-2 典型飞行阶段使命任务动作基元分类

非精确控制任务		精确控制任务	
非攻击性（B类）	攻击性（D类）	非攻击性（C类）	攻击性（A类）
侦察	规避导弹	空中受油	空战
空中加油	反潜搜索	低空开伞	对地攻击
悬停/巡航/爬升/下降	高速大过载转弯	弹射起飞	武器发射
正常起飞	"herbst"转弯	进近	地形跟随
复飞	急速爬升转弯	精确着陆	精确特技
非精确着陆	—	紧密编队	—

表5-2给出了这些使命任务动作基元的建议细目。还推荐了评价用的特定的飞行试验机动动作。对于有人驾驶飞机，标准的试验评价机动动作组（STEMS）被认为类似于用于验证飞行品质要求的机动动作组。可以选择标准的实验评价机动动作组来验证任务科目的要求，这些已经得以正确地实现。按照这种构架的系统工程过程，美国直升机飞行品质规范ADS-33E-PRF实现了这种方法。

为了建立无人机飞行品质判据准则，无人机应当遵从同样的由Mitchell等人提出的四种种类，并按ADS-33E-PRF实施。这些新种类的每一种都会有其描述的如表5-2所示的使命任务动作基元（MTES），对不同用途的无人机只分配与其用途相关的使命任务动作基元。按照无人机用途强迫进行变化和演变，基本的一组使命任务动作基元会保持相对稳定。对于任何新的或变化的飞机用途，允许使用不同的使命任务动作基元组合。这些任务科目被赋予A、B、C或D类任务科目。具体种类按照任务科目所要求的精准度和粗猛度组合确定。这样任务科目的种类就包含了对无人机飞行品质判据准则的要求。运用这一方法保证只建立了四组用于飞行品质判据准则的要求，并且和无人机分类相关联。任务科目还与飞行试验动作（点库）相关联。这样就能使飞机要求传递到飞机设计和分析以及在任务科目基础上对飞机要求进行验证。与基于飞行阶段种类的判据准则不同,该判据准则能确定与一组要求机动动作的符合性。这里的机动动作与一种使命任务动作基元相关联,而不同于一般的机动动作种类。

为了进一步明晰无人机飞行品质研究思路,建议以使命任务为顶层牵引,构建统一的无人机飞行品质架构。首先将响应类型和控制模式综合考虑到任务中,建立如表 5-3 所示的典型任务科目表。该表收集并罗列了当前无人机系统任务动作基元,这些任务动作基元反映了现有无人机的使命任务(受限于无人机的发展和认知水平,本文所罗列的无人机系统任务科目较为有限)。在该表中,进一步地明确不同任务科目在不同的控制模式下必须具备什么样的响应类型特性。针对不同种类的飞机,需要具备什么样的能力便可以选择相应的任务科目进行考核。

表 5-3　无人机典型任务科目表

序号	任务科目	敏捷性	精准性	无人机类型		
				战斗和支援	情报侦察监视	运输和加油
1	起飞	L	H	√	√	√
2	巡航/爬升/下降	L	L	√	√	√
3	着陆	L	H	√	√	√
4	编队飞行	H	H			√
5	侦察	L	H		√	
6	空中加油	L	L			√
7	空中受油	H	H			√
8	规避导弹	H	L	√		
9	反潜搜索	H	L	√		
10	机动转弯	H	L	√		
11	急速爬升	H	L	√		
12	武器发射	H	H	√		
13	地形跟随	H	H	√		
14	对地攻击	H	H	√		
15	复飞	L	H		√	√

注:√——推荐的任务科目;L——有限敏捷/精度;M——中等敏捷/精度;H——高敏捷/精度;
受限于无人机发展等各种原因所限,本表所罗列的任务科目表较少。

在此以飞行品质要求为牵引,罗列了无人机任务科目,并建议分为三类,即L类——有限敏捷/精度;M类——中等敏捷/精度;H类——高敏捷/精度。本书仅仅研究L类,即低机动性类无人机。

5.2.3　无人机控制与操纵方式

无人机与有人机驾驶飞机的本质区别在于缺少了"人",进而增加了无人机的控制难度,因此造成无人机的操纵与控制更加多样化和复杂化。微型、小型无人机以遥控模式为主,兼具部分自动或自主控制能力,方便执行任务;大中型无人机都是遥控、程控的综合应用,重点考虑飞机安全性与任务的完成。

无人机按照控制和使用的模式,一般分为三大类,一类为人在控制回路(人在回路),称为遥控驾驶无人机(remotely piloted UAV);第二类预编程,称为(自动)程控无人机(pre-program control UAV),第三类为自主控制(autonomous UAV),即代表未来发展的智能化控制。本书重点研究程控类无人机的试验与鉴定方法,自主控制类无人机的试验方法在本书最后做了展望性分析。

5.2.4　无人机要完成的任务品质等级

有人驾驶飞机飞行品质等级评定研究工作是在综合分析大量飞行试验、地面模拟试验结果和驾驶员评定意见的基础上,按照驾驶员评定意见为"满意""可接受""不可接受"等相对应的表征飞行品质特定组合参数的数值,把飞机飞行品质分为不同标准(或等级),作为飞机设计和试飞鉴定依据,例如:美国军用规范MIL-F-8785B、MIL-F-8785C以及我国军用标准GJB 185—86《有人驾驶飞机(固定翼)飞行品质》把飞行品质分为如下三个标准(等级)。

(1)标准(等级)1:飞行品质明显地适合于完成任务的各种飞行阶段。

(2)标准(等级)2:飞行品质适合于完成任务的各种飞行阶段,但驾驶员的工作负担有所增加或完成任务的效果有所降低,或两者兼有。

(3)标准(等级)3:飞行品质能满足安全地操纵飞机,但驾驶员的工作负担过重,或完成任务的效果不好,或两者兼有。A种飞行阶段能安全地结束,而B种和C种飞行阶段能够完成。

美国空军的 *RPV Flying Qualities Design Criteria* 一书中将无人机的飞行品质等级增加到了4个标准,并区分了自动和人工两种控制方式。

自动控制:

(1)A等级(正常系统操纵):RPV飞行品质明显适合完成任务飞行阶段。

（2）A 等级（降级的任务）：RPV 飞行品质仍然适合于完成任务的飞行阶段，但完成任务效果适度降低。

（3）A 等级（可回收性）：退化的 RPV 飞行品质仍满足飞行器的回收。工作负担允许 A 种飞行阶段成功地结束；B 种和 C 种或 D 种飞行阶段能够有效地完成并进行飞行器回收。

人工控制：

（1）1M 等级（正常遥控操纵）：遥控操纵明显适合完成任务飞行阶段。

（2）2M 等级（降级的任务）：RPV 能够遥控完成任务的飞行阶段，但操作者的工作负担有所增加或完成任务的效果有所降低，或两者兼有。

（3）3M 等级（可回收性）：退化的 RPV 遥控仍然满足飞行器的回收。工作量允许 A 种飞行阶段成功地结束；B 种和 C 种或 D 种飞行阶段能够有效完成并进行飞行器回收。

从国外无人机飞行品质等级划分和有人驾驶飞机飞行品质等级划分情况来看，对于无人机需要考虑不同的控制模式以及特殊无人机起飞回收的情况，并根据无人机任务情况细化无人机飞行品质等级。规范无人机飞行品质等级是研究基于任务的固定翼无人机飞行品质规范要求的核心部分之一。

5.3　创新和发展无人机试飞新理念和新方法

5.3.1　有人驾驶飞机试飞技术已经成熟和稳定

中国飞行试验研究院原副院长周自全先生于 2010 年在国内首次出版了《飞行试验工程》一书，该著作全面论述了军机飞行试验的各个方面，尤其是全面阐述了飞机平台和飞机系统飞行试验所需要的试飞方法及评价准则。前已述及，飞行试验是专业性强的系统工程。飞行试验不仅是飞行试验组织和试飞顶层规划，更多的是在质量安全体系管控下的飞行试验过程。无论声称设计如何先进，但事实胜于雄辩，只有飞行试验才意味着一切。无人机飞行试验的独特性已经把无人机飞行试验的各方面做了不同于有人机的陈述，下面重点阐述军机试飞技术体系下各专业试飞方法和评价准则。

广义上讲，试飞技术存在于飞行试验活动的各个方面，既有不同专业层次的试飞工程师需要把握的具体专业试飞技术，也有试飞员需要掌握的试飞驾驶技术和试飞评价技术以及飞行试验活动保障所需要的保障技术如机务、航管、气象、四站及场务等，另外还涉及飞行试验顶层活动的规划和设计如试飞大纲、试飞报告的编制等。试飞技术内容很多,直接与飞机设计各专业相对应。试飞技术侧重于各专业的功能、性能指标如何予以检查和确认,如何通过改进完善达到用户的最低需求。

一般情况下,军机飞行试验细分为飞机平台、发动机及机载设备飞行试验。随着"火飞推综合""综合航空电子系统""矢量推力"等现代航空技术的发展,迫使对飞行试验进行重新认识。飞机、发动机、综合航电系统合称为飞机平台,复杂的任务系统包括火控武器、通信与导航、电子干扰与支援等合称为任务系统,可以从飞机平台和任务系统两大方面来陈述各具体专业的试飞方法与评价准则。

对于试飞组织者来说,面对复杂的试飞系统工程不仅仅是试飞现场的组织管理,更重要的是承担着试飞技术和试飞安全的重大责任。试飞技术范畴很广,它几乎涵盖了航空、航天、武器、电子和船舶等多方面的上百个专业,而且还具有试飞专业本身所特有的技术。飞行性能、结构强度、飞行品质、发动机、机电系统(液压、燃油、供电、环控等)、航空电子、火控武器、综合保障等近百个专业的试验工程师在型号试飞总师的带领下,在设计师系统的支持下开展试飞任务规划和安全方案规划,在试飞总师的组织下由试飞员将飞机送上蓝天。

试飞技术包括顶层规划、试飞设计以及评估准则,试飞操纵驾驶,飞机改装,数据采集和处理,飞行安全监控以及维护保障等。试飞支持设施包括试飞测试、建模仿真预测、颤振激励、反尾旋伞等验证试验。主要涉及的专业如下:

1) 飞机平台

(1) 飞行性能;

(2) 飞行管理/飞行控制与飞行品质;

(3) 结构强度(载荷、强度、颤振、振动、噪声等);

(4) 动力装置(发动机、环控、结构、性能等);

(5) 机电系统(供电、环控、燃油、液压等);

(6) 航电系统(导航、飞管、通信等)。

2) 任务系统(各型任务载荷、敌我识别、任务管理等)

3) 武器系统

4) 机务维修技术

(1) 六性技术(安全性、可靠性、维修性、测试性、保障性、环境适应性);

(2) 飞机维修技术。

5) 场务保障技术

(1) 航空管制;

（2）航空气象；

（3）飞行组织与特种保障。

5.3.2　无人机试飞技术研究的思路和方法

5.3.2.1　消化和理解国外无人机试飞新理念

搜集整理国外大型无人机试飞的相关文档和技术报告，组织编译出版了《无人机飞行试验译文选编》丛书。该丛书就国外无人机飞行试验的系统认识、组织管理、"全球鹰"无人机飞行试验、试飞员培训与训练及各具体专业试飞方法等进行了全面阐述。

5.3.2.2　密切结合国内无人机型号试飞实际情况

在研究编制无人机设计定型试飞大纲过程中，与空军装备论证单位的专家反复研讨，与主机设计所等单位总体和专业技术人员多次会商，最终确定了设计定型试飞考核策略和试飞方法。

1）如何验证飞行品质

无人机上没有了飞行员，而飞行品质是飞行员操纵飞机完成任务的前提。无人机是否需要飞行品质，无人机飞行品质的要求是什么，如何验证无人机飞行品质一度成为困惑试飞技术人员的问题。

2）如何验证结构强度

无人机上没有了飞行员，由飞管和飞控系统自动发送飞机操纵指令，自动控制无人机机动飞行。为保证飞行控制安全裕度，飞管和飞控系统对飞机姿态和过载运动做了飞行限制，已经没有了较大的机动动作。但带来的问题是如何开展飞机结构强度试飞考核。

3）重新认识无人机飞行包线

常规战斗机飞行包线有大家共同的认识和认可，设计与试飞是大家默认的。但由于无人机上没有了人，导致对无人机飞行品质和无人机结构强度的认识不能达成一致，从而引发了无人机飞行包线如何定义和如何开展验证的问题。

5.4　地面试验科目的组织与综合试验

无人机系统地面试验分为三类，一类是直接与飞行密切相关的日常地面维护与维修工作，如开车试验、地面滑行试验等。二类是与试验与鉴定密切相关需要采集相关数据的地面鉴定试验,如平台需要的最大滑行终止距离、发动机极端情况下的起动试验以及与任务系统相关的地面鉴定试验。三类是重大的地面鉴定需要的专项地面试验,如平台需要的结构强度载荷地面校准试验,电磁兼容性试验等。

5.4.1　一般地面试验

5.4.1.1　地面闭环试验

"闭环试验"这个词最早来自飞行品质学科领域,指的是由飞行员参与的、飞机系统和飞行员在环路内的飞行模拟试验。在这个环路中,飞行员在地面建立的高逼真驾驶舱内,通过驾驶杆和脚蹬操纵飞机,飞机的运动状态信息由计算机实时运算飞机六自由度运动数字方程得出,并将运动状态以高逼真度的视景在驾驶舱内实时显示给飞行员观察。飞行员在环路内的试验,称为"闭环试验"。闭环试验有两种实现方式,一是飞机在回路内的闭环试验,称为半物理闭环试验。半物理闭环试验需要飞机在回路中,而且需要较多的地面硬件和软件支持设施,成本较高,但飞行模拟的逼真度高。成本较低的闭环试验,是纯数字闭环试验。即飞机回路中的所有硬件均以数学模型模拟实现,称为数字闭环试验。数字闭环试验需要较多的数学模型支持,模拟逼真度相对半物理模拟较低,但试验时的成本下降很多。两种实现方式各有利弊。

据相关文献分析,美国"全球鹰"无人机任务规划完成后,必要时需要数字闭环仿真试验进行确认。目前国内无人机在任务规划后都需要进行闭环仿真确认。在试飞第一阶段,均采用了半物理仿真的形式进行确认。需要飞管测试车连接到机载飞管计算机,纯数字计算后把气动计算结果提供给真实状态飞机上的飞管计算机、任务管理计算机进行实时解算。类似于机上地面试验,需要飞机实物作为闭环模拟的一部分。

飞行试验的第二阶段是脱离有飞管车在内的半物理仿真试验,是以纯数字仿真试验替代半物理模拟试验。纯数字仿真试验不再需要飞机参与在环实时试验,改由纯数字替代实物(飞机气动、飞行控制、任务管理、发动机管理、机电管理等)试验。事实证明,这一做法是可行的。

5.4.1.2　地面通电检查试验

不同于有人机,无人机任务系统地面试验要基于地面控制站实施操作和检查确认。任务系统的具体功能和性能地面试验检查方法与有人机没有什么大的区别。通过地面站操作无人机任务系统,依靠的是无线电测控链路。这里需要强调的是,测控链路的好坏有时直接影响任务系统工作的好坏。所以任务系统地面试验时,要求无人机与地面站之间必须通视无遮挡。如机载 U/V 综合化设备实施通话检查时,地面站话音是经编码加密后通过链路传递给机载任务管理计算机的。如果链路传输数据时存在卡滞现象,则机载 U/V 综合化设备就会把存在卡滞现象的话音传输出去,结果误以为机载 U/V 综合化设备出现卡滞现象了。

5.4.1.3　地面开车试验

不同于有人机,无人机系统地面开车检查需要通过地面站进行。有人机作为一项常规地面维护检查项目,由机务人员自行做开车维护检查。前期出于质量控制,机务人员特别是机械师少有机会进入地面站,地面开车检查由飞行员参与进行。随着无人机系统的不断成熟和机务人员对无人机系统状态的不断把控和信心的增加,目前一般情况下都由机务人员自行组织地面开车试验。

5.4.1.4　飞行前地面检查

不同于有人机,无人机飞行前检查项目和内容都有明确规定和操作说明,有一个比较明确的检查处理流程;与有人机起飞前由飞行员"唱卡"逐条检查类似。但目前的问题是,无人机飞行前检查项目繁多,甚至冗余。

(1) 应当由地面站进行任务加载,而不是由机务在飞机上进行人工加载。

(2) 应当由地面站统一进行所有机载系统故障清单的确认和清零,而不是由机务人员各抱一个笔记本在飞机上进行机电、任务、飞管等的 PPL 清单确认和清零。

(3) PBIT/MBIT 已经自动完成了飞行前的大部分检查项目,而不是重复地由飞行员再次人工实施杆-舵、刹车、油门杆、发动机检查等项目。

5.4.1.5　地面滑行试验

大量的地面滑行试验是无人机系统试验的一大特色,一般情况下首飞前滑行试验多达 50 次以上。设计定型试飞期间,滑行试验次数可与飞行试验架次数相当。其主要作用有两点:一是首飞前的机-站-链全系统检查试验;二是长时间停放后或技术状态变化(硬件变化、软件升级)后必须进行的地面全系统检查试验。

1) 低速滑行试验

检查链路在全跑道上的覆盖能力,尤其是定向测控链路可能有盲区。由于地面站布置在跑道垂直向很近,飞机经过地面站最近时会出现数据跳动和图像马赛克情况。检查前轮转弯和刹车系统工作能力,检查地面站整体工作情况。

2）中速滑行试验

检查飞管系统、飞控系统、导航系统、任务系统综合工作能力,检查飞控系统纠偏能力和抗侧风能力。检查动力系统、机电系统工作能力,检查起落架、机轮及刹车工作情况。

3）高速滑行试验

检查大气数据系统,检查飞控系统整体控制能力（控制律构型变化、控制精度）。检查动力系统、机电系统整体工作情况。

5.4.2 地面鉴定试验

地面站鉴定试验是无人机系统试验与鉴定的一大特色,特别是大型无人机系统,其功能和性能的实现大都可以通过地面站以各种方式予以检查和确认。无人机系统各项地面试验只要是与系统有关的,都与地面站直接相关。与结构相关的地面鉴定试验,如机体/起落架的结构强度相关试验,与地面站关系不大,需要另外专项安排。

5.4.2.1 地面站鉴定试验

应对地面控制站的功能、性能进行验证,试验内容应包括如下各项:

（1）任务规划功能验证;

（2）飞行操纵与监控功能验证;

（3）工作性能验证;

（4）综合显示功能验证;

（5）地图与飞行航迹显示功能验证;

（6）数据实时处理与记录回放功能验证;

（7）情报处理与分发功能、性能验证;

（8）人机工效评价;

（9）模拟训练功能验证;

（10）环境适应性。

1）任务规划

试验应包括如下内容:

（1）任务规划功能验证;

（2）系统在线修改与加、卸载功能验证;

（3）状态回报与显示功能验证。

2）飞行操纵与任务管理

对起降控制站内的飞行操纵与管理进行验证,试验应包括如下内容:

(1) 起飞前检测功能;

(2) 起飞阶段、巡航阶段、执行任务阶段和着陆阶段的操纵控制与管理能力;

(3) 飞行状态监视;

(4) 工作方式切换;

(5) 故障诊断与处理;

(6) 各种设备协调管理等功能进行验证;

(7) 武器攻击时的地面站综合管理和控制能力;

(8) 任务载荷系统的综合控制和管理能力;

(9) 任务系统综合管理能力(空管应答/敌我识别等)。

3）任务传输性能

应对地面控制站的主要任务传输性能进行验证,验证包括如下内容:

(1) 遥控指令时间延迟;

(2) 遥控命令误指令率;

(3) 下行核心业务数据时间延迟;

(4) 下行综合业务时间延迟;

(5) 系统连续工作时间;

(6) 数据存储时间;

(7) 时统精度。

4）综合任务显示

试验应包括如下内容:

(1) 验证与交联设备数据传输及接口关系正确性;

(2) 验证显示器切换、备份等余度功能;

(3) 验证画面显示及操控的人机工效;

(4) 验证显示无人机姿态、速度、位置等信息的功能;

(5) 验证显示供电、伺服、发动机状态、测控与信息传输系统工作状态、机载任务设备状态等信息的功能;

(6) 验证显示无人机批次及编号等信息的功能;

(7) 验证显示报警信息、指令发送与回报信息的功能。

5）地图与飞行航迹管理

试验应包括如下内容:

(1) 地图选择与处理功能；

(2) 地图数据、航线数据等加载功能；

(3) 无人机位置及动画处理能力验证；

(4) 地理信息显示及处理能力；

(5) 传输时延；

(6) 画面显示及操控。

6) 实时数据处理与回放

(1) 数据实时处理。

试验应包括如下内容：

a. 系统数据接口功能验证；

b. 对于有余度设计的系统，检查余度备份功能验证；

c. 数据传输时延；

d. 测试数据接收的完整性、丢帧率等。

(2) 数据记录回放。

试验应包括如下内容：

a. 数据记录内容的完整性和正确性验证；

b. 测量数据记录容量；

c. 回放功能。

7) 情报处理与通信

试验应包括如下内容：

(1) 情报收集与处理功能验证；

(2) 情报融合功能和性能验证；

(3) 目标属性识别功能验证；

(4) 态势显示功能验证；

(5) 情报分发功能验证；

(6) 情报处理能力验证。

8) 人机功效评价

应依据 GJB 3207—98 的要求，对下列内容进行检验：

(1) 控制站布局、座椅调整应符合人体工程学要求和型号规范要求；

(2) 控制站温度应符合 GJB 898A—2004 的要求；

(3) 控制站照明和显示器应符合 GJB 1062—91 和型号规范要求；

(4) 操作人员的任务和工作负荷与型号规范规定的主要和次要任务要求的

符合性；

（5）操作时间和准确度与规定的性能极限和飞机任务要求的符合性；

（6）所有操纵机构及显示器布局和操纵性的合理性。

9）模拟训练能力

应对地面控制站的模拟训练功能进行验证，验证包括如下内容：

（1）无人机系统指挥与控制模拟训练功能；

（2）模拟训练能够依据任务规划仿真。

10）环境适应性

应参照 GJB 6703 的要求，对地面站的环境适应性进行验证，验证包括如下内容：

（1）淋雨；

（2）风环境。

5.4.2.2　各种环境条件下的发动机起动试验

应在不同温度、不同高度机场的条件下对发动机的地面起动性能进行检查。在给定的空中起动包线内，针对不同的起动方式，应进行地面模拟发动机空中起动试验。发动机起动不成功时，地面应进行飞行员在回路的模拟空滑迫降试验。

5.4.2.3　飞行管理与控制系统地面试验

飞行管理与控制系统的功能和性能实现，需要随着地面试验和飞行试验的逐步开展，不断完善和健壮。飞行管理与控制系统地面试验是无人机系统地面重点试验项目，应联合飞行机组统筹进行或分阶段安排试验。应对飞行管理与控制系统的功能和性能进行地面模拟飞行验证，主要验证包括如下内容：

（1）自动或自主起降功能，根据任务管理计算机指令自动飞行、机载系统故障后基本的应急处置、链路故障后按预定计划进行一定的自主决策等功能。

（2）导航计算、管理与控制功能，包括起降和飞行阶段导航计算与设备状态监控、组合导航方式控制与管理功能。

（3）飞行控制功能，包括具备自动或自主、半自动或自主和人工操控等飞行控制功能以及前轮转弯与刹车控制功能。

（4）其他飞行支持功能，与其他机载系统协调控制，包括对发动机、起落架、减速板、襟翼、燃油泵等的控制以及与任务系统进行信息交换等功能。

（5）自检测功能，包括上电自检测、飞行前自检测、维护自检测和飞行中在线监控。

5.4.3　专项地面试验

专项地面试验一般指的是航空器飞行前必须开展的地面(鉴定)试验,有人机或无人机都需要开展和实施。如机体结构相关的静强度和疲劳试验以及结构模态耦合试验以及飞行载荷测量中的地面载荷标定等。另外,还有风洞试验、全系统的电磁兼容性试验等。这些试验同有人机没有本质性区别,试验内容与方法也基本一致。本书不做过多陈述,感兴趣的读者可进一步阅读相关其他专业书籍。

5.4.3.1　飞机结构强度相关地面专项试验

载荷又称荷载,指的是使结构或构件产生内力和变形的外力及其他因素。准确地确定一架飞机在设计环境下承受的载荷是实现精确设计流程中首要的关键任务之一。载荷设计的质量、进度及成本直接影响飞机的设计质量和研制生产的进度和成本,最终影响飞机的作战能力以至市场竞争能力。飞行载荷是飞机结构设计和强度计算的主要原始数据,它直接影响飞机的重量、作战性能和飞行安全。飞行载荷并不能直接测量,而是通过预测值与应变、加速度、压力和飞行力学参数的测量值之间的相关性来确定。在飞机研制中,通常需要借助于理论预计、风洞试验和设计经验来确定飞机外载荷,并进行与结构强度相关的实验室动态、静态研究试验。当然,最终还需要通过实际飞行试验予以验证和确认。与飞机结构强度相关的地面专项试验有:结构与飞控耦合的结构模态耦合试验、静强度试验、疲劳试验以及实际飞行载荷测量前的地面机体载荷标定试验和起落架相关试验。

1) 结构模态耦合试验

尽管气动伺服弹性(ASE)稳定性计算表明,装有飞控系统的飞机具备足够的 ASE 稳定裕度,但是应该通过结构模态耦合试验加以验证。其次,ASE 稳定性分析中使用的数学模型,可以而且必须通过结构模态耦合试验加以证实或改进。通过对比结构模态耦合试验结果和 ASE 计算结果,修正 ASE 数学模型,在 ASE 计算结果与结构模态耦合试验结果一致的前提下,加上非定常气动力,再进行 ASE 计算,才能使 ASE 稳定性计算结果可靠。结构模态耦合试验测量飞行器结构模态和飞控系统控制回路的耦合特性,其目的如下:

(1) 检验飞控系统结构陷波滤波器设计的正确性;

(2) 获取飞控系统控制律现有增益的稳定裕度(幅值裕度 6 dB);

(3) 获取飞控系统控制律的最大可用增益;

(4) 检验各种飞行模态下飞行器的 ASE 稳定性。

结构模态耦合试验需要由有资质的专业试验单位组织实施。

2）静强度试验

静强度试验是飞机试飞与设计定型的先决条件之一，其目的如下：

（1）鉴定与验证结构静强度；

（2）验证强度分析计算和结构设计的合理性；

（3）对结构强度做出结论，对设计做出评价和建议；

（4）提供结构改型、发展的强度数据；

（5）鉴定制造工艺。

静强度试验需要由有资质的专业试验单位组织实施。

3）飞行载荷地面标定试验

飞行载荷测量的目的是测量飞机主要结构部件（机翼、机身、尾翼等）的载荷，测得的数据用于以下方面：

（1）确定或证实严重飞行状态；

（2）验证载荷分析方法；

（3）提供型号飞机研发的基础数据；

（4）军机设计定型或民机适航认证。

飞行载荷测量需要在飞机相关部位上粘贴应变测量片，并根据设计量值进行飞行前的地面载荷标定。地面载荷标定试验需要由有资质的专业试验单位组织实施。

5.4.3.2　系统电磁兼容性试验

通过对系统进行地面电磁兼容性试验，考察系统的电磁兼容性设计性能，排查系统存在的电磁兼容问题，防止其对系统可能造成如下影响：

（1）使机载设备或系统功能故障或失效，造成飞机安全事故。

（2）使机载设备或系统性能严重降低，影响飞机正常飞行和使用，危及飞行任务完成。

（3）通过地面电磁兼容试验，检查飞机上各分系统、设备之间的兼容性工作情况，确保飞机上无影响飞行安全的电磁兼容问题，保障系统飞行安全。

电磁兼容性试验需要由有资质的专业试验单位组织实施。

5.5　试验与鉴定试飞科目的组织与综合试飞

与传统的有人驾驶飞机定型试飞需要上千架次不同，大型无人机飞行试验架次较少、一次飞行时间较长,而试飞内容除了飞机平台外还增加了大量的任务载荷试飞,因此如何在一个长航时试飞架次中有效地实施任务设计和动作编排便成为无人机飞行试验必须面对的一个难题。

5.5.1　无人机飞行试验科目优化

5.5.1.1　明确平台试飞主线

一般情况下,无人机系统试飞按照两条主线执行,一是基于机-站-链综合的平台能力试飞;二是综合任务系统能力试飞。平台能力试飞关注的是飞机、地面站和测控链路系统的基本工作能力试飞,如无人机飞行性能、飞行品质、结构强度、动力系统以及机电系统等,测控链路的远程最大速率传输能力及抗干扰能力等。当然前提必须是机-站-链全系统稳定、可靠、可飞。任务系统重点关注全系统综合任务能力,如各种任务载荷工作性能、情报处理与传输性能以及武器火控系统打击精度考核等。

一般来说,无人机系统的能力主要由飞机平台性能决定,因此建议前期选择将飞机平台的能力试飞作为试飞的主线,当然试飞主线必须考虑安全因素,必须考虑风险递进原则,如包线逐步扩展试飞原则。主线确定之后便是一般试飞科目的填充,如图 5-3 所示。前期试飞以平台为主,但无人机必须强调机-站-链系统综合。也就是说,一个架次试飞中可检测和获取大量的各专业相关的数据及指标。机-站-链系统构成的平台稳定后,再按照循序渐进的原则重点安排任务系统飞行试验。任务系统试验占总试验任务的比重越来越大,较多架次、较长周期的任务系统飞行试验可以发现和暴露较多的设计缺陷和系统问题。

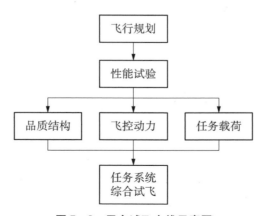

图 5-3　平台试飞主线示意图

除此之外还要考虑多架试验机的分工,一般来说,无人机试验机一般分工原则为:静力试验机、平台试飞样机、发动机试飞样机、任务系统及火控武器系统试飞样机等。根据试验机多少,结合实际试飞大纲要求都可动态安排。

1) 试飞状态点

试飞的状态点包括试飞科目、机动动作、速度、高度、飞机构型等多因素,这些因素确定后在同一个状态点下就可以考虑安排科目综合试飞,机-站-链相关的平台系统、子系统及设备指标等需要的试飞样本都可以统筹综合规划考虑。

2) 试飞动作梳理

在同一个状态点上,对各个科目来说,试飞动作多样,但不排除存在大量的相似性,如扫频动作在飞行品质中有应用,在结构动力学中也有应用,所不同的是扫频的截止频率不同,因此该数据可一分为二地看。飞行性能需要最大表速、爬升率考核,可以结合结构强度、发动机考核进行。

3) 试飞安全余度

对无人机来说安全重构技术是很重要的一个环节,无人机在发生一些四级以下的低等级故障时,暂时不会对系统安全造成影响,也暂时不影响无人机完成任务。如果飞机发生任何故障便返航的话便造成了试飞资源的浪费,使效率降低,如果能有效地利用故障重构技术可以有效地利用一些不会对完成任务造成影响的架次去完成一些试飞科目,也可以提升试飞效率。

5.5.1.2　明确任务载荷试飞原则

在平台试飞主线确定后结合任务载荷特点对要求的任务动作进行填充,首先考虑完成平台试飞。平台试飞一定时间后,对系统安全有了基本把控,则开始考虑以任务系统为主线安排任务系统试飞。任务系统试飞应当着重考虑如下几个因素:

1) 平台安全优先

只有在对平台飞行有充足的安全信心之后,才考虑安装任务载荷并结合平台安排任务载荷试飞。一般情况下,无人机任务载荷研发成本较高,稍有不慎就会发生事故导致较大的任务载荷连带损失。而且初次装机开展试验,必须密切关注与任务载荷相关的机载环境,如通风冷却以及供电特性。这些机载环境的变化也有可能导致平台产生一些不安全因素。

2) 均匀穿插任务载荷机动动作

任务载荷中需要较多样本量的有通信、雷达、相机、电子战等,往往需要数十次飞行才能得到全部样本量。所以在一次飞行中切忌安排过多任务载荷动作量和样本量。平台飞行稳定后,往往都是因为任务载荷飞行轻视安全而导致了不安全事件的发生。

3）武器系统试验需要单独安排

武器系统试验时，往往需要安排地面（或空中）较多的靶试目标以及合作伙伴，出于安全靶场会吸引众多的安全关注；而且武器系统试飞时，同时又需要较多地使用平台系统和任务载荷；试飞时地面站人员往往较多，飞行员也把精力放在了武器发射。在这种情况下，可能会较少地关注平台安全。基于以上分析和实际试飞情况，宜单独安排武器系统试验。

5.5.2　无人机飞行试验科目编排

试验与鉴定时安排飞行试验的依据是研制总要求，所以首先必须分解研制总要求中的各项战技指标，并根据验证方法和样机分工原则，编制特征试验点组成的试飞矩阵。试飞矩阵确认后，根据试飞进程以及试飞现场实际情况，开展试飞架次优化，进行综合试飞。

5.5.2.1　编制试飞矩阵

研制总要求指标分解与试飞规划的 9 个大的步骤，分别如下：

（1）研制总要求指标分解；

（2）验证方法确认及归类；

（3）试飞方法确认及归并；

（4）试飞方法特征量提取；

（5）试飞阶段任务分配；

（6）试飞科目及架次规划；

（7）试飞内容及方法细目表；

（8）试飞专项；

（9）试飞架次综合优化。

在综合试验科目的基础上进一步细化科目试验方法和流程，编制试飞矩阵，试飞矩阵的生成如图 5-4 所示。

首先在第一阶段要根据试验样机多少，统筹安排确定各个试验机的分工，根据分工制订测试方案并按照计划实施；熟悉试飞对象，形成试飞方案，从试飞方案中提炼试飞动作，整理飞行状态点；最后形成试飞矩阵。

5.5.2.2　以自动飞行为主进行科目飞行设计

在形成试飞矩阵后便转入到飞行试验的实施阶段，飞行试验的实施过程中的科目优化设计如图 5-5 所示。

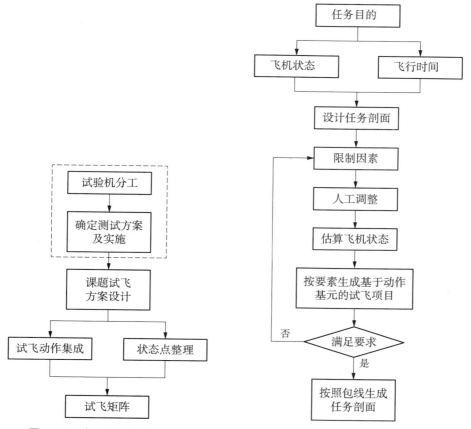

图 5-4　试飞矩阵生成示意图　　图 5-5　试飞实施过程中的科目优化设计图

（1）根据试飞目的，也就是前文所述的试飞主线确定飞机状态和飞行试验时间；

（2）根据飞行主线（试验点组合）设计任务剖面，任务剖面将基于动作基元的试飞项目和动作串联在一起；

（3）根据限制条件或人工对试飞科目进行筛选；

（4）估算飞机飞行全过程，如飞行时间、油料添加、外挂构型、装载等；

（5）若满足要求，生成自动化的飞行试验程序并规划执行。

5.5.2.3　试飞前召集有关人员进行科目优化讨论

实现了任务剖面的设计，在自动模式下按照设计好的任务剖面自动执行，无须飞行员过多地干预飞机。但飞行试验过程中有可能出现各种突发情况，因此必须对这种飞行试验模式进行实时的监控和再次优化，飞行试验过程中的科目

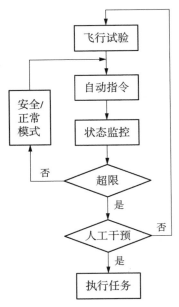

图5-6 试飞过程中的科目优化

优化流程如图5-6所示。

（1）自动飞行试验模式下，生成自动指令，飞控系统按照程控指令执行。

（2）飞行过程中对飞机的状态进行实时监控并估算飞机未来状态。

（3）若监控过程出现超限则直接转入安全/超控模式（即原来的程控模式），若正常则继续执行。

（4）飞行试验过程中可实现人工干预对过程进行优化。

无人机系统飞行试验需要事先开展任务规划，而这正是无人机飞行试验可以考虑试验科目综合/优化、实现试飞架次/科目/试验点自动规划的优越前提条件。但由于处在定型状态的试验机具有技术状态多变的特点，所以任何一次飞行前都必须召集试验科目/试验点设计相关的试验工程师、设计师系统派出的技术支持工程师、试飞机组进行充分彻底的技术沟通，相互确认后发放试飞任务书，试飞总师签署完整后放飞无人机。

5.6 创新无人机平台试飞新理念和新方法

无人机飞行试验与有人机的相比，最大变化是地面控制站参与管理和控制下的平台飞行试验，导致嵌入于地面站/飞机平台上的飞行管理与控制系统异常重要。随着程控/自主等理念的引入，必须创新试飞理念/方法以完成无人机平台试飞。

5.6.1 重新认识无人机的飞行包线

5.6.1.1 飞行包线的基本定义

"飞行包线"是指飞机的飞行范围，是用来限制规范中所规定的各项要求的应用范围。从而避免在与设计有关的性能、价格和复杂性方面付出过高的代价，保证所有飞行条件下的飞行品质具有"良好的"或则至少是"可接受的""可操纵的"特性。

　　早在 1980 年 5 月,在杭州召开的全国飞行力学大会上,经全体代表讨论后认为,采取"使用飞行包线""可用飞行包线"和"允许飞行包线"三种概念的包线是合适的。首先,订货方必须提出他希望所设计的新机要完成的主要的和次要的任务能力(包括速度-高度范围内的机动性)。这些是对"使用飞行包线"的最低要求,承制方的设计者将根据订货方所提出的这些已知的飞行任务阶段和其他各项战术技术要求设计飞机。通过这种设计考虑将飞行任务阶段与飞机正常状态联系在一起。然后,依据影响包线边界的各种因素,进一步确定使用飞行包线、可用飞行包线和允许飞行包线。当然,每条飞行包线均必须包括与适当性能有关的飞行条件,规范中的各项要求在和相应的飞行包线内所有各点上都是适用的。

　　飞行包线可先画出二维图线(高度-速度曲线),以此为基础,就可以描绘三维(速度、高度和法向过载)的包线范围,在一定的飞行高度可画出速度-过载包线。同一种类的某些飞行阶段包括同样的或非常相似的飞机正常状态,因而一组飞行包线可以代表几个飞行阶段。每一飞行阶段对应一种装载情况,如果不同的外挂物构成的装载情况严重地影响包线边界,则应建立不同的包线。按照以上所述步骤和方法,我们可以想象到,对于一架新研制的飞机,按照各个飞行任务阶段,不同的飞机构型和外挂情况的组合将会出现成千上万条飞行包线。在实际工作中为减少工作量,应尽量减少飞行包线的总数。根据实际设计和使用经验,用于设计和试飞验证的飞行包线可以减少到 20~40 组以下。

　　GJB 34—85 规定了飞机速度-高度范围的确定原则和方法,GJB 869 给出了飞机使用包线的一般确定原则。GJB 67.5 给出了飞机飞行载荷和强度要求下的飞行包线确定原则和方法。GJB 185—86 综合了 GJB 34—85、GJB 869、GJB 67.5—85,以飞行品质的名义规定了使用包线、可用包线和允许包线,充分考虑了飞机失速特性、发动机工作特性、飞机结构强度特性等制约因素,是比较合理、完善的飞行包线确定方法。

5.6.1.2　有人作战飞机确定飞行包线的原则

1) 使用飞行包线

　　使用飞行包线用速度、高度和过载确定其边界,在这些包线范围内,飞机必须能完成规定的任务。由诸如下沉速率、飞行轨迹角和侧向速度等参数确定的附加的包线也应当指定。对每一个适用的飞行阶段,其包线应当在采购部门的批准和指导下建立。在没有明确指导的情况下,承包方应采用表 5-4 中有代表性的状态。

表 5-4　使用飞行包线确定原则

飞行阶段种类	飞行阶段	空速		高度		过载	
		V_{0min} (Ma_{0min})	V_{0max} (Ma_{0max})	h_{0min}	h_{0max}	n_{0max}	n_{0max}
A	空战(CO)	$1.4V_s$	V_{MAT}	平均海平面	战斗升限	$-1.0(n_L)$	n_L
	对地攻击(GA)	$1.3V_s$	V_{MRT}	平均海平面	中等高度	$-1.0(n_L)$	n_L
	武器投掷或发射(WD)	V_{range}	V_{MAT}	平均海平面	战斗升限	$0.5(*)$	•
	空中回收(AR)	$1.2V_s$	V_{MRT}	平均海平面	战斗升限	$0.5(-n_L)$	n_L
	侦察(RC)	$1.3V_s$	V_{MAT}	平均海平面	战斗升限	$*$	$*$
	空中加油(受油机)(RR)	$1.2V_s^*$	V_{MRT}	平均海平面	战斗升限	0.5	2.0
	地形跟踪(TF)	V_{range}	V_{MAT}	平均海平面	10 000 英尺	$0(-n_L)$	$3.5(n_L)$
	反潜搜索(AS)	$1.2V_s$	V_{MRT}	平均海平面	中等高度	0	2.0
	密集编队(FF)	$1.4V_s$	V_{MAT}	平均海平面	战斗升限	$-n_L$	n_L
B	爬升(CL)	$0.85V_{R/C}$	$1.3V_{R/C}$	平均海平面	巡航升限	0.5	2.0
	巡航(CR)	V_{range}	V_{NRT}	平均海平面	巡航升限	0.5	2.0
	协调转弯	V_{range}	V_{NRT}	平均海平面	巡航升限	$*$	n_L
	待机(LO)	$0.85V_{end}$	$1.3V_{end}$	平均海平面	巡航升限	0.5	2.0
	空中加油(加油机)(RT)	$1.4V_s$	V_{MAT}	平均海平面	巡航升限	0.5	2.0
	下降(D)	$1.4V_s$	V_{MAT}	平均海平面	巡航升限	0.5	2.0
	应急下降(ED)	$1.4V_s$	V_{max}	平均海平面	巡航升限	0.5	2.0
	应急减速(OE)	$1.4V_s$	V_{max}	平均海平面	巡航升限	0.5	2.0
	空投(AD)	$1.2V_s$	$200\,\mathrm{kn}$	平均海平面	10 000 ft	0	2.0
C 和 D	起飞(TO)	最小正常起飞速度	V_{max}	平均海平面	10 000 ft	0.5	2.0
	弹射起飞(CT)	最小弹射终结速度	$V_{0min}+30\,\mathrm{kn}$	平均海平面	—	0.5	n_L
	进场(PA)	最小正常进场速度	V_{max}	平均海平面	10 000 ft	0.5	2.0
	复飞(WO)	最小正常进场速度	V_{max}	平均海平面	10 000 ft	0.5	2.0
	着陆(L)	最小正常着陆速度	V_{max}	平均海平面	10 000 ft	0.5	2.0

* 按使用任务确定。

使用飞行包线是速度、高度和过载系数组成的空间区域(附加参数,如下沉速率、飞行航迹角和侧向速度也可以确定),这对飞机是必须的。在包线内,飞机在与给定的飞行阶段相关的构形和装载下具有非常好的飞行品质。使用飞行包线能更准确地规定设计任务。结果使飞机的成本和复杂性以及使飞行试验所需的成本和时间明显地且合乎逻辑地减少。对一架具体飞机要求的使用飞行包线的大小,应尽可能在飞机详细规范中给出,但是有些边界在设计时仅能画出其轮廓。在规定速度、高度和过载的组合时,应考虑以下因素:

(1) 给定飞行阶段的使用飞行包线如果考虑使它作为相应的可用飞行包线的一部分,应尽可能地大,以便使用单位有最大的自由去使用飞机。

(2) 如果设计权衡表明,为了在上述(1)中的大包线中提供等级 1 飞行品质,需要花很大的代价(就性能、价格、系统复杂性或可靠性来说),则应当考虑限制使用飞行包线与所考虑的飞行使用任务的飞行阶段要求的一致性。

无人机所关心的,应当允许在进场和着陆有足够的失速边界,这在使用遥控人工控制时是特别重要的。所建议的 $1.2 \sim 1.4 V_s$ 边界仅仅是适用的,而且是作为有人驾驶飞机应用提出来的。

2) 可用飞行包线

承包方应对每一个飞机正常状态(根据需要随推力而变)制订出表示速度、高度和过载组合的可用飞行包线,并需征得采购部门的同意。这些速度、高度和过载是根据飞机的各种限制得出的,与任务要求确定的有所不同。根据参数,包线附加的诸如下沉速率、飞行轨迹角和侧向速度等参数的附加包线也可以规定。飞机正常状态的一定组或一定范围可以使用于飞行阶段。对这些状态同时采用的各种可用飞行包线应当至少包括合适飞行阶段的使用飞行包线。可用飞行包线的速度、高度和过载边界应以相关讨论的理由为依据。

(1) 最大可用速度。

对考虑的构形,在低于可用升限的每一高度,最大可用速度 V_{max},取下列的最小者:

a. 比出现不可忍受的抖振或结构振动时的速度低的某一个安全余量的速度;

b. 在俯冲中的最大空速下,从失控、不可忍受的抖振,或其他危险行为中没有超过安全余量就可恢复,而且没有超出结构限制。

(2) 最小可用速度。

对考虑的构形,在低于可用升限的每一高度,最小可用速度 V_{min},取下列代数值最大者：

　　a. 比出现不可忍受的抖振或结构振动时的速度大的某一个安全余量的速度；

　　b. 比俯仰、滚转或偏航控制效率不足以保持 $1g$ 水平飞行时的速度大的某一个安全余量的最小值；

　　c. $1.1V_s$；

　　d. $V_s+10\,\mathrm{kn}$ 当量空速。

　　（3）可用侧向速度。

当使用直接侧力控制时，所考虑构形的可用侧向速度边界由与每一个在 V_{max} 和 V_{min} 之间相关的最大侧向速度来确定，在这个速度下可从失控或其他危险行为中恢复到直线和水平飞行，而且没有超出安全余量。

　　（4）最大可用高度。

对某一给定速度的最大可用高度（h_{max}）是在最大加力状态的非加速飞行时能保持 $100\,\mathrm{ft/min}$ 爬升率的最大高度。

　　（5）可用过载。

最大（和最小）可用过载 $n_{(+)}[n_{(-)}]$，应作为速度的函数在几个重要的高度上加以确定。当以某一特定的速度和高度配平以 $1g$ 飞行时，最大（最小）可用过载是下列代数值中的最小（最大）者：

　　a. 正（负）的结构限制过载；

　　b. 比出现不可忍受的抖振或结构振动的过载低（高）的某一安全余量的过载；

　　c. 在飞机最大抬头（低头）位置时，俯仰操纵产生的稳态过载。

　　3）允许飞行包线

允许飞行包线包括飞机既是允许又是可能的全部飞行范围。这些允许包线是可用飞行包线以外的那些飞行情况的边界，失速、过失速旋转、螺旋（尾旋）、跃升和某些俯冲可作为这类情况的代表。允许飞行包线同样以速度、高度和过载确定其边界。

　　4）有人驾驶飞机使用飞行包线确定原则

对每一个适用的飞行阶段，其包线应当在采购部门的批准和指导下建立。在没有明确指导的情况下，承包方应采用表 5 - 4 中有代表性的状态进行确定。

　　5.6.1.3　无人机使用包线确定与试飞原则

军用飞机飞行品质规范将有人驾驶飞机飞行包线分为使用包线、可用包线和允许包线三类,分别代表了有人驾驶飞机在包线内好用、能用以及允许使用的范围。目前针对无人机的飞行包线的确切定义,业界尚未达成共识,但从无人机系统完成任务和使用安全的角度考虑,仍然存在系统是否好用、可用、能用的问题。借鉴有人机的理念,可以认为无人机的飞行包线与有人机类似,也存在以下三类:

(1) 任务包线(使用飞行包线),是指无人机在正常使用中,用以完成其使命任务的高度和速度范围。对于侦察类无人机来说,在执行任务的过程中,其飞行剖面基本固定,所以其任务包线的范围非常小,但这也是飞行试验过程中最常用到一类飞行包线。图 5-7 给出了"全球鹰"的飞行包线,图中虚线表示的就是其正常使用中的任务包线。对当前状态的侦察类(含察打一体)无人机来说,任务包线就是保证任务载荷能够正常工作的飞行包线。这对应有人机来说,就是飞行员能够满意安全操纵飞机的包线(此包线内飞行品质评价全部为一级)。由于当前无人机执行任务的单一性,任务包线可能还比常规有人机使用包线更小。

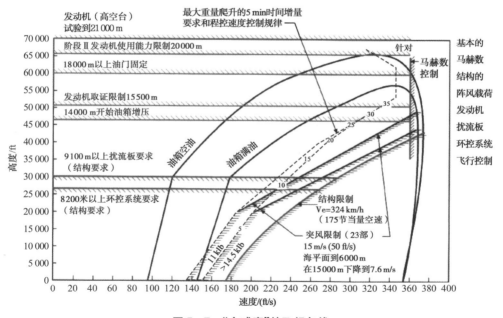

图 5-7　"全球鹰"的飞行包线

(2) 可用飞行包线(飞行试验包线),是指实际使用中所能达到的边界,即充分考虑到飞行控制与管理系统对飞行器的各种限制时,通过飞行试验验证无人机所能达到的边界。需要强调的是,无人机系统中,该包线的限制条件通常不仅仅是指飞机本身的气动、结构等限制,还包含飞机管理系统在不影响正常执行任务的前提下为确保使用安全而设置的限制条件,如无人机的可用包线的最大飞行速度可能低于允许飞行包线中的右边界,而在进行任务规划时,这一限制是无法突破的。因此可用飞行包线也是正常条件下可能通过飞行试验验证的最大包线范围。

(3) 允许使用包线(设计包线),是指设计单位给出的理论限制,主要是根据飞机发动机(简称飞发)的特性、结构强度特性等给出的限制。与有人机的允许包线类似,无人机在使用过程中,特殊情况下(如遇到突风等)有可能超出可用包线,但在允许包线内,飞机不应产生无法逆转的严重后果,并能够自主、自动或在人工干预下返回到可用包线内;但与有人机不同,由于飞行控制系统或飞机管理系统的限制,这一飞行包线无法在飞行试验中加以验证。因此事实上它是一个设计包线或理论包线。图 5-8 给出了美国 X-54A 的设计包线和飞行试验验证包线的范围,图中可以看出它们的明显区别。

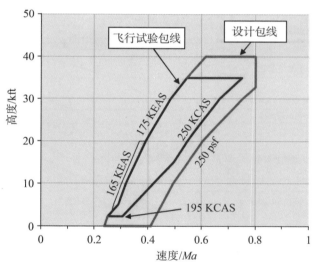

图 5-8　美国 X-54A 的设计包线和飞行试验验证包线

使用飞行包线、过载包线、发动机包线、武器发射包线等,指标体系是按传统方法确定的,根据当前的实际情况,会受到飞控、发控、发动机装机性能限制,不能实现传统意义上的全包线验证。飞行性能指标按照使用包线的实际限制考核,系统功能及任务系统按照典型使用状态考核;结构强度指标按照实际飞行随机考核,与地面试验共同确定指标;武器发射按照典型使用剖面进行适应性考核。

5.6.1.4　无人机使用包线具体确定原则

大型无人机飞行包线建议参照有人驾驶飞机飞行包线概念,将自主、自动模态下,即正常任务模式下所能达到的边界定义为使用飞行包线;将利用一些其他手段(如遥控模式下)避开一些限制条件从而达到的边界情况,在表现无人机具备完成任务的潜在能力的同时,充分考虑到飞行控制与管理系统对飞行器的各种限制,通过飞行试验手段验证无人机所能达到的边界定义为可用飞行包线;根据飞发、结构等特性,设计厂所给出的(设计)边界限制定义为允许使用包线。在飞行试验中,应重点考核可用飞行包线内的指标验证。

按照 GJB 185—86 的规定,使用飞行包线是用速度、高度和过载确定其边界。在使用飞行包线内,无人机必须能完成订货方所提出的各项任务。对每一飞行阶段,其使用飞行包线的建立均应有订货方的指导和同意。当缺乏专门的指导时,对每一阶段的飞行使用包线,其最小使用速度(V_{0min})、最大使用速度(V_{0max})、最小使用法向过载(n_{0min})和最大使用法向过载(n_{0max})等数值,承制方应采用标准所列出的有代表意义的条件予以建立。

5.6.1.5　某型无人机使用包线确定过程

按照常规有人机飞行包线确定原则,结合某无人机实际试飞验证情况,给出该型无人机使用包线、可用包线、允许包线的实际情况说明。

如图 5-9 所示,对特定构型来讲,存在允许包线、可用包线以及使用包线这三种包线。

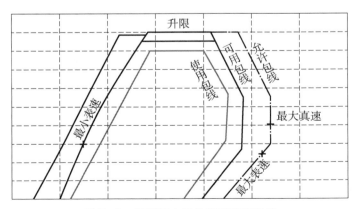

图 5-9　某型无人机的实际飞行包线

1) 允许包线

最小表速（飞机允许的最小操纵速度），升限（实用升限，爬升率≮0.5 m/s），最大表速（结构限制），最大真速（结构限制）。这对应着设计包线。

2) 可用包线

最小表速（飞机管理系统自主限制的最小安全飞行速度），升限（可以安全飞行的高度，爬升率≮0.8 m/s），最大表速（最大平飞速度），最大真速（最大平飞速度）。这对应着飞行试验能够实际飞行验证的包线。

3) 使用包线

最小表速（任务规划设计的最小安全飞行速度），升限（任务规划设计的安全巡航高度，爬升率≮1.0 m/s），最大表速（任务规划），最大真速（任务规划）。这对应着飞行试验能够实际飞行验证后任务系统安全飞行使用的包线。

5.6.2 重新认识无人机的飞行品质

5.6.2.1 需要重新认识无人机飞行品质

从美国"全球鹰"ACTD试飞情况分析看，升限、航时等性能指标是按关键性能参数着重考核的。但无人机飞行品质要求不明晰且在无人机上难以施加激励动作（"全球鹰"安装了内嵌软件生成的舵面激励器）。对常规飞行品质要求的纵向短周期特性、横航向特性等，仅做了定性检查。

下面援引国际航空杂志《无人机的飞行试验》（作者为中国飞行试验研究院晁祥林）一文，关于"全球鹰"飞行品质试飞，陈述为"全球鹰"飞行品质试验是在研制试验初期与其他试验同步进行的。因为"全球鹰"没有直接的"杆力和方向舵输入"，常规的飞行品质试验方法不适用，而且其控制系统始终处于闭环状态运行，开环稳定性和控制试验也不可行。因此，试验小组被迫回到最基本的试飞方法，即开展任务相关的操作、观察飞机的响应、判断飞机的飞行品质能否完成该任务。试飞前要加入俯仰、横滚及偏航指令脉冲信号对飞控系统形成激励。"全球鹰"的飞行品质基本上评价不错。"全球鹰"的研制试飞证明，飞机的飞行品质能满足执行战场侦察任务的部署试验。

2010年美国NASA发表的关于无人机飞行品质分析的文章看，无人机飞行品质首先应当以满足任务载荷使用要求为前提，而不是常规的满足飞行员的操纵要求。所以目前大型无人机飞行品质评价着重如下两个原则：

（1）任务载荷工作稳定、可靠，如武器攻击、任务侦察以及情报分发等；

（2）定性检查常规的稳定性、操纵性内容。

无人机上已经没有了飞行员,所以无人机飞行品质服务的对象变为任务载荷。常规有人机稳定性、操纵性要求仍然是有效的,但操纵品质的要求尤其是关于诸如"操纵期望参数"之类的飞行品质要求指标可能在短期内就不能用于无人机了。因为任务载荷不会主动去"手握"驾驶杆,以满足其任务载荷所期望的机动动作。目前无人机多为情报侦察和电子战无人机,任务载荷的机动飞行要求很少。也就是说,只要能稳定平飞,照相机就能得到稳定的图像情报。在这样的大背景下,无人机飞行品质就可以简单处理了,而不能一味地去追求所谓的"指标"要求。这也正是美国"全球鹰"无人机飞行品质试飞的处理原则和正确做法。

5.6.2.2　无人机飞行品质评价准则

(1) 参照 GJB 185—86《有人驾驶飞机飞行品质》中轰运类操纵性和稳定性的要求,并考虑无人机的特点,提出飞行品质(操纵性和稳定性)要求如下。

a. 在起飞、爬升、平飞(巡航、侦察)、下降、着陆等阶段飞机必须能够安全平稳地飞行,必须能从一种飞行状态平稳地过渡到另一种飞行状态;

b. 自动模式下,无人机应具有充分的稳定性(静、动稳定性),满足侦察、攻击设备执行侦察打击任务的平稳飞行要求;

c. 半自动模式下,无人机指令的响应应快速、平稳,能获得预期的指令响应效果;

d. 人工遥控模式下,应具有可接受的操纵性和稳定性,具有保证飞机安全飞行的能力(由飞行员进行评述);

e. 在任何使用模式下(包括自动、半自动和人工遥控),飞机飞行过程中都不能出现 PIO 或影响完成任务的振荡。

(2) 无人机飞行基本遵从自动驾驶和导航模式,因此其飞行品质还应参照 GJB 2191—94《有人驾驶飞机飞行控制系统通用规范》,确定其作为自动驾驶仪应具有的相关指标,主要有以下几项:

a. 姿态和航向保持精度以及瞬态响应指标;

b. 飞行轨迹保持精度;

c. 速度、迎角、过载限制和告警;

d. 自动驾驶仪的剩余振荡要求等。

(3) 无人机飞行时,地面站、链路和飞机系统形成一个完整的人机闭环系统,从飞行品质角度也应对其人机界面提出相应的要求:地面站应具有满意的人机工效(界面),各类显示、操纵装置应能有效地支持任务完成,使操纵者感受良好,易于决策,操作简单方便等(由飞行员进行评述)。

5.6.2.3　需要加强无人机飞行品质研究

在无人机系统品质要求中,必须考虑整个无人机系统。这不仅包括对飞行器的稳定和控制,还必须包括对无人机飞行品质有直接影响的自动和手动控制、指令和信息链路以及人机界面(地面站显示信息和控制)。无人机系统飞行品质要求是一个完整的包括任务性能、系统、子系统要求的分等级的要求。除了重点优先考虑飞机的可恢复性、可靠性和(地面)人员安全以外,无人机系统主要考虑的是任务性能要求。需要确定飞行品质体制,这种体制允许对每项要求可按下列各项裁剪:

(1) 无人机种类(低机动、中等机动、高机动三类);

(2) 要完成的任务(不同的任务飞行阶段);

(3) 任务完成的方式(自主、程控、人工);

(4) 任务完成得怎样(飞行品质等级)。

5.6.3　重新认识无人机的结构强度

5.6.3.1　大型无人机结构设计特点

从结构特点而言,大型无人机主要具备以下特点。

1) 采用整体结构设计

大型时无人机的结构设计要求机体结构具有良好的工艺性和维修性,便于加工、装配和维修。无人机结构设计为了突出其工艺的简捷特征,可以把几个零部件设计成为一个整体结构。这样可以减少结构的连接件、紧固件,从而减轻结构重量,减少结构应力集中区域的个数,从而减少机体结构的危险部位个数,简化了机体结构的维修和修理。采用整体结构设计技术,还可以保证结构强度、刚度特性的连续性,简化飞机的传力关系,易于对结构进行调整和改进,易于实施一些先进的结构设计技术。

2) 结构材料偏重复合材料

与传统金属材料相比,复合材料具有比强度和比刚度高、热膨胀系数小、抗疲劳能力和抗震能力强的特点,将它应用于无人机结构中可以减重 25% ～30%。据统计,目前,世界上各种先进无人机的复合材料用量一般占机体结构总重的 60%～80%,复合材料的总用量可达 90% 以上。采用复合材料不仅可以大幅度提高大型无人机结构效率,而且使无人机隐身/气动弹性、综合性能也得到改善和提高。复合材料在飞机上的应用部位和应用量的多少,已经成为衡量结构设计先进性的重要指标之一。大型无人机对减重有特殊需求,只有将结构重量系数控制在 30% 以下才能腾出重量空间给燃油、任务载荷带来的增重，满足轻结构、长航时等技术要求。

3）采用大展弦比机翼

对大型无人机而言，其飞行环境为高空飞行（15 km 以上），空气稀薄，动压小，巡航使用升力系数必然大，从而导致高升力问题。高升力首先带来高的诱导阻力，必须通过增大机翼展弦比和翼载的椭圆分布去改善和优化，以使无人机的翼面上维持更多的层流区域和避免后缘流动分离，从而使翼面上处于层流、湍流共存的流动状态，提高高空长航时无人机的巡航效率。

4）结构形状简洁，传力路线明确

在大型无人机机体结构形状一般采用相对简洁的形状，传力路线比较明确，且结构件上各种开口、开槽较少。同时，无人机的载荷情况和大小可以比较准确地确定，影响结构设计的总体参数相比有人机的要少。因此，在进行结构分析计算时，计算准确性较高，各种安全系数的取值相对有人机应略小。

5）飞行任务剖面简单

大型无人机的使用频率相对较低，其飞行任务剖面简单且相对单一，载荷谱较为规范。

5.6.3.2　传统的结构强度试飞方法可能不适合无人机

没有看到美国"全球鹰"无人机相关结构强度试飞考核的分析报告，但零散可以看一些强度设计的原则，如强度系数减小到 2.0 或更小。分析波音幻影工程公司发表的《无人机机体认证方法》论文，其中透露出如下基本信息：

（1）传统的结构认证方法应用到无人机上，将导致研制时间太长而无法接受，而且研制费用也将超出机体开发成本。这样的认证方法只能将能降低飞行器重量和成本的新技术拒之门外，理由仅仅是这些技术还不完全具备用于飞行器的资质。

（2）针对新研的无人机，研制团队需要一种不同的方法来确保飞行的可靠和安全，但是要求的试验却要比使用传统的堆积木法实现这些目标的工作量更少。

（3）今天大多数无人机是合格飞行，而不是认证飞行。另一个问题是，无人机在今天的空军中还没有特定的角色。我们仍旧在验证和开发这些飞机的能力，因此这些飞机正在扩展到附加的用途。还有某些无人机没有经过传统意义上的认证就已经开始小批量生产了（如"全球鹰""捕食者"）。

（4）上述问题进一步陈述为，我们需要一种低成本的无人飞行器认证方法，使其能以非常低的成本为用户服务。最后需要陈述的是，我们需要低成本的方法验证多用途飞行器,以便提供足够的灵活性来满足变化的用户需求。

（5）随后描述了一个建议的替代方法。即传统的认证方法与建议的替代方法相比较,其过程可能是完全相反的。

5.6.3.3　综合考虑无人机结构强度试飞

对于飞机结构强度与载荷试飞,无论有人驾驶飞机标准还是现有无人机标准,都有一个共同的原则,就是"一般应包括分析计算表明的全部严重受载状态,以确保飞机能经受在使用限制之内可达到的最大载荷。"上述原则对于大型无人机平台结构的安全性验证是充分的,只有通过了严重受载状态的飞行试验验证,才能充分地确认平台结构的安全性。但由于大型无人机的飞行包线和操纵模式特点,导致现阶段大型无人机的飞行试验仅在可用飞行包线内进行,不能达到和验证设计厂所根据飞发、结构等特性给出的允许使用包线;同时,在大型无人机的结构强度与载荷试飞中,必须充分考虑大型无人机平台的使用特点和任务剖面。从而,大型无人机结构强度与载荷试飞过程中,具备以下特点:

1）考虑大型无人机系统的使用包线范围

大型无人机系统的使用包线范围决定了无人机平台的使用特点和任务剖面。在大型侦察类或察打一体类无人机的使用中,其任务剖面一般不包含急剧或大的机动动作,即该类大型无人机平台在正常使用过程中一般不涉及大载荷系数下的飞行载荷或大下沉率的地面载荷等严重受载状态。大型战斗型无人机在使用过程中存在格斗要求,则该型无人机要体现高机动性能,该类无人机平台在结构强度和载荷飞行试验中可以根据型号指标参考有人机标准进行,但其操纵方式也需在允许范围内进行。在飞行试验中,使用传统的验证方法确实覆盖了广泛的使用和环境,能够充分验证平台结构的安全性,而大型无人机的使用范围一般比较狭窄,去验证超出使用范围的指标,可能导致飞行试验风险增大,成本增高。因此,大型无人机平台结构的强度和载荷试飞应考虑大型无人机系统的具体使用范围来确定飞行内容和范围。

2）试飞验证过程中大多降低了机动包线

大型无人机平台的机动性能对于结构强度和载荷是一个重要指标,体现了大型无人机平台在结构方面所能承受的载荷。但大型无人机不仅仅是一个飞机平台,无人机作为系统而言,还包含了其他诸多单元,如发动机、飞控系统等,这些单元对于大型无人机的机动性能都有限制作用。在飞行试验中,不能仅依靠结构计算数据所确定的机动性能指标来确定结构强度和载荷试飞的试飞范围或者将限制简单解除来满足飞行条件,这将导致无人机平台的不正常使用或控制律的更改,违背了试飞验证中对于试验机的使用状态要求。在飞行试验过程中,应当从无人机系统整体出发,根据整体限制条件,明确其飞行试验机动包线,一般该包线要小于设计厂所根据飞发和结构特性给出的机动包线。

3) 试飞能够验证使用设计值,部分反映使用的设计准则

从考虑使用范围和降低机动包线两个试飞特点出发,大型无人机平台的结构强度和载荷试飞在使用范围内进行验证,得到的数据一般为无人机系统在可用飞行包线内的结构数据,该数据可验证使用范围条件下的飞行状态对应的结构数据值,反映正常受载状态下的设计方法和准则是否正确,但无法验证严重受载下的设计状态。

4) 纳入已确定的结构试验数据

在考虑到大型无人机结构强度和载荷验证试飞的方法时,重要的认证目的是降低产品在使用环境中的风险和完成预定任务的风险。在严重受载状态无法通过飞行试验实施时,可考虑纳入已确定的结构地面试验数据,如限制载荷静力试验和极限载荷结构破坏试验。通过以上试验,可确定设计严重受载状态下的结构安全系数,对结构验证起到补充作用。

飞机结构强度需要实际试飞验证和校核,特别是机体强度和起落架强度。常规有人机,通过试飞员的对称机动拉起和非对称机动以及打地转等方法对强度进行 100% 的过载包线考核。对于大型低机动类无人机,强度系数也减小到 2.0 或更小,再加上过载限制器的保护逻辑,所以就没有常规有人机意义上的过载包线考核了。我们分析建议,由设计单位分析强度试飞数据,结合静力试验,给出结构完整性结论。

5.6.3.4　确定无人机结构强度试飞科目

1) 机动飞行试验科目

大型无人机机动飞行试验科目分为对称机动、滚转机动和偏航机动三类。其具体试飞科目如表 5-5 所示。

表 5-5　大型无人机系统机动飞行试验科目

序号	科目类别	科目名称	参照标准	试飞目的
1	对称机动	俯仰机动	GJB 67—85	验证机翼、尾翼、机身、操纵面载荷及强度
2		盘旋	—	
3		应急返航	—	

（续表）

序号	科目类别	科目名称	参照标准	试飞目的
4	滚转机动	滚转改出	GJB 67—85	验证机翼、尾翼、操纵面载荷及强度
5	偏航机动	稳定侧滑	GJB 67—85	验证尾翼、机身、操纵面载荷及强度

2）地面载荷试验科目

大型无人机地面载荷试验科目分为起飞试验、着陆试验、地面操作试验三类。其具体试飞科目如表 5-6 所示。

表 5-6　大型无人机系统地面载荷试验科目

序号	科目类别	科目名称	参照标准	试飞目的
1	起飞试验	正常起飞重量起飞	GJB 67—85	验证前、主起落架载荷及强度
2		最大起飞重量起飞	GJB 67—85	
3	着陆试验	正常着陆重量起飞	GJB 67—85	
4		最大着陆重量起飞	GJB 67—85	
5	地面操作	着陆滑行刹车	GJB 67—85	
6		起飞滑行刹车	GJB 67—85	
7		牵引及转弯	GJB 67—85	
8		滑行转弯	—	
9		打地转	GJB 67—85	
10		发动机试车	GJB 67—85	

5.6.3.5　无人机结构强度试飞数据评估

机动飞行试验的主要目的是通过飞行试验，测量飞机结构的飞行载荷，用以验证设计计算载荷，并在严重受载情况下检查飞机结构的强度。

无论是有人驾驶飞机还是无人机，在机动飞行试验过程中所做的机动包括非驾驶员（飞行操作员）诱导机动和驾驶员（飞行操作员）诱导机动。其中非驾驶员（飞行操作员）诱导机动是不通过驾驶员（飞行操作员）操纵引起，而是由外部因素导致的机动，一般包括突风情况；驾驶员（飞行操作员）诱导机动包括对称机动、滚转机动和航向机动。

突风情况由外部因素导致，无法以人为因素进行方法设计和复现。同时，突风载荷测量需使用专门的仪器进行。因此，现阶段大型无人机对于突风载荷通常采取快速穿过、予以避让及应急返回的对策。对于突风情况,在遭遇条件下进行飞行试验数据分析和地面检查。

对于对称机动、滚转机动和航向机动,有人驾驶飞机试飞方法具有部分可适用性,但需根据无人机具体型号进行裁剪和修改。有人驾驶飞机结构强度和载荷飞行试验中,对于机动飞行试验的试飞评估依据和准则为在严重受载情况下,设计的飞行载荷分布/机体强度应保守地近似于或小于实际飞行过程中的真实情况,飞机结构没有出现结构损害和有害变形。

对于无人机结构强度和载荷飞行试验,由于严重受载情况的要求,在试飞过程中很难达到,其试飞评估方法不适用上述评估原则。对于大型无人机,尤其是侦察类、察打一体类大型无人机,其任务剖面中的绝大部分为一般受载情况,决定了无人机结构强度和载荷需在试飞全过程中进行统计分析,筛选出较大的受载情况进行评估。因此,试飞评估方法建议按使用范围和任务决定的大型无人机类别进行如下区分:

(1) 对于侦察/察打一体类大型无人机,通过试飞过程中数据统计评估,设计的飞行载荷分布/机体强度应保守地近似于或小于实际飞行过程中的真实情况,飞机结构没有出现结构损害和有害变形;

(2) 对于作战型大型无人机,评估方法可使用有人机标准,即在严重受载情况下,设计的飞行载荷分布/机体强度应保守地近似于或小于实际飞行过程中的真实情况,飞机结构没有出现结构损害和有害变形。

5.6.4　重新认识无人机的动力装置试验

5.6.4.1　美国"全球鹰"无人机动力装置试飞过程分析

分析诺斯罗普·格鲁门公司以及罗罗公司发表的文章《RQ-4全球鹰推进系统研制历程》,其主要观点陈述如下:

为了达到较高的高空性能和较低的使用维护成本,高空长航时无人机面临着很多技术挑战。选用成熟的商用涡扇发动机是保证这种无人机发展和单架成本较低的关键。这种策略在罗罗公司的 AE3007H 发动机应用于"全球鹰"无人机上获得了成功。"全球鹰"推进系统的整合历程包括亚声速进气道风洞试验、计算流体力学仿真、高空台试验、控制系统软件研制、飞行试验和大量的外场飞行使用等。该文章分别对上述各个历程都进行了简要描述,但没有描述飞行试验的具体内容。

5.6.4.2 现阶段国内无人机动力装置试飞原则

现阶段无人机系统中的飞机和发动机都是同步开展定型工作,而动力系统又是保证飞行安全的基础。以满足飞机使用要求为目标,同时兼顾发动机使用特点,对发动机的重点科目进行飞行试验验证,其他性能指标结合高空台结果确定。在基于高空台充分试验的基础上,飞行试验重点考核发动机工作稳定性、飞(飞机)/发(发动机)/控(控制系统)/桨(螺旋桨)/武器系统工作匹配性,典型状态的空中起动能力,极端环境适应性、高原起降等科目试飞。发动机试验状态在飞机使用包线范围内,参考典型使用情况确定。

目前没有看到美国"全球鹰"无人机关于动力装置的试飞考核内容和考核方法,国内最有争议的问题是是否主动实施空中起动试验。我们分析认为需要,原因如下:

(1) 与"全球鹰"无人机一样,国内外都采取了电传操纵杆对发动机起动、功率调节等进行自动或人工调节;飞机上没有了人,发动机控制系统(简称发控)显得异常重要,但其控制规律是否有效,安全监控是否有效,需要实际试飞考核和检查。

(2) 大型无人机高空飞行在发动机的左边界,发动机进气稳定性决定着能否以高成功概率完成既定任务。在这个稳定边界上工作,发动机空起能力是必须要检查的。

5.6.4.3 现阶段国内无人机动力装置试飞内容

现阶段无人机飞机和发动机都是同步开展定型工作,而动力系统又是保证飞行安全的基础。以满足飞机使用要求为目标,同时兼顾发动机使用特点,对发动机的重点科目进行飞行试验验证,其他性能指标结合高空台结果确定。在基于高空台充分试验的基础上,飞行试验重点考核发动机工作稳定性、飞机/发动机工作匹配性,典型状态的空中起动能力,极端环境适应性、高原起降等科目试飞。发动机试验状态在飞机使用包线范围内,参考典型使用情况确定。应对大型无人机配装的涡喷、涡扇发动机进行适应性检查,试验内容应包括发动机本体性能试飞和系统综合试飞两部分:

1) 发动机本体性能试飞内容

(1) 发动机工作稳定性试验;

(2) 发动机性能特性检查;

(3) 发动机加减速性检查;

(4) 发动机起动性能检查;

（5）发动机滑油系统工作质量检查；

（6）发动机振动测定试验；

（7）发动机控制系统检查；

（8）发动机燃油系统。

2）系统综合试飞内容

（1）飞机/发动机匹配性试验；

（2）控制系统/发动机匹配性试验；

（3）发动机监测和诊断系统检查。

5.6.5　无人机任务系统

任务系统是无人机系统设计的目标，可以说无人机是为任务系统设计的，无人机是特种的定制传感器飞机。任务能力很多，但武器火控系统一般要独立出来单独设计和研发。任务系统应当涵盖的能力包括以下内容。

（1）任务规划、任务加载和实时的任务重规划、任务管理；

（2）光学侦察设备，包括可见光、红外、多光谱、高光谱、EO 等；

（3）SAR 雷达情报侦察设备；

（4）通信侦察设备，包括超短波电台、卫星电话的侦收等；

（5）电子战设备，包括自卫与干扰、定向定点干扰等；

（6）敌我识别、航管应答；

（7）图像情报信息的存储和传输，包括数据记录与处理，以及实时的外部无线发射等。

以上仅仅是 ISR，随着 C^4 的逐步发展，任务系统还会衍生计算、指令、控制、通信等，最终综合称为 C^4ISR。任务系统具有侦察监视/跟踪、侦察设备管理与控制、侦察信息实时记录与下传控制、任务数据加载、敌我识别/航管应答、机外照明等功能。任务系统主要由任务管理系统、侦察设备和机外照明系统组成。

（1）对任务管理处理机和数字式记录器结合飞行试验、地面试验进行考核。

（2）光学任务侦察设备通过他机、本机试飞相结合的方式，考核功能、性能和适应性。

（3）以飞行试验的方式考核合成孔径雷达的各项功能、性能指标。

（4）通过飞行试验考核敌我识别/航管应答机的识别应答范围和应答方位。

5.6.6　无人机武器火控系统

虽然有人机武器系统试飞程序和验证要求已经日趋完善,但是由于无人机武器系统与有人机武器系统相比有一定的技术特点,因此无人机武器系统试飞和有人机武器系统试飞仍然存在着一定差异性,无人机火控系统试飞尚属起步阶段。结合现有无人机型号试飞,着重研究大型无人机武器系统的技术特点,分析其与有人机武器系统试飞的差异,提出大型无人机武器系统试飞内容、验证要求与流程,整合并全面综合优化试飞科目,逐步建立并完善大型无人机武器系统试验程序和试飞验证规范,为后续无人机武器系统试飞提供依据。

武器系统试飞的操作员岗位,应当由有经验的试飞员或操作员承担。武器系统包括两部分,一是机载的火控系统,二是挂架以下的武器。对飞机而言,还分为两种,一是无机动动作要求的武器发射条件,二是有飞机机动能力要求条件下的武器发射。武器系统定型试飞考核,都必须100%的全能力、性能考核。武器系统试飞有两个明显的特点需要关注:

(1) 火控系统同飞控系统一样,需要把人的因素考虑进来,即武器操作员需要参与整个火控系统的研发和改进过程。

(2) 由于火控系统很难实施他机试飞验证,所以火控系统试飞需要先期开展比较多的模拟攻击飞行和模拟攻击训练。模拟攻击训练可能要占到武器系统试飞的大部分试飞架次。

5.7　无线电测控链路

无人机测控系统作用距离是一项综合性指标,需要考虑发射功率、接收机灵敏度、天线方向性、天线增益、电缆衰减、频率、带宽以及使用环境等多方面因素,而现有无人机测控系统作用距离指标在理论计算阶段比较粗略,一般都是在理想的自由空间的前提下,采用简化的(或近似的)计算公式进行计算。为了使得简化(或近似)的计算在实际研制后不出现颠覆性问题,所以在设计中往往凭经验放大余量,同时放大余量也是为了克服非自由空间的各类衰减和干扰(如一般的无人机测控系统作用距离指标中都考虑了通常$10\sim20\,dB$的平坦衰落储备和频率选择性衰落储备),最终研制出的系统在考核后,发现实际达到的最大作用距离均大于设计时的作用距离指标。影响无人机测控信号传播衰减的因素很多,主要包括以下各项:

(1) 由地面、电离层、大气分子和水汽凝结物吸收所引起的吸收损耗;

（2）由地面或障碍物产生的反射波与直射波的干涉作用而引起的无线电波的干涉效应；

（3）在电离层内，由反射曲面的聚焦或散焦作用以及反射面的有限面积的边缘效应或由不均匀媒质对电波的散射作用而引起的反射影响/散射吸收；

（4）由传输过程中的极化面旋转所引起的极化耦合衰减；

（5）由电波传播的散射效应，使接收天线口面上非平面波引起的孔径-介质耦合损耗。

通过分析无人机飞行的相关特点，可以进一步得出以下结论：

（1）无人机是在低仰角下飞行，地面极易造成波束的反射，所以多径效应（尤其是二径效应）对无人机遥控遥测的作用距离影响较大。

（2）无人机是在大气空间中飞行，大气中各种吸收损耗都将影响到遥控遥测的作用距离。

5.8　地面控制站

地面站是与飞机设计同步研发的，结合飞机试飞对地面站进行实际验证考核。对地面控制站的功能，性能要求通过地面试验验证，并在飞行试验中进行检查确认，主要内容如下：

（1）自动起降功能，根据任务管理计算机指令自动飞行、机载系统故障后基本的应急处置、链路故障后按预定计划进行一定的自主决策等功能。

（2）导航计算、管理与控制功能，包括起降和飞行阶段导航计算与设备状态监控、组合导航方式控制与管理功能。

（3）飞行控制功能，包括具备自动/自主、半自动/自主和人工操控等飞行控制功能以及前轮转弯与刹车控制功能；其他飞行支持功能，与其他机载系统协调控制，包括对发动机、起落架、减速板、襟翼、燃油泵等控制以及与任务系统进行信息交换等功能。

（4）自检测功能，包括上电自检测、飞行前自检测、维护自检测和飞行中在线监控。

（5）对起降引导设备进行他机试飞考核，并在本机上进行试飞验证。

（6）对测控链路地面数据终端的试飞考核与机载终端结合进行。

（7）结合检查情报处理站。

（8）地面站人机工效由试飞员、操作员给出定性评价。

（9）结合飞行试验检查地面站环境适应性。

5.8.1　地面站人机工效与综合评价

随着无人机系统复杂程度的提高，对地面站人机工程的设计要求也越来越高，地面站作为无人机操作员与无人机系统进行交互的媒介，地面站向无人机操作员提供飞机从起飞、搜索、跟踪、瞄准、攻击到着陆等一系列任务过程所需要的全部信息，借此无人机操作员完成监控及操作任务。虽然近年来无人机已逐渐具有较强的自动/自主控制能力，但在执行任务过程中，地面站操作员仍然拥有操纵飞机的最终决定权，无人机系统仍属于"人在回路的系统"，其作战使用离不开人对无人机的指挥控制。大量的显示信息及控制需求，使地面站操作员的工作负荷和操作难度增大，容易导致误判和误操作。因此，从人机工效学角度开展无人机地面站的综合评价显得尤为重要，如何客观、科学地评价成为无人机地面站人机工效成为重要任务之一。无人机地面站人机工效综合评价，具体内容如下：

（1）参考有人驾驶飞机座舱评价内容，分析有人驾驶飞机座舱评价和无人机地面站人机工效评价的区别和无人机地面站人机工效评价的特点。

（2）根据地面站特点并结合使用需求，提出无人机地面站人机工效评价指标，并详细阐述各项评价指标的内容。

（3）借鉴有人驾驶飞机座舱人机工效评价方法，提出面向任务/分类评价/重点关注的评价方式；提出无人机地面站人机工效综合评价方法，主要包括改进库珀-哈珀评价法，客观测量评价等。

（4）建立无人机地面站人机工效评价体系，设计无人机地面站操作员主观评价调研表等评价表格。

5.8.1.1　现阶段地面站人机工效评价特点

相对于有人驾驶飞机驾驶员能从飞行环境中获得直接的感觉输入，无人机地面站操作员只能通过测控链路获得飞机的当前状态及环境信息，包括有限视界范围的视频图像和机上传感器信息等。由于无人机操作员处于地面环境，无法直观感知飞机当前状态，这必将损失多项感觉信息，包括无人机周围环境的视觉信息、运动感觉、前庭输入和声音等。因此与有人驾驶飞机的驾驶员相比，无人机地面站操作员可以说是在"直观感觉隔离"环境中对无人机实施操纵。

1）情景感知要求高

随着地面站自动化和智能化水平的逐步提高，飞行过程中动态信息越来越多,而地面站操作员的主要作用由操作控制向监控飞行转移,即人的体力负荷下降、心理负荷增加的现象变得尤为突出。因此,情景感知的研究成为人机工效研究的热点问题。相较于有人驾驶飞机驾驶员,无人机地面站操作员不能接收到与其相同质量和数量的信息以及反馈,接收不到或者只能接收到很少的座椅上的操作信息,如驾驶舱外视景天气、气味或烟雾、油量或液压流量及其他传感器信息。因此,必须全面评价无人机操作员的环境感知。同时确定显示及控制信息对操作员感知模型的影响以及控制、显示及操作员的功能交互对操作员工作负荷的影响程度。鉴于情景感知对操作员工作负荷的影响,必须充分评价操作员工作负荷及其与情景感知两者间的关系。

2) 无人机的人机功能分配尚待在实践中不断完善

研究表明,良好的人机功能分配是提高系统性能的关键。当前自动化和智能化技术大量应用到无人机地面站中,虽然减轻了人的工作负荷,但降低了人的情境感知能力,对"人在回路"中的短时决策能力要求更高,并且大部分是系统设计阶段静态人机功能分配,而任务执行中基于人特性的动态功能分配研究还比较少。因此要在整个系统的高度上规划合理的人机功能分配,并进行动态分配,才能最大限度地减少人的失误,实现系统总体安全、可靠和高效的目标。

3) 对操作员控制水平要求高

现代无人机系统多采用地面站远距离对无人机进行监控操作,但这种操作方式同样存在着许多限制。首先,由于存在测控数据传输时间延迟以及数据实时传输高宽带需求,在无人机远距离攻击任务中对操作员的控制水平提出了很高的要求。其次,由于涉及多任务监控时人的受限性很大,因此要求操作人员对无人机的反应极其迅速。这就要求在人机工效研究时考虑各种限制条件对无人机操作员完成任务所带来的影响。最明显的两个例子:①某些特定情况下,仍然要求飞行员人工遥控无人机返场着陆,从目前情况看,这对飞行员是一个极大的挑战。②武器攻击时,需要飞行员操纵飞机实时配合武器操作员控制导弹发射。这种情况下,不仅要求个人技术娴熟而且要求熟练配合。

未来无人机的发展将变为单一操作人员控制多架无人机或无人机与有人机协同执行任务。这样无人机操作员可以有效地指挥整个战场,而不是仅仅成为单一无人机的操作员。假使这种情况得以实现,无人机操作员将无须对低层次任务频繁进行指挥,而是靠智能辅助决策系统来完成,这就需要在人机工效评价中针对不同任务需求设计评价项目,以检验人机工效的设计是否能够满足无人机任务需求。

4) 无人机长航时飞行任务特点

由于无人机任务的特殊性,地面站可能安置在苛刻环境条件下,这就要求地面站在设计时充分考虑无人机操作人员的各种需要,尤其是针对长航时无人机,需要指挥员和操作员长时间不间断监控。这就需要全面考虑地面站人机工效问题,以利于高效、安全地工作,提高工作效率。操作员为了监控飞机的工作状态信息,必须与地面站内部各个系统之间有良好的适配性,为了保持操作员和无人机之间协调工作,人的运动器官和操作按键等控制器之间也要有良好的适配性关系,这就要求在设计时考虑人机关系。

5) 地面站信息量大

无人机地面站显示内容包含来自无人机自身携带的传感器、加装的测量传感器和外部的测量数据、飞行状态、任务规划、武器载荷等在内的无人机系统及所执行任务的全部信息。研究表明有人驾驶飞机座舱内各个飞行阶段所需的显控信息达到 614 条,而无人机地面站操作员必须对无人机系统的所有信息进行监控与处理,如美国"全球鹰"无人机地面站共配备 6 名操作员、操控 6 个工作站监控超过 13 个显示器来完成任务,这一过程中的信息量非常大,处理的信息复杂,尤其是在"直观感觉隔离"的环境中,无人机地面站操作员只能凭借界面信息进行判断,这就要求在人机界面设计时要充分考虑大量的信息对操作员的影响。

5.8.1.2 现阶段地面站人机工效评价内容与方法

地面站人机工效是否合理,是否符合各级操作人员的习惯,能否准确反映作战情况,直接关系到决策、命令和执行的正确性与实时性。根据当前无人机地面站集监控、瞄准、通信、情报处理于一体,操作员工作时间长,密闭空间小等特点,除了对总体布局、舱内环境等进行评价外,还需对各个监控席位的功能、不同任务阶段的需求进行有针对性的评价,如任务载荷席位要关注任务的执行度、任务规划等方面。

设计周全的地面站不仅能够减少危险因素,而且能够提高地面站操作员的情景意识,减轻工作负荷,从而提高操作员的工作效率和操作有效性。地面站人机工效评价的主要目的是确保地面站在设计上满足无人机任务需求,不存在太多影响操作功能、操作员健康和安全的缺陷。地面站人机工效评价综合评价应参考有人驾驶飞机座舱评价方法,并结合无人机地面站特点,提出无人机地面站综合评价的主要内容。

1) 控制站舱内环境评价

（1）温热环境及舒适性。

作业区的温热环境是决定人的作业效能和健康的重要影响因素。人所处的环境条件主要包括空气的温度、湿度、风速和热辐射等四个方面。除了必须考虑人所具有的特性之外，还要考虑人体的代谢量和衣着量，一般将这六个方面称为温热环境六因素。温热环境的各个因素是互相影响和补偿的，因此在评价上主要是根据统计学原理，给出人感到舒适的温热环境指标，通过实际测量评价是否达到要求。

由于无人机地面站是密闭空间，空气流通性差，加之舱内任务设备多，尤其是显示器、计算机等设备发热量大，所以舱内通风性就成为评价指标之一。同时由于无人机任务需求，地面系统会根据任务部署在热带或寒带，这样就有可能使得舱内外温差较大，调节舱内温度使其达到人体感觉舒适的温度不仅是设计时需要考虑，也是评价时需要考虑的。

大气环境温度在 $+40 \sim -40$℃ 的情况下，舱内温度应保持在 $15 \sim 25$℃ 的舒适区范围内。同时考虑到执行不同任务时的环境差别，制热和制冷系统也应纳入评价范围。由于地面站密闭空间，且多名操作员同时作业，通风换气要保证舱内有害杂质或气味浓度在规定值以下，以满足人体正常呼吸和生活环境的要求。舱内空气的污染主要是人呼出的二氧化碳和通过呼吸器官排出、皮肤分泌的水汽和气味。人的气味虽然无毒但使人有不适感，而二氧化碳却对人体是有害的，当二氧化碳的浓度达到 2％ 时会使呼吸速率加快；5％ 时呼吸会变得短促；达到 10％ 以上时将会使人窒息、迷醉甚至丧失意识。一般来讲二氧化碳允许含量在标准气压下，按体积计为 0.1％ ～ 0.15％。舱内通风不仅利于设备散热，也对操作人员提高工作效率完成任务有极大的帮助。同时考虑到舱内外的温差等因素，可以采用一部分舱内循环空气有利于节能等。

（2）照明环境。

合适的照明使视物清楚，能提高工作效率；当照明不良时，因需反复努力辨认，易使视觉疲劳，久而久之引起视力下降、眼胀、头疼以及其他疾病。同时照明环境与事故数量有着密切的关系。事故统计资料表明，事故产生的原因虽然是多方面的，但照明不足是其中的重要影响因素。另外从生理和心理学角度，照明会影响人的情绪，影响人的兴奋性和积极性，从而影响工作效率。

由于无人机地面站是一个封闭的环境，一般情况下整个空间封闭，只有一个很小的窗口，自然光难以照射进来，这就对无人机地面站的照明系统提出较高的要求,在评价时提出了特殊要求,对于泛光照明(舱内整体照明)、应急照明、控制板照明、仪表与显示器照明、标记照明、特殊照明区域、光线强度、照明方式、光源选择、眩光及其防护措施、亮度分布等各方面都应进行评价。从人机工效角度来看,不仅需要对光环境的各个单项影响因素进行评价,而且需要进行光环境的综合评价。

环境的优劣影响着视觉获得信息的效率和质量,光环境对使用该环境的人的绩效和舒适感以及人们对环境的有效反应有影响。地面站的光环境可以通过照度、亮度、眩光、照度分布、亮度分布和光色指标评估。

(3) 色彩环境。

a. 色彩指标:环境的色彩变化和刺激有助于操作者保持心理平衡以及正常的知觉和意识,协调的色彩让操作者心情愉快,视觉良好,有利于提高工作效率。若色彩不恰当,则可能破坏产品的形象,引起操作者的视觉疲劳,心理上的反感、压抑,从而降低工作效率。由于色彩在知觉的不同水平上具有各种心理语义,如色彩的温度感、轻重感、硬度感、胀缩感、远近感、情绪感(包括开朗与阴郁,活泼与呆滞,松弛与紧张等),同时还有温度、空间、时间、光环境等因素相关,因此可以适当通过调节色彩来改善工作环境。

调节色彩的目的如下:

(a) 提高作业者作业愿望和作业效率;

(b) 改善作业环境、减轻或延缓作业疲劳;

(c) 提高生产的安全性,降低事故率。

色彩调节的方法步骤可分为以下几步:

(a) 归纳出委托人要实现环境调节应有的全部目标,对这些目标进行分析,确定最终实现的调节目标;

(b) 根据色彩所具有的心理寓意确定色调和配色;

(c) 确定在工程上施色的材料和工艺,实现环境的色彩调节。

b. 基于检查表的色彩环境评价:色彩的指标主要是指辨认可靠性及色调饱和度。即应将不同等级、性质的告警信息采用不同的颜色,并根据告警等级采用不同的安装位置,以便飞行员迅速发现、了解故障部位和性质,并采取相应措施。色彩对人的影响表现在生理与心理影响上,其生理作用主要表现在提高视觉的分辨能力和减少视觉疲劳,而对人的心理影响属于主观判断范畴,它可以让人产生冷暖感、尺度感、轻重感以及导致兴奋、轻松、抑制等感觉。通过检查表 5-7 可进行评价。

表 5-7　色彩对人影响的检查表

序号	内　　容	是	不确定	否	评价说明及结果
1	没有带来视觉不适				
2	没有引起视觉疲劳				
3	让人产生暖感觉				
4	让人产生冷感觉				
5	不会让人有过度兴奋感				
6	不会让人有过度压抑感				
7	色彩的轻重合适,操作员有省力和轻快感				
8	色彩尺度感合适,主观上物体远近距离适当				
9	根据需要,色彩的对比度鲜明醒目				
10	增加了环境明亮程度				
11	标志明显,识别迅速,便于管理				
12	能引起注意力集中,减少差错事故,提高工作质量				
13	感觉上舒适愉快,没有疲劳感				
14	整体环境具有一致性,美观整洁				

（4）噪声环境。

舱内噪声主要来自舱内设备运行时引起的空气动力学噪声。噪声对人体的影响无论在地面的作业和生活环境还是微环境中都是一样的,但微环境中工作条件的恶劣及工作性质的重要性更应重视对噪声的防护问题。无人机地面站是一个封闭空间,舱内设备多,这就要求对舱内总体噪声情况进行评价,以保证操作人员的身心健康,高效安全地完成任务。噪声对语言信号有掩盖作用,使操作员语言通信发生困难。掩盖效应与噪声的频谱以及声压级有关。语言声与噪声两者强度之比,称为信噪比。当信噪比为 15 dB 时,可以达到 95％语言清晰度。所以提高语言声或降低噪声均可获得较好的收听效果。然而语言声压级不允许超过 11 dB,而改善语言清晰度,又会引起人耳不适。

目前还没有限制无人机地面站舱内噪声的标准,可以依据环境噪声的标准建议值来衡量舱内噪声(见表 5-8),对无人机地面站噪声评价主要以测量和主观调查为主,利用统计学方法获得评价结果。

表 5-8 环境噪声标准建议值

适用范围	噪声标准/dB	
	理想值	最大值
听力保护	<75	90
语言交谈	<45	60
睡眠	<35	50

2) 显控系统与防错设计

(1) 显控系统。

地面站作为无人机系统地面控制终端,不仅具备控制功能实时对无人机进行控制,还具备多种显示功能,能够显示无人机系统的当前状态和任务载荷信息等多种信息,安装在地面站内的显控设备多。以某无人机地面站为例,仅控制站内就包含了 12 台显示器,两套油门操纵杆和飞行操纵侧杆,两个开关控制盒(近 20 个开关),触摸显示屏上超过 200 多个触摸按键,5 套键盘鼠标等众多的显控设备。因此在评价时要考虑地面站内各个显控设备是否符合操作员的习惯。在评价过程中,需要考虑的方面包括各个显示器的布局,键盘鼠标的灵敏度,操纵杆(油门杆)的灵敏度,触摸屏按键的布局设计及灵敏度,操纵系统(杆、按钮、按键)的防错设计,显示系统的安全防护,显控系统的断电保护等方面的内容,以此来全面评估地面站。

(2) 防差错设计。

主要是考虑到地面站设备繁多,接口复杂,零件众多,必须采取有效的措施防止使用过程中因人为差错造成设备的损坏或系统的故障,因此对于外形相近而功能不同的零件、接头以及容易发生差错的零部件,应进行防差错设计。设备上有必要的防止差错和提高效率的标记,对可能发生操作差错的装置标明操作顺序号码和方向标记。而对于众多设备接口进行标示,防止因设备接口出错而出现的系统故障。同时在地面站内对键盘和鼠标也要考虑采取适当的措施,以防止误操作。

3) 信息显示人机界面

(1) 信息显示系统人机界面的评价方法。

如何评价无人机地面控制信息显示系统效果,可以应用的方法有很多种,常用的方法有专家评审、现场测试、用户调查等,每种方法都有不同的特点和适用范围,本课题中采用现场测试和专家评审的评价方法。首先由操作员对无人机地面控制信息显示系统进行实际测试,问询并记录操作员执行任务过程中及完成任务后的生理和心理特征变化,并由操作员根据我们提出的评价指标对信息显示系统的功能及其任务界面针对某一具体任务执行情况进行打分,再由专家对地面控制信息显示系统组成的各个界面与仿真系统运行情况进行打分,然后采用给定的方法进行综合评价,并对评价指标进行适当的补充和完善。

(2) 信息显示系统人机界面评价的常用指标。

一般来说,信息显示系统人机界面的评价涉及以下几部分内容:

a. 界面设计一致性:

(a) 显示装置之间或一个显示装置内设计的一致性;

(b) 所有显示装置色彩应用的一致性;

(c) 所有显示装置中显示符号应用的一致性;

(d) 信息显示系统与飞行员直觉的符合程度;

(e) 信息显示方式(数字/图形)的合适性;

(f) 所有显示装置中特殊类型信息输入格式和方法的一致性。

b. 信息可读性:

(a) 显示字符的尺寸;

(b) 显示字符的亮度;

(c) 颜色编码的合适性;

(d) 显示字符与其背景之间的对比度;

(e) 闪光/闪烁频率;

(f) 所有显示符号的易辨认性;

(g) 显示装置上出现的闪烁现象(因刷新频率低引起的跳动)。

c. 界面布局设计:

(a) 重要信息的突出性;

(b) 信息的组织布局合理性;

(c) 信息的易识别性;

(d) 信息显示的整齐性;

（e）菜单组织的逻辑性；

（f）信息显示的区域与操作员预期的符合程度；

（g）信息的显示与任务需求的符合程度。

d. 信息明确度：

（a）指令和提示符含义的明确性；

（b）输入或操作引起的信息变化的明显性；

（c）显示系统对操作员操作响应的正确性；

（d）执行任务所需显示信息含义的明确性。

e. 系统功能合适性：

（a）信息显示的时间滞后性；

（b）必要时能够对计算机生成信息的控制能力；

（c）显示信息与任务的相关性；

（d）当前任务所需全部信息的快速获取能力；

（e）撤销或恢复某一操作的能力；

（f）后续信息的命名方式和组织方式的可选性；

（g）信息显示速度的可控性。

f. 防差错设计：

（a）输入信息超范围时的提示功能；

（b）输入信息处理之前的可检查性；

（c）操作员失误的易发现性和易纠正性；

（d）信息显示系统阻止非法操作的能力。

5.8.1.3　地面控制信息显示系统工效学评价

无人机地面控制信息显示系统人机界面工效学评价内容与一般的人机界面工效学评价过程和评价方法基本相同，只是在部分评价指标上有所侧重。无人机地面控制站系统人机界面工效学评价采用两级评价方式，一级评价指标中包含多个详细的二级评价指标，专家首先对每个指标进行详细分析比较后给定权重系数并给出分数，然后专家再对一级评价指标分析比较给定权重系数。操作员的调查侧重于经过实际操作系统后根据主观感觉做出的反馈，专家则是在观察操作员实际操作后从理论的高度对信息显示系统做出的较深层次的评价。

1）空间布局

（1）舱内布局原则。

地面站是操作员操纵监控无人机执行任务时的主要活动场所，舱内布局主要考虑显示/控制器布局、操纵装置布局、座椅布局等。舱内设计要遵从机械设计准则、工程实践经验、人机工程准则和美学准则等。以往的有人机驾驶舱在人机工程学方面的经验给无人机提供了参考。例如,操作员监控需长时间坐在屏幕前,座椅的设计必须考虑舒适性;操纵机构必须考虑防止误操作等。

地面站内布局的目标是布置一个对使用者有利的控制和人机界面,使系统和无人机易于操作而不易出错。布置地面站内的基本原则是使每一个控制和显示部件合乎逻辑、可达性强、可读性好。

（2）方舱尺寸设计要求。

地面站内几何尺寸应保证在规定人体尺寸范围内的操作员能有效、安全、舒适地操纵与监控无人机;地面站尺寸的选择应考虑到与执行任务、地面站内设备空间与布局、人机工效和安全应急撤离等有关方面,并满足有关标准的要求。同时应将人体功能数据应用于操作员安全性、适应性和舒适性的评价。

（3）显示/控制器布置原则。

地面站内任何设备都有其最佳的布置位置,这取决于人的感受特性、人体测量学特性以及作业性质等因素。对于无人机地面站而言,由于显示/控制器众多,不可能使每个设备都处于其本身的最理想位置,需要依据一定的原则进行安排。

a. 重要性原则:把重要的设备装配在操作席位的中心区域和操作员易见之处。如站内显示各种飞行信息的显示器中,显示姿态、应急告警信号等对于飞行安全非常关键,仪器失灵或者判读失效,会导致重大事故,所以须将其布置在席位的最利于判读和监控的位置,这条原则对于平视显示器和下视显示器、武器控制席位等都同样适用。

b. 适用顺序原则:当操作员对显示器或控制器是按某一固定顺序操作时,对被操作的对象应按其操作顺序进行排列布置,以方便操作员的记忆和操作,避免和减少漏操作和误操作。

c. 兼容性原则:将功能相同或相关的显示器或控制器组合在一起,以保证操作员可以直观、明确地知道控制器与相应的显示器之间的关系。

d. 适用频率原则:在执行任务过程中,无人机操作员操作各种设备或按键的频率是不一样的,需要按照适用频率来考虑它们的布置位置的优先权。将使用频率高的显示器和控制器设置在操作员的最佳视区或者最佳操作区,对于较少使用的设备,则可布置在次要区域。但对于应急装置,尽管使用频率低,也必须布置在操作员可以迅速、方便操纵的位置。

上述各条布局原则在实际应用中并非总是相互一致的,需要根据不同的操纵要求,确定各个原则的布置优先权。

(4)地面站内总体布置要求核查表。

结合地面站内总体布置的评估准则,给出地面站内总体布置准则核查表如表 5-9 所示。

表 5-9　地面站内总体布置准则核查表

序号	核 查 项 目	核查结果
1	地面站及其设备是否能使最小操作员小组在执行职责时不致过分专注或疲劳	
2	地面站设备的振动和噪声特性是否影响操作员执行任务	
3	人员和设备是否有足够的空间与相应设施去完成规定的操作与维修任务	
4	成员间、成员与设备间是否有足够的物理、听觉、视觉或其他通信连接	
5	有无正常或应急安全指示,便于人员在正常或应急情况下进出	
6	是否为操作员提供支持、限制、休息设备(包括座椅、报告存储装置、物品袋、衣帽架、杯架、休息设施、垃圾箱、水和食物等必需品	
7	地面站内控制器、显示器、操纵器件、标识标牌等设备是否符合现有标准化,且进行了有效布局	
8	地面站内是否提供合适的空气条件,包括空气成分、压力、温度和湿度等,并且提供超出极限的不可控变量的保护措施	
9	地面站内的噪声、振动、加速度是否在合适的范围内,并且提供超出极限的不可控变量的保护措施	
10	地面站内是否能防护由于热、有毒物质、放射性物质、机械、电、磁、烟等危险	
11	地面站内是否有充足的照明用于飞行或维修作业	
12	地面站内设计应当能够最大限度地减轻机组在飞行任务期间的心理、生理压力效应和疲劳	
13	地面站设计特点应当能够确保在正常、不利和应急的维修环境下快速、安全、舒适、经济地完成维修操作	
14	显控系统必须具有良好的人机界面,控制器、显示器等设备的设计必须与操作员、维修人员的操作习惯兼容	

（续表）

序号	核 查 项 目	核查结果
15	必须对地面站进行功能分配以保证舱内设备与操作员协同工作	
16	地面站内布置是否妨碍操作员四肢自由运动,能否为任务监控与操作提供最大的自由度	
17	地面站内布置须能保证为舱内控制器件提供良好的可达性	
18	地面站内布置必须能够消除导致操作员精力分散的因素,这些因素包括: 由于耳机与麦克风导线引起的干扰;同时操作相邻的但空间间隔不足的控制器件导致的手部碰撞,如键盘或鼠标等;不同来源的声音引起的注意力分散;不同来源的光引起的注意力分散	

2）告警与通信

（1）告警。

告警信号分为语音告警和视觉告警,不同于有人机驾驶员可以明确感知飞机状态,无人机特情状态必须由传感器信号通过地面站显示给监控人员,这就要求在告警信息设置上综合考虑,由于地面站设备多,在告警音设置上必须能区别于环境噪声而容易引起操作者的警觉。另一方面由于操作员长时间处于精神紧张状态容易产生生理和心理疲劳,在报警信号颜色选择上也应该非常醒目,具有通用性,且符合国军标要求。

a. 告警信号分类:

（a）语音告警:如紧急撤离时,通过每个人员佩带的通信耳机把撤离决定传到每个人,同时在合适的位置设置若干喇叭,把撤离信息传播到所有人员工作区域,防止工作人员未带耳机时得不到该信息。

（b）视觉告警:在每个工作人员视界内,设置告警提示灯,通过灯光的闪烁提示撤离信息。在应急出口还应设置告警灯,最终决定信息再次在该处予以确认。

另外,不仅要考虑撤离信息能迅速传到每个人员,同时还要考虑人员在实施撤离后,该情况能反馈到决策者处,使决策者能掌握撤离情况,并做出下一步的决定。因为操作员最掌握地面站的实际情况,能确定是否需要撤离,如何撤离,所以地面站舱内救生的决策者及信息发布者一般为主操作员。告警信息必须准确明了,不能使其他操作员产生不同的理解,一般设置的标准信息有"准备撤离""撤离"等。

b. 告警信号一般要求：

报警声信号的颜色应该非常醒目，且具有通用性。参考有人驾驶飞机座舱设计，推荐安装红色和琥珀色的警报器，且确保能正常发出闪光信号。当显示红色警报时，广播传出一连串重复的谐声；当显示琥珀色警告时，广播传出单声信号；各种声信号应该根据服务对象进行区分性评估；当解除警告声时，为保证便于操作员操作，地面站舱内同时需要安装呼叫机，并确保警告声响起的一秒钟内，呼叫指示灯可照亮所有可听控制器。

报警信号的声音必须与操作者作业环境的其他声音有明显区别，要容易引起操作者的警觉而不至于引起误解。需要注意以下几个原则：

（a）概念上相容性：尽量将信号和人们熟悉的现象概念联系起来。

（b）声压级的选择：报警信号必须保证位于信号接收范围内的人能够识别，并按照规定的方式做出反应。报警信号的声压级必须超过听阈，而且能在一个或多个倍频范围内超过听阈 100 dB 以上。

（c）选择合适的信噪比：在噪声环境中，报警信号必须容易被操作者识别，并可与其他噪声和信号区别。一般要求信噪比大于 10 dB。

（d）频率选择：最好选用 500～3 000 Hz 的频率信号，对于长距离传送的声音信号，宜采用 1 000 Hz 以下的频率；当声音信号必须绕过障碍或者穿过隔板时，宜采用低于 500 Hz 的频率，且应使声掩蔽效应减至最小。

（e）使用间歇性信号：为使报警信号与环境噪声以及其他正常信号有明显区别而引人注意，可采用随时间均匀变化的脉冲信号、音调高低变化的变频信号、间歇信号或突发性高强度音响信号。传出复杂信号时，可采用两级信号，逐渐接近目标。例如，可先发出注意信号声，然后发出指示信号声。

（f）视听双重报警信号：对显示重要的报警信息，最好同时使用听觉通道和视觉通道传递信息，组成“视听”双重报警信号，以增加人们接受信息的概率，提高系统的可靠度。

（g）报警信号顺序：报警必须按出现的先后及重要程度进行排序，重要程度相同的按故障出现的先后顺序，重要程度高的报警优先于次要报警。

（2）通信。

地面控制站包括任务控制站、起降控制站、链路地面数据终端、情报产品无线分发地面终端和情报处理系统等，起降控制站通过视距链路控制无人机的起飞和降落，不负责侦察任务设备的控制和侦察数据的接收。任务控制站则通过视距和卫星中继链路实现对无人机的飞行控制、侦察任务设备控制及侦察数据的接收和分发等功能。控制站内主要设有任务规划席、飞行监控席、任务监控席、链路监控席 4 个操作席位以及对外通信设备、指挥专网接入设备、数据中继卫星地面站接入设备和其他相关辅助支持设备等组成。

各个分控制站之间由于任务需要必须建立通信连接，通信分为两类：一是语音通信，以保证操作员间的指令传递和情况沟通，操作员与指挥之间的沟通，操作员与航管部门的沟通等；二是网络连接和接口，以确保数据传输，这些传输包括站与站间的情报传输，地面站与卫星的通信传输，地面站与飞机的通信连接。接口方面主要指控制站与视距链路地面数据终端、卫通链路地面数据终端、中继星地面数据终端、情报处理站、地面指控系统之间的接口。所有这些通信手段都是保证飞行安全的必要条件，因此在地面站评价过程中应考虑通信的畅通性。

5.8.1.4　地面站人机工效评估程序和方法

1) 评估程序

地面站综合评价内容复杂，方法众多，主要采用面向任务，分类评价，重点关注关系到飞行安全任务完成的评价指标。在评价人员的选择上采用不同水平的评价人员结合的方式，来完成地面站人机工效的综合评价。在实际评估时，选取不同的任务和方法，评价主要分以下几步进行：

(1) 任务选择。

无人机由于面向的任务不同，使得地面站在设计上也不尽相同，这样就需要分析无人机的任务类型和任务时长，通常根据无人机特点进行任务选择。任务选择上以多型无人机任务为主，主要任务有 4h 普通侦察任务、长航时任务、察打一体综合任务以及紧急情况模拟（空中停车或突发故障）等，以此来对地面站进行全面评估。

(2) 试验前准备。

在评估前，参加评估的试验人员必须对评估对象有一定的了解，从理论知识到站内实际操作，至少做到熟悉站内多系统。同时参试人员必须了解试验任务、试验目的、评估方法等，此外对于应急处置程序、突发情况处理等有过模拟训练，这样才能保证试验的真实准确。

(3) 评估。

每次飞行试验后，参试人员根据试验中操作的情况对地面站各个分系统进行评估，依据调查表各项内容进行打分评价，并填写每次试验的使用情况日志。而对于地面站内指标众多的情况，采取分类评估的方式，每次试验中对某一指标进行重点关注,如在长航时试验中,操作员评估时重点关注工作负荷和人机界面,在应急处置评估时重点关注情景感知和工作负荷等,从而做到全面细致地对地面站各项指标进行评价。

（4）评估结果收集。

尽可能多地收集评估结果和测量结果。一个好的评估取决于所提供信息的质量和数量。针对地面站的复杂程度,可以不同评价指标来安排不同的试验进行,如人机界面评估,可以在每次试验中进行,而对于应急处置和情景感知评估,就要通过故障模拟和特情模拟试验进行。

（5）结果分析。

收集完所有的评估结果后,对评估数据进行分析整理,根据确定的权重系数进行计算,最后得出综合评价结论。并根据评价结果提出相应的建议或意见,以便于后续的使用和改进。

2）评价方法

对于无人机地面站来讲,人机工效评价范围与有人驾驶飞机座舱差别不是很大。不同之处在于对评价重点不同,完全可以借鉴有人驾驶飞机座舱评价方法。由于无人机地面站涉及的工效因素较多、复杂程度也较高,因此若要按照已有的人机工效评价方法进行精确全面的评价有一定的困难。鉴于无人机地面站具有多个操作监控席位、且无人机任务具有时效性,尤其是许多任务要求操作员必须长时间处于舱内工作,所以在工效评价上主要采用定性与定量结合、客观统计与主观评价并重的手段。对于专家评价调查表里的评价项目,在评价时应根据不同的项目选择不同的评价方法。

（1）改进的库珀哈珀评定法。

无人机地面站人机工效评价内容与一般的工效学评价过程相似,只是在部分评价指标上有所侧重,且必须结合无人机任务进行,参考库珀哈珀评定法将评价等级设定为5级,即1、2、3、4、5。1代表很差,很模糊,不合适等;2代表稍好,但不适合接受;3代表一般,可以接受;4代表良好;5代表优秀。另外为了综合考虑某一因素或某一个方面以及全局的侧重,以突出各因素之间的相对重要程度,需要给定该因素在当前领域重要程度相互比较后的权重系数,系数总和为1。无人机地面站工效评价采用两级评价方式,一级评价指标中包含多个详细的二级评价指标,专家首先对每个评价指标进行详细分析比较后给定权重系数并给出分数,然后专家再对一级评价指标分析比较给定权重系数。评价过程中先由操作员按照典型任务对无人机地面站进行操作,询问并记录操作员执行任务过程中及完成任务后的生理和心理特征变化,并由操作员根据评价指标对地面站各项功能及任务界面针对某一具体任务执行情况进行打分,由专家对地面站人际工效各项指标进行打分,然后采用改进的库珀哈珀评定法进行综合评价,并对评价指标进行适当的补充和完善。改进的库珀哈珀评定法可以用在如总体评价、显示系统、操纵系统、人机界面、工作负荷等项目的定性评价。

(2) 情景感知综合评价技术。

情景感知综合评价技术(SAGAT)要求操作员在地面站按照设定任务进行监控操作,当进行一段时间后暂停,并在重新开始前回答有关自己对情景的认识及评估。SAGAT 提供了一个较简单的飞行员心理模型描述,设计有关情境认知的许多要素,并通过简便的记录和评估对操作员的情境认知进行评价,其优点在于可以获得有关特定情境认知综合水平的大量数据。典型的 SAGAT 问题包括:环境因素,如空速、高度等;当前情境,如当前飞行姿态、当前传感器(如 CCD 相机、雷达)状态、距离目标的距离、当前任务完成情况如何等;未来状态预测,如距离下一航路点的航程,下一航路点需要完成哪些功能等。

(3) 客观测量评价方法。

出于驾驶员保护设备的需求和有限的座舱空间和资源,一些客观测量的试验方法不能在有人机上使用,使得获取客观的人机工效飞行试验数据具有一定的难度,但是对无人机地面站而言却不存在这些问题。这包括客观测量、声频和视频记录以及眼睛/头部轨迹跟踪试验等。对于舱内环境主要采用客观测量的方式进行评价,如在试验过程中测量舱内的温度、湿度、环境噪声、空气中二氧化碳的浓度等,根据相应的国家或行业标准和地面站操作员的感受,对舱内环境做出综合评价。

声频和视频记录可通过无人机操作员完成操作员动作分析的特定操纵来实现,如按键的按压数量或者完成特定任务的驾驶动作,这样可以评价人机界面中信息布局的合理性。眼睛/头部轨迹跟踪系统可用来确定无人机操作员关注的显示和控制对象信息以及需要关注的时间长短。这些信息可用来确定显示符号出现、消失的时间或者状态改变的刷新率,刷新率可用来计算情景感知度。显示对象停留时间可用来得出文本信息可读性的估计,对象可见度及信息的完整性并且支持任务时间历程分析。眼睛专注度可用于确定操作员正在使用何种信息做出特定的决断以及操作员获得信息的速度和次序。通过分析跟踪记录数据对显示控制系统的布局合理性、人机界面布局、信息可读性、明确性等方面进行评价。

5.8.2　地面控制站使用环境

无人机长航时飞行时,地面控制站随时会遇到风、雨、振动以及电磁环境的影响,甚至会受到强台风、沙尘暴的威胁。所以,控制站的环境考核以及部队真正作战使用效能还有待进一步确定。

无人机控制站的环境适应性应由有资质的环境实验室根据 GJB 150A—2009《军用装备实验室环境试验方法》以及 GJB 6703—2009《无人机测控系统通用要求》中的相关要求进行考核。无人机的使用风速限制根据飞行中记录的气象条件进行遭遇检查。无人机的电磁兼容性根据 GJB 151A—97《军用设备和分系统电磁发射和敏感度要求》、GJB 152A—97《军用设备和分系统电磁发射和敏感度测量》中的有关要求,结合飞行试验进行检查。

5.9　他机试飞

他机试飞是对本机试飞的补充和本机试飞中重要的调整试飞阶段,效果非常明显。他机试飞主要针对两个方面,一是动力装置(发动机、EPU 等)他机试飞。二是任务系统他机试飞,主要是任务设备(雷达、相机等)。另外,还有对气动力相似、飞行控制与管理规律开展的飞行管理系统试飞和模型自由飞等。这些与气动/控制密切相关的作为专项试飞,一般不列入他机试飞概念。

5.9.1　开展发动机他机领先试飞

当前阶段,大型无人机平台处于研发初期,新的设计、生产、试飞技术还不完善。而发动机应用到大型无人机平台上,长航时巡航能力致使在发动机使用在正常包线的边沿上。初期试飞存在较大的安全隐患。所以建议,先期在他机平台上开展发动机他机试飞,尤其是发动机控制系统试飞(先期调整和优化完善控制软件,包括飞管系统交联部分)特别重要。

5.9.2　开展任务系统他机领先试飞

任务系统他机试飞包括两部分,一是任务载荷如相机、雷达、电子战设备等;二是起降引导设备等。多型无人机任务设备在运-7 飞机平台上开展他机试飞效果显著。相反,某无人机任务载荷没有开展前期他机试飞,仅 SAR 雷达在本机上就开展了近 20 架次的调整试飞,较大影响了设计定型的计划进展工作。

本章总结

　　无人机系统使用包线概念和试验方法,是无人机系统试验与鉴定的基础性技术工作,需要相关论证单位、研制方设计师系统逐步认识和接受这些创新性做法。目前还没有见到公开发表的关于无人机地面站全面性考核内容和方法的阐述,所以本书本着"基于能力考核"的原则,在规定功能/性能考核的基础上重点阐述了基于人际工效的主观评价方法和内容。

　　无人机系统飞行试验的独特性致使对其具体试验与评价方式发生深刻改变,需要试验与鉴定技术人员不断探索和积累。试验方需要与论证方、设计方站在一个科学的评价平台上,才能有客观公正的评价,才能促使无人机装备的不断完善和发展。

第6章 试验数据采集与基本评估方法

科学就是整理事实，以便从中得出普遍的规律或结论。

——英国 达尔文

试验与鉴定的最终目的是对包括无人机系统在内的武器装备给出客观公正的试验与鉴定意见，以便国防采购能及时进行，使得最先进的武器装备用于战场，保卫国家、维护世界和平。客观与公正的鉴定意见，需要对大量的地面试验和飞行试验数据及结果进行采集、存储、整理和分析，需要比对研制总要求和相关国军标要求，需要采用成熟的经过业界一致认可的算法进行数据处理和分析。

无人机与有人机相比，试飞数据的采集、分析和处理大同小异，没有本质的区别。但由于无人机飞行时机上"无人"，所以必须依赖差分GPS实时解算用于实时定位，以使得无人机能精确降落在跑道上。本书专门编写章节，用于阐述GPS实时定位使用的RTK技术。同时，就一些基础性的基本参数和测量方法以及基本的性能换算方法进行阐述。这些飞机基本运动参数测量和处理都是最基本、最原始的方法。本章对飞行试验过程中的数据采集进行一般性描述，阐述飞机空中六自由度运动的基本参数动态测量以及飞机外部质心运动测量方法，即光电经纬仪测量机理。最后说明了四性处理算法以及图像情报判读方法。图像情报处理刚刚起步，还需要广大的专业技术人员一起努力，进一步推动情报图像处理科研和处理工作向标准化、规范化发展。

6.1 试飞测试系统的设计与实施

测试是具有试验性质的测量，即测量和试验的综合。测试手段是仪器、仪表。由于测试和测量密切相关,在实际使用中并不严格加以区分。测试的基本任务就是获取有用的信息,通过借助专门的仪器、设备,设计合理的试验方法以及进行必要的信号处理分析与数据处理,从而获得与被测对象有关的信息。

前文已经提及,无人机系统试验分为地面试验和飞行试验,重大专项地面试验需要专业的测试、数据记录和系统分析,如风洞试验、发动机高空台试验、全机静力试验、EMI/EMC 试验等。这些试验数据的获取与分析需要专业技术人员长期实践。本书仅阐述飞行试验时获取测试数据的专业设备/设施(业界称为试飞测试系统)以及相关数据采集和分析方法。

试飞测试系统是指在飞机系统上通过加装仪器、仪表设备获得飞机在飞行试验中的动态、静态数据信息,经实时或事后处理用于对研制总要求规定的战技指标的分析和指标考核以及武器装备性能的不断改进和完善。无人机试飞测试与有人驾驶飞机试飞测试没有本质的差别,无人机的独特之处在于需要同时考虑对测控链路和地面控制站的实时测试以及数据处理与分析。

在目前宏观世界中,以牛顿定律为基础开展的航空武器装备研制与测试中,飞机平台运动遵守“时不变”惯性系统原则,时间基准是现代试飞测试系统最基本的核心基准,即 GPS/BD 系统时钟。当然,电磁场信号相关的数据还需大量的试验样本量,以概率统计和分析为基础。试飞测试技术也属于整个试飞技术的一大部分,测试原理以及所需要的仪器、仪表已经相对成熟稳定。

6.1.1　无人机试飞测试系统

6.1.1.1　试飞测试系统基本机理和设计考虑

无论是有人机还是无人机,飞行试验都需要加装试飞测试系统,以获得动态数据用于客观数据评判。周自全在《飞行试验工程》一书第九章对试飞测试系统的机理和原理进行了阐述。飞机试飞测试系统大体上分为四类,即机载数据采集系统(ADAS)、地面数据采集系统(GDAS)、外部参数测量系统和特殊参数测量系统。该书给出了典型 ADAS 系统的原理框图以及美国 F‑22 战斗机和 A380 大型民用运输机试飞测试系统的总体实现框架。

无论是哪种测试系统,包括试飞测试系统,其基本任务都是利用加装的传感器、采集器对被测试对象的静态/动态特性进行测量、记录、分析和评判。如飞机空中运动的大气特性、飞机质心运动和姿态变化、飞机航迹变化,以及发动机实时参数测量如燃油消耗量、进气与排气测量以及振动特性等,机电系统中的电功率测量、通信系统中的信道增益测量,武器系统瞄准过程、判定过程和指令发射以及武器命中精度测量等。20世纪90年代以前,试飞测试以功能性测量为基准原则设计,如全机电气特性测量模块、全机结构/强度特性测量模块、温度特性测量模块等,在模块测量的基础上二次集成到一个采集器中,通过PCM记录机制将数据进行实时存储和记录。模拟信号数字化必须经过三个过程,即采样、量化和编码,以实现脉冲编码调制(PCM)。

近年来,飞机系统日趋庞大,需要测量的飞机参数呈指数级增长很快,记录量翻番增长。所以现代试飞测试系统中,普遍采用以网络系统为构架的专业化节点设计,各个节点上进行共性参数的采集和测量,同时实时采集和记录飞机总线数据,根据实际情况合理地布置实时记录器记录数据和分发或下传数据。试飞测试系统设计需要的试飞测试技术是专业性强的测试系统设计,主要体现在以下几个方面:

1) 试飞测试系统需要测量的对象复杂且多样化

飞机系统内部,需要对温度、流量、电流、电压、振动、强度应变、电磁等各方面的物理量测量,飞机系统设计时构架了各种各样的内总线用于数据、图像等的传输和处理,对这些总线数据的采集和测量也较复杂,体现在总线测量定制化和海量存储要求上,同时还不能对飞机系统造成任何安全影响。

2) 试飞测试系统的运行环境恶劣

飞机需要在高温或低海拔地区暴晒和滑行,地面温度可达70℃;需要在10km以上高空低温、低气压环境下长时间飞行,大气温度低至−60℃;战斗机高机动飞行时,短时过载可达9g以上,包括飞行员在内需承受自身9倍以上的重力;需要在发动机舱500℃以上的高温环境下测量等。

3) 试飞测试系统的强时间基准记录机制

飞机系统及子系统非常多且复杂,所以要求试飞测试系统对所有的测试参数进行同时记录和进行处理与分析,要求关键系统之间的参数记录时间差不大于15ms,所以试飞测试系统需要较强的时间基准记录机制。

4) 试飞测试系统的高可靠性和互换性、通用性

试飞测试系统必须有较强的互换性和通用性,否则试飞测试系统的成本过高。飞行试验过程充满了各种不确定性,存在着各种可能发生的意想不到的事件,但试飞测试系统必须是可靠的、安全的,这是开展飞行试验的基础和前提。例如,国内某试验机飞行试验过程中,系统供电缺失、蓄电池供电很弱时导致数字飞控系统供电异常,数字飞控系统在系统供电直流电压20V时发生系统控制逻辑紊乱情况,但试飞测试系统在系统供电直流17V时仍然运转正常,并安全、可靠、及时地记录了飞控系统紊乱及导致飞机异常运动的全过程，为事后问题分析及飞机系统改进提供了最坚实的基础保障。

6.1.1.2　无人机试飞测试系统设计特点

在试飞测试系统设计上，要充分考虑无人机相对于有人机的特殊性，主要体现在如下几个方面。

1）尽可能利用原机已有的传感器

无人机已在机上加装了大量的传感器，分布于机上的各个系统之中。为了尽量减少由于测试设备的加装对无人机本体造成的影响，并节约试飞成本，机载测试系统的构建要充分利用机上已有的传感器，不再重复加装。同时，为保证机上原有测试参数与测试系统采集的测试参数之间的时间同步性，采用总线抽引的方式将机上已有的部分关键测试参数引入到机载测试系统之中。

2）测试设备小型化与低功耗

无人机机身结构紧凑，机载设备多，可供测试设备安装使用的空间较小，要求机载测试设备体积和重量均尽量小，以减小测试设备加装对无人机机体的影响。目前典型的大型机载测试设备以及加改装的测试电缆等总重可能大于100 kg，这对于一般战斗机/中型运输机 30 000 kg 以上的最大起飞重量来说影响不大，但对于最大起飞重量只有 1 500 kg 的中型无人机，就不能忽略加装试飞测试系统的影响了。

无人机一般采用全电理念设计，机械构件靠电机驱动，机载电子设备多；机上液压系统采用电动液压泵，但机载发电机输出功率较小，剩余功率很小。所以测试设备应低功耗设计，以尽量降低加装测试设备给载机带来的供电负荷。

3）适应长航时工作需求

无人机航时可超过 24 h 以上，这对机载测试设备提出了严峻的考验。机载测试设备必须具备不小于 24 h、连续稳定工作的能力，并且数据记录介质容量也要能够满足连续 24 h 的记录需要。经某型号计算统计，记录器记录的数据流包括通用采集器输出的一条 3 Mbps（bit/s）的 PCM 数据流、DFTI 采集器输出的 1 条 1.5 Mbps 的 PCM 数据流、2 路 1553B 总线 2 Mbps、50 路振动数据 4.8 Mbps 和 4 路噪声数据 1.6 Mbps，2 路摄像头视频 1 Mbps，总计约为 14 Mbps。经计算，24 h 数据量约为 152 GB。因此，为满足 24 h 续航的数据记录需要，记录介质容量应不小于 152 GB。

6.1.1.3　无人机试飞测试系统设计原则

无人机试飞测试原则上与有人机没有本质上的区别，仍然可以沿用有人机成熟的测试改装方法和测试设备。根据无人机的试飞需求和系统特点,测试系统设计遵循如下原则。

(1)分布式、小型化:便于机载测试设备在无人机上的安装;

(2)低功耗:减小机载测试设备对无人机电源系统的负荷;

(3)多抽引、少加装:由于无人机加装了很多用于安全监控的传感器,为了充分利用原机的资源,采用信号抽引的方法,以尽量减少加装设备对原机的影响;

(4)智能电源控制:能够接受来自地面站的控制指令或者自主控制机载测试系统的电源;

(5)长续航:具有超过24h的连续稳定工作能力;

(6)双向遥控链路:可下行遥测关键监控数据,同时也能够上行控制载机的测试设备;

(7)风险管理:通过智能电源管理、遥测数据链等技术,综合保障飞行安全,使无人机试飞的风险可控、可管。

为尽可能地有效利用测试设备,并降低试验成本,机体载荷与起落架载荷科目分阶段实施,这样一套载荷测试设备在完成了机体载荷的科目后,经过简单的电气线路更改就能适用于起落架载荷的试验,而无须同时加装两套载荷测试设备。

6.1.1.4 结构强度等仍然需要加装传感器获取指标数据

三代机、四代机与前述无人机系统类似,机上已经配置和记录了大量的总线数据和飞参数据,原则上这些数据可以直接用于合格性判读。与有人机类似,需要加装结构强度、振动、温度、流量、电压、电流等测试参数,用于对结构完整性、机电系统、动力装置等的合格性分析和判读。主要有如下参数。

(1)结构完整性:强度、载荷、颤振、振动、噪声;

(2)动力装置:流量、压力、温度、振动、推力;

(3)机电系统:电流、电压、流量、温度、压力;

(4)飞发匹配:进气道、喷管的压力、流量等。

6.1.2 无人机试飞测试系统的加改装

6.1.2.1 现代飞机设计中普遍采用试飞测试与系统设计一体化方法

在飞机上加装试飞测试设备时,需要事先找到飞机设备舱内合适的位置,需要安装固定测试传感器的支架和需要考虑传感器电缆布置,如果抽引飞机总线数据,需要事先设计匹配的电气连接器(插头、插座等),加装完成后还需要称重试验确定重心以及必要的地面通电检查试验。所以,如果在飞机从总装推出开始飞行时再加装试飞测试系统就非常麻烦,费时且费力。随着飞机可视化设计技术的快速发展,在飞机 CATIA 总体布局设计时,就提前将试飞测试系统当作飞机的一部分进行整体设计和试样生产,大大提高了试飞测试系统的设计和实施效率。同时,在预先设计过程中,试飞专业工程师可以与相关专业设计师进行比较充分的讨论、沟通交流与确认,在同时满足鉴定需要和设计验证需要的前提下,统筹规划、设计和实施试飞测试系统。

6.1.2.2　他机试飞专项改装设计

无人机型号任务需在研制前期对关键技术进行演示验证,化解型号研制技术风险。为缩短无人机研制周期,一些机载产品的定型试验需在他机上同步进行。

试飞演示验证和他机试飞需要改装专用试验机,以现有飞机为平台,通过改装使所选飞机具备开展飞行试验所需的飞行试验环境。目前,国内用于演示验证和他机试飞的专用试验机主要以 Y8、Y7 运输机为平台。

专用试验机改装技术主要包括改装总体设计、结构改装、电源系统改装、支持系统改装技术等。试验机改装总体设计是根据试验机改装技术要求开展试验机平台选型研究、改装总体布局协调与设计、改装构型气动外形设计、初步结构设计与强度评估、重量及平衡设计、安全与可靠性设计、电气与机械改装初步设计等。结构改装技术是依据飞行器结构设计和强度设计标准,在不改变原机主要传力路线的基础上对试验机原机结构进行可接受性更改设计,对原机结构进行结构加强设计,并以此为承力点进行外挂物吊挂、设备安装结构设计,对改装结构和改装对原机结构的影响进行相应的力学分析。电源系统改装技术是飞机电源引取,交、直流配电,应急供电,过流保护等。支持系统改装技术是指为满足试验所需的温度、人员操作需要研制的通风冷却、液冷、氧气、照明等系统。

6.1.3　地面实时监控系统

在进行首飞或复杂/风险科目飞行时,应进行地面实时监控(GDAS)。

6.1.3.1　专门加装实时监控系统

可以通过常规有人机的方法实施实时监控,即在飞机上加装 S 波段试飞遥测系统,实时下传监控参数到地面监控大厅。这种方法的优势在于,实时监控系统独立于无人机机载测控链路,机载系统一旦发生测控链路故障,监控系统仍然可以可靠工作。而且还可以附加机载信号发生器,对机载系统进行人工动作激励。这种方法的缺点是需要额外的成本和工作量,而且调试复杂。

6.1.3.2 　利用地面站数据进行实时监控

也可以通过地面站,把地面站测控数据以以太网形式将飞机上的测控数据信息在指定监控大厅予以显示进行实时监控。这种方法的优点是成本低,调试简单。

缺点是一旦测控链路故障(真正发生故障需要实时监视的时候),地面人员(包括地面站人员)可能就完全失去了对空中无人机的监视和控制能力。

6.1.3.3 　GDAS 实时监控岗位职责管理

地面监控大厅内,应设置负责人 1 人(岗位代号 15),各关键专业人员 1～2人。关键专业至少包括总体、性能、飞管、飞控、发控、发动机、供电、环控、起落架、前轮转弯及刹车、燃油等。负责人主要职责如下:

(1) 飞行前 GDAS 设备通电检查及与地面站联合检查试验;

(2) 飞行监控人员岗位管理,并及时通报地面站任务指挥员;

(3) 飞行中,及时搜集各专业人员监控信息;

(4) 飞行中发现故障信息后立即报告地面站任务指挥员;

(5) 必要时,辅助地面站任务指挥员进行应急故障处置。

6.2 　飞机基本运动参数测量与处理

飞机空间飞行运动划分为六自由度运动,即以飞行力学为基础建立六自由度运动微分方程用于设计、飞行仿真和性能评估。具体为三个角运动(俯仰、横滚、航向)、三个线运动(前后、上下、左右三个质点运动)。三个角运动基本参数有:迎角、侧滑角、姿态角及角速率等,一般称这些参数为内环运动测量参数。三个线运动参数有:高度、速度、加速度(过载)、爬升率、下降率、航迹等,一般称这些为外环运动测量参数。还有一些公共参数,如大气总温、静温,马赫数,重量、重心等,一般情况下内环、外环运动参数测量都异常重要。

6.2.1 　标准大气

6.2.1.1 　大气的构造

大气是围绕地球周围的空气层,按温度特点划分,可分成对流层、平流层、中间大气层、高温层以及外层大气等五个层,如图 6-1 所示。

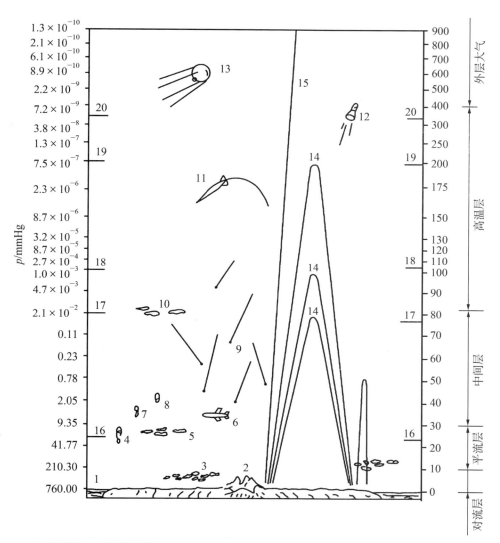

p/mmHg

1—海平面;2—珠穆朗玛峰(8848 m);3—卷云(8~12 km);4—高空气球上升最大高度(22 km);5—珍珠云(28~30 km);6—现代飞机;7—无线电探空(30~33 km);8—探测气球(36~40 km);9—流星(开始燃烧 100~160 km,燃尽高度 40~60 km);10—云光云(82 km);11—火箭;12—宇宙飞船;13—人造卫星;14—各电离层反射的电波;15—穿出大气层电波;16—臭氧浓度最大层(22~25 km);17—电离层 D(60~80 km);18—电离层 E(100~120 km);19—电离层 F_1(180~220 km);20—电离层 F_2(300~350 km)。

图6-1　大气构造图

(1) 对流层:最接近地球表面的区域,其高度在赤道约为 16~18 km,在两极 7~10 km,层内所包含的空气质量占整个大气质量的四分之三左右。对流层是由于空气对流而使气候变化的区域,层内空气有上下方向的流动,有雷雨现象,有高空风,在高层可以发现卷云,层内温度随高度增加而下降。

(2) 平流层:对流层之上到 52 km 为止是平流层,层内空气约占整个大气质量的四分之一。层内温度为常数,空气只有水平方向的流动,无雷雨现象,水汽和尘粒含量较少,能见度好。

(3) 中间大气层:高度从 52 km 约到 80 km。层内温度随高度的增加而下降,空气质量只占大气质量的三千分之一。

(4) 高温层:高度从 80 km 至 400 km,层内温度随高度而增加。到 400 km 处达 1500~1600 K。当高度在 150 km 以上,由于空气过于稀薄,听不到声音。

(5) 外层大气:高度从 400 km 直至 1600 km。层内空气质量只占全部大气质量的 10^{-11}。

各大气层的高度、压力及目前各种飞行器的飞行高度如图 6 - 1 所示。一般飞机在对流层和平流层内活动,其最高纪录达 39 km。探测气球最大高度记录为 44 km,我国 1970 年 4 月 24 日发射的第一颗人造地球卫星,距地球最近点 439 km,最远点 2 384 km。陨石堕落开始发光在 100~160 km、即高温层下半部,一般在 40~60 km 高度上毁灭。极光发生在 80~1 100 km 的空间。

在对流层及平流层的某个高度上,大气的温度、压力、密度等参数随该地区所处的经纬度、季节、昼夜及天气情况而不同,而且差距很大。以西安地区为例,从 1931 年到 1952 年的统计,一月份地面极端最高温度与极端最低温度相差可达 39℃。

6.2.1.2   标准大气

1) 颁布标准大气的目的

某个高度上大气的温度、压力、密度等参数随所在地的经纬度不同而有所不同,即使在同一经纬度,也会因昼夜、季节的不同而不同。就是说,大气参数时刻在变化着。而任何在大气中飞行的飞行器,其飞行性能和发动机工作特性受大气参数的影响很大,就是同一架飞机,其飞行性能也因大气状况而不同。飞行员反映飞机性能冬天比夏天好,主要就是大气温度对发动机的影响所致。

人们为了比较各种飞机及同一飞机在不同季节或飞行日的飞行性能,便于试飞数据处理,便于作设计计算,便于统一高度表读数,都需要制定一个大气参数随高度变化规律保持不变的人为的假想标准、由权威机构颁布的"模式大气",即所谓"标准大气"。

标准大气虽是假想的,但不是任意的;虽是人为的,但不是胡为的。制定标准大气是科学的抽象,应该使得换算到标准大气下的飞机性能与在通常实际大气条件的飞机性能差别不大,这样使用时不必再进行飞行性能换算,因而很方便。

为此,国际航空界在过去曾就飞机经常活动的各大气层,取中纬度 40°～50°(北纬)区域历年统计的大气参数平均值,然后加以"模型化"而制定出国际标准大气。

选取北纬 40°～50°地区的大气年平均值,原因在于世界上的主要航空大国皆处于此纬度范围内,这样规定符合世界上大多数国家的气象状况,使用方便,我国位于北纬 3°～54°范围内,似乎把标准大气规定在北纬 35°的黄河流域更适合我国国情。为此,有人曾议论过是否要规定我国自己的标准大气。但是,由于历史上已经有了国际标准大气,并考虑到北纬 35°与国际标准大气的纬度相差不大,为了国际交往方便,故无重新规定标准大气的必要。

2) 标准大气的分类和历史

由国际性组织颁布的称为国际标准大气,由国家机构颁布的称为国家标准大气。美国于 1925 年首次制定出标准大气。接着,国际航空联合会在美国标准大气基础上制定了第一个国际标准大气。之后,其他国家和国际机构也提出过标准大气,主要有以下各项:

(1) 国际民航组织(ICAO)标准大气,1952 年被国际航空咨询委员会采用,在 NACA TR1235 中公布;

(2) 美国空军研究和发展司令部 1956 年标准大气;

(3) 美国对 ICAO 标准大气扩展的 1958 年标准大气;

(4) 美国空军研究和发展司令部的 1959 年标准大气;

(5) 美国的 1962 年标准大气;

(6) 苏联的 1964 年标准大气(ГОСТ4401—64);

(7) 美国 1976 年的标准大气由国家海洋和大气局、航空航天局、空军合作制定,把高度扩展到 1000 km,内容也大为增加;

(8) 中国 1980 年的标准大气由国家标准局发布 30 km 以下部分的标准大气。

目前较为通用的是美国 1962 年的标准大气、苏联标准大气和国际标准大气。

3) 标准大气规定

(1) 基本假设。

a. 在所有高度上,大气是静止的,空气为干燥洁净的理想气体,相对湿度为零;

b. 在各气压高度上,空气的组成成分相同;

c. 表观的干燥空气摩尔质量 $M = 28.966$ 克／摩尔,且不随高度而变。

（2）标准大气零气压高度（海平面）的大气物理属性。

压力 $P_0 = 101\,325\,\mathrm{Pa} = 760\,\mathrm{mmHg} = 29.921\,\mathrm{inHg}$；

温度 $t_0 = 15\,℃$，$T_0 = 288.15\,\mathrm{K}$；

密度 $\rho_0 = 1.225\,\mathrm{kg/m^3}$；

音速 $a_0 = 340.294\,\mathrm{m/s}$；

重力加速度 $g_0 = 9.806\,65\,\mathrm{m/s^2}$；

干空气气体常数 $R_0 = 287.052\,78\,\mathrm{J/(kg \cdot K)}$ ［或 $29.2699\,\mathrm{kg \cdot m/(kg \cdot K)}$］。

（3）温度随高度的变化。

当 $H_p \leqslant 11\,000\,\mathrm{m}$，温度 T_H 随高度 H_p 增加而减小，递减率为

$$\beta = \frac{\mathrm{d}T_H}{\mathrm{d}H_P} = -0.0065\,\mathrm{K/m} \qquad (6-1)$$

某气压高度 H_p 上的温度为

$$t_H = t_0 + \beta H_P\,(℃) \qquad (6-2)$$

$$T_H = T_0 + \beta H_P\,(\mathrm{K}) \qquad (6-3)$$

式中：H_p 单位为 m。

当 $H_p = 11\,000\,\mathrm{m}$ 时：

$$t_{11000} = -56.51\,℃ = 216.65\,\mathrm{K} \qquad (6-4)$$

当 $11\,000\,\mathrm{m} < H_p \leqslant 20\,000\,\mathrm{m}$ 时，温度保持 $11\,000\,\mathrm{m}$ 的值，即

$$T = 216.65\,\mathrm{K}$$

当 $20\,000\,\mathrm{m} < H_p \leqslant 32\,000\,\mathrm{m}$ 时，

$$T_H = T_{11000} + \beta_1(H_p - 20\,000) \qquad (6-5)$$

（4）压力随高度的变化规律。

当 $H_p \leqslant 11\,000\,\mathrm{m}$（包括负高度）时，

$$P_H = P_0\left(\frac{T_H}{T_0}\right)^{-\frac{g_0}{R\beta}} \qquad (6-6)$$

当 $11\,000\,\mathrm{m} < H_p \leqslant 20\,000\,\mathrm{m}$ 时，

$$P_H = P_{11000}\,\mathrm{e}^{-\frac{g_0}{RT_{11000}}(H_p - 11000)} \qquad (6-7)$$

当 $20\,000\,\text{m} < H_p \leqslant 32\,000\,\text{m}$ 时，

$$P_H = P_{20\,000}(T/T_{11\,000})^{-g_0/R\beta_1} \qquad (6-8)$$

6.2.1.3　高度的定义

在标准大气表中，P_H、ρ_H、T_H 与 H_p 单值对应。然而，在实际大气中情况如下。

(1) 气压高度（又称压力高度）H_p，根据实际试飞中所测得的压力再由标准大气表查得的高度，飞机的高度表就是按照标准大气表 P_H 与 H_p 的对应关系刻度的。因此，气压高度在试飞中最常用，特别是涡轮喷气飞机的性能换算用它很方便。

(2) 密度高度 h_ρ，根据试飞测得的压力 P 和温度 T 所算得的实际空气密度再由标准大气表查得的高度。一般较少用，但对螺旋桨飞机的性能换算，它是常用的参数。

(3) 温度高度 h_T，根据试飞测得的实际大气静温再由标准大气表查得的高度。当 $h_q = 11\,000 \sim 20\,000\,\text{m}$ 时，标准大气表上的温度不变。因此，当温度为 $-56.5\,℃$ 时，h_T 的高度不确定而失去意义。通常，温度高度限于 $11\,000\,\text{m}$ 以下使用。

(4) 几何高度（又称实际高度）h_{jh}，飞机距地球表面的真实高度。通常，用精密雷达、光电经纬仪或空对地（地对空）照相等方法求得几何高度。在测定空速系统的位置误差、无线电高度表的空中校准、起飞着陆性能测定、飞机飞行轨迹测定、模型自由飞轨迹测定等试飞中常用几何高度。

(5) 标准高度，试飞实测的该高度压力、温度与标准大气表中的值完全相同。实际试飞中很难遇到这种巧合。

在性能试飞中，常用"压力高度法""温度高度法""密度高度法"，有时加上"等"字，如"等气压高度法""等温度高度法"等，其含义也相同。

以"等气压高度法"为例说明其含义。所谓"等气压高度法"就是把气压高度作为标准高度，认为实际值＝换算值＝恒量。这样，实际试飞向标准大气的换算仅需对非标准的温度（或密度）进行修正，因为状态方程中两个参数（P、T）已定，则第三个参数大气密度（ρ）也定。"等温度高度法"和"等密度高度法"的含义也类同。

6.2.1.4　大气静温的测定

1）大气静温的测量原理

在确定飞机性能、发动机性能及计算真速时，大气静温都是不可缺少的重要

参数。大气静温可以用带有温度传感器的气球通过气象雷达测得。然而,由于气球施放时间和空域通常与飞机试飞的时间和空域不同,因此试飞中总是用温度传感器直接测取试飞当时的大气静温。

熵 S 概念来自热力学第二定律,其定义为 $dS = \dfrac{dq}{T}$,式中 dq 是加给 $1\,kg$ 气体的热量,T 为温度。空气的比定压热容 c_p、定容比热容 c_v 和等熵指数 K 的关系为 $K = \dfrac{c_P}{c_V}$,在空气动力学中,一般取 $K = 1.4$。

本书所述的就是在试飞中机载实测大气静温的技术。目前,大气静温的传感器原理多为电阻式,其工作原理是电阻式敏感元件随温度而变。一般测取大气静温容许误差为 $\pm 2\,℃$,试飞要求误差应在 $\pm 0.5\,℃$ 以内,大气静温的测定原理如下:

从沿流线的能量方程中推得阻滞温度(又称驻点温度或总温)T^* 与大气静温 T_H 的关系式为

$$\frac{T^*}{T_H} = 1 + \frac{K-1}{2} Ma^2 \qquad (6-9)$$

式中:Ma 数是当地气流流速除以当地声速。因此,温度传感器的安装要求如下:

(1)安装在无局部气流影响区,以使温度传感器处的空速与空速系统所测的空速尽可能一致。为此,常把温度感器装在机头空速管支杆静压孔之后的位置上。

(2)无局部高、低温热源或冷源的影响。如发动机燃烧室、喷管和散热器附近,均不宜安装温度传感器。

(3)温度传感器的轴线应与飞机速度轴平行。

推导该式时假设气流流动是等熵的,即无黏性又不传热。然而,在实际的温度传感器中,气流有黏性,就有摩擦损失;传感器存在热传导;况且气流在传感器阻滞室并非完全滞止,因为阻滞室设计通常使空气略微通风,以减小传感器的感温延迟。这些因素使得理论公式须加以修正。我们用滞止系数(又称恢复系数)r 来考虑这些因素的影响,故式(6-9)变为

$$\frac{T^*}{T_H} = 1 + \frac{K-1}{2} r Ma^2 \qquad (6-10)$$

式中:r 值是由传感器构造及其在飞机上的安装位置、普朗特数 Pr,雷诺数 Re

而定。通常假设 r 值不随高度、速度而改变。r 值的物理意义是气流能量恢复的百分比。一般 $r = 0.95 \sim 1.0$，r 越接近于 1 说明传感器设计越成功。对于气流不完全滞止的温度传感器用 N 代替 r 值，式(6-10)变为

$$\frac{T^*}{T_H} = N\left(1 + \frac{K-1}{2}Ma^2\right) \tag{6-11}$$

式中：T^* 及 T_H 单位为 K。

式(6-11)结合下面两个公式：

$$a = 20.046\,3\sqrt{T_H}\,(\mathrm{m/s}) = 72.2\sqrt{T_H}\,(\mathrm{km/h}) \tag{6-12}$$

$$V = V_e\sqrt{\rho_0/\rho_H} = V_e/\sqrt{\Delta} \tag{6-13}$$

可以得到

$$\Delta T = T^* - T_H = 0.383\,5r\left(\frac{V_e}{100}\right)^2\left(\frac{1}{\Delta}\right) \tag{6-14}$$

式中：V_e 为当量空速，单位为 km/h；Δ 为相对密度，$\Delta = \dfrac{\rho}{\rho_0}$。

2) 阻滞系数的飞行校准

根据式(6-10)，有

$$T^* = T_H + \frac{K-1}{2}T_H rMa^2 \tag{6-15}$$

由于 Ma 数改变 r 变化不大，又在同一高度上，T_H 为常数，故上式的 T^* 和 Ma^2 是线性关系。在同一高度，以不同速度做一系列稳定平飞，则可作出了 $T^* = f(Ma^2)$ 关系图线，该图线是一条直线。将该直线外插至 $Ma = 0$，此时 $T^* = T_H$。

其中

$$r = \frac{2}{K-1}\frac{1}{Ma^2}\left(\frac{T^*}{T_H} - 1\right) \tag{6-16}$$

设 $K = 1.4$，则该式可变为另一种形式：

$$r = \frac{5}{T_H}\left(\frac{T^* - T_H}{Ma^2}\right) \tag{6-17}$$

应该在低、中高空的几个高度上确定阻滞系数 r 值，然后求其平均值作为温

度传感器的 r 值。

如果以 $T^* = f(Ma^2)$ 的关系为曲线,由 $Ma^2 = 0$ 点仍可确定出 T_H 值。但是,曲线表明,r 随 Ma 数的关系不是常数。如果曲线弯度不大,则近似用直线代替,r 取平均值;如果曲线弯度很大,则应作 $T^*/T_H = f(Ma^2)$ 的校准曲线。

如果 r 值随高度变化很大,则不应取 r 平均值,而列出 r 随高度的变化值。

6.2.2 无人机飞行高度、速度和马赫数的测定

6.2.2.1 无人机飞行高度的测定

气压高度是通过测量大气静压来实现的。作为敏感元件的真空膜盒由两个波纹膜片焊接而成,膜盒内部抽成真空,可以认为压力等于零,膜盒外部的压力等于飞机周围的大气压力。当高度升高,作用在膜盒上的大气压力逐渐减小时,膜盒将逐渐膨胀,膜盒中心的位移与作用在膜盒上的大气压力之间呈线性关系;膜盒的位移量正好对应于不同高度上的单位气压高度差。随着高度改变,膜盒变形产生位移,该位移通过相应的传动机构,便可获得与高度成比例的高度表指示数。根据标准大气表,事先需要对高度传感器或仪表进行刻度标定,其原理图如图 6-2 所示。空速、马赫数表的指示原理与此类似,这些传感器通常安置在飞机前置空速管中。

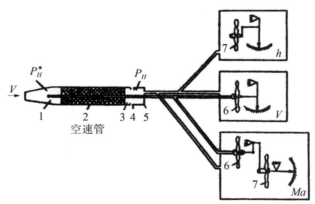

1—动压室;2—加温室;3—静压室;4—静压孔;
5—空速管壳体;6—压力膜盒;7—真空膜盒。

图 6-2　高度、空速、马赫数表的工作原理

6.2.2.2 无人机飞行速度的测定

测量飞行速度有许多方法,通常的方法是测量总压 P_H^* 与静压 P_H 之差(即

动压 q^*)来实现的。总压 P_H^* 由皮托管传到速度膜盒,静压由空速管的静压孔传到密闭的仪器内腔。这样,速度膜盒受的是 $q^* = P_H^* - P_H$ 。在 q^* 的作用下,膜盒产生弹性变形,使仪器指针偏转,记下表速。关于以压差来确定空速的原理,按不同速度范围,动压与飞行速度之间的关系如下。

1) 低速(Ma<0.4)的情况

理想气体(无黏性)的动量方程,在无旋、定型流、仅有重力作用下的不可压低速流场的特殊情况下,变为伯努利公式:

$$q^* = P_H^* - P_H = \frac{1}{2}\rho_H V^2 \tag{6-18}$$

将该公式用 Ma 表示时,可得空速测量方程:

$$q^* = P_H^* - P_H = \frac{1}{2}KPMa^2 = \frac{1}{2}\rho_H V^2 \tag{6-19}$$

2) 0.4<Ma<1 的情况

熵 S 概念来自热力学第二定律,其定义为 $\mathrm{d}S = \dfrac{\mathrm{d}q}{T}$,式中 $\mathrm{d}q$ 是加给 1 kg 气体的热量(大卡,1 Cal = 1 kcal = 4.18 kJ), T 为温度。可见,熵 S 表示热能的利用率。对静止气体,绝热往往就等熵。对流动气体,只有气体无黏性又不传热,绝热才与等熵并存。空气的比定压热容 c_p 、比定容热容 c_V 和等熵指数 K 的关系为 $K = \dfrac{c_P}{c_V}$,在空气动力学中,一般取 $K = 1.4$, $c_P = 0.24$ 。

$0.4 < Ma < 1$ 时,空气压缩性效应明显,但激波尚未出现。因此,过程是等熵压缩或膨胀,以下推导总参数与静参数的关系式:

一股气流,以(V 、 P_H 、 ρ_H 、 T_H)流到空速管,在管的端头做等熵的完全滞止,变为($V = 0$ 、 P_H^* 、 ρ_H^* 、 T^*)的"驻点状态"。由于过程是等熵的, $\Delta S = 0$,在"完全气体"及 c_V 为常数时,由热力学知:

$$\frac{P_H^*}{\rho_H^K} = \frac{P_H}{\rho_H^{*K}} \left(\text{即} \frac{P}{\rho^K} = \text{const}\right) \tag{6-20}$$

经整理变为

$$\frac{P_H^*}{P_H} = \left(\frac{\rho_H^*}{\rho_H}\right)^K \tag{6-21}$$

由完全气体的状态方程有

$$\frac{P_H^*}{P_H} = \left(\frac{\rho_H^*}{\rho_H}\right)\left(\frac{T^*}{T_H}\right) \tag{6-22}$$

解出 ρ_H^*/ρ_H，经整理得

$$\frac{P_H^*}{P_H} = \left(\frac{T^*}{T_H}\right)^{\frac{K}{K-1}} \tag{6-23}$$

等熵(无黏、不传热)、略去彻体力(因气体质量和物理性质在力场作用下而产生的力,如重力、离心力、电磁力)、比定压热容 c_P 为常数下,沿流线的能量方程为

$$T_H + \frac{AV^2}{2gc_p} = T^* \tag{6-24}$$

以 T_H 通除上式,并由热力学公式代入得

$$\frac{T^*}{T_H} = 1 + \frac{AV^2}{2gc_pT_H} = 1 + \frac{K-1}{2}\frac{V^2}{KgRT_H} = 1 + \frac{K-1}{2}\left(\frac{V}{a}\right)^2 = 1 + Ma^2\frac{k-1}{2} \tag{6-25}$$

式中：A 为机械功的热当量。该式中, Ma 数是当地流速除以当地声速。变换后得

$$\frac{P_H^*}{P_H} = \left(1 + Ma^2\frac{K-1}{2}\right)^{\frac{K}{K-1}} \tag{6-26}$$

这就是由(P_H、T_H)到(P_H^*、T^*)两个状态按等熵变化建立起来的关系式,又称可压流的伯努利方程。

将该式写成压差形式、并代入 Ma 数公式,得到空速测量的方程为

$$q^* = P_H\left[\left(1 + \frac{K-1}{2}Ma^2\right)^{\frac{K}{K-1}} - 1\right] = P_H\left[\left(1 + \frac{K-1}{2}\frac{\rho_HV^2}{KP_H}\right)^{\frac{K}{K-1}} - 1\right] \tag{6-27}$$

3) $Ma > 1$ 的情况

此时,空速管前形成正激波。当 $Ma \gg 1$ 时,可能变成斜激波,但由于空速管头部通常是钝头,故空速管端面处仍为正激波。为此,以下推导正激波的波前波后关系。

把空气看成比热容不变的理想气体,可得波后总 P_2^* 与波前总压 P_1^* 的关系为

$$\frac{P_2^*}{P_1^*} = \left(\frac{2K}{K+1}Ma^2 - \frac{K-1}{K+1}\right)^{\frac{1}{K+1}} \left[\frac{(K+1)Ma^2}{(K+1)Ma^2+2}\right]^{\frac{K}{K-1}} \quad (6-28)$$

通过正激波后,波后的熵值增加,但在正激波前后过程仍是等熵的,故得

$$\frac{P_2^*}{P_1} = \left(\frac{P_2^*}{P_1^*}\frac{P_1^*}{P_1}\right) = \left(\frac{2K}{K+1}Ma^2 - \frac{K-1}{K+1}\right)^{\frac{1}{K-1}}$$

$$\left[\frac{(K+1)Ma^2}{(K-1)Ma^2+2}\right]^{\frac{K}{K-1}} \left[1+\frac{K-1}{2}Ma^2\right]^{\frac{K}{K-1}} \quad (6-29)$$

经简化,并以 P_H^* 代 P_2^* , P_H 代替 P_1 ,可得

$$\frac{P_H^*}{P_H} = \frac{K+1}{2}Ma^2 \left[\frac{(K+1)^2 Ma^2}{4KMa^2 - 2(K-1)}\right]^{\frac{1}{K-1}} \quad (6-30)$$

式中: Ma 数为正激波前的马赫数,按正激波关系式建立起来的动压关系式,称为雷里·皮托公式。

将该式写成压差形式、并代入 Ma 数公式,得到空速测量的方程为

$$q^* = P_H \left[\frac{K+1}{2}\frac{\rho_H V^2}{KP_H}\left[\frac{(K+1)^2 \frac{\rho_H V^2}{KP_H}}{4K\frac{\rho_H V^2}{KP_H} - 2(K-1)}\right]^{\frac{1}{K-1}} - 1\right] \quad (6-31)$$

6.2.2.3　Ma 数与真速测量仪表

为说明 Ma 数表的工作原理,取 $K=1.4$,则有

$Ma \leqslant 1$ 时,　　　　　$1+\dfrac{q^*}{P_H} = (1+0.2Ma^2)^{3.5}$ 　　　　　$(6-32)$

$Ma \geqslant 1$ 时,　　　　　$1+\dfrac{q^*}{P_H} = \dfrac{166.92Ma^7}{(7Ma^2-1)^{2.5}}$ 　　　　　$(6-33)$

动压 q^* 用压力膜盒测量,大气压力 P_H 用真空膜盒测量。因此,Ma 数表指示器指示压力比值 $\dfrac{q^*}{P_H}$,Ma 数表的仪表机构应将压力膜盒的位移除以真空膜盒的位移。式(6-32)和式(6-33)可预先做成表格,用于校准。

校准 Ma 数表时,开始应从动压室和静压室内抽气,使其达到给定高度的压

力,然后增大动压室的压力。必须在几个高度上对 Ma 数表进行校准。

6.2.2.4　无人机空速系统误差测定

1) 无人机空速系统校准要求

GJB 1015A—2008 规定,"对于使用膜盒式总、静压测量系统的飞机,在飞行性能试验初期应测定该系统的延迟性修正量""对所有类型的飞机应通过试飞确定其空速系统位置误差"。GJB 1623—93 对静压位置误差($\Delta p/q_c$)的容限进行了规定。

无人机系统的飞行控制和极限状态的限制都严重依赖于精确的大气数据系统,其准确性与飞行安全直接相关,因此在飞行试验初期,应进行严格的空速系统校准试验,并将校准结果第一时间提供给设计方,再由设计方输入机载大气数据计算机,确保后续飞行试验的安全。

2) 无人机空速系统校准方法

飞机的气压高度、飞行速度和 Ma 数是飞机飞行性能和各专业试飞的基本的重要参数,也是飞行员在空中飞行的重要仪表。通常把测量气压高度、速度、Ma 数的装置系统称为"空速系统"。由于种种原因,空速系统的测量是有误差的,这些误差可用实验方法求出其"修正量",然后加以修正。在以测动压、静压为基础的空速系统中,测定气压高度、速度、Ma 数的误差源有以下几方面:

(1) 测量误差;

(2) 延迟修正量;

(3) 气动与激波修正量,又称位置误差。

若仪器已经实验室校准,则测量误差通常可以忽略。

延迟性修正量与采用的大气数据系统形式有关,常用大气传感技术主要分为两大类,一类是基于空速管的探针式(侵入式)大气传感技术,另一类是嵌入式大气传感技术。探针式大气传感技术一般是通过空速管和角度传感器组合实现对大气数据的测量。由于早期的空速管通过气路与膜盒(压力传感器)连接,由于以下几个方面的原因而使空速系统产生延迟:

(1) 由于空气的黏性摩擦,使管道内的流动有压差;

(2) 在管道内空气质量有惯性;

(3) 仪器存在惯性、黏性及动摩擦;

(4) 压力传播速度的限制,即声延迟。

为了克服上述问题,现代无人机上多采用集成式空速管,即将小型压力传感器集成到空速管前端,直接将压力转换为电信号传递给大气数据计算机,避免了气路中压力损失;在高超声速无人机上采用嵌入式大气传感器,压力传感器嵌入在飞行器表面,同样避免了较长的气路连接。因此,可以认为在现代无人机上不存在空速系统的延迟性误差问题。

确定位置误差的飞行校准方法可分为速度法和气压法两大类。以求真速来确定修正量的方法,通常称为"速度法"。以求真实气压高度(或大气静压)来确定修正量的方法,称为"气压法"。

近些年来,空速系统位置误差(气动激波修正量)的飞行校准方法,主要有三种,即雷达法(军机、民机都用),拖锥静压法(主要用于民机),GPS 速度法(军机、民机都用)。

当前利用全球定位系统 GPS 进行空间定位和测速的精度较高,如高精度实时载波相位差分 GPS 系统,其指标为:采样率可达 20 次/秒,在 200 km 范围内,位置精度可达几米以下,速度精度可达 0.1 m/s 以下。由于上述特点,GPS 系统在飞机空速系统空中校准方面,正在得到越来越广泛的应用,形成了较为完整的方法体系,如 GPS 正反航向法、GPS 三边法、GPS 垂直三边法等。应用结果表明,采用 GPS 法进行空速系统空中校准,所得结果准确度高,一致性好,规律性强。另外,采用 GPS 法进行空速系统空中校准时,试验环节少,易于操作,省时省力,效率高。本书仅介绍 GPS 正反航向法的方法原理。

用 GPS 方法确定飞机气动激波修正量,其基本飞行动作是使飞机在某一高度上做稳定平飞和平飞加减速。该方法的基本条件是假定在飞行动作区的风场、风速为常量,可以利用往返飞行的方法消除风的影响。其方法原理和具体实施如下:

(1) 飞行中利用 GPS 系统,采集卫星信号,获得飞机飞行的真实几何高度、经度、纬度、东速、北速、天速。继而进行速度合成。得到飞机对地的真实空速 V_{GPS}。

(2) 由机载测试系统测定飞机空速系统测量的静压、动压等,按照下述基本参数计算公式:

$$q = P_H \frac{166.92 Ma_i^7}{(7Ma_i^2 - 1)^{2.5} - 1}, \qquad q/P_H \geqslant 0.8929 \qquad (6-34)$$

$$q = P_H [(1 + 0.2 Ma_i^2)^{3.5} - 1], \quad q/P_H \leqslant 0.8929$$

计算获得飞机飞行的表马赫数 Ma_i。

(3) 机载测试系统测定飞机飞行的总温 T^*,并由公式

$$T_H = \frac{T^*}{K_N(1 + 0.2 Ma_i^2)} \tag{6-35}$$

计算飞机飞行的大气静温 T_H，这里 K_N 为温度恢复系数。

（4）由大气静温 T_H 计算相应的声速，同时计算飞机飞行的真空速：

$$a = 20.0463\sqrt{T_H} \tag{6-36}$$

$$V = Ma_i \cdot a = 20.0463 Ma_i \sqrt{T_H}$$

（5）进行时间协调（对时），使得 GPS 系统获得的飞机飞行真空速 V_{GPS} 与飞机空速系统测量的真空速 V，在时间上一一对应到同一时刻上，并计算带有风速影响（顺风或逆风）的修正量

$$\Delta V_1 = V_{GPS} - V \tag{6-37}$$

$$\Delta Ma = (V_{GPS} - V)/a$$

重复（1）～（5），可以获得反方向（顺风或逆风）的带有风速影响的修正量 ΔV_2，ΔMa_2。

（6）把上述获得的带有风速影响（顺风、逆风方向）的修正量 ΔV_1，ΔV_2，ΔMa_1，ΔMa_2 在同一速度（V_i 或 Ma_i）上一一对应，并计算 ΔV、ΔMa：

$$\Delta V = \frac{\Delta V_1 + \Delta V_2}{2} \tag{6-38}$$

$$\Delta Ma = \frac{\Delta Ma_1 + \Delta Ma_2}{2}$$

得到曲线 $\Delta V \sim V_i$，$\Delta Ma \sim Ma_i$，此即气动激波修正量曲线。ΔV、ΔMa 即为我们要求的飞机飞行的气动激波修正量。以此为基准，通过转换就可以得到其他表达形式的气动激波修正量，如 ΔH、ΔP_H 等。此外，作为一个附带结果，我们还同时可以获得飞机飞行高度层上的风速：

$$V_风 = \left| \frac{\Delta V_1 - \Delta V_2}{2} \right| \tag{6-39}$$

$$Ma_风 = \left| \frac{\Delta Ma_1 - \Delta Ma_2}{2} \right|$$

这里所得的风速虽然是一个附带结果，但是通过与气象数据比较，我们可以从另一个方面检查 GPS 方法的正确性。

6.2.3　无人机迎角、侧滑角的测定

迎角、侧滑角是飞机飞行时的重要参数,在飞机基本性能试飞,操纵性、稳定性等科目的试飞结果处理中占有很重要的地位。在其他条件不变的情况下,飞机飞行迎角、侧滑角的大小直接决定着飞机所受的空气作用力大小,继而也决定着飞机所受过载/载荷的大小。因此,其测量精度(尤其是迎角的测量精度)必须得到保证。

通常,飞机的迎角、侧滑角是通过流向传感器测量的。常见的迎角、侧滑角传感器有风标式和压差归零式(压差式)两种。最常用的迎角、侧滑角传感器是风标式。风标式迎角、侧滑角传感器通常采用可以在测量范围内自由旋转的具有对称翼剖面的风标来测量当地气流的迎角和侧滑角(气流方向)。它们一般安装在机头前方的刚性支杆上(如复合安装在机头空速杆上),或者直接安装在机身前端较为平直的外表面上。当传感器对称翼剖面小翼相对机体水平安装时,可以测量当地气流的迎角,而当传感器对称翼剖面小翼相对机体垂直安装时则可以测量当地气流的侧滑角。

在飞机上安装的迎角、侧滑角传感器在飞行中测量安装位置处当地的气流迎角和侧滑角时存在各种误差。如传感器机械零位误差,安装支杆和机体弹性变形引起的误差,传感器固有动特性引起的误差,飞机旋转角速度引起的附加速度导致的误差,当地气流方向总是受飞机外形影响(压力场扰动)与远前方气流方向有较大差别而引起的误差等。传感器装在飞机上,经过地面标定和联试,通常可以消除机械零位偏差和传感器固有动特性引起的误差。飞机飞行中,上述这些误差会使传感器测量的迎角、侧滑角与飞机飞行的真实迎角、侧滑角(以自由流相对于飞机重心,在气流轴系中确定)产生明显的差别,为了确定真实的迎角、侧滑角,就必须对传感器所测量的当地迎角、侧滑角进行校准,以获得当地迎角、侧滑角与真实迎角、侧滑角之间的关系曲线。理论上讲,通过计算飞机绕流场就能确定当地气流角与远前方来流的关系;也可以通过风洞试验确定当地迎角、侧滑角与真实迎角、侧滑角的关系。然而,上述方法与飞机飞行的真实情况还会有明显的差别,因此,在飞行试验中须通过飞行试验的方法来确定上述关系,此即为迎角、侧滑角的空中校准。

6.2.3.1　迎角校准

飞机飞行迎角的空中校准,就是要在真实飞行条件下确定 $\alpha_{真} = f(\alpha_{局})$ 关系,一般情况下,飞机飞行迎角的空中校准方法可分为两种。通常用的第一种方法为静姿态角法,如利用姿态陀螺平台或其他能测量俯仰角的精密仪器作为真实迎角的测量手段;第二种方法是依靠精确测量的过载和角速度等参数,通

过间接计算或参数辨识的方法来获得飞机的真实迎角。迎角空中校准一般要针对不同的构型，选择几个不同的高度进行，一般尽可能地包含所有使用状态(α，v)。

1）静姿态角法的校准原理

静姿态角法的校准原理是在飞机重心位置处加装一台静姿态角传感器。飞机稳定平飞时，认为静姿态角传感器测量的值是真实迎角。

设飞机在垂直平面内运动，由几何关系可知，飞机的姿态角ϑ是飞机飞行迎角α和飞机飞行轨迹角θ之和：

$$\vartheta = \alpha + \theta \qquad (6-40)$$

飞机稳定平飞时，轨迹角$\theta = 0$，那么飞机姿态角ϑ就等于迎角α。由于姿态角测量比较准确，可以认为此时的测量值为真实迎角。

2）利用角速度和过载确定飞机的真实迎角

当飞机在纵向对称平面中任意机动时，对于传感器位于机身前方支杆情况，飞机真实迎角可以通过下式计算确定：

$$\alpha_{真} = \frac{\alpha_{局} - \Delta\alpha_0}{K} + 57.3\frac{\omega_z x_b}{v} + \frac{\partial\phi_b}{\partial n_y}\left(n_y - 1 + \frac{\omega_z x_b}{g}\right) \qquad (6-41)$$

式中：$\Delta\alpha_0$为在飞机真迎角为0时传感器测出的迎角值；$K = \dfrac{\partial\alpha_{局}}{\partial\alpha_{真}}$为静态校准中获得的关系式$\alpha_{局} = f(\alpha_{真})$经微分后确定的系数；$x_b$为从迎角传感器位置到飞机重心的距离；$\varphi_b$为法向过载单位变化($\Delta n_y = 1$)时安装支杆变形引起的安装角变化；$v$为飞机飞行速度；$\omega_z$为俯仰角速度。

真迎角还可按下式计算：

$$\alpha_{真} = \alpha_0 + \int_0^t\left[\omega_z - \frac{g}{v}(n_y - \cos\theta)\right]dt \qquad (6-42)$$

式中：α_0为积分开始时的真迎角；θ为轨迹角，$\theta = \vartheta - \alpha$且

$$\frac{g}{v}(n_y - \cos\theta) = \frac{d\theta}{dt} \qquad (6-43)$$

3）参数辨识方法确定飞机的真实迎角

以飞机运动学和动力学方程组为飞机飞行时的数学模型，利用较精确的过载和角速度测量值，通过状态方程积分再现迎角，然后与实测迎角比较、拟合来

达到校准的目的。某型机迎角校准时,采用的参数辨识法为最大似然法,具体数学模型为

$$\dot{v_x} = (\lambda_{\omega z}\omega_{zc} - a_{\omega z}\sqrt{\omega_{xc}^2 + \omega_{yc}^2} - b_{\omega z})v_y - \omega_{yc}(v_c\sin\beta_c - \omega_w) +$$
$$g(N_{xg} - \sin\vartheta)$$

$$\dot{v_y} = \omega_{xc}(v_c\sin\beta_c - \omega_w) - (\lambda_{\omega z}\omega_{zc} - a_{\omega z}\sqrt{\omega_{xc}^2 + \omega_{yc}^2} - b_{\omega z})v_x + \quad (6-44)$$
$$g(N_{yg} - \cos\vartheta\cos\gamma_c)$$

$$\dot{\vartheta} = \omega_{yc}\sin\gamma_c + (\lambda_{\omega z}\omega_{zc} - a_{\omega z}\sqrt{\omega_{xc}^2 + \omega_{yc}^2} - b_{\omega z})\cos\gamma_c$$

$$\dot{h} = v(\cos\alpha\cos\beta_c\sin\vartheta - \sin\alpha\cos\beta_c\cos\vartheta\cos\gamma_c - \sin\beta_c\sin\gamma_c\cos\vartheta)$$

观测方程:

$$\alpha_j = (1 + \varepsilon_a)\alpha + \frac{\Delta\alpha}{57.3}$$

$$\vartheta_j = (1 + \varepsilon_\theta)\vartheta + \frac{\Delta\vartheta}{57.3}$$

$$v_j = (1 + \varepsilon_v)v + \Delta v \quad (6-45)$$

$$h_j = (1 + \varepsilon_h)h + \Delta h$$

观测向量:

$$\boldsymbol{y} = [v_j, \ h_j, \ \alpha_j, \ \vartheta_j]^{\mathrm{T}} \quad (6-46)$$

测量方程:

$$\alpha_c = \alpha_j + n_1$$
$$\vartheta_c = \vartheta_j + n_2$$
$$v_c = v_j + n_3 \quad (6-47)$$
$$h_c = h_j + n_4$$

式中:

$$v = \sqrt{v_x^2 + v_y^2 + (v_c\sin\beta_c - \omega_w)^2} \quad (6-48)$$

$$\alpha = -\mathrm{arccot}\frac{v_y + v_w - \omega_{zc}L_a + \omega_{ac}z_a}{v_x + u_w} \quad (6-49)$$

待估计参数向量:

$$\boldsymbol{c} = [\lambda_{\omega z}, \ \alpha_{\omega z}, \ b_{\omega z}, \ \varepsilon_a, \ \Delta\alpha, \ \varepsilon_\theta, \ \Delta\vartheta, \ \varepsilon_v, \ \Delta v, \ \varepsilon_h, \ \Delta h]^{\mathrm{T}} \quad (6-50)$$

式中：ε_α、$\Delta\alpha$ 为要校准的迎角传感器的系数和固定偏差。

为了简化计算，通常可以取：

$$\lambda_{\omega z}=\alpha_{\omega z}=\varepsilon_v=\Delta v=\varepsilon_h=\Delta h=0 \tag{6-51}$$

式中：下标 j 代表计算值；c 代表测量值。

6.2.3.2　侧滑角校准

如果飞机上有精确的航向系统（如精确的航姿陀螺、惯导系统），则可以利用水平定常直线侧滑飞行的方法来校准侧滑角传感器。在给定的速度上，以不同的侧滑角沿给定的航线（如沿跑道或直线地标）进行水平定常直线侧滑飞行，同时记录传感器的侧滑角和飞机的航向角，此时飞机航向角与给定航线（真实航向角）的差值即为真实侧滑角。直接比较飞行中测出的局部侧滑角和真实侧滑角即可获得侧滑角的校准关系 $\beta_{局}=f(\beta_{真})$。

当飞机上缺少精准航向系统时，如果飞机的侧向力导数 C_z^β 已知，则可利用精确测量的侧向过载，按下式计算真实侧滑角：

$$\beta=\frac{C_z}{C_z^\beta}=\frac{C_{y平飞}\,n_z}{C_z^\beta} \tag{6-52}$$

式中：C_z 为水平定常直线侧滑时飞机的侧力系数；$C_{y平飞}$ 为相同条件下，飞机的升力系数；$C_z^\beta=\dfrac{\partial C_z}{\partial\beta}$，可由风洞实验数据获得。

6.2.4　无人机过载的测定

6.2.4.1　纵向过载的测量原理

纵向过载 n_x 是指飞行器切向加速度与重力加速度的比值，无人机为进行多科目综合试飞，缩短试飞周期，降低成本，经常在非稳定状态下飞行，此时纵向过载 n_x 是最常用的参数之一。例如，在测定最大速度和爬升率的"加速法"和机动性指标等试飞中，n_x 都是主要参数，而且测量精度要求很高。

1) 重心修正

研究飞行性能都是把飞机当成质点，将质量全部作用在飞机重心上，因而，所述的纵向过载指的也是重心处的过载。如果纵向过载传感器不能装在飞机重心处，则其读数中应引入位置修正量。修正公式为

$$n_{xb}=n'_{xb}+\Delta n_x \tag{6-53}$$

$$n_{zb} = n'_{zb} + \Delta n_z \qquad (6-54)$$

其中：

$$\Delta n_x = \frac{X}{g}(\omega_y^2 + \omega_z^2) - \frac{y}{g}\omega_x\omega_y - \frac{z}{g}\omega_x\omega_z + \frac{y}{g}\frac{\mathrm{d}\omega_z}{\mathrm{d}t} - \frac{z}{g}\frac{\mathrm{d}\omega_z}{\mathrm{d}t} \quad (6-55)$$

$$\Delta n_z = \frac{y}{g}(\omega_z^2 + \omega_x^2) - \frac{z}{g}\omega_y\omega_z - \frac{x}{g}\omega_x\omega_y + \frac{z}{g}\frac{\mathrm{d}\omega_x}{\mathrm{d}t} - \frac{x}{g}\frac{\mathrm{d}\omega_z}{\mathrm{d}t} \quad (6-56)$$

式中：A 为 57.3；n_{xb}、n_{zb} 为过载仪器安在重心处记录的机体轴过载；n'_{xb}、n'_{zb} 为过载仪器的偏离重心时的记录值；X、Y、Z 为过载仪器的重心坐标，原点在重心上；p、q、r 为沿机体坐标系的飞机转动角速度分量。

2）机体轴记录值向速度轴的换算

在飞行力学中，经常使用速度轴坐标系。因此，须将修正过重心的机体轴过载值换算到速度轴坐标系。设机体轴系的 x 轴与地平线的夹角为 ψ，飞行航迹角为 ϑ_h，则

$$\alpha_b = \psi - \vartheta_h \qquad (6-57)$$

是机体轴系的 x 轴与速度轴系 x 轴之间的夹角。

将 n_{xb}、n_{yb} 投影到速度轴系，得到速度轴的纵向过载 n_x 和法向过载 n_y 的公式：

$$n_x = n_{xb}\cos\alpha_b - n_{zb}\sin\alpha_b \qquad (6-58)$$

$$n_z = n_{zb}\cos\alpha_b + n_{xb}\sin\alpha_b \qquad (6-59)$$

当 α_b 不大，$\cos\alpha_b \approx 1$，$\sin\alpha_b \approx \alpha_b$，则上述两式可化简为

$$n_x \approx n_{xb} - n_{zb}\alpha_b \qquad (6-60)$$

$$n_z \approx n_{zb} \qquad (6-61)$$

由飞机的 $C_y = f(\alpha)$ 特性和仪器安装情况，可得

$$\alpha_b = \Delta\alpha + \alpha_0 + C_y/(\mathrm{d}C_y/\mathrm{d}\alpha) = \Delta\alpha + \alpha \qquad (6-62)$$

式中：$\Delta\alpha$ 是翼弦与仪器纵轴夹角，当仪器安装后其 $\Delta\alpha$ 为常值；α_0 为零升迎角。因此 α_b 是迎角加常值安装角。

3）α_b 的确定方法

对既定的飞机，如果有可靠的实验数据，则可利用 $\mathrm{d}C_y/\mathrm{d}\alpha = f(Ma)$ 及 $\alpha_0 =$

$\psi(Ma)$ 曲线绘制 $\alpha = f(C_y, Ma)$ 曲线；或者，直接用 $\alpha = f(C_y, Ma)$ 曲线来绘制 $\alpha = f\left(C_y, h_q, \dfrac{G}{S}\right)$ 曲线。

$$C_y = \frac{2G}{s\rho_0 V_z^2} = \frac{G}{S}\left(\frac{14.4}{V_z}\right)^2 \tag{6-63}$$

$$Ma = \frac{V_z}{44.4\sqrt{P_H}} \tag{6-64}$$

以上两式中 V_z 单位为 km/h；P_H 单位为 mmHg。

从试飞得到 C_y、h_q，则可算出 α_b，再求出 n_x。由于 $\alpha_b = f(C_y)$ 是条直线，如果重量影响不大可取平均重量代替的话，则不必绘 $\alpha_b = f(C_y, h_q, G/S)$ 曲线，而绘制低、中、高空 $2\sim3$ 个高度的 $\alpha_b = f(C_y, h_q)$ 曲线，其余高度的 α_b 值由内插求得。当飞机重量变化大于 20%，需考虑作出不同 G/S 值的 $\alpha_b = f(C_y)$ 关系。如果迎角传感器数据准确、可靠，则不必用如下烦琐的方法，用直接测得迎角算出 α_b。

用稳定平飞法求 α_b 的方法如下：

可用不同高度、速度的稳定平飞面飞行结果，直接统计出 $\alpha_b = f(C_y, h_q)$ 图线，也可专门飞出该图线。在既定高度上平飞时，$n_x = 0$，此时有

$$\alpha_b = \frac{n_{xb}}{n_{yb}} \tag{6-65}$$

如果平飞时高度保持很好，$n_{yb} = 1$，则

$$\alpha_b = n_{xb} \tag{6-66}$$

6.2.4.2　用法向过载和倾角仪器确定 n_x

如果迎角传感器不可靠、精度低，或者缺乏迎角传感器，则可用法向过载仪器测 n_{zb}，及由纵向倾角 ϑ 求 n_x，其原理如图 6-3 所示。

摆式倾斜角仪器沿纵轴向安装，其轴与机体轴 Y 向的夹角在稳定平飞时为 ϑ_0，在加速平飞时为 ϑ；机体轴法向过载仪器记录为 n_{zb}，从图中的几何关系可得

$$n_{zb} = n_z \cos\theta_0 - n_x \sin\theta_0 \tag{6-67}$$

$$n_z = n_x \cot(\theta - \theta_0) \tag{6-68}$$

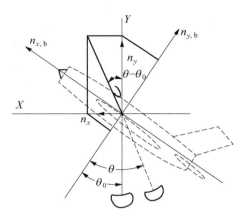

图 6-3　由 n_{zb} 及 θ 确定 n_x

将 n_z 代入 n_{zb} 可得

$$n_{zb} = n_x \left[\cot(\theta - \theta_0) \right] \cos\theta_0 - n_x \sin\theta_0 \qquad (6-69)$$

故有

$$n_x = \frac{n_{zb}}{\cot(\theta - \theta_0)} \cos\theta_0 - \sin\theta_0 = n_{zb}(\tan\theta\cos\theta_0 - \sin\theta_0) \qquad (6-70)$$

当 ϑ_0 较小时，$\cos\vartheta_0 \approx 1$，则有

$$n_x = n_{yb}(\tan\theta - \tan\theta_0) \qquad (6-71)$$

6.2.4.3　过载仪器安装技术要求

（1）应该在飞机架水平时进行过载仪器的安装，使仪器 X 轴与飞机纵轴平行，Y 轴垂直地面。如果仪器校准曲线为线性关系，则微小的仪器安装角可在其校准曲线上消除掉。

（2）仪器支架及其在飞机结构上的安装应有足够的刚度，一般不安装在飞机可活动的零部件上，以防止结构振动和弹性变形影响记录精度。如果在 1 s 之内 n_{zb} 出现数个小锯齿状起伏，则应检查仪器本身是否安装紧固，指针、间隙、阻尼情况是否正常。

（3）过载仪器安装位置应尽量靠近飞机重心，以避免修正麻烦。

6.2.5　飞机外部运动参数测量与处理

6.2.5.1　光电经纬仪用于外部运动参数测量

光电经纬仪是各种武器试验场最常用的光学外测设备，光电经纬仪实质上是经纬仪和电影摄影机两者的组合。经纬仪可以动态跟踪空中飞行目标,测出光轴的方位角 A 和高低角 E,摄影机则把目标的姿态和角度信息即时摄影成像在胶片上。经事后对胶片的判断和处理,可以得到一条设备指向目标的方向线。当两台以上设备的方向线在空间交会后,即可确定目标在空间测量坐标系上的位置 X、Y、Z。如果光电经纬仪加装了激光测距机,把设备到目标的斜距 R 也记录在胶片上,通过单台设备的测量信息 A、E、R,就可确定目标在空间测量坐标系上的位置 X、Y、Z。光电经纬仪一般具有较高的摄影频率和跟踪角速度,所以它还可用于弹丸与飞行目标碰撞瞬间的姿态测量和实况记录。光电经纬仪可以由雷达引导,或由计算机程序引导。也可由操作员手动控制光轴引导跟踪。光电经纬仪的方位及俯仰角由高精度光学轴角编码器进行实时输出。这些信息通过氖灯点阵显示,并投影到胶片上进行记录;也可人工从观察窗口读取。光电经纬仪实时输出的目标方位及俯仰角位置编码信息,可用于引导雷达或另一台光电经纬仪对目标进行跟踪,并实时将目标信息传送到飞行指挥中心进行安全监控。

1) 光电经纬仪单台定位测量

通过光电经纬仪单站定轨测量坐标系,将光电经纬仪动态摄影测量获得的目标的方位角 A、俯仰角 E 及斜距 R 数据,可以转换为空间直角坐标系 X、Y、Z。

$$X = R\cos A\cos E \tag{6-72}$$

$$Y = R\sin E \tag{6-73}$$

$$Z = R\sin A\cos E \tag{6-74}$$

2) 光电经纬仪交会测量

光电经纬仪的测量信息是目标在给定空间的方位角和俯仰角,通常采用多站交会的方法确定目标在空间测量坐标系的实时位置。

位置测量方程的建立:

设置公共坐标系 $O\text{-}XYZ$,两个光电经纬仪测量站原点为 O_1、O_2,它们与空间目标位置 $M(X,Y,Z)$ 间的关系表达为

$$X = X_{01} + R_1\cos A_1\cos E_1 \tag{6-75}$$

$$Y = Y_{01} + R_1\sin E_1 \tag{6-76}$$

$$Z = Z_{01} + R_1\sin A_1\cos E_1 \tag{6-77}$$

或

$$X = X_{02} + R_2 \cos A_2 \cos E_2 \qquad (6-78)$$

$$Y = Y_{02} + R_2 \sin E_2 \qquad (6-79)$$

$$Z = Z_{02} + R_2 \sin A_2 \cos E_2 \qquad (6-80)$$

利用上述两个计算公式交叉计算,即可得到需要的测量值。

3) 光电经纬仪的无人机系统试验与鉴定中的应用

光电经纬仪通常用于无人机平台试飞时的实时位置对比解算,如与无线电高度表、GPS、BD 等位置信息的实时对比分析,如飞机运动过程中的着陆阶段下沉率计算、实时位置及变化率计算等。同时,光电经纬仪较多用于靶场测量,如空空武器、地空武器的实时测量和记录分析等。

6.2.5.2　GPS 用于外部运动参数测量

GPS 是对 NAVSTAR/GPS(navigation satellite timing and ranging/global positioning system)的简称,其含义是指利用卫星进行测时和测距的全球定位系统。GPS 系统是美国国防部于 1973 年开始研制的一代星基全球导航定位系统,该系统于 1989 年开始组网建设,1993 年建成并正式投入使用,GPS 系统包括空间系统、地面支撑系统和用户系统三大部分。GPS 空间系统由在轨运行的 21 颗 GPS 工作卫星和 3 颗在轨备用卫星组成,24 颗卫星分布在互成 60° 的 6 个轨道面上,轨道倾角 55°,卫星运行在平均高度 20 200 km 的近圆轨道上,运行周期为 11 h 58 min,从而可以保证地球上任何一点在任何时刻都能接收到 4 颗以上连续 GPS 卫星信号。GPS 卫星的核心设备是原子钟,原子钟产生高稳定度的 10.23 MHz 的基本振荡频率,经过合成产生 $f_{L1} = 1\,575.42$ MHz 和 $f_{L2} = 1227.60$ MHz 两个 L 波段的载波,L_1 载波被两种相位正交的伪随机码调制,一种称为 C/A 码,即粗码,另一种为 P 码,即精码,L_2 载波只用 P 码进行调制。

GPS 地面支撑系统由 1 个主控站、3 个注入站和 5 个监测站构成,5 个监控站均匀分布在全球范围内,对 GPS 卫星进行连续观测,并将观测数据提供给主控站,主控站完成数据收集、导航电文编辑、卫星姿态和位置调整、全系统监控等功能;注入站将主控站发来的导航电文注入各个 GPS 卫星。

1) GPS 用户系统

用户系统主要指各类 GPS 接收机及数据处理软件,GPS 接收机是享用这一资源的关键。自 1993 年 GPS 系统建成之后,世界各国致力于导航、定位、定时研究的科研机构和院所相继研制出了多种不同用途的 GPS 接收机。GPS 接收机主要分为三类,即导航型、测量型及授时型。其中导航型和授时型接收机一般采用单频 C/A 码接收技术,主要用于航空、航海和陆地的实时导航以及标准时间的传递和比对;测量型接收机一般采用可同时接收 L_1、L_2 两个载波的双频接收机,有的还具有接收 P 码的功能,主要用于大地测量、地球物理学研究以及飞机、船舶、车辆的运行轨迹、速度精确测量等科研领域。双频 P 码接收机是本书讨论的重点设备。

经过近 20 年的发展,GPS 接收机经历了从单频到双频、从无码到双频 P 码相关、从单通道时分复用到 24 通道并行接收等几个重大技术进步阶段。一台高品质测量型 GPS 接收机应当具有以下特点:

(1) 设备体积小、重量轻、结构合理、功耗低;

(2) 具有 24 个以上的并行通道,可以连续跟踪全部可见卫星;

(3) 可以进行 P 码在内的双频伪距、载波相位、多普勒频移观测;

(4) 具有实时差分特别是 RTK 扩展能力;

(5) 具有先进的信号处理技术,可以获得高精度的测量数据;

(6) 天线相位中心稳定可靠,具有抗多路、抗干扰设计;

(7) 环境适应性强,可在较为恶劣条件下使用;

(8) 具有较好的操作界面和完善的数据处理软件。

接收机结构一般可以分为天线单元、接收处理单元、接口及显示单元三大部分,GPS 接收机的基本组成结构如图 6-4 所示。

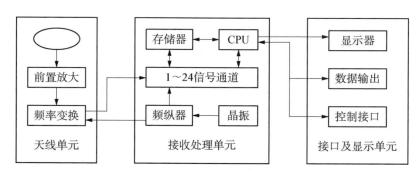

图 6-4　GPS 接收机的基本组成结构

2) GPS 使用的坐标系

GPS 测量坐标系是由其地面支撑系统所在坐标值定义的地心坐标系,从 1985 年开始,该坐标系采用 1984 年世界大地坐标系(World Geodtic System-

84，WGS-84)。

WGS-84 坐标系的长半轴 α_e = 6378137 m，扁率 f = 1/198.257223563。地球自转角速度

$$\omega_e = 7292115 \times 10^{-11} \text{ rad/s}。$$

3）GPS 信号

GPS 使用两个 L 波段的载波，其中：

载波 L_1：$f_1 = 154 \times f_0 = 1575.42$ MHz；

载波 L2：$f_2 = 120 \times f_0 = 1227.60$ MHz。

GPS 信号中有两种伪随机码：C/A 码速率 1.023 Mb/s，P 码速率 10.23 Mb/s。导航电文数据和 C/A 码、P 码分别以同相和正交方式对载波 L_1 进行调制。载波 L_2 仅被 P 码双相调制。

4）GPS 实时载波相位差分技术

实时载波相位差分（RTK）是当前 GPS 应用研究的一个热点技术。

5）GPS 相关用户精度限制政策

（1）可用性选择政策。

美国 GPS 可用性选择政策（selective availability），即人为地将误差引入卫星和卫星数据中，故意降低 GPS 定位精度。

（2）反电子欺骗政策。

美国 GPS 反电子欺骗政策（anti-spoofing），将 GPS 的 P 码与高度机密的 W 码相加形成新的 Y 码，目的在于防止敌方对 P 码进行精密定位，也不能进行 P 码和 C/A 码相位测量的联合求解。

6.2.6 GPS 静态/动态测量原理

6.2.6.1 GPS 观测量和观测模型

实现 GPS 导航定位观测的基本观测量主要有伪距、载波相位和积分多普勒观测量，这些基本观测量不但可以单独应用于不同精度要求和目的的用户，而且还可以通过线性组合衍生出其他观测量，以满足部分用户在数据处理中的特殊用途。

1）伪距观测量和观测模型

接收机内部可以产生与被观测 GPS 卫星相同的伪随机码信号（C/A 码和 P 码），这个复制品经过码跟踪环路产生延迟和多普勒频移，达到与 GPS 天线接收

到的卫星信号最大相关,这样可以得到接收机天线到 GPS 卫星的距离,由于 GPS 卫星的星钟、接收机的用户钟分属不同的时间系统,因而测量时会引入时间偏差;卫星信号在穿越大气层时,电离层、对流层会引起信号传播的附加延迟;此外,观测环境的多路径效应、卫星运动引起的相对论效应、地球旋转和固体潮因素、卫星轨道跟数的测量误差等,都将使利用伪随机码测得的距离产生偏差(偏离几何距离),因而,通常称 GPS 接收机利用伪随机码直接获得的观测量为测码伪距,简称伪距,一般情况下,伪距观测方程为

$$P = \rho + c(\Delta t - \Delta T) + \Delta D_{\text{iono}} + \Delta D_{\text{trop}} \qquad (6-81)$$

式中：P 为伪距;ρ 为卫星到接收机天线的几何距离;c 为光速;Δt 为接收机钟差;ΔT 为卫星钟差;ΔD_{iono} 为电离层延迟;ΔD_{trop} 为对流层延迟。

　　伪距测量精度主要取决于接收机内部码相关的精度,伪距测量主要应用于导航和时间比对,在相对定位中,伪距测量可以为用户提供概略位置和钟差,进而起到对观测相位时标的改正作用。此外利用 P 码或使用窄相相关技术的 C/A 码获取的伪距,在动态载波相位相对定位的周跳检测和修复以及快速求解整周模糊度方面有着特殊作用。

　　2) 载波相位观测量及观测模型

　　与伪距观测量相比,载波相位观测量的获取要复杂得多,在早期无码型 GPS 接收机中,通常采用平方技术,通过测量接收机重复的、具有多普勒频移的、锁相的中频载波信号的相位,获取测载波相位观测量,但由于这种测量过程中,信号上的噪声同时被进行平方处理,因而信噪比大大降低,故基于该种方法获取载波相位测量值的 GPS 接收机已基本淘汰。目前大多数 GPS 接收机都采用码相关技术,由于接收机接收的卫星载波信号在与稳定的本振信号进行差拍时相位保持不变,因而测量载波跟踪环路压控振荡器产生的中频载波的相位即可达到目的,其原理如图 6-5 所示。

　　载波相位测量一般以接收机钟为时标,进行等间隔采样测量,现在大多数接收机都采取将相位累积测量值作为载波相位观测值。同时由于载波的波长远小于码的波长,所以在分辨率相同的情况下,载波相位的观测精度远远高于码相位的观测精度,但是载波相位测量是一种模糊测量,它无法直接得到卫星载波信号在传播路线上相位变化的整周数 N,即便是连续的相位累积测量也存在一个初始测量模糊度,因而存在整周不定性问题。另外在接收机跟踪 GPS 卫星的过程中,由于遮挡、多路径、电磁干扰等因素,还会造成若干整周计数的丢失或跳动,

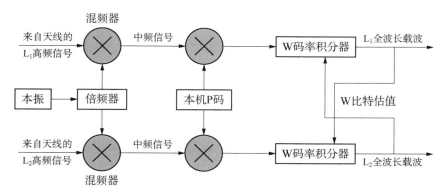

图6-5 使用Z技术的码相关载波重建技术原理

产生周跳现象,使测量序列失去时空连续性,接收机重新捕获锁定 GPS 卫星后,载波相位观测量中将产生新的模糊度。

同样,由于卫星钟与接收机用户钟存在钟差,同时考虑电离层、对流层延迟的影响,可以得到载波相位观测方程为

$$\varphi\lambda = \rho + c(\Delta t - \Delta T) - \Delta D_{\text{iono}} - \Delta D_{\text{trop}} \qquad (6-82)$$

式中,φ 为载波相位观测量;λ 为载波波长;其他参数同伪距方程。

3) 积分多普勒观测量

现代综合型 GPS 接收机一般都能输出积分多普勒观测量,通常将 GPS 卫星运动引起的多普勒频移的连续积分称为积分多普勒,实际上,积分多普勒是两个历元上载波相位观测量之差,其整数部分是相邻两个历元累积相位整周数之差,小数部分是相位读数,由于积分多普勒是相对观测量,因而观测序列中不存在整周模糊度和周跳问题。积分多普勒观测量可以用于速度测量、电离层延迟测量、数据连接等领域,还可以应用于三差模式的数据事后处理工作。

6.2.6.2 GPS 单点测量基本原理

GPS 测量的基本原理是源于测量学中的空间距离后方交会法,如图 6-6 所示。

设 p 点为空间未知点,其空间坐标为 (x_p, y_p, z_p),在该点上假设 GPS 天线进行观测,当同时收到三颗 GPS 卫星的空间坐标后,通过求解星历,可以获得这三颗 GPS 卫星的空间坐标,分别为 (x_1, y_1, z_1)、(x_2, y_2, z_2)、(x_3, y_3, z_3),如果能够同时测量出这三颗卫星到 GPS 接收机天线(空间 p 点)的空间距

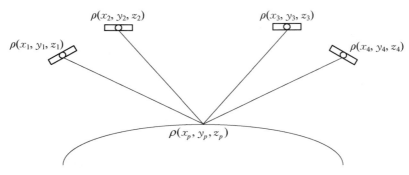

图 6-6　GPS 单点定位原理图

离(伪距)ρ_1、ρ_2、ρ_3,那么,通过联立方程

$$\begin{cases} \rho_1 = \sqrt{(x_1 - x_p)^2 + (y_1 - y_p)^2 + (z_1 - z_p)^2} \\ \rho_2 = \sqrt{(x_2 - x_p)^2 + (y_2 - y_p)^2 + (z_2 - z_p)^2} \\ \rho_3 = \sqrt{(x_3 - x_p)^2 + (y_3 - y_p)^2 + (z_3 - z_p)^2} \end{cases} \quad (6-83)$$

可以得到 p 点的空间坐标。现代测量型接收机,通常通过测量接收机产生的伪随机码或载波相位信号与天线接收到的伪随机码或载波相位信号之间的时延或相移,获取 GPS 接收机天线的伪距。伪随机码测距的基本原理如图 6-7 所示。

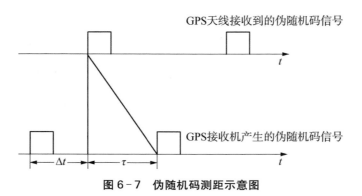

图 6-7　伪随机码测距示意图

用户接收机产生的伪随机码在接收机内部经过时间 τ 的延迟移相处理,便达到与接收天线得到的伪随机码最大相关,即相应码元对齐,因此时间延迟量 τ 便是 GPS 卫星发射伪随机码信号到达 GPS 用户接收机天线的时间间隔,所以伪距 ρ 便可通过下式计算:

$$\rho = c\tau \qquad (6-84)$$

式中：c 为光速

上述结论的一个关键前提是：GPS 接收机钟必须与所有 GPS 卫星内部安装的卫星钟严格同步，这意味着接收机钟必须是造价昂贵、重量和体积庞大、使用环境要求苛刻的氢原子频标或铯原子频标，这显然是做不到的。此时为抵消接收机钟差的影响，需要测量出用户天线到第四颗卫星的伪距，观测方程组为

$$\begin{cases} \rho_1 = \sqrt{(x_1-x_p)^2+(y_1-y_p)^2+(z_1-z_p)^2} + c\Delta t \\ \rho_2 = \sqrt{(x_2-x_p)^2+(y_2-y_p)^2+(z_2-z_p)^2} + c\Delta t \\ \rho_3 = \sqrt{(x_3-x_p)^2+(y_3-y_p)^2+(z_3-z_p)^2} + c\Delta t \\ \rho_4 = \sqrt{(x_4-x_p)^2+(y_4-y_p)^2+(z_4-z_p)^2} + c\Delta t \end{cases} \qquad (6-85)$$

在这个方程组中正好有四个方程式和四个未知量：x_p、y_p、z_p、Δt。由此可以解出用户的三维位置和用户钟相对 GPS 时的时差，同理利用四颗卫星的四个多普勒观测量，可以求出三个伪距变化率，从而得到用户的三维速度向量。

综上所述，当用户接收机同时观测到四颗以上的 GPS 卫星时，便可实时获得三维位置、三维速度、一维时间这七种信息，而对接收机内部时钟频率稳定性的要求，可以降低到普通石英频标的要求（1×10^{-6}）。

6.2.6.3　GPS 相对测量基本原理

相对定位测量是相对于单点定位测量而言的，单点定位测量所确定的某点的坐标是对于地球质心（WGS-84）的坐标，相对定位测量确定的某点坐标是相对于地面另一已知点的坐标，相对定位测量可以溯源到经典大地测量学的三角测量或三边测量。

参加测量的 GPS 接收机至少在两台以上，至少已知一点的坐标，当观测相同的一组 GPS 卫星的工作同步进行时，便构成了 GPS 相对定位测量。GPS 相对测量的基本形式是差分 GPS（DGPS），通常认为，当基准站和用户站隔在一定范围内时，即伪距差分不超过 150 km、载波相位差分不超过 30 km 时，两个测站的观测值相对于同一颗卫星的同一弧度呈强相关性，即它们所包含的主要测量误差是相同的，因此可以通过差分的方法将公共误差消除或减弱。从作用范围来看，可以分为局域差分和广域差分；从实现差分的时空特性上可以分为实时差分和事后差分；从实现差分的技术手段上可以分为位置差分、伪距差分和载波相位差分。下面从实现差分的技术手段入手，重点讨论 GPS 相对测量的基本

原理。

1）位置差分

设基准站 A 和用户站 B 的 GPS 接收机选择同样的卫星组合，分别解算两点坐标，得到的单点定位结果分别为 (X'_A, Y'_A, Z'_A) 和 (X'_B, Y'_B, Z'_B)，通过位置差分，目标值 B 的相对定位结果为

$$\begin{cases} X_B = X_A + (X'_B - X'_A) \\ Y_B = Y_A + (Y'_B - Y'_A) \\ Z_B = Z_A + (Z'_B - Z'_A) \end{cases} \quad (6-86)$$

式中：(X_A, Y_A, Z_A) 为基准站 A 的已知精确坐标。

2）伪距差分

在讨论 GPS 伪距差分和载波相位差分之前，需要介绍几个概念：

（1）单差指在不同测站同步观测同一颗卫星所得的同类观测量之间求差，单差组合消除了卫星钟差的影响。

（2）双差指不同测站同步观测同一卫星，所得单差再进行不同卫星之间求差，双差组合消除了接收机钟差的影响。

（3）三差指不同测站同步观测同一组卫星，所得双差再进行相邻观测历元之间求差，载波相位三差组合克服了整周模糊度的影响。

在实际应用中，由于受接收机钟差的影响，单差模式对用户接收机频标的稳定性要求很高，不太适合普通用户使用，同样三差模式虽然克服了整周模糊度的影响，但由于方程结构复杂，建立方程所需要的独立观测量较大，对可同步观测卫星数和观测历元数要求高，因而仅用于周跳分析，在实际工作中一般采用双差模型进行载波相位相对定位解算。一般情况下，使用最小二乘法求解静态伪距或载波相位双差方程，求解动态伪距或载波相位双差方程，常使用卡尔曼滤波法。

（1）伪距单差观测方程。

根据单差组合定义，可以写出线性化的伪距观测单差方程，并用 $\Delta\rho^j_{AB}$ 表示，$\Delta\rho^j_{AB}$ 的下标 A、B 为测站号，上标 j 表示卫星号，并假设对流层折射和电离层折射呈强相关性，忽略观测误差的影响。由伪距观测方程

$$\begin{cases} \rho^j_A = R^j_A + c\,\Delta t_A - c\,\Delta t^j_{\mathrm{star}} + R^j_{A\_trop} + R^j_{A\_iono} \\ \rho^j_B = R^j_B + c\,\Delta t_B - c\,\Delta t^j_{\mathrm{star}} + R^j_{B\_trop} + R^j_{B\_iono} \end{cases} \quad (6-87)$$

可以得到单差伪距观测方程为

$$\Delta \rho_{AB}^{j} = \rho_A^{j} - \rho_B^{j} = R_A^{j} + c(\Delta t_A - \Delta t_B) - R_B^{j} \tag{6-88}$$

方程中的未知参数是用户站的坐标(X_B, Y_B, Z_B)和站间钟差$c(\Delta t_A - \Delta t_B)$。

令站间钟差$c\Delta t_{AB} = c(\Delta t_A - \Delta t_B)$,用户点坐标用概略坐标及其改正数表示:

$$\begin{cases} X_B = X_{B0} + \Delta X_B \\ Y_B = Y_{B0} + \Delta Y_B \\ Z_B = Z_{B0} + \Delta Z_B \end{cases} \tag{6-89}$$

代入伪距单差观测方程后可以得到

$$\begin{aligned} \Delta \rho_{AB}^{j} = \rho_A^{j} - \rho_B^{j} &= R_A^{j} + c\Delta t_{AB} - R_B^{j} \\ &= \sqrt{(X^j - X_A)^2 + (Y^j - Y_A)^2 + (Z^j - Z_A)^2} + c\Delta t_{AB} - \\ &\quad \sqrt{(X^j - X_{B0} - \Delta X_B)^2 + (Y^j - Y_{B0} - \Delta Y_B)^2 + (Z^j - Z_{B0} - \Delta Z_B)^2} \end{aligned} \tag{6-90}$$

将上式泰勒展开并忽略二次以上高阶项,可以得到

$$\Delta \rho_{AB}^{j} = R_{B0}^{j} - R_A^{j} - (e_1^j)_B \Delta X_B - (e_2^j)_B \Delta Y_B - (e_3^j)_B \Delta Z_B + c\Delta t_{AB} \tag{6-91}$$

式中:e_1^j、e_2^j、e_3^j 为卫星 j 观测方向对应三个坐标轴的方向余弦,即

$$\begin{cases} e_1^j = \left(\dfrac{\partial R_{B0}^j}{\partial X}\right)_0 = \dfrac{X^j - X_{B0}}{R_{B0}^j} \\[3mm] e_2^j = \left(\dfrac{\partial R_{B0}^j}{\partial Y}\right)_0 = \dfrac{Y^j - Y_{B0}}{R_{B0}^j} \\[3mm] e_3^j = \left(\dfrac{\partial R_{B0}^j}{\partial Z}\right)_0 = \dfrac{Z^j - Z_{B0}}{R_{B0}^j} \end{cases} \tag{6-92}$$

$$R_{B0}^j = \sqrt{(X^j - X_{B0})^2 + (Y^j - Y_{B0})^2 + (Z^j - Z_{B0})^2} \tag{6-93}$$

当两站同步观测 4 颗以上卫星时,即可组成四个以上的观测方程,从而解算出 ΔX_B、ΔY_B、ΔZ_B 和 Δt_{AB},将单差伪距观测方程(式(6-88))线性化,则有

$$A_B \boldsymbol{\chi}_B = L \qquad (6-94)$$

其中：

$$\boldsymbol{\chi}_B = \begin{bmatrix} \Delta X_B & \Delta Y_B & \Delta Z_B & c \Delta t_{AB} \end{bmatrix} \qquad (6-95)$$

$$A_B = \begin{bmatrix} e_1^1 & e_2^1 & e_3^1 & -1 \\ e_1^2 & e_2^2 & e_3^2 & -1 \\ \vdots & \vdots & \vdots & \vdots \\ e_1^n & e_2^n & e_3^n & -1 \end{bmatrix}_k ; \quad L = \begin{bmatrix} R_{B0}^1 - R_A^1 - \Delta \rho_{AB}^1 \\ R_{B0}^2 - R_A^2 - \Delta \rho_{AB}^2 \\ \vdots \\ R_{B0}^n - R_A^n - \Delta \rho_{AB}^n \end{bmatrix} \quad (n \geqslant 4)$$

$$(6-96)$$

在上述演算过程中，由于没有考虑电离层、对流层参差对伪距测量的影响，也没有考虑观测误差和泰勒展开时忽略二阶以上项引入的截断误差，因而在实际应用中存在较大缺陷，当考虑上述各项误差影响时，单差伪距观测线性方程为

$$V_B = A_B \boldsymbol{\chi}_B - L \qquad (6-97)$$

其中：V_B 表示误差矩阵。方程的最小二乘法方程为

$$A_B^{\mathrm{T}} A_B \boldsymbol{\chi} = A_B^{\mathrm{T}} L \qquad (6-98)$$

其最小二乘解为

$$\boldsymbol{\chi}_B = (A_B^{\mathrm{T}} A_B)^{-1} A_B^{\mathrm{T}} L \qquad (6-99)$$

（2）伪距双差观测方程。

对应于测站 A 和测站 B、卫星 i 和卫星 j 的含有误差的单差观测方程为

$$\begin{cases} v_{AB}^i = R_{B0}^i - R_A^i - (e_1^i)_B \Delta X_B - (e_2^i)_B \Delta Y_B - (e_3^i)_B \Delta Z_B + c \Delta t_{AB} - \Delta \rho_{AB}^i \\ v_{AB}^j = R_{B0}^j - R_A^j - (e_1^j)_B \Delta X_B - (e_2^j)_B \Delta Y_B - (e_3^j)_B \Delta Z_B + c \Delta t_{AB} - \Delta \rho_{AB}^j \end{cases}$$

$$(6-100)$$

将两个单差观测方程求差，即组成双差观测方程：

$$\begin{aligned} v_{AB}^{ij} &= v_{AB}^j - v_{AB}^i \\ &= (R_{B0}^j - R_{B0}^i) - (R_A^j - R_A^i) - (e_1^{ij})_B \Delta X_B - (e_2^{ij})_B \Delta Y_B - (e_3^{ij})_B \Delta Z_B - \Delta \rho_{AB}^{ij} \end{aligned}$$

$$(6-101)$$

其中：

$$e_1^{ij} = e_1^j - e_1^i, \; e_2^{ij} = e_2^j - e_2^i, \; e_3^{ij} = e_3^j - e_3^i, \; \Delta\rho_{AB}^{ij} = \Delta\rho_{AB}^j - \Delta\rho_{AB}^i \tag{6-102}$$

显然，同一历元的双差观测值是线性相关的，其逆阵可写为

$$\boldsymbol{Q}_i = \begin{bmatrix} 2 & 1 & \cdots & 1 \\ 1 & 2 & \cdots & 1 \\ \vdots & \vdots & & \vdots \\ 1 & 1 & \cdots & 2 \end{bmatrix} \tag{6-103}$$

而不同历元的双差观测值是线性无关的，其权逆阵可以写为

$$\boldsymbol{Q} = \boldsymbol{P}^{-1} = \mathrm{diag}(\boldsymbol{Q}_1, \boldsymbol{Q}_2, \cdots, \boldsymbol{Q}_n) \tag{6-104}$$

将双差观测方程（式(6-101)）中的已知量合并为常数项 L_{AB}^{ij}，则有

$$L_{AB}^{ij} = (R_{B0}^j - R_{B0}^i) - (R_A^j - R_A^i) - \Delta\rho_{AB}^{ij} \tag{6-105}$$

而含有误差项双差观测方程为

$$v_{AB}^{ij} = v_{AB}^j - v_{AB}^i = L_{AB}^{ij} - (e_1^{ij})_B \Delta X_B - (e_2^{ij})_B \Delta Y_B - (e_3^{ij})_B \Delta Z_B \tag{6-106}$$

其线性化形式为

$$\boldsymbol{V} = \boldsymbol{A}\boldsymbol{X} - \boldsymbol{L} \tag{6-107}$$

方程为

$$\boldsymbol{A}^{\mathrm{T}}\boldsymbol{P}\boldsymbol{A}\boldsymbol{X} = \boldsymbol{A}^{\mathrm{T}}\boldsymbol{P}\boldsymbol{L} \tag{6-108}$$

其中：

$$\boldsymbol{P} = \boldsymbol{Q}^{-1} \tag{6-109}$$

方程的最小二乘解为

$$\boldsymbol{X} = (\boldsymbol{A}^{\mathrm{T}}\boldsymbol{P}\boldsymbol{A})^{-1}\boldsymbol{A}^{\mathrm{T}}\boldsymbol{P}\boldsymbol{L} \tag{6-110}$$

3）载波相位差分

与伪距差分类似，根据定义可以得到载波相位单差、双差、三差的观测方程。

（1）站间相位单差方程。

设同一历元 i，两台接收机 A 和 B 对同一颗卫星 j 进行载波相位同步观测，

则构成的单差方程为

$$SD(A,B,j,i)=\phi_{Aji}-\phi_{Bji}=-f_0\frac{(\rho_{Aji}-\rho_{Bji})}{c}+f_0(\delta t_r^{Ai}-\delta t_r^{Bi})-$$

$$(\Delta\phi_{\text{trop}}^{Aji}-\Delta\phi_{\text{trop}}^{Bji})-(\Delta\phi_{\text{iono}}^{Aji}-\Delta\phi_{\text{iono}}^{Bji})+N_{Aj}-N_{Bj}+\varepsilon_A^{ji}-\varepsilon_B^{ji} \quad (6-111)$$

一般认为，测站间单差消除了相对论效应和卫星钟差影响，而且当两个测站距离较近时，卫星信号到达两台 GPS 接收机天线的传播路径上的大气参数呈强相关性，电离层和对流层延迟基本被抵消，此时测量误差主要来自接收机钟差和多路径效应。

（2）星站间相位双差方程。

两个测站同步观测两个 GPS 卫星的观测量的两个站间相位单差之差，定义为星站间相位双差，其方程为

$$DD(m,n;j,k;i)=(\phi_{mji}-\phi_{nji})-(\phi_{mki}-\phi_{nki})$$

$$=-f_0\frac{(\rho_{mji}-\rho_{nji}-\rho_{mki}+\rho_{nki})}{c}-(\Delta\phi_{\text{trop}}^{mji}-\Delta\phi_{\text{trop}}^{nji}-\Delta\phi_{\text{trop}}^{mki}+\Delta\phi_{\text{trop}}^{nki})-$$

$$(\Delta\phi_{\text{iono}}^{mji}-\Delta\phi_{\text{iono}}^{nji}-\Delta\phi_{\text{iono}}^{mki}+\Delta\phi_{\text{iono}}^{nki})+$$

$$N_{mj}-N_{nj}-N_{mk}+N_{nk}+\varepsilon_m^{ji}-\varepsilon_n^{ji}-\varepsilon_m^{ki}+\varepsilon_n^{ki} \quad (6-112)$$

与单差方程式(6-111)相比，双差相位进一步消除了接收机钟差的影响，但是应说明的是，由于几何延迟是信号接收时刻测站位置的函数，所以接收机钟差将导致计算的几何时延产生误差，所以将几何时延线性化时，应包括接收机钟差项。

（3）星站和观测历元间相位三差方程。

三差定义为相邻两个观测历元上，两个测站和两个卫星之间的相位双差之差，其方程为

$$TD(m,n;j,k;i,l)=[(\phi_{mji}-\phi_{nji})-(\phi_{mki}-\phi_{nki})]-$$

$$[(\phi_{mjl}-\phi_{njl})-(\phi_{mkl}-\phi_{nkl})]$$

$$=-f_0\frac{(\rho_{mji}-\rho_{nji}-\rho_{mki}+\rho_{nki}-\rho_{mjl}+\rho_{njl}+\rho_{mkl}-\rho_{nkl})}{c}-$$

$$(\Delta\phi_{\text{trop}}^{mji}-\Delta\phi_{\text{trop}}^{nji}-\Delta\phi_{\text{trop}}^{mki}+\Delta\phi_{\text{trop}}^{nki}-\Delta\phi_{\text{trop}}^{mjl}+\Delta\phi_{\text{trop}}^{njl}+\Delta\phi_{\text{trop}}^{mkl}-\Delta\phi_{\text{trop}}^{nkl})-$$

$$(\Delta\phi_{\text{iono}}^{mji}-\Delta\phi_{\text{iono}}^{nji}-\Delta\phi_{\text{iono}}^{mki}+\Delta\phi_{\text{iono}}^{nki}-\Delta\phi_{\text{iono}}^{mjl}+\Delta\phi_{\text{iono}}^{njl}+\Delta\phi_{\text{iono}}^{mkl}-\Delta\phi_{\text{iono}}^{nkl})+$$

$$(\varepsilon_m^{ji}-\varepsilon_n^{ji}-\varepsilon_m^{ki}+\varepsilon_n^{ki}-\varepsilon_m^{jl}+\varepsilon_n^{jl}+\varepsilon_m^{kl}-\varepsilon_n^{kl}) \quad (6-113)$$

三差相位不仅消除了卫星、接收机钟差和 SA 抖动的影响,还消除了模糊度参数,当观测数据发生周跳时,仅对发生周跳的那个数据产生影响,对其他数据没有影响。

6.2.6.4　实时动态差分

实时动态差分是近年来迅速发展起来的一项 GPS 应用新技术,它是现代 GPS 技术、现代数字通信技术的有机结合。与基于事后差分的相对定位技术相比,它的突出特点是用户在某个区域范围内,可以实时获取高精度的相对坐标,其速度与单点定位无异,因此可以满足包括航空/航天测控在内的高动态实时测量的需要,实时动态差分技术基本上可以分为 LADGPS 和 WADGPS 两种类型。

1) LADGPS 实时动态测量技术

LADGPS 实时动态测量技术可以分为三种工作模式:实时动态伪距差分模式、实时动态载波相位差分模式和实时动态相位平滑伪距差分模式。

LADGPS 的基本原理与 GPS 相对定位的原理一致,所不同的是,移动站进行相对定位解算所使用的不再是基准站伪距或载波相位观测量,而是观测量的改正信息。以伪距差分为例,基准站通过数据通信信道发送到移动站的信息是基准站对每一颗可视的 GPS 卫星的伪距误差按比例改正的信息以及这些信息的变率信息。用户站利用这些信息对其所观测的伪距进行改正,即可获得精度较高的定位结果。由于 LADGPS 提高测量精度是基于同步同轨观测原理,所以离开了公共误差源强相关这一前提,LADGPS 就会失败。

（1）实时伪距差分技术。

设 L_1 频率的伪距观测方程为

$$P = \rho + c\Delta t_r - c\Delta t_s - T + \varepsilon \tag{6-114}$$

式中:P 是 L_1 的伪距观测量,已做过对流层、相对论效应改正;ρ 为测站天线到 GPS 卫星的几何距离;Δt_r、Δt_s 分别是接收机钟差和卫星钟差;T 是电离层延迟改正;ε 为观测噪声。

对于 L_2 的伪距观测量,由于美国 AS 政策影响,P 码被加密成 Y 码,普通双频用户无法获得 L_2 上的 P 码伪距,但通过相互辨识技术(Z 技术),可以得到 L_1 和 L_2 上的 $(Y_1 - Y_2)$,从而得到 L_2 的伪距观测量,即

$$P_{L_2} = P_{L_1} + P_{Y_1 - Y_2} \tag{6-115}$$

式中，P_{L_1} 是 L_1 的伪距观测量，由此得到的 P_{L_2} 的精度高于 P_{L_1}。

无论采用哪个频率获取的伪距，在基准站上，都可以根据已知的高精度地心坐标和卫星星历，求解出当前历元的伪距观测改正量：

$$\Delta P = \rho - P \tag{6-116}$$

通常，基准站 GPS 接收机向移动站 GPS 接收机提供的伪距差分信息为 $\dfrac{\Delta P}{P}$，同时向用户提供的还有差分信息变化率。移动站使用收到的伪距差分信息，对其观测到的与基准站形成共视的每颗 GPS 卫星的伪距进行修正，然后定位计算解出当前位置坐标。

实时伪距差分 GPS 定位可以直接使用伪距，当伪距观测值精度较差时，可以使用载波相位平滑后的伪距观测值。实时伪距差分的有效作用距离取决于基准站和移动站两者之间的时空相关程度，而差分的精度取决于差分信息的"讯龄"和伪距差分信息变化率。

（2）实时载波相位差分技术。

实时载波相位差分技术，是当前 GPS 应用研究的一个技术热点，利用伪距差分进行实时定位，其最大缺点是精度低，难以满足飞行器精密导航、工程测量、重点设施实时检测等应用领域的需要，为此实时载波相位差分测量技术研究日益重要。载波相位实时动态差分在技术上比实时伪距差分复杂得多，其最难以解决的问题是如何求解整周模糊度问题。由于移动站在对 GPS 卫星信号的载波实时跟踪时，经常会受到遮挡、电磁干扰等环境因素的影响而发生失锁，产生周跳现象，如果不能及时地加以检测并进行剔除或修复处理，那么将导致测量结果产生致命的错误。另外，周跳发生后，接收机需要重新确定整周模糊度，这意味着整个 RTK 过程需要重新开始。

RTK 测量是 GPS 载波相位测量技术和数据通信技术的结合，它突出特点是实时性强，要求数据采集和处理同步进行。因而 RTK 测量与经典的 GPS 静态测量、基于事后处理的 GPS 动态测量在核心方法上有着本质区别。众所周知，静态差分求解基线向量的一个先决条件是：基线两端的测站对卫星的观测必须严格同步进行；而 RTK 求解基线向量时，尽管也需要建立单差或双差模型，但由于运动和传输延迟的影响，移动站在观测中同步获得基准站相同历元观测数据是完全不可能的，因而，建立方程的参量就不再是原始观测量了。另外，静态测量求解方程的运算方法大多采用最小二乘法，RTK 测量的运算方法则使用卡尔曼滤波法。

　　RTK 测量的运算是在移动站 GPS 接收机内部进行的,我们知道,实现 GPS 载波相位测量的关键是获取正确的整周模糊度,RTK 也不例外,所不同的是,整周模糊度必须在连续的观测运动中获取,RTK 测量主要包括的环节如下:

　　a. 基准站测量且计算载波相位改正信息,并定期广播。历元 t 时刻基准站 A 广播的卫星 j 的载波相位改正值为

$$\Delta\phi_A^j(t) = P_A^j(t) - \phi_A^j(t) - \rho_A^j(1) + \phi_A^j(1) - \mu_A(t) \qquad (6-117)$$

式中: $P_A^j(t)$ 表示历元 t 时刻基准站天线相位中心到卫星 j 的几何距离; $\phi_A^j(t)$ 表示历元 t 时刻基准站比例化的载波相位值; $\rho_A^j(1)$ 表示第一个观测历元基准站测得的伪距; $\phi_A^j(1)$ 表示第一个观测历元基准站测得的比例化的载波相位值; $\mu_A(t)$ 表示历元 t 时刻基准站累积的对所有 n 颗可视卫星的平均不符值。

$$\mu_A(t) = \mu_A(t-1) + \frac{1}{n}\sum_{j=1}^{n}\left[P_A^j(t) - P_A^j(t-1) - \phi_A^j(t) + \phi_A^j(t-1)\right]$$

$$(6-118)$$

　　一般情况下,基准站可在定期发播载波相位改正信息的间隙间,等周期的发播载波相位更改信息的变化率 $\dfrac{\delta\Delta\phi_A^j}{\delta t}$,供移动站外推载波相位差分值,这样适当延长基准站发播载波相位更改信息的周期,从而有效降低数据传输链路的负担,提高通信质量。为保证差分精度,一般要求需要同时发播基准站钟差信息。

　　b. 移动站完整地接收基准站通过数据链通信设备定期发布的载波相位差分信息。

　　c. 基准站观测量的外推。

　　在移动站上,将收到的基准站卫星观测信息和位置观测信息外推至与移动站的 GPS 观测量同步的历元。外推公式为

$$\Delta\phi_A^j(t) = \Delta\phi_A^j(t_0) + \frac{\delta\Delta\phi_A^j}{\delta t}(t-t_0) \qquad (6-119)$$

　　d. 移动站进行相位观测值改正,并进行周跳的检测和修复。

　　先对测得的相位值进行改正:

$$\overline{\phi}_B^j(t) = \phi_B^j(t) + \Delta\phi_A^j(t) \tag{6-120}$$

然后计算单差观测值,检测观测量数据是否存在异常,如有异常,则对数据进行剔除或修复。

$$-\phi_B^j(t) - \phi_A^j(t) = -\rho_A^j(t) + \lambda N_{A,B}^j(1) + \rho_A^j(1) - \phi_A^j(1) - \mu_A(t) + \varepsilon$$
$$\tag{6-121}$$

式中:ε 表示钟差、大气折射、多径在内的所有误差总和。

e. 组成双差观测方程,则有

$$\overline{\phi}_B^{j,j+1}(t) = \overline{\phi}_B^{j+1} - \overline{\phi}_B^j = \rho_B^{j+1}(t) - \rho_B^j(t) + \lambda\overline{N}_{A,B}^{j,j+1}(1) \tag{6-122}$$

f. 动态求解双差初始整周模糊度为

$$\overline{N}_{A,B}^{j,j+1}(1) = N_{A,B}^{j,j+1}(1) + \frac{\rho_A^j(1) - \phi_A^j(1)}{\lambda} - \frac{\rho_A^{j+1}(1) - \phi_A^{j+1}(1)}{\lambda}$$
$$\tag{6-123}$$

g. 求解基线,同时观测 4 颗以上的卫星,结算出移动站当前地心坐标。

动态解整周模糊度是实现 RTK 测量的关键,由于求解整周模糊度是一个复杂而困难的问题,因此长期以来它始终是 GPS 测量学术研究的热点,1993年,瑞士的莱卡公司成功开发出动态实时快速确定整周模糊度的技术,为实现 RTK 测量奠定了基础。其基本思路是,在移动站运动过程中,利用数据链路接收的基准站发布的载波相位观测的改正信息,与移动站自身接收的伪距观测信息和载波相位观测信息,在同历元下构成差分观测方程,采用某种形式的快速求解整周模糊度算法,如"快速搜索法""双频 P 码伪距辅助的 M - W 扩波法""漂移误差补偿法"等,通过一定的观测积累,确定初始整周模糊度。然后采取逆向回代的方法,确定取得初始整周模糊度前所有观测历元的移动站的瞬时位置坐标。这种方法最大的优点是一旦发生卫星失锁而需要重新确定整周模糊度时,不再需要移动站停止下来,重新初始化的工作完全可以在载体运动的过程中进行。

应用载波相位实现实时动态相对定位有着较为苛刻的使用条件:

首先,对同步同轨跟踪的基本要求是 $\frac{n-1}{n-4} \leqslant m$,其中 n 为移动站与基本站同步观测的卫星数目,m 为两站同步观测的历元个数。因此,为了达到动态求解整周模糊度的目的,所需的同步跟踪的卫星数至少为 5 颗,而同步观测历元数不少于4颗。

其次,对基准站和移动站之间的时空相关程度要远远高于实时伪距差分,因此,载波相位实时差分的有效作用距离一般不大于30 km。

2) WADGPS实时动态测量技术

与局域差分GPS实时定位不同,WADGPS技术的基本思想是:首先将GPS观测误差源进行细分,然后对每一个误差源进行"模型化"处理,计算不同区域的不同误差源的误差修正,经过主控站编码处理,通过数据通信链路发送给全区用户,对用户接收机的观测误差加以改正,从而达到削弱各种误差源对GPS定位的影响,达到改善定位精度的目的。WADGPS的优点是,简化了用户系统的复杂性,降低了LADGPS中基准站和移动站之间必须保持时空相关的要求,保持了LADGPS的定位精度,覆盖面积大,其作用范围可以覆盖洲际。

6.2.6.5　GPS载波相位测量中的关键技术

前面讨论GPS动态相对测量方法的相关数学模型时,曾回避了整周模糊度、周跳和动态条件下的参数估计等问题,由于这些问题对GPS动态相对定位测量起着重要的作用,因而,它们是当前GPS应用研究的重点问题。

1) 整周模糊度的确定

目前利用GPS载波相位相对定位的测量精度已经可以达到 $10^{-7} \sim 10^{-8}$ 的水平,但是由于整周模糊度问题,长期以来只能用于静态测量。载波相位测量的基本观测量是GPS卫星发播的 L_1 和 L_2 载波信号的相位,包括不足一周的小数部分和整数部分。整数部分又分为接收机连续计数累积的整周数和开机捕获、锁定GPS卫星时的一个随机整周数。在测量过程中,这个随机整周数是未知的,称为整周模糊度或初始整周模糊度,它需要通过解算才能得到。由此才能进一步得到卫星到GPS接收机天线的距离,进而达到定位目的。也就是说,利用载波相位完成定位测量的前提是求解整周模糊度。

对于整周模糊度问题的研究始于20世纪80年代中期,先后出现了"两次设站法""交换天线法""区间判定法""马吉尔配适滤波法""方差比检验法"等方法。虽然这些研究成果不同程度地推动了求解整周模糊度问题的进步和发展,但它们大多只能用于静态测量,不能满足动态测量的需要。为此,各国学者把研究重点转移到了确定整周模糊度的快速方法上,并取得了一定的成果,在这些算法中,较为代表性有"模糊度函数法""最小二乘搜索法""遗传搜索法""漂移误差补偿法""模糊度快速逼近法""双频P码伪距辅助的M-W扩波法"等。下面简单介绍几种常用的动态测量的整周模糊度求解方法。

（1）双频 P 码伪距辅助的 M－W 扩波法。

双频 P 码伪距辅助的 M－W 扩波法是 Melbourne 和 Wuebbena 提出的，其实质上是借助两个频率以上的 P 码伪距观测值求解宽巷组合整周模糊度，再分解出每个载波的整周模糊度。从原理上讲，双频 P 码伪距辅助的 M－W 扩波法需要一个历元的观测值即可求解出整周模糊度，但在实际应用中，由于受到大气折射和测量环境的影响，往往需要若干历元的连续观测，通过逐步精确化，最终获得精度较高的整周模糊度。同时由于该方法使用了双频 P 码伪距观测量，因此对硬件设备要求较高，仅适用于具有双频 P 码伪距测量和载波相位测量功能的 GPS 接收机，对单频接收机并不适用。

（2）模糊度函数法。

模糊度函数法是从甚长基线干涉技术引申而来的，在使用单基线测量定位解算的模式下较为理想。模糊度函数法以未知点的近似解为中心，建立寻找能够使模糊度函数值最大的点的查询区间，因而对未知点概略位置精度要求较高，对周跳不敏感，但计算量较大。

（3）遗传搜索法。

遗传搜索法是一种通过模拟自然进化过程搜索最优解的方法，它属于快速搜索法，在实现上分为两步，首先用最小二乘法或卡尔曼滤波法求得整周模糊度浮点解，确定一个潜在的整数解空间，然后运用遗传搜索算法在该空间内得到整数约束下方差最小的模糊度解，即整周模糊度整数解。与其他快速搜索法（如最小二乘搜索法）相比，遗传搜索法具有搜索全局最优解的能力，避免陷入局部最优的局面，同时具有较强的稳定性。

2）周跳的检查与修复

与整周模糊度一样，周跳的检测与修复问题，在载波相位相对定位测量中也是十分重要的。周跳是指在 GPS 接收机对 GPS 卫星连续观测的过程中，由于某种突发的原因，如对天线的暂时遮挡、电磁干扰等，造成接收机对卫星信号的暂时失锁，使得载波相位观测值累积的整周数发生跳变现象。由于周跳具有继承性，因此对 GPS 载波相位定位测量的影响非常大，如不加以检测、修复或剔除，将会导致整个测量精度严重下降，从而导致测量无效。

周跳检查和修复的原理是建立在粗差定位基础上，对静态观测来说方法主要有历元间的高次求差法、多项式拟合法、线性拟合法等，对于动态载波相位相对测量而言，较为实用的方法有卡尔曼滤波法和双频 P 码辅助法。

（1）卡尔曼滤波法。

卡尔曼滤波法是利用卡尔曼滤波的信息序列达到检测和修复周跳的目的，当系统运动符合动态方程且观测噪声为零均值高斯白噪声时，卡尔曼滤波的状态估计 $\hat{X}_k$ 是最优估计。所以当观测值中存在周跳时，$\hat{X}_k$ 将不再是最优解，此时，动态方程和观测方程必须附加参数后，才能取得最优估计。

（2）双频 P 码辅助法。

利用双频 P 码测量的两种组合观测量（宽巷组合和电离层参差组合），可以对周跳进行检测和修复，这种方法不需要测站初值或轨道根数等外部信息，也无须进行测站和卫星间的双差处理，因此在理论上，可以对任意长度的基线进行周跳检测并修复到原始观测数据上。该方法的缺点是只能用于双频用户，使用宽巷组合时，只能获得宽巷周跳修正值，而不能得到 L_1 和 L_2 的周跳值。应用电离层参差组合 L_1 时，检测和修复周跳的有效性取决于电离层的变化和多路径效应影响的大小，另外当接收机失锁时间较长（超过 10 min）或过于频繁时，这两种组合都会失效，此时应采取将该段观测数据舍弃的处理方法。

6.3　试飞数据管理

6.3.1　试飞数据一般构成

试飞数据包括机载系统数据、试飞测试系统记录数据、控制站数据及飞行员讲评的录音和文字记录以及试验现场的技术文件和质量控制文件等，具体构成如图 6-8 所示。

6.3.2　机载试飞测试系统数据一般构成

机载试飞测试系统（ADAS）记录数据包括三部分：通用数据采集器记录数据、结构环境参数采集器记录数据和载荷参数采集器记录数据，如表 6-1 所示。

1）通用数据采集器记录数据

通用数据采集器记录数据包括两部分。加装传感器测试参数：包括传感器、应变片、温度片等测试参数；抽引机上参数（机电管理计算机、大气系统参数）：包括动力、液压数据包和燃油、电源数据包、大气系统参数（来自压力感受器组件）。

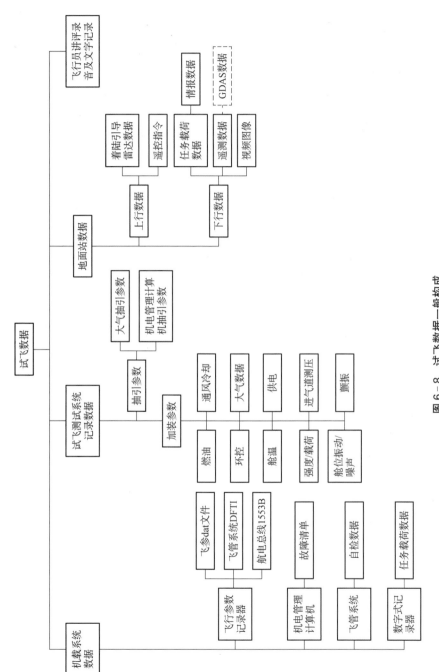

图 6-8 试飞数据一般构成

表 6-1　试飞测试系统数据分类

序号	数据分类	数据组成
1	总体测温	各关键设备舱内温度、机体表面温度
2	进气道测压	进气道出口流场静压、全压及动压
3	结构应变、温度及颤振	机身重要部位支持结构应变、温度和环境振动,各舵面结构振动加速度
4	强度/载荷	机翼重要部位支持结构应变和温度、舵面铰链力矩、翼面关键部位应力/应变、起落架护板变形及收放作动筒载荷等
5	环境振动	机头设备舱环境振动、惯导天文共基准托架振动
6	燃油	供输油、通气增压、主动燃油、热负载参数
7	电源	各电源系统设备输出电压、电流
8	环控	环控系统工作性能参数及温度、流量、压力等
9	发动机舱通风冷却	通风口温度
10	大气数据	大气数据系统主要参数
11	机电数据	机电综合参数

2）结构环境参数采集器记录数据

结构环境参数采集器记录数据包括加装应变片、热电偶、振动和噪声传感器等的数据。

3）载荷参数采集器记录数据

载荷参数采集器记录数据包括加装应变片等的数据。

6.3.3　大气环境数据

大气环境数据包括地面和空中的气压、温度、风向、风速,地面湿度、云底高等飞行气象数据,这些数据一般由机场所属气象台负责预报、提供和记录。

6.3.4　飞行员讲评录音和文字记录

飞行后飞行员的讲评录音和文字记录,用于出现问题后辅助排故和重要科目后对比分析试飞数据。

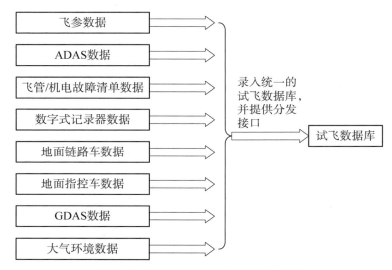

6.3.5　试飞技术文件和质量控制文件

试飞现场技术文件,如试飞任务单/书,试飞实施计划/方案等,是飞行试验的纲领性文件,直接指导和引领试飞数据的分析和处理。质量控制文件,如无人机系统履历证明、往返技术协调/更新文件、技术/使用手册、质量问题报告/处理等,也直接指导着试飞数据的分析和处理。

6.3.6　试飞数据录入试飞数据库统一管理

如图 6-9 所示,由专人负责将试飞数据录入试飞数据库统一管理,数据出库须经过相关批准。

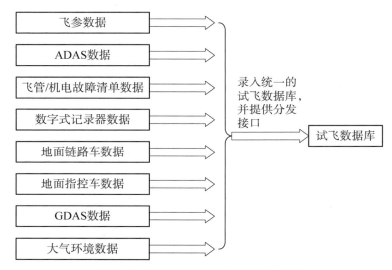

飞参数据

ADAS数据

飞管/机电故障清单数据

数字式记录器数据

地面链路车数据

地面指控车数据

GDAS数据

大气环境数据

录入统一的试飞数据库,并提供分发接口

试飞数据库

图 6-9　试飞数据录入数据库统一管理

6.4　统计计算的一般方法

6.4.1　均值或数学期望

均值或数学期望是离散型随机变量的一个特征数,它反映了离散型随机变量取值的平均水平。均值或数学期望定义如下:

一般地,若离散型随机变量 ξ 的概率分布为

ξ	x_1	x_2	$\cdots$	x_n
P	p_1	p_2	$\cdots$	p_n

则称 $E\xi = x_1 p_1 + x_2 p_2 + \cdots + x_n p_n$ 为 ξ 的均值或数学期望,简称期望。

平均数、均值定义如下:

一般地,在有限取值离散型随机变量 ξ 的概率分布中,令 $p_1 = p_2 = \cdots = p_n$,则有 $p_1 = p_2 = \cdots = p_n = \dfrac{1}{n}$, $E\xi = (x_1 + x_2 + \cdots + x_n)\dfrac{1}{n}$,所以 ξ 的数学期望又称为平均数、均值。

6.4.2　方差与标准差

方差表示一系列数据或统计总体的分布特征的值,方差(variance)用来度量随机变量和其数学期望(即均值)之间的偏离程度。

对于离散型随机变量 ξ,如果它所有可能取的值是 x_1, x_2, $\cdots$, x_n 且取这些值的概率分别是 p_1, p_2, $\cdots$, p_n,那么

$$D\xi = (x_1 - E\xi)^2 \cdot p_1 + (x_2 - E\xi)^2 \cdot p_2 + \cdots + (x_n - E\xi)^2 \cdot p_n$$

$$(6\text{-}124)$$

称为随机变量 ξ 的均方差,简称为方差,式中的 $E\xi$ 是随机变量 ξ 的期望值。$D\xi$ 的算术平方根 $\sqrt{D\xi}$ 称为随机变量 ξ 的标准差,记作 $\sigma\xi$。

从一大组数据 x_1, x_2, $\cdots$, x_N 当中取出一组样本数据 x_1, x_2, $\cdots$, x_n: $n < N$,常定义其样本标准差为

$$s = \sqrt{\frac{1}{n-1}\sum_{i=1}^{n}(x_i - \overline{x})^2}$$

$$(6\text{-}125)$$

样本方差 s^2 是对总体方差 σ^2 的无偏估计。s 中分母为 $n-1$ 是因为 $(x_i - \overline{x})$ 的自由度为 $n-1$,这是由于存在约束条件。样本标准差也称贝塞尔修正标准差。

当 $X \sim N(\mu, \sigma^2)$,即 X 服从一般正态分布时,对于任何 $a < b$,其计算概率公式为

$$P[a < X \leqslant b] = \Phi\left(\frac{b-\mu}{\sigma}\right) - \Phi\left(\frac{a-\mu}{\sigma}\right)$$

$$(6\text{-}126)$$

对于正态分布,根据上面的计算公式不难得出下面的结果:

$$P[\mu-\sigma < X < \mu+\sigma]=\Phi(1)-\Phi(-1)=0.6826$$
$$P[\mu-2\sigma < X < \mu+2\sigma]=\Phi(2)-\Phi(-2)=0.9544$$
$$P[\mu-3\sigma < X < \mu+3\sigma]=\Phi(3)-\Phi(-3)=0.9974$$

我们将这些结果示于图 6-10,图中,一个标准差之内的比率合起来是 68.26%,两个标准差之内的比率合起来为 95.44%,三个标准差之内的比率合起来为 99.74%,这就是 1σ、2σ、3σ 法则。

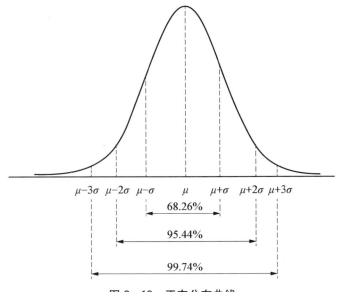

图 6-10　正态分布曲线

6.4.3　圆概率偏差

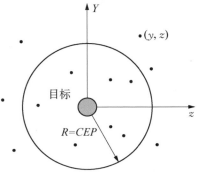

图 6-11　弹着点散布模型

圆概率偏差(CEP)是衡量武器命中精度的一个尺度,又称圆公算偏差。圆概率偏差是这样得出的:在相同的条件下,向同一目标发射多枚炮弹,由于制导系统误差、瞄准误差和气象条件等多种因素的影响,炮弹的弹着点将在目标附近形成散布(见图 6-11),其平均弹着点(散布中心)到瞄准点(一般为目标中心)的距离称为炮弹的系统误差,每个弹着点到平均弹着点的距离称为随机误差。通常系统误差比随机误差小并且可以修正,因此又近似地把瞄准点作为平均弹着点。以瞄准点为中心,包含 50% 弹着点的圆的半径就称为这种导弹的圆概率偏差。这个半径愈小,说明导弹的命中精度愈高。圆概率偏差是根据圆散布正态分布规律求出的。

假设弹着点坐标为 (y, z),对于 y,其数学期望是 μ_Y,方差是 σ_y^2,若存在一个 $E_y > 0$,使得

$$P(\,|\,Y - \mu_Y\,|\leqslant E_y) = \frac{1}{2}$$

成立,则 E_y 是 Y 的概率偏差,同理 E_z 是 Z 的概率偏差。

对于正态分布而言,概率偏差与均方差的关系为 $E_y = \rho\sqrt{2}\,\sigma_Y = 0.675\sigma_Y$,$\rho$ 为折算系数,取 0.4769,因此研究弹着点散布时,常常用概率偏差来代替方差。

按二维正态分布,概率分布函数为

$$f(y, z) = \frac{1}{2\pi\sigma_Y\sigma_Z}\exp\left\{-\frac{1}{2}\left[\left(\frac{y - \mu_Y}{\sigma_Y}\right)^2 + \left(\frac{z - \mu_z}{\sigma_z}\right)^2\right]\right\}$$

用概率偏差代替方差后,得到概率分布函数为:

$$f(y, z) = \frac{\rho^2}{\pi E_Y E_Z}\exp\left\{-\rho^2\left[\left(\frac{y - \mu_Y}{E_Y^2}\right)^2 + \left(\frac{z - \mu_z}{E_z^2}\right)^2\right]\right\}$$

对期望弹着点(散布中心)在原点的圆散布,有 $E_X = E_Y = CEP$,$\sigma_y = \sigma_z = \sigma$,则概率密度函数为

$$f(y, z) = \frac{1}{2\pi\sigma^2}\exp\left[-\frac{y^2 + z^2}{2\sigma^2}\right] \tag{6-127}$$

通过对圆散布概率密度的积分即可得命中目标的圆概率为

$$P_{nm} = \iint\limits_{y^2 + z^2 \leqslant R_{0.5}^2} f(y, z)\mathrm{d}y\mathrm{d}z = 0.5 \tag{6-128}$$

这里 $R_{0.5} = CEP$ 表示有 50% 的弹着点包含在其中的散布圆的半径。通过推算可以得到圆概率偏差

$$R_{0.5} = \sqrt{2\ln 2}\sigma = 1.1774\sigma \tag{6-129}$$

即圆概率偏差 $CEP = R_{0.5} = 1.1774\sigma$。

6.5 性能估算方法

6.5.1 飞行性能换算

所谓飞行性能试飞方法,是根据性能试飞理论进行空中飞行试验,并将实测结果换算到标准状态下而获得飞行性能指标的方法。性能试飞方法涉及性能试飞理论、换算方法、测试技术及数据处理等。其核心是性能换算方法。

一架新机设计之前,就需要对其飞行性能进行明确的规划和确定。诸如"能飞多高、能飞多快、能飞多远"等,都是飞行性能关键指标,这些指标直接决定着作战能力。飞机设计过程中,飞行性能更多地依靠空气动力特性、发动机推力特性、结构强度、飞行控制及飞行品质特性等综合得到。飞机飞行性能的设计,都是在各种标准大气条件下通过综合计算和仿真得到的,诸如计算流体力学、飞机风洞试验、发动机高空台试验等。飞机一旦设计和生产出来了,那就不能等到"标准条件"再开展飞行试验了。

所谓"标准条件"是指对飞行性能有代表性、有特殊意义的一些状态。如采用国际标准大气条件作为飞行性能计算的前提条件,发动机各种推力状态条件(慢车、最大、额定等),爬升性能计算所需的飞机质量、重心、外挂状态等。

而飞机实际飞行往往是在春夏秋冬等不同时间段内,需要在各种外挂和不同质量、重心条件下实施。实际开展飞行试验时的各种大气状态条件,与理论计算所需的标准大气条件相差较大。所以基于众多非标准条件下得到的实际试飞数据,需要通过换算才能得到标准条件下规定的飞行性能。飞行性能换算的必要性如下:

(1)通过飞行试验数据换算,验证飞机设计和实验过程中的飞行性能理论计算结果;

(2)通过飞行试验数据换算,确定新设计飞机的飞行性能指标是否达标;

(3)通过飞行试验数据换算,比较和判断其他类似飞机的飞行性能指标的优劣。

飞行性能换算的方法很多,各有其特点和优缺点。主要有以下几种:

(1)飞行状态相似原理换算法;

(2)微分修正量法;

(3)曲线网法;

(4)等量高度法。

6.5.1.1　飞行性能换算原理

飞行试验所测定的无人机基本性能取决于当时的大气条件(如温度、压力、密度等)和使用条件(如发动机工作状态、飞行质量、无人机气动外形、无人机外挂状态等情况)。而实际大气条件和部分使用条件是经常变化的,有些参数不能直接控制。所以,为了比较同一架无人机及不同无人机的性能,就必须规定一种比较条件,即标准条件。这样,利用实际飞行的数据来确定无人机性能时,就必须将实际值换算到标准条件下,以便在相同的条件下进行比较。

标准条件一般规定如下:

(1) 大气条件:采用国际标准大气条件。

(2) 使用条件:发动机状态或发动机转速,选择对该型无人机最有意义的工作状态。

(3) 无人机质量:选择对该型无人机性能最有意义的质量。如最大平飞速度选择正常飞行质量(即对应于该高度有一半平飞油量的质量)。

(4) 无人机气动外形:一般对不同的外形(如外挂情况)分别测定其性能。

1) 基本运动方程式和假设

通过对无人机做各种运动时,如任意爬升运动、等速爬升运动和水平飞行等的特点进行具体分析,找出它们之间的相互关系,就可以找出无人机某些性能的试飞方法。

无人机在对称平面内作任意爬升运动时,航迹坐标系中的无人机质心运动方程如下:

$$m \frac{\mathrm{d}V}{\mathrm{d}t} = T\cos(\alpha + \varphi)\cos\beta - D - mg\sin\gamma \qquad (6-130)$$

$$mV \frac{\mathrm{d}\gamma}{\mathrm{d}t} = L - mg\cos\gamma + T\sin(\alpha + \varphi) \qquad (6-131)$$

式中: m 为无人机质量,单位: kg; T 为发动机推力,单位: N; D 为阻力,单位: N; L 为升力,单位: N; α 为迎角,单位: (°); β 为侧滑角,单位: (°); φ 为发动机安装角,单位: (°); γ 为航迹角(爬升角),单位: (°); V 为空速,单位: m/s。

一般情况下,机翼迎角不大,通常不超过 $10° \sim 15°$,可以认为 $\cos(\alpha + \varphi) \approx 1$, $\sin(\alpha + \varphi) \approx 0$,因此式(6-130)、式(6-131)变为

$$m \frac{\mathrm{d}V}{\mathrm{d}t} = T - D - mg\sin\gamma \qquad (6-132)$$

$$mV \frac{\mathrm{d}\gamma}{\mathrm{d}t} = L - mg\cos\gamma \qquad (6-133)$$

因为有

$$V_y = V\sin\gamma \qquad (6-134)$$

引入全能垂直速度 V_y^*：

$$V_y^* = \frac{T-D}{G} V \qquad (6-135)$$

$$V_y^* = V_y + \frac{V}{g} \cdot \frac{\mathrm{d}V}{\mathrm{d}t} \qquad (6-136)$$

从式(6-135)可以看出，无人机在对称平面内做任意运动时，无人机的剩余推力用于使无人机爬升(或下滑)和加速(或减速)。

无人机做稳定直线爬高运动时，其运动方程为

$$T - D - mg\sin\gamma = 0 \qquad (6-137)$$

$$L = mg\cos\gamma \qquad (6-138)$$

无人机做水平加(减)速运动时，因 $\gamma = 0°$，$\cos\gamma = 1$，$\sin\gamma = 0$，因此其运动方程式变为

$$T - D = m\frac{\mathrm{d}V}{\mathrm{d}t} \qquad (6-139)$$

$$L = G \qquad (6-140)$$

引入纵向过载 n_x：

$$n_x = \frac{a_x}{g} = \frac{1}{g} \cdot \frac{\mathrm{d}V}{\mathrm{d}t} \qquad (6-141)$$

式中：a_x 为纵向加速度，单位：$\mathrm{m/s^2}$。

将式(6-141)代入式(6-139)，则有

$$T - D = Gn_x \qquad (6-142)$$

当 $n_x = 0$ 时，式(6-142)变为

$$T - D = 0 \qquad (6-143)$$

式(6-142)和式(6-141)说明无人机处于水平稳定直线飞行状态。

为了利用无人机的平飞加速特性,即利用加速法确定爬升性能,可作如下的基本假设:无人机做等速运动飞行和加(减)速飞行时,只要在相同的飞行高度和速度条件下,作用在无人机上的力是相等的。

该假设只有当爬升角小于 20°,才不会引起本质的误差,因为在这种条件下,升力和质量可假设相等。

由于法向惯性力 $mV\dfrac{\mathrm{d}\gamma}{\mathrm{d}t}=\dfrac{G}{g}VV_y\dfrac{\mathrm{d}\gamma}{\mathrm{d}H}$ 对 V_y 影响很小,比较以上各式,可以得到

$$(V_y)_{\substack{V=\text{const}\\ \gamma\neq 0}}=(V_y^*)_{\substack{V=\text{const}\\ \gamma\neq 0}}=\left(V_y+\frac{V}{g}\cdot\frac{\mathrm{d}V}{\mathrm{d}t}\right)_{\substack{V=\text{变数}\\ \gamma\neq 0}} \qquad (6-144)$$

式(6-144)的物理意义是:做等速爬升运动的无人机,剩余推力全部用于使无人机爬升,其在某一高度上的垂直速度 V_y 等于非等速爬高运动中与之飞行高度、速度相等的全能垂直速度 V_y^*。

进一步可以认为:在高度和速度相同的条件下,平飞与爬升时的阻力相等。即假设爬升时航迹角不大,在 γ 在 20°~25° 以内,可以近似认为 $\cos\gamma=1$,这一假设对 V_y 影响不大,只有 (2~3)% 的误差。比较以上各式,得到

$$(Vn_x)_{\substack{V=\text{const}\\ \gamma=0}}=(V_y)_{\substack{V=\text{const}\\ \gamma\neq 0}}=(V_y^*)_{\substack{V=\text{变数}\\ \gamma\neq 0}}=\left(V_y+\frac{V}{g}\cdot\frac{\mathrm{d}V}{\mathrm{d}t}\right)_{\substack{V=\text{变数}\\ \gamma\neq 0}}$$

$$(6-145)$$

式(6-145)的物理意义是:做水平直线加速飞行的无人机,剩余推力全部用于使无人机加速,其在某一高度上的速度与该速度下的纵向过载之乘积等于高度、速度与之相同的等速爬升运动中的垂直速度,亦等于高度、速度与之相同的非等速爬高运动中的全能垂直速度。

2) 无人机运动的飞行相似状态

(1) 水平加速(或减速)运动。

无人机做水平加速(或减速)运动,其运动方程式为

$$m\frac{\mathrm{d}V}{\mathrm{d}t}=T-D \qquad (6-146)$$

$$L=G \qquad (6-147)$$

将上面两端乘以 $\dfrac{p_0}{p_H}$，并考虑到

$$n_x = \frac{1}{g} \cdot \frac{\mathrm{d}V}{\mathrm{d}t} \tag{6-148}$$

得

$$Gn_x \frac{p_0}{p_H} = T\frac{p_0}{p_H} - C_D \frac{k}{2} p_0 Ma^2 S \tag{6-149}$$

$$C_L \frac{k}{2} p_0 Ma^2 S = G\frac{p_0}{p_H} \tag{6-150}$$

引入换算参数

$$T_{hs} = T\frac{p_0}{p_H} \tag{6-151}$$

$$G_{hs} = G\frac{p_0}{p_H} \tag{6-152}$$

式(6-149)、式(6-150)变为

$$G_{hs} n_x \frac{p_0}{p_H} = T_{hs} - C_D \frac{k}{2} p_0 Ma^2 S \tag{6-153}$$

$$C_L \frac{k}{2} p_0 Ma^2 S = G_{hs} \tag{6-154}$$

略去雷诺数 Re 对迎面阻力系数 C_D 的影响，则 C_D 由升力系数 C_L 及 Ma 决定：

$$C_D = f(C_L, Ma) \tag{6-155}$$

对于转速可调，喷口截面面积不变的涡轮喷气发动机，根据相似定律，有如下等式：

$$T_{hs} = f_1(Ma, n_{hs}) = f_2(Ma, T_{H.hs}) \tag{6-156}$$

式中：

$$n_{hs} = n\sqrt{\frac{T_0}{T_H}} \tag{6-157}$$

$$T_{H.hs} = T_H \left(\frac{n_{bz}}{n} \right)^2 \qquad (6-158)$$

上面四个方程式联系着做加速(或减速)运动无人机的气动参数、运动参数、发动机参数、无人机使用参数、大气参数等七个参数：C_D、C_L、Ma、n_x、T_{hs}、G_{hs}、$T_{H.hs}$。显然，假设其中三个量为定值，则其余四个量是此三个定值的函数：

$$\left.\begin{aligned}
n_x &= F_1(Ma, G_{hs}, T_{H.hs}) \\
T_{hs} &= F_2(Ma, G_{hs}, T_{H.hs}) \\
C_D &= F_3(Ma, G_{hs}, T_{H.hs}) \\
C_L &= F_4(Ma, G_{hs}, T_{H.hs})
\end{aligned}\right\} \qquad (6-159)$$

也就是说，只要三个量确定，则用上述各参数表达的加速(或减速)运动也就确定。因此，一架无人机在两种条件(p_H，T_H，G，V，T)下分别做加速(或减速)运动时，如果能保证三个量(如 Ma，G_{hs}，$T_{H.hs}$)彼此相等，那么，这架无人机在这两种情况下是处于相似飞行状态的。

所以，对于同一架无人机，在两种条件下，做加速(或减速)运动时，保证飞行相似状态的条件为

$$\left.\begin{aligned}
Ma &= \text{const} \\
G_{hs} &= \text{const} \\
T_{H.hs} &= \text{const}
\end{aligned}\right\} \qquad (6-160)$$

(2) 水平稳定运动。

由于水平稳定运动时

$$n_x = 0 \qquad (6-161)$$

因此，式(6-159)变为

$$\left.\begin{aligned}
Ma &= f_1(T_{H.hs}, G_{hs}) \\
T_{hs} &= f_2(T_{H.hs}, G_{hs}) \\
C_D &= f_3(T_{H.hs}, G_{hs}) \\
C_L &= f_4(T_{H.hs}, G_{hs})
\end{aligned}\right\} \qquad (6-162)$$

所以，对于水平稳定直线运动，保证两种情况下处于飞行相似状态的条件为

$$\left.\begin{array}{l} G_{hs} = \text{const} \\ T_{H.hs} = \text{const} \end{array}\right\} \tag{6-163}$$

式(6-163)是转速法结果进行换算的理论基础。进而引入换算法向过载参数：

$$n_{z.hs} = n_z \frac{p_0}{p_H} \cdot \frac{G}{G_{bz}} = n_z \frac{G_{hs}}{G_{bz}} \tag{6-164}$$

当在水平面稳定盘旋时，$n_z = \text{const}$。这时，条件 $G_{hs} = \text{const}$ 就变为 $n_{z.hs} = \text{const}$。于是式(6-162)变为

$$\left.\begin{array}{l} Ma = f'_1(n_{z.hs},\ T_{H.hs}) \\ T_{hs} = f'_2(n_{z.hs},\ T_{H.hs}) \\ C_D = f'_3(n_{z.hs},\ T_{H.hs}) \\ C_L = f'_4(n_{z.hs},\ T_{H.hs}) \end{array}\right\} \tag{6-165}$$

所以，对于水平稳定曲线运动，保证两种情况下处于飞行相似状态的条件为

$$\left.\begin{array}{l} n_{z.hs} = \text{const} \\ T_{H.hs} = \text{const} \end{array}\right\} \tag{6-166}$$

式(6-166)即是盘旋法进行换算的理论基础。

(3) 任意爬高运动。

无人机在对称平面内做任意爬高运动，其运动方程式为

$$m \frac{\mathrm{d}V}{\mathrm{d}t} = T\cos(\alpha + \varphi) - D - G\sin\gamma \tag{6-167}$$

$$mV \frac{\mathrm{d}\gamma}{\mathrm{d}t} = L - G\cos\gamma + T\sin(\alpha + \varphi) \tag{6-168}$$

考虑到 $L = C_L \dfrac{k}{2} p_H Ma^2 S$，$D = C_D \dfrac{k}{2} p_H Ma^2 S$，$V = Ma \cdot a = Ma\sqrt{kgRT_H}$

及 $(\alpha + \varphi) \approx 0$，忽略法向惯性力项 $mV \dfrac{\mathrm{d}\gamma}{\mathrm{d}t}$ 的影响，并引入换算参数：

$$V_{y.hs} = V_y \sqrt{\frac{T_0}{T_H}} \tag{6-169}$$

对式(6-167)和式(6-168)按水平加速(或减速)运动一节进行类似的推

导,可得

$$T_{hs} = C_D \frac{1}{2} k p_0 Ma^2 S + G_{hs} \left(\frac{V_{y.hs}}{Ma\sqrt{kgRT_0}} + \frac{1}{g} \frac{dV}{dt} \right) \qquad (6-170)$$

$$G_{hs} \sqrt{1 - \frac{V_{y.hs}}{Ma^2 kgRT_0}} = C_L \frac{1}{2} k p_0 Ma^2 S \qquad (6-171)$$

上面四式共有八个参数、四个方程。因此,对于无人机在对称平面内作任意(或直线)爬高运动,在两种情况下保证飞行相似状态的条件必须要四个参数相等,一般常取为

$$\left. \begin{array}{l} Ma = \text{const} \\ G_{hs} = \text{const} \\ T_{H.hs} = \text{const} \\ \dfrac{1}{g} \dfrac{dV}{dt} = \text{const} \end{array} \right\} \qquad (6-172)$$

（4）等速爬高运动。

等速爬高时,$\dfrac{dV}{dt} = 0$, 所以,式（6-172）变为

$$\left. \begin{array}{l} Ma = \text{const} \\ G_{hs} = \text{const} \\ T_{H.hs} = \text{const} \end{array} \right\} \qquad (6-173)$$

式（6-173）即是无人机做等速（或等速直线）爬高运动,在两种情况下保证飞行相似状态的条件。

6.5.1.2　飞行性能换算方法

所谓飞行性能试飞方法,是根据性能试飞理论进行空中飞行试验,并将实测结果换算到标准状态下而获得飞行性能指标数据的方法。该方法包括性能试飞理论、换算方法、飞行方法、测试技术及数据处理技术等。飞行性能的实际值在试飞中比较容易获得,而求得其标准值则比较困难。因此飞行性能试飞方法的核心就是换算方法,即如何把实际条件（状态）下获得的飞行性能试飞数据,按一定的准则准确地换算成标准条件或使用条件下的方法。该准则就是换算条件。

实际条件是指每次实际试飞时的大气条件（大气静压、温度）、发动机状态、无人机构型、飞行质量等。标准条件是指对飞行性能有代表性、有特殊意义的一

些状态。如采用国际标准大气作为大气条件的标准条件、拟定的标准质量等。

无人机换算的必要性在于：便于比较同类无人机的飞行性能；便于归纳、整理和比较同一架无人机在不同飞行日获得的试飞数据；便于鉴定无人机性能。

飞行性能换算方法比较多，各有其特点和优缺点，比较常用的有以下两类：

（1）飞行状态相似原理换算法。该方法利用飞机运动方程、发动机推力的相似定律、飞机阻力系数的隐函数关系，导出飞行性能指标与影响参数的隐函数关系式，通过试飞直接飞出其函数关系曲线。然后，在保证飞行相似条件下确定标准条件下的飞行性能指标；

（2）微分修正量法。该方法将飞行性能指标的标准值用其实际值和修正量表示。飞行性能实际值由试飞确定；而确定修正量的方法是：将飞行性能与飞行条件的关系式两边取对数后微分，求得该飞行性能修正量与影响参数的微分关系式，并用增量近似代替微分。然后通过已有的理论计算、风洞试验或试飞结果，求出微分关系式中各参数的系数，从而得出飞行性能的修正量。

6.5.2　发动机推力确定

航空发动机推力确定试飞的主要方法包括总体性能法、燃气流路/喷管系数法、摆动耙法和安装节推力法。其中燃气流路法的精度最高，但需要加装大量的测量耙或测头，而且需开展实验室和地面台架及高空台校准，环节众多，投入巨大。

1）总体性能法优点

总体性能法是由一套无量纲曲线、表格或将推力与可测量的发动机参数相关联的计算程序组成，该方法基于一台或多台发动机试验曲线得到。对于给定的进气道和尾喷管工作状态，通过发动机的主要控制参数来表示发动机总性能，在给定的飞行条件下，已知发动机性能曲线与某一可测量的工作参数相对应，发动机性能可以根据该测量参数直接计算得到。例如，发动机转速是一个能精确测量的可用参数，通过发动机转速的测量值可以直接得到与之对应的发动机性能参数。总性能法是一种利用发动机自带测量工作参数的试验方法，不需要在发动机流道中加装额外的测量设备。该方法已在 X-29/F404 发动机、ARJ-21 飞机/CF34-10A 发动机、EF2000 飞机/EJ200 发动机等上应用，并取得了不错的效果。

2）总体性能法简介

总体性能法的实质是利用试验数据建立发动机性能参数与某个（或某些）可测（或可算）参数的对应关系。例如，利用地面台架试验数据可以得到涡轮喷气发动机喷管在堵塞情况下总推力与换算转速的对应关系式：

$$f\left(\frac{N}{\sqrt{\theta_{t2}}}\right)=\frac{P_{t7}}{P_{t2}}=\frac{1}{2}\left(\frac{\gamma+1}{2}\right)^{\frac{1}{\gamma-1}}\left(1+\frac{1}{C_g}\frac{F_{g,\,act}}{A_8 P_{s0}}\right)\frac{P_{s0}}{P_{t2}} \qquad (6-174)$$

式中：P_{t2} 为发动机进口总压；P_{s0} 为外界环境静压；N_L 为低压转子转速；A_8 为尾喷管出口面积；θ_{t2} 为温度比；$F_{g,\,act}$ 为发动机出口总推力；C_{fg} 为推力系数。

同样，发动机换算推力、进口换算空气流量、风扇进口导叶角度等参数也可以表示成某些可测参数的函数关系式。利用地面台架试验和高空台模拟试验计算分析得到充足的发动机性能曲线或表格数据之后，根据推力评估试验数据可以很方便地计算得到发动机性能，计算过程中不需要利用任何发动机流道参数，可使飞行试验方案得到极大的简化。

图 6-12 为某型单轴尾喷口不可调单轴涡轮喷气发动机总性能法流程图。实际推力评估试验过程中需要测量的参数包括：

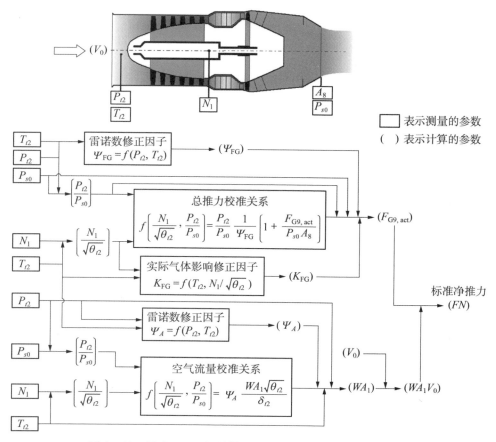

图 6-12　尾喷口不可调单轴涡轮喷气发动机总性能法流程图

（1）发动机进口总温（T_{t2}）；

（2）发动机进口总压（P_{t2}）；

（3）转速（N_L）；

（4）尾喷管出口面积（A_8）；

（5）外界环境静压（P_{s0}）。

根据少量的测量参数便可计算得到发动机标准净推力 F_N，计算过程中用到的修正因子和校准关系式都必须事先通过地面台架或高空台性能试验得到。若仅开展地面状态下的推力评估试验，流程图中的雷诺数修正因子不需考虑。

3）总体性能法应用

对于双轴涡扇发动机，推力评估试验过程中需提前获取的特性包括：

（1）换算推力随换算转速的关系；

（2）换算流量随换算转速的关系；

（3）可调导叶角度随换算转速的关系。

对于双轴涡扇发动机，推力评估试验过程中需要测量的参数和几何面积包括：

（1）发动机进口总温（T_{t2}）；

（2）发动机进口总压（P_{t2}）；

（3）低压转子转速（N_L）；

（4）高压转子转速（N_H）；

（5）尾喷管出口面积（A_8）；

（6）混合室进口外涵几何面积（A_{16}）；

（7）混合室进口内涵几何面积（A_6）；

（8）混合室进口外涵总压（P_{t16}）；

（9）混合室进口内涵总压（P_{t6}）；

（10）外界环境静压（P_{s0}）。

6.5.3　武器系统性能换算算法

6.5.3.1　大型无人机武器系统评估方法

1）小样本火控武器攻击精度评估

以无人机激光制导导弹命中精度（CEP）的精度指标优于 2 m 为例进行阐述。根据 GJB 3571—99 中弹着点圆概率误差试验结果评定方法要求，考核 CEP 精度需要靶试样本量大于 4，而有时样本量数量为 3。已有的圆概率误差评定方法不再适用。为了解决圆概率偏差评定,需要从圆概率偏差基本定义出发,总结出小样本量 CEP 精度指标试飞考核方法。其基本原理如下。

根据圆概率偏差定义,弹着点落入以期望弹着点为圆心的散布圆内的概率为 1/2,其半径定义为圆概率偏差 CEP。所以当命中目标的概率 $P = 0.5$ 时,经计算可得:

$$\text{CEP} = R_{0.5} = 1.1774\sigma \qquad (6-175)$$

对于服从正态分布的随机误差的有界性可知,随机误差的绝对值不会超过一定的界限。从概率论角度讲,正态随机误差抽样在 $[-3\sigma, 3\sigma]$ 范围内的概率为 99.7%。也可以理解为服从正态分布的随机误差的极限误差 $\Delta = 3\sigma$ 的置信度为 99.7%。实际中,一般随机误差的样本容量不会非常大,可以认为绝对值大于 3σ 的误差出现几乎是不可能的。通常对于服从正态分布的随机误差定义其极限误差 3σ。这种计算极限误差的公式,是航空武器误差分析中最常用的一种。

所以当 $R = 3\sigma$ 时,命中目标的概率为 $P = 99.7\%$。

由以上分析,若 CEP $= 2\text{m}$,可以计算得到当 $P = 99.7\%$ 时,$R = 5.1\text{m}$。

由误差的性质可知,误差分为系统误差和随机误差。在单次射击时,当瞄准点与靶平面中心重合时,由于系统误差的存在,弹着点散布中心与瞄准中心将会不重合。而在理论分析时,从圆概率偏差的定义可以看出,常常忽略系统误差,即假定期望弹着点散布中心与瞄准中心(靶心)是重合的。因此,根据 CEP 定义及理论分析,在无人机试验中,若弹着点落入靶版平面内半径为 5.1 m 的圆外,则命中精度不满足 CEP 达到了优于 2 m 指标要求。

2) 无光测条件下,优化靶标完成火控武器精度考核

无人机靶试试飞若没有光电经纬仪以及高速摄像机等光测条件,由于空地导弹的攻击目标是与地面呈一定夹角的靶板,在导弹未命中靶标,也即弹道未穿过靶板时,不能通过弹着点位置以及弹道和靶标的空间关系计算导弹弹道与靶板延伸平面的相交关系。因此在导弹未穿过靶板时,就不能得到靶板延伸平面上的弹着点的脱靶量,这对考核导弹精度是不利的。为解决无光测条件带来的精度考核困难,经过分析精度考核原理,认为可以通过优化靶标完成精度考核的试飞方法。

在靶试试飞中,靶板通常是正方形,根据载机攻击高度,靶板与地面呈 70°(或 45°)放置于靶场。在有人机靶试试飞中,因为有光测手段,靶标的制作尺寸是没有严格的要求的。在无人机试验中,则通过靶标尺寸的控制来直接反映导弹的命中精度。以考核 CEP 满足 2 m 为例,由上文已知,弹着点需要落入半径为 5.1 m 的圆内,由此,把计算圆概率偏差 CEP 转换为考核对半径为 5.1 m 的圆目标的命中概率问题(命中概率 99.7%)。

在航空武器工程应用中,通常把正态分布函数描述的实际概率用指数函数来近似描述,这是基于命中圆形目标的概率与命中面积相等的正方形目标的概率相差很小这一事实。这种近似称为波利亚-威廉斯近似。用指数函数代替正态分布函数描述概率可以达到相当满意的近似程度,用波利亚-威廉斯近似值计算的概率不会小于精确值,一般大于精确值,波利亚-威廉斯近似值的相对误差不超过 0.0075。利用这一理论,在试飞中靶板仍然设计为正方形,其面积与半径为 5.1 m 的圆面积相等。即

$$L^2 = \pi R^2 \tag{6-176}$$

因此,设计正方形靶板边长 $L = 9.2$ m。 由上文分析,导弹未命中靶标的概率为 0.3%,为小概率事件。靶试试飞中,由于小概率事件发生的概率接近为零,所以,若导弹未命中靶标,则命中精度不满足 CEP 要优于 2 m 指标要求。

6.5.4　四性处理算法

应按 GJB 450A—2004、GJB 2072—94、GJB 2547A—2012、GJB 3872—99 等标准进行可靠性、维修性、测试性和保障性评估验证,以表明无人机系统能满足规定的研制总要求以及其他有关要求。评估验证一般应与无人机系统的结构、飞行性能、操稳特性、动力装置、飞行管理系统、机电系统、测控与信息传输系统、地面控制站等试验结合进行,必要时可按确定的剖面单独试验。

6.5.4.1　可靠性

应对无人机系统、分系统、控制站、任务载荷等的可靠性进行评估验证。评估参数一般包括平均故障间隔飞行小时(MFHBF)、平均故障间隔时间(MTBF)和任务成功率(MCSP)。在进行可靠性分析时,应该对发生的重大典型故障进行描述,对所发生的故障按照专业或系统进行归类分析,并给出相应的可靠性增长分析。

6.5.4.2　维修性

应对无人机系统、分系统、控制站、任务载荷等的维修性进行评估验证。评估参数一般包括最大修复时间(MAXCT)和平均修复时间(MTTR)。

6.5.4.3　测试性

应对无人机系统、分系统、地面站、任务载荷等的测试性进行评估验证。评估参数一般包括：故障检测率（FDR）、故障隔离率（FIR）和虚警率（FAR）。

测试性定量评估时依据如下情况进行：

（1）如果样本量不小于 30 个，计算检测率和隔离率，并按规定的指标判定后给出评估结论。

（2）如果样本量小于 30 个，应依据相关规定进行样本量的补充，补足样本量后，根据自然样本和模拟试验样本给出定量评估结论。

（3）当无法进行模拟试验补充样本或补充样本后仍不满足规定的样本量要求时，不进行定量评估，仅描述故障次数、虚警次数、正确检测和隔离到规定 LRU 次数。

6.5.4.4　保障性

应对无人机系统、分系统、控制站、任务载荷等的保障性进行评估验证。定量评估参数一般为再次出动准备时间，再次出动准备时间的评估验证按照 GJB 4652—93 中规定的要求进行，一般应进行 3 次，并依据最长的试验结果给出评估结论。定性评价主要对随机保障设备、工具，随机技术资料，随机备件，人员人力，计算机资源保障，训练与训练保障，包装、装卸、储存、运输等进行定性评价。必要时可采用保障性演示验证的方法进行随机保障设备、工具以及随机技术资料的评价。

6.5.4.5　安全性

安全性评估验证一般应与无人机系统的结构、飞行品质、飞行性能、动力装置等试验结合进行，主要评估是否会发生导致人员伤害、设备损坏的情况。

6.5.4.6　主要评估方法

（1）平均故障间隔时间采用单侧置信下限方式给出评估结果。当试飞期间产品工作时间小于指标要求时，平均故障间隔时间采用可靠性数据融合进行评估。无人机工作时间包括飞行时间和地面工作时间，其中地面工作时间为无人机任意一个系统地面通电开始工作至最后一个系统终止工作的持续时间。

（2）任务可靠度采用平均严重故障间隔时间转换计算方法进行评估。

（3）平均修复时间采用 GJB 2072—94 规定的方法进行。

（4）每飞行小时直接维修工时采用 GJB 1909A—2009 中方法进行。

6.5.5　图像情报处理与评判

光电类任务载荷系统一般包括可见光 CCD 相机、红外行扫描仪、多光谱相机、长焦倾斜 CCD 相机等侦察载荷设备。随着大型无人机的出现而引起了新的作战模式的变革,目标特性控制技术的不断提高和战场环境的日益复杂化以及光电任务载荷应用的不断拓展和相关技术的发展,无人机机载光电任务载荷向着系统功能综合化、信息感知手段多样化、侦察打击一体化、载机交联一体化、情报信息网络化等方向发展。光电侦察设备性能参数多,设计复杂,要求严格,能否满足无人机高分辨率侦察任务要求,需要经过大量的试飞验证。目前,该领域发展尚处于初级阶段,缺乏相关飞行试验规范和手段,急需开展无人机光学侦察任务设备性能飞行试验方法和评估技术研究。

国内外目前常规的光电侦察评估方法包括主观定性评估方法、基于图像质量的效果评估方法等,如美国提出了 NIIRS 标准,定义了相应的图像判读能力和级别。在我国,因无人机技术尚处于初级阶段,并没有成熟的飞行试验方法与评估方法,而在侦察图像的评估准则方面,人们普遍应用的是简单的图像传感器物理参数,如探测/识别距离、空间分辨率等,而关于侦察图像的图像质量与评估方面的研究相对较少,且不深入,在一定程度上增加了光电系统试飞评判结果的不确定性。本书根据不同任务用途与性能的光电系统,针对其性能特点给出更加适宜的鉴定与评估方法,提高光电系统鉴定的科学性。

6.5.5.1　侦察图像评判小组

侦察图像的评判是相机性能指标是否达标的重要依据,评判结果会因人而异,由此带来一定的主观误差。为了减小评判误差,提高评判结果正确性,应成立"侦察图像评判组",按照相关数据处理方法对各种侦察任务载荷试飞获取的侦察图像进行评测与评价。侦察图像评判组成员至少由 5 名专业情报分析人员组成,评判成员应熟悉了解设备性能要求、试飞实施方案、靶标布设及试验区域地形地貌特征等情况。评判项目如下:

(1) 地面飞行摄影分辨力,图像样本 10 幅;

(2) 地面收容宽度,图像样本 3×15 幅;

(3) 纵向重叠率,图像样本 2×5 幅;

(4) 图像质量,图像样本 15~20 幅,包含不同速高比条件下获取的图像样本。

6.5.5.2　光电成像质量评判

1) 图像样本的选取

图像质量重点检查各类光电侦察任务载荷设备获取的侦察图像的密度均匀性、图像变形、图像比例尺均匀性、图像清晰度以及图像表观质量等成像性能,通过判读侦察图像中不同地面景物影像来评价这些性能的优劣。因此,选取包含有丰富地形地貌、典型地面景物的侦察图像作为评价图像质量的图像样本。

2）样本数量的确定

从有效飞行数据中抽取 15～20 组侦察图像，对成像质量进行评价。

3）图像样本的判读

图像样本判读之前，成立侦察图像判读组，判读组成员至少由 5 名具有图像评判资质的人员组成。图像样本选定后，使用统一经认可的显示器，以最佳显示方法，由图像判读组人员观察样本图像。判断图像密度和色调是否均匀，图像是否无明显变形，图像比例尺是否均匀，图像是否清晰，整幅图像是否无干扰条纹、缺行、断行等。给出每组样本图像质量评估意见（优、良、中、差），具体评判方法如表 6-2 所示。

表 6-2　光电侦察任务载荷图像质量评判方法

评判项目	评 判 标 准			
	优	良	中	差
图像密度均匀性	均匀一致，热源区无全白、全黑	局部略有不均匀，热源区无全白、全黑	局部有不均匀，热源区无全白、全黑	不均匀，热源区全白、全黑
图像变形/%	飞机俯仰、横滚、偏转、航迹偏移产生的图像变形度不大于整幅图像面积的 5	飞机俯仰、横滚、偏转、航迹偏移产生的图像变形度不大于整幅图像面积的 10	飞机俯仰、横滚、偏转、航迹偏移产生的图像变形度不大于整幅图像面积的 15	飞机俯仰、横滚、偏转、航迹偏移产生的图像变形度大于整幅图像面积的 15
图像比例尺均匀性/%	比例尺变化不大于 3	比例尺变化不大于 5	比例尺变化不大于 8	比例尺变化大于 8
图像清晰度	图像边缘清晰、无模糊	图像边缘略有模糊	图像边缘模糊	图像边缘明显模糊
图像表观质量	整幅图像无干扰条纹、缺行、断行	干扰条纹、缺行、断行不大于整幅图像面积的 5%	干扰条纹、缺行、断行不大于整幅图像面积的 8%	干扰条纹、缺行、断行大于整幅图像面积的 8%

综合评价：
以上分项中，2 项以上（含 2 项）评价为差时，总评为差；
以上分项中，1 项为差，总评为中；
以上分项中，无差项，3 项以上（含 3 项）评价为良，总评为良；
以上分项中，无差、中项，3 项以上（含 3 项）评价为优，总评为优。

4）合格判定依据

在所有的成像质量图像样本中，50%的样本综合评价达到良好以上则满足要求。

6.5.5.3　SAR 成像评判

目前常规的 SAR 评估方法包括主观定性评估方法、基于图像质量的效果评估方法、基于功率准则和目标检测的效果评估方法等。本书查阅了大量的国内外关于 SAR 的性能评估标准,搜集整理了近几年国内 SAR 试飞获取的大量 SAR 图像,对图像中的具有典型特征的面目标和各种大小、形状的点目标成像特点进行了比对分析,将 SAR 对它们的成像清晰度和可辨认度划分成若干等级,来评价 SAR 的成像能力。为使目标的选择和等级的划分具有一定的通用性并与国际接轨,我们参考美国 1992 年 8 月制定的"雷达图像解释评级水平的划分标准",也将标准划分为 10 级,并将美标中提出的真实目标用国内的相似目标进行了较为合理的替换,提出的国内机载两维 SAR 图像的定性分级评估标准。

选取了 SAR 试飞获取的典型目标图像(图像分辨率已知),对照分级标准中的各个等级要求确定了图像的等级,与图像呈现出的效果及分辨率是相符的,从而验证了该评估标准的合理性,具体示例见图 6-13~图 6-16。

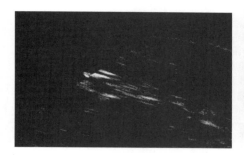

图 6-13　图像等级 0 级

注:图像模糊,清晰度极差,无法解译图像内容。

图 6-14　图像等级 3 级

注:图像中车载雷达站可明显识别图像空间分辨率为 5 m×5 m。

图 6-15　图像等级 4 级

注:图像中清晰可辨河面及陆上的桥梁,图像空间分辨率为 3 m×3 m。

图 6-16　图像等级 7 级

注:图像中大型城市的街道清晰可辨,图像空间分辨率为 0.3 m×0.3 m。

6.6 FRACAS—故障报告、分析与纠正措施系统

6.6.1 FRACAS 基本概念和作用

1980 年颁布的美国军用标准 MIL-STD-785B《系统和设备研制生产的可靠性大纲》，要求军用系统承包商建立 FRACAS 和故障审查委员会，以监督和控制研制过程中的故障分析和纠正活动。为使这一工作更加规范化，1985 年美国国防部又颁发了军用标准 MIL-STD-2155(AS)《故障报告、分析和纠正措施系统》，对故障报告、分析和纠正活动规定了统一要求和准则。我国于 1988 年颁布了国军标 GJB 450—88《装备研制与生产的可靠性通用大纲》，1990 年颁布了 GJB 841—90《故障报告、分析和纠正措施系统》，要求军工产品承制单位在军工产品研制过程中建立 FRACAS，并规定了程序和方法。

建立 FRACAS 的目的是为了确保研制过程所有故障能及时报告，彻底查清，正确纠正，防止再现，从而实现产品可靠性增长，以保证达到并保持产品的可靠性和维修性。

FRACAS 是一个故障信息系统，其输入是故障报告，输出是纠正措施，通过一套规范化的严格管理程序，保证产品及其组成部分在各种实验中发生的极其分散的故障信息能及时准确完整地收集，为分析、评价和改进产品可靠性提供科学依据。

6.6.2 FRACAS 在无人机试验中的运行

6.6.2.1 无人机系统 FRACAS 系统组成

无人机系统 FRACAS 系统由总体设计单位、机载及地面控制站设备研制单位、试制/试飞单位组成，其构成如图 6-17 所示。

6.6.2.2 无人机系统 FRACAS 运行流程

无人机系统在试验、试制、试飞和设计定型阶段发生故障后，一旦故障定位，在总体设计单位各研究部系统试验室发生的故障应在 2 天之内将故障报告给总体单位可靠性专业；在试制/试飞现场发生的故障应在 2 天之内将故障信息报告给总体设计单位。故障责任单位接收到故障信息后应在 30 天内完成故障原因分析和纠正措施的制订工作，工作流程如图 6-18 所示。

6.6.2.3 故障归零要求

各参研单位在运行 FRACAS 工作时，必须严格按照"双五归零""七到位"要

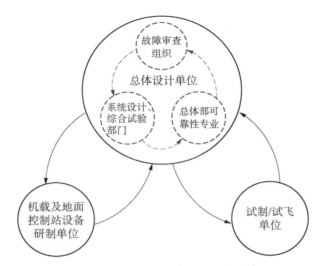

图 6‑17　无人机系统 FRACAS 系统

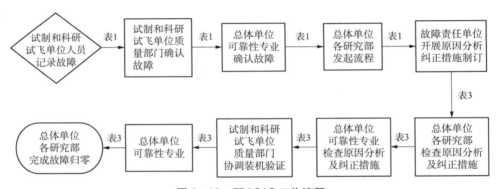

图 6‑18　FRACAS 工作流程

求开展故障归零工作。

（1）技术问题"双五归零"："定位准确、机理清楚、问题复现、措施有效、举一反三"；

（2）管理问题"双五归零"："过程清楚、责任明确、措施落实、处理严肃、规章完善"；

（3）"七到位"："纠正措施落实到故障件、库存件、装机件、试验件、在制品、设计文件和工艺图纸上"。

列为拉条挂账项目的故障，还应按"双五归零"原则办理归零报告。归零报告应包含问题描述、机理分析、问题复现、纠正措施及验证和举一反三处理情况，说明"七到位"等内容。单个故障单个归零,为了把故障分析得更清楚,必要时可附单个故障的归零报告。某一系统/产品重复发生了多个故障,需开展产品多发故障的原因分析及措施制订归零工作,编写多发故障产品的故障分析与归零专题报告,提交给型号故障审查组织以会议形式进行审查,给出是否归零或是重新开展原因分析的结论性意见。对于重大和严重问题归零,可采取以下措施:

(1)组织专项复查和整改,举一反三处置带普遍性的问题。

(2)参与重大和严重问题整改和拉条挂账问题处置,跟踪督促归零报告办理,参与归零审查。

"重大"问题是指危及人身安全、导致或者可能导致产品丧失主要功能或者造成重大损失的事件。"严重"问题是指导致或者可能导致产品严重降低使用性能或者造成严重损失的事件。"重大"和"严重"以外的问题为"一般"问题。"重大损失"和"严重损失"按相关文件定义。

本章总结

试飞数据采集分为机载系统数据、外部运动数据以及大气/环境数据采集、试飞机组人员评价数据以及质量控制文件、试飞技术文件采集等,这些数据采集的时间基准必须一致,即以 GPS 时间系统为基准。试飞数据采集专业性极强,需要试飞测试专业技术人员长期沉淀和技术积累。试飞数据需要专业人员管理,包括格式转换、存储、传递等。试飞专业技术人员开展试飞数据处理和分析,试飞数据处理一般基于两大分类,即以牛顿运动定律为基础的飞机宏观运动性能分析以及以电磁场特征分析为基础的概率统计处理。飞机宏观运动的性能样本,原则上讲"一个样本"就够了,能飞多高是实实在在的物理过程,当然前提是需要进行性能换算,以标准条件为基础计算,便于比较性能优劣。通信、雷达、光电、电子战等性能指标分析则需要大量的样本量进行统计分析,一般至少为 11 个样本。原因在于电磁环境的复杂多变性以及极易受到外界干扰和影响。飞行品质、控制站人机工效、图像情报判读等则以主观判读和评价为主。

第 7 章 作战效能评估

居安思危,思则有备,有备无患。

——《左传》

　　武器装备作战效能是武器装备的灵魂,是作战指挥人员"运筹帷幄、决胜千里"的基本前提,是国家周边环境安全的基础。武器装备作战效能已经有了完整定义和诸多研究方法,但实际作战时的使用效能关联着"天时、地利、人和"等诸多复杂多变和不确定性因素,很难精确认定作战效能。当前尤其是针对无人机系统,其作战使命尚未完全认识到位,实际作战经历和作战经验较少,所以给开展无人机系统作战效能评估提出了严峻挑战。

　　从美国"全球鹰"无人机批次 30 作战试验评估报告分析看,其评估思想很现实,即在"是骡子是马,拉出来遛遛"的原则下尽可能多地参加军事演习活动甚至参加直接的军事行动。在实际作战使用中,发现作战能力,肯定作战效能,继而提出能力缺陷,为设计改进和完善发展提出意见和建议。针对 KPP 提出的战技指标要求,针对性地以指标可用性、可靠性、保障性为前提组织试验评价,这类似于常规武器效能评估的单项效能评估方法。针对"全球鹰"图像情报和信息情报能力,结合全球飞行的平台高空长航时能力,对关键指标效能进行了评价,并对使用过程中的四性保障能力给出了初步评价。总体来说,"全球鹰"无人机的作战能力和四性保障并不完全"尽人意",但是对这种能力的初步肯定却具有划时代意义。

7.1　性能试验鉴定与作战试验鉴定的区别

　　设计定型试飞包括两大部分,一是由有资质的试验单位(国家授权机构)组织的基地试飞,二是由部队组织的部队适应性试飞。这类似于美国空军的研制试验与鉴定和作战试验与鉴定,分为两个阶段开展。部队适应性试飞的目的是按照部队实战使用要求,在部队近实战实际使用环境条件下,通过常规的部队训练和工作制度,主要检查飞机的战术使用性能、可靠性、维修性、保障性是否满足作战使用要求,进一步暴露研制质量方面的问题,为设计定型提供依据。同时,为部队接装、改装工作积累经验。GJB 3744—99《军用飞机部队适应性试验规范》对有人驾驶的军用飞机部队适应型试飞的管理和内容做了明确规定,军用无人机可参照执行。

设计定型试飞重点在于系统功能的全面性试验以及系统性能的全边界考核试飞,以研制总要求为依据全面检验规定的战技指标。部队试验重点在于作战效能评价以及部队保障适用性评估,部队试验不再考核研制总要求规定的具体战技指标。以缩短研制周期尽早将武器装备投入战场为前提,以统筹试验资源、努力降低试验成本为基础,以高效快速开展武器装备试验与鉴定为目标,设计定型试飞与部队试验的内容原则上不得重复。

研制试验与鉴定和作战试验与鉴定有着显著的区别,表述如下:

1) **试飞对象**

研制试验的试飞对象是原型机,作战试验的试飞对象是技术状态冻结或基本冻结的生产型飞机。

2) **试飞目标**

在基于能力验证的前提下,研制试验的验证目标是规定的功能和性能指标的符合性;作战试验的验证目标是作战效能和部队适用性。

3) **试飞环境**

研制试验的试飞环境是可控的作战使用环境,作战试验的试飞环境是更加真实的作战使用环境。

4) **试飞人员**

研制试验的试飞人员是以工业部门技术人员为主,包括经验丰富的试飞员;作战试验的试飞人员以作战部队人员为主,包括具有平均水平的飞行机组人员。

7.2　作战效能评估的基本概念和定义

国内外的航空武器装备研制管理基本类似,即由工业部门组织研制,由军方组织检验武器装备的作战效能和作战适用性。无人机系统完成设计定型试验

（状态鉴定或称为性能试验）后，需要开展作战试验与鉴定。

作战试验与鉴定指的是，在尽可能真实的作战使用环境下进行的试验与鉴定，以评估预期的系统使用效能、适用性及作战能力。另外，作战试验与鉴定还提供有关组织、人员需求、军事条令以及战术方面的信息；还可以为支持或检验作战使用说明、出版物以及手册中的资料提供数据。

作战效能指的是，在计划或预期的作战环境下，考虑机构、条令、战术、保障性、生存力、易损性以及威胁等因素后，由代表性人员使用系统完成一项作战任务的总体能力的测度。

作战适用性指的是，在考虑到给定的可用性、兼容性、可载运性、互操作性、可靠性、战时使用率、维修性、安全性、人的因素、可居性、人力、后勤保障性、自然环境效应和影响、文化以及训练要求等因素后，一个系统能够投入作战使用并满意地维持其可用性的程度。

作战效能评估指的是，用于演示验证或验证新的作战方案或能力、部件升级或者扩展现有的或改进的系统的任务或能力所进行的军事能力评估。

7.2.1　武器系统效能评估

效能是指一个系统满足一组特定任务要求程度的能力，或者说是系统在规定条件下达到规定使用目标的能力。军事装备效能是指在规定条件下，装备用来执行规定任务时所能达到的期望目标的程度。军事装备效能是对军事装备能力的多元度量，并随着研究角度不同而具有不同的内涵作用和意义。

在装备论证和设计定型中，为了评价相应于某个新型装备的不同型号系统方案的优劣，必须采用某种定量尺度去度量各个型号系统方案和实际作战的系统效能。这种定量尺度称为效能指标或效能量度。如以单发毁伤概率去度量导弹攻击效能，则效能指标是单发毁伤概率。由于作战任务的复杂性和作战任务要求的多样性，往往效能指标不可能是单个明确定义的效能指标，而是一组效能指标。这些组合的效能指标分别表达装备系统功能的各个重要方面（如毁伤能力、机动性、生存力等）或作战行动的多重目的（如毁伤数量、推进距离等）。

1) 常用的效能指标

（1）单项效能。

单项效能是指运用装备系统时，达到单一使用目标的程度。如防空武器系统的射击效能、探测效能、指挥控制通信效能等。单项效能一般对应的作战行动是单一目标的行动，如侦察、干扰、布雷、射击等火力运用与火力保障中的各个基本环节。

（2）系统效能。

系统效能是指装备系统在规定条件下,满足一组特定任务要求的程度。它是对武器装备系统效能的综合评价,又称综合效能。系统效能是型号论证和试验鉴定时时主要考虑的效能参数。

2）效能评估的三类方法

（1）主观评价法。

主要有直觉法、专家调查法、delphi 法、层次分析法。

（2）客观评价法。

主要有加权分析法、理想点法、主成分分析法、因子分析法、乐观和悲观法、回归分析法。

（3）定性与定量相结合的方法。

主要有模糊综合评估法、灰色关联分析法、聚类分析法、物元分析法和人工神经网络法。

3）效能评估的三类数学方法

（1）统计法。

应用数理统计的方法,依照实战、演习、试验获得的大量统计数据评估效能指标。其前提是所获得的统计数据的随机性可以清楚地用模型表示并相应地加以利用。

（2）解析法。

根据解析式(如兰彻斯特方程)计算,公式透明性好,便于应用。比较适用于不考虑对抗条件下的装备系统效能评估和简化条件下宏观作战效能评估。

（3）作战仿真(模拟)法。

由仿真试验得到关于作战进程和结果相关的数据,可直接或通过统计处理后给出效能指标评估值。

4）作战飞机效能评估

此处援引朱宝鎏等著、航空工业出版社出版的《作战飞机效能评估》一书,作战飞机的效能,可用公式表达为

$$E = CADS$$

式中: E 为效能; C 为作战能力; A 为可用度; D 为可靠度; S 为保障度。这四种衡量准则的相互关系是乘法关系。其中任一项很差,那么这种飞机的效能就很差。

7.2.2　航空兵作战战术级单项效能指标

此处援引郭齐胜等编著的《装备效能评估概论》一书,主要与航空兵作战有关的单项效能有 14 个,主要单项效能指标如表 7-1 所示。

表 7-1　航空兵作战相关战术级单项效能指标

序号	名称	说　　明	指 标 项 目
1	射击效能	具有瞄准系统、发射系统的身管式发射武器对目标毁伤效果的度量	射速、射程、射高、精度、射弹散布误差、瞄准系统发现概率、弹丸威力
2	毁伤效能	军事目标受到攻击时完全或部分失去其军事或经济价值	射速、有效射程、精度、射弹散布误差、瞄准系统发现概率、弹丸威力
3	火力效能	配置有多种武器系统的大型军事装备或一定作战单位配置下的射击效能、毁伤效能	发现概率、预警概率、跟踪概率、识别概率、定位概率、火力分配、自动化水平、命中概率、毁伤概率
4	突防效能	作战飞机和常规导弹、巡航导弹的突防能力	射程、速度、高度、RCS、反导指挥系统的戒备率、预警系统工作概率、真假弹头数量等
5	机动效能	迅速奔赴战场,克服各种自然和人为障碍,迅速转移阵地,快速行军战斗力转换等	可运输性、运输质量、运输体积、公路最大速度、拆卸时间、安装恢复时间
6	生存效能	作战中不被发现,发现后不被命中,命中后不易毁伤以及其他各种条件下的不受伤害的能力	伪装、装甲防护、电子对抗措施、环境适应性、抗冲击能力等
7	防护效能	军事装备或军事设施、工事的具体防护能力	反导系统、电子战系统等
8	指挥效能	指挥系统对所属部队在完成作战任务时将潜在作战能力转化为实际战斗力的影响程度	
9	通信效能		吞吐量、误码率、时延、图像显示质量
10	情报处理		容量、时效、检索率、评估效率、融合率、转换率
11	搜索效能	为发现某目标,对该目标可能存在的区域进行考察的过程	发现概率、数量、时间、距离以及识别概率
12	侦察效能	发现目标的能力,跟踪、确定目标位置,预测目标轨迹,识别目标	侦察范围、概率、精度、时间、识别、定位、跟踪概率
13	预警效能	预警卫星、预警飞机、预警舰艇	发现概率
14	制导效能	各种制导系统的制导能力	制导精度

7.2.3 航空兵作战战役级行动与效能指标

此处援引郭齐胜等编著的《装备效能评估概论》一书,按照作战行动的目的,对空中战役的影响或对空地一体化战斗的总体影响来定义航空兵作战效能指标,如表 7 - 2 所示。

表 7 - 2 航空兵战役级作战行动与效能指标

序号	名称	效 能 指 标
1	截击敌轰炸机或护航飞机	在一对一格斗、多对多战斗或空中战役中的损失交换比;击毁一定百分比突防飞机的概率;敌机对关键保卫目标的突防概率或毁伤概率;在突防飞机投放武器前将其摧毁的百分比
2	支援地面作战	投放炸弹吨数;在要求支援的×min 内投放炸弹吨数;在×min内实现支援要求的百分比;在进攻发起后×天内,全战役航空兵出动架次中,用于支援地面作战的百分比
3	战场阻滞	敌方补给速率的百分比变化;对目标投放炸弹吨数;阻滞敌方第二梯队营或团投入时间大于×h 的概率
4	压制防空火力	己方攻击飞机损耗百分比;交换比(每损失一架飞机换得敌方防空导弹/高炮连受压制的小时数);受压制×h 的炮兵连百分比;压制一定类型炮兵连×h 的百分比
5	后方阻滞	类似于战场阻滞
6	攻击空军阵地	目标毁伤概率;关闭机场至少×min 的概率;摧毁地面飞机的百分比;毁伤所有地面飞机的概率;对目标投放的炸弹吨数;交换比(敌/我飞机损失比)
7	攻击其他固定目标	目标毁伤概率;对目标投放的炸弹吨数;在首次要求后×h 内摧毁或毁伤目标的百分比;摧毁目标价值占目标总价值的百分比
8	侦察	每架次飞行发现距战斗分界线一定距离给定类型目标的概率;在侦察任务下达后×min 内,能得到其位置信息的给定类型目标占目标总数的百分比;在战斗中发现和报告的目标数量

7.2.4 作战航空综合体概念与效能分析

作战航空综合体或航空综合体概念出现于 20 世纪 70 年代末,这与第三代战斗机出现的时间吻合。第三代战斗机的高作战效能已经在训练试验和局部战争中得到了充分展示。但从另外一些方面看,这些装备大大增加了使用的复杂性。如起飞重量的增加致使只能使用Ⅰ、Ⅱ级水泥跑道;复杂的机载设备和武器系统需要更多品种的油料和气体,致使地面保障设备数量增加、地面技术人员增加,飞机准备时间长、地面技术人员要求高。

作战航空综合体是指为了有效完成作战任务,功能上相互关联的飞机、作战指挥系统及地面保障工具/设备、机场保障设备等的综合体。作战航空综合体有以下五个方面的效能要求。

(1) 能动态适应作战过程的变化,具有能应付作战环境改变的反应能力;与战役的空间宽度和进攻的节奏相符合;在规定的时间段做好再次出动准备;足够的作战半径与飞行速度。

(2) 在航空综合体作战使用时,具有一定的可靠性、保障性和维护性。"三性"指标应达到规定的等级。

(3) 能迅速向新准备好的机场转场。

(4) 具有较强的生存力(包括空中、地面)。

(5) 航空综合体在作战过程中能发挥最佳效能。

7.3   无人机系统作战效能评估

大型武器装备,尤其是大型作战飞机系统需要投入较大的资金、人员,花费较长的时间去研发。国内外一样,一型飞机仅飞行试验就需要数千架次、花费数年时间,需要较大的试验资源支持。在此背景下,美国国会支持并决定以"全球鹰""捕食者"无人机为模板,创新国防采办策略。突破常规的条条框框,规避技术的细枝末节,以满足部队作战使用为前提,在飞机一定成熟度的基础上,优先安排部队使用试验和作战试验。这样做,拉近了工厂与战场的距离,把最新的技术直接推到战场前沿。规避了研制风险,降低了研制费用,及时保证了部队作战使用。

无人机系统特别是大型无人机处于发展初期,其作战使命任务尚没有精准定位和清晰确定,所以无人机系统作战效能研究应当采取利于无人机健康长远发展、面向特定作战使命任务针对性灵活制订作战效能考核方法的原则统筹开展部队适应性试验任务。前文已经述及,如果当前状态的无人机系统偏离了规定的试验和考核状态/条件,该无人机将显得"异常笨拙",根本不能完成任务,甚至"一文不值"。

基于现实状况,研究无人机系统作战效能应当基于以下几个原则:

1) 尊重技术状态的不断完善和未来发展

为适应无人机自动/自主飞行任务需求发展的迫切需要,无人机飞行控制与管理系统技术逐步完善和发展中,但核心技术仍需设计师系统开展大量的设计和验证工作。所以无人机系统部队试验必须基于现实，不能把随认识不断增强把新理解的能力施加于之前定义的研制要求上。应当鼓励新技术的不断完善发展，而不能因为"个别指标不达要求"就"一棍子打死"。

2）紧贴实战要求精准定义无人机作战使用环境要求

由于当前状态的无人机多"傻瓜式"飞行执行作战任务，所以基本没有适应复杂多变战场任务的能力，基本没有"对抗"能力可言。不能把第三、四代战斗机所定义的作战环境搬到无人机来用，如高威胁环境、复杂电磁环境、复杂机动动作等要求加到无人机上考核的话，否则无人机将显得"一文不值"。

3）可用性、可靠性、保障性等综保问题需要逐步发展和不断完善

从美国"全球鹰"无人机批次 30 作战评估使用报告分析看，"全球鹰"无人机的可用性、可靠性、保障性等都较差，特别是保障性基本不合格。原因在于从顶层规划上"全球鹰"ACTD 重点是检验其作战能力，忽略保障性问题；深层次分析看，大型新型无人机保障能力不是"一蹴而就"就能达标的，需要随部队使用逐步完善。

4）切合当前无人机实际能力精准定义作战效能考核指标

作战效能评估有基于单项效能指标考核方法，有综合效能指标考核方法，也有航空综合体整体效能考核方法。基于当前无人机多是面向特定任务设计的"专用任务"总体思路，建议以单项效能指标法考核较为合理。

5）尽可能多地开展试验，为效能评估积累足够的数据

作战效能评估是个复杂工程，需要大量的数据支撑概率评估，所以应尽可能多地开展试验，美国"全球鹰"无人机先期参加军演或作战任务 21 架次，支持了共计 381 飞行小时的 11 次演练飞行。

7.4　美国"全球鹰"无人机作战效能评估分析报告

2010 年 10 月 4 日～2010 年 12 月 14 日，美国空军作战使用试验与评价中心组织实施了 RQ-4B"全球鹰"批次 30 的初始作战使用试验与评价。在初始作战试验与评价（IOT&E）期间，美国空军第九侦察联队对由罗斯若普-格鲁门公司作为初始小批生产系统提交的 4 架典型产品进行了操作和使用评价。

表 7-3 给出了 RQ-4B"全球鹰"批次 30 系统的 5 个关键性能参数（KPP）的评价结果，这些关键性能参数是"全球鹰"能力发展文件（CDD）给定的指标。这些关键性能参数的作战使用要求规定了最基本的系统品质，是提供所需的端

对端作战使用任务能力的关键参数要求。系统不满足作为网络现成节点的关键性能参数指标要求。虽然"全球鹰"批次 30 系统能在很大程度上符合 5 个 KPP 要求指标中的 4 个,但是初始作战使用与评价结果表明,只有关键性能参数不足以保证在所有任务方面的使用成功性。

表 7-3   RQ-4B"全球鹰"批次 30 系统的关键性能参数(KPP)

关键性能参数 KPP	门 限 性 能
战场持续性	
航时	在任务使能构型情况下,必须具有最少 28 h 的总航时并且还具有与空军条例相符合的适当的剩余燃油储备
世界范围的作战使用能力	必须具有足够的鲁棒性,以便各种空域中做到世界范围的系统使用
动态控制能力	必须能够使操作员执行准实时任务控制、任务监控以及任务更新或修改,以便包括动态的飞机平台和任务载荷能控制及重新进行任务科目分配
作为网络现成节点的能力	必须符合 100% 的接口、服役、强制策略控制,以及数据纠正/可用/处理要求,以便在联合综合结构中被用作企业级或关键级节点
战场态势感知	
战场态势感知能力	必须 100% 的满足指定为关键的传感器情报收集性能参数: —EO 图像分辨力在 80 km 达到 NIIRS 5 分水平 —IR 图像分辨力在 50 km 达到 NIIRS 5 分水平 —SAR 图像分辨力在 120 km 达到 NIIRS 5 分水平 —信息情报能收集给定频率的信号

7.4.1 "全球鹰"无人机作战任务使命

RQ-4B"全球鹰"批次 30 系统的任务使命是提供持续的、高空的、情报收集能力,以便在全世界范围内的和平时期、危机和战时情况下,能够支持联合作战部队或国家当局的行动。系统使用了一套图像情报和信息情报传感器组件,能够提供准实时、宽频谱情报收集能力。系统的目的是用来在低到中等威胁环境下进行全天候和全天时(昼夜)作业。当与现有的情报处理、开发及分发系统结合时,RQ-4B"全球鹰"批次 30 系统能为作战指挥官提供准实时情报数据。

7.4.2 关键作战使用要求

2006 年的"全球鹰"能力发展文件(CDD)识别了"全球鹰"批次 30 系统的 5 种关键性能参数(KPP)。能力发展文件识别的要求是针对 2009 财年或更早时间定义的系统性能门限值而言的,适用于本次的初始作战使用试验与评价和初始的 RQ‑4B"全球鹰"批次 30 系统的战场投入。由于系统研发问题导致了两年的项目计划延迟,因此 2009 财年的能力发展文件(CDD)定义了 2011 财年的项目性能基线。

2006 年的"全球鹰"能力发展文件(CDD)还识别了 7 个用以保证任务有效性的关键系统品质(KSA),如表 7‑4 所示。

表 7‑4　RQ‑4B"全球鹰"批次 30 系统的关键系统品质(KSA)

关键系统品质 KSA	门限要求
地面运行	必须能在机场与其他飞机共同运行,并能从 8000 ft 长、148 ft 宽的铺设跑道上运行
数据记录	必须具有图像情报和信息情报数据记录能力,允许在不依赖视距(LOS)或超视距(BLOS)数据传输系统(即"脱离范围"运行)情况下完成记录任务
任务规划	必须在 16 h 内完成任务规划。如果需要通过 6 自由度建模来进行外部任务规划确认,规划时间可能要长达 6 星期
任务起飞和降落	必须能够在备份/转场的基地着陆,并能进行后续起飞
任务巡航段上的有效时间	初步部署后,在只使用准备就绪的任务备件包提供的备件情况下,30 天时间里必须有 55% 的时间能够提供有效的任务巡航段情报监视侦察(ISR)任务覆盖
电磁兼容/干扰	飞机、航电、任务载荷及通信设备必须能同时工作,而不会引起物理损坏或不可接受的任务降级
任务载荷性能	白昼和夜间必须能进行探测、定位并能识别战术级尺寸的目标。光电(EO)和红外(IR)传感器必须满足给定距离最小图像分辨力要求
定位	必须能识别目标位置以使用于精确空‑地武器

7.4.3　作战使用试验

空军作战使用试验与评价中心规划了 17 个初始作战使用试验与评价(IOT&E)任务,并增加了另外 4 个任务用以替代由于天气和维护造成的任务撤销或任务中断导致的试验时间损失。空军第 9 侦察联队飞行了 21 个计划任务中的 18 个任务,总计飞行了 285.1 小时(见表 7‑5)。有两个任务由于维护问题而撤销,一个任务因天气原因而撤销。

表 7 - 5　初始作战使用试验与评价(IOT&E)任务及飞机飞行小时

飞机尾号	任务次数/次	飞行小时/h
2021	4	77.8
2023	2	10.6
2026	7	143.5
2028	5	53.2
合计	18	285.1

初始作战使用试验与评价(IOT&E)期间的初始作战使用节奏复制了和平时期的任务产生率,为每周 2～3 架次。在维持了 4 周的和平时期任务运行后,作战使用节奏加速到战时的任务"突增"节奏,目的是通过"全球鹰"使用概念提供准连续的情报、监视及侦察(ISR)覆盖。在战时任务"突增"阶段,空军第 9 侦察联队按照"全球鹰"使用概念尝试了产生并完成 5 架次连续 28 h 的飞行任务。

7.4.4　任务靶场

由空军作战使用试验与评价中心和空军第 9 侦察联队联合组成的试验团队规划并飞行了初始作战使用试验与评价(IOT&E)任务,横跨了美国西部和东南部以及阿拉斯加,搜集的图像涵盖了沙漠、高树丛、沿海以及北极环境。任务包括了大于 20 h 的长航时飞行,使用了国防部(DoD)以下试验靶场和设施:

(1) 犹他州试验和训练靶场(UTTR);

(2) 内华达州试验和训练靶场(NTTR);

(3) 海军攻击和空战中心(NSAWC)佛伦 Fallon 训练靶场;

(4) 海军空战中心(NAWC)中国湖电子战靶场;

(5) 美军联合太平洋阿拉斯加靶场综合设施(JPARC);

(6) 艾格林空军基地试验靶场;

(7) 伏特·华查卡电子武器试验场;

(8) 尤马武器试验场;

(9) 伏特·斯特瓦尔特多功能靶场综合设施;

(10) 山地之家空军基地靶场综合设施。

7.4.5　作战适应性评价

并不认为 RQ - 4B"全球鹰"批次 30 系统是适应作战的。系统不能始终如一地产生或维持必需的长航时任务能力,以便支撑准连续的持续的情报、监视和侦察(ISR)作战使用节奏。由三架飞机组成的"全球鹰"战斗巡逻,在为期 30 天的运行周期里,对于所要求的 55% 的任务巡航段有效时间覆盖,只能提供不到一半的能力。基于所收集到的用于初始作战使用试验与评价(IOT&E)的系统性能数据,确认的飞机遂行模型(ARM)结果表明,单架 RQ - 4B"全球鹰"批次 30 飞机的战斗巡逻,在为期 30 天的准连续运行期间能够提供 27% 的任务巡航段,有效时间覆盖期间只能依靠预先规划好的研发备件包。在较短的为期 7 天的"任务突增"验证中,三架飞机的"全球鹰"战斗巡逻能够提供 39% 的任务巡航段有效时间覆盖,其间使用了正常的基地保障条件,并以准连续作战使用节奏从主飞行基地进行任务飞行。单架"全球鹰"飞机的战斗巡逻能以较低的作战使用节奏,产生支撑情报、监视侦察的飞行。在初始作战使用试验与评价的"非突增"飞行任务期间,在备件充足情况下,作战单元能一致地产生每周直到 3 架次的飞行。然而,由于较差的起飞可靠性、地面维修中断和高的空中任务终止率,这些单一的飞行,对于"分派"的情报和监视侦察时间覆盖要求,总共只能提供 42% 的时间覆盖能力。

对于准连续作战使用节奏,系统可靠性不足以支撑产生或维持所需的长航时飞行。关键飞机部件的频繁故障降低了可靠起飞性能并增加了任务的空中终止比率。这些故障还造成了对飞机维修和任务关键备件的高要求。传感器载荷的稳定性和可靠性问题导致了要频繁且耗时地对系统进行复位或用电循环,这也降低了任务巡航段上的任务效率。任务控制单元(MCE)和起降控制单元(LRE)地面站是高度可靠的,并且没有影响任务巡航段有效时间性能。

对于准连续作战使用节奏,系统的可用性比率不支持产生架次的要求。由于飞机关键部件的频繁故障,准连续运行期间,"全球鹰"战斗巡逻中飞机的任务使能比率快速下降。对于短期的"任务突增"运行,通过拆串其他机队飞机的关键部件可以暂时改善系统的可用性,但是这不足以保障长期的飞行任务。任务控制单元和起降控制单元的可用性比率满足作战使用的门限要求,并且能够在各种使用节奏下支撑任务生成的要求。

系统的维修性不能完全保障任务要求,虽然单一修复任务的平均修复时间满足项目要求,但是高的飞机维修率要求常常会超出空军维修部队的能力,需要广泛且非计划的利用承包商来保证任务生成和维持运行。不完整的维修技术数据、不充分的训练以及低效的综合诊断系统也降低了系统的可维修性。

RQ - 4B"全球鹰"批次 30 系统执行准连续、持续情报监视侦察任务的当前能力不足,不构成永久状态。当前的和规划的空军纠正行动,目的就是要改进高故障率飞机部件的可靠性,这会改善系统的可用性比率,并增加产生架次和维持任务运行的能力。如果解决了维修技术数据、训练程序和综合诊断系统方面的缺陷,系统的可维修性也会得到改善。在临时过渡期,作战使用部队应当预计到低的飞机任务使能率,高的空中任务终止率,关键备件短缺,高的飞机串件率以及严重依靠系统承包商保障持续运行的情况。

本次作战使用适应性评价的基础是 1 424 h 研发和作战使用飞行所产生的数据。这些数据是 2010 年 5 月 1 日～2010 年 12 月 15 日期间收集的。在此期间,RQ-4B"全球鹰"批次 30 系统飞机积累了 3 233 个维修 h 和 995 次维修事件。起降控制单元的维修活动包括 57 次维修事件和 140 个维修 h,任务控制单元的维修活动包括 122 次维修事件和 174 个维修 h。

1）任务巡航段上的有效时间：准连续飞行

RQ-4B"全球鹰"批次 30 系统以准连续使用节奏执行飞行任务时,不满足任务巡航段上有效时间的作战使用要求,由于飞机可靠性较差,作战使用部队不能始终如一地产生或保持长航时飞行架次,以便提供持续的情报监视侦察任务保证。

"全球鹰"能力开发文件定义了任务巡航段有效时间作为"全球鹰"系统的主要可靠性、维修性和可使用性衡量标准。这一衡量标准综合考虑了关键的可靠性、可使用性和维修性性能因子,对于执行准连续运行的三架"全球鹰"飞机的战斗巡逻任务,确定了最小的任务巡航段时间要求,大致情况如图 7-1 所示。为了满足作战使用要求,在为期 30 天的运行周期内,有 55% 的时间要求能有一架任务有效的"全球鹰"战斗巡逻飞机保持在任务巡航段上。这相当于要求执行最少 20 个长航时任务,每个长航时飞行要提供大约 20 个 h 的任务巡航段有效时间,从而在 720 h(30 天)的运行周期内能产生 396 h 的任务巡航段有效覆盖。按照"全球鹰"使用概念,"全球鹰"的战斗巡逻是独立运行的,对于为期 30 天的部署运行,只使用遂行任务备件包部署装备中的设备和备件。30 天后,正常的补给系统将有效地用于保障运行。

2）初始部署使用（最初的 30 天）

初始作战使用试验与评价期间,针对最初的 30 天使用,试验团队评价了 RQ-4B"全球鹰"批次 30 系统的任务巡航段有效时间,如图 7-2 所示。其间使用飞机的遂行模型对系统做了部署并进行了准连续任务飞行。这种模型把系统研发和初始作战使用试验与评价(IOT&E)期间测得的实际部件故障率和修复

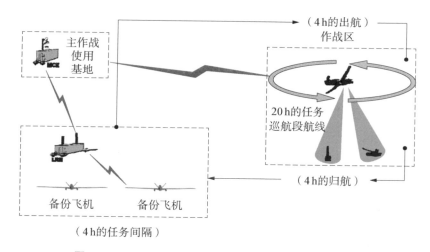

图 7-1　RQ-4B"全球鹰"批次 30 系统准连续运行概念

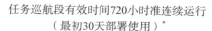

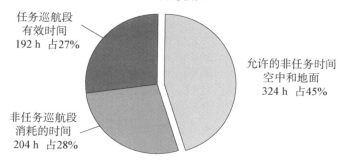

图 7-2　RQ-4B"全球鹰"批次 30 飞机的任务巡航段有效时间：
准连续运行情况(飞机遂行模型结果)

时间综合纳入准连续运行模拟中，并且进行了多次模拟以便反映所预计的性能。空军作战使用试验与评价中心确认了这种飞机遂行模型，并用以评价了准连续运行期间的"全球鹰"任务完成率和持续性能。

图 7-2 和表 7-6 给出了这种飞机遂行模型的模拟结果，对应于最初 30 天的部署使用。在只依靠任务遂行备件包部署装备中的备件情况下，一架 RQ-4B"全球鹰"批次 30 飞机的战斗巡逻将能提供 26.7%(±14.8%)的任务巡航段有效时间覆盖，这一情况不满足最少为 55%的作战使用要求。这相当于在 720 h(一个月)的时间历程中，有 192 h 的有效情报监视侦察覆盖，对于持续的

情报监视侦察所要求的最少覆盖只提供了不到一半的能力。

表 7 - 6　飞机遂行模型模拟结果：30 天准连续部署运行

适应性衡量标准	飞机遂行模型 30 天模拟结果	作战使用要求
任务巡航段有效时间 ETOS/%	26.7(±14.8)	≥55
飞机任务使能率/%	29.4	≥85
飞机间断率*/%	57	—
补给引起的任务等待**/%	64	—
已起飞的任务/架次	11.5	≥20
任务空中终止/架次 任务空中终止比率/%	3.8 33	— —
总的任务飞行时间/h	242.2	≥456
备件串件率/%	80	
任务遂行备件包的部署装备关键备件的消耗时间/天	12	30

　*　战斗巡逻飞机由于维修缺陷造成地面返场的百分比；
　**　补给引起的任务等待是指战斗巡逻飞机在地面等待备件的百分比。

　　任务巡航段有效时间作战使用要求方面不足，主要是由于飞机的可靠性不好引起的。任务关键飞机部件的频繁故障造成了对备件和维修活动的高要求。在部署运行期间，这些高的故障率在 12 天的时间里很快消耗了任务遂行备件包中的部署装备备件，妨碍了产生更多的任务架次。由于关键备件的快速消耗，飞机遂行模型的模拟结果表明，在为期 30 天的准连续运行期间，"全球鹰"的战斗巡逻将只能产生 11.5 个架次，而且这些架次中多达 80% 的架次还要依靠从其他战斗巡逻飞机上拆装关键备件（见表 7 - 6）。这一情况远低于满足最小任务巡航段有效时间所必需的 20 个长航时架次的要求。

　　飞机可靠性不足还降低了起飞架次能提供的情报/监视/侦察覆盖能力。飞机遂行模型模拟结果表明，产生的 12 个架次任务中，多达 4 个架次会出现空中任务终止情况，主要是由于任务关键部件故障引起了早于计划的任务返场。

　　3）持续运行（最初部署使用之外）

　　初始作战使用试验与评价期间，试验团队还评价了 30 天初始部署使用周期之外维持准连续作战使用节奏的能力，其间使用了主飞行基地补给系统提供的备件。在为期一周的时间里,空军第 9 侦察联队把作战使用节奏加速到图 7 - 3 所定义的战时、准连续运行步调。在 156 h 的"任务突增"期,操作人员力图产生并完成连续 5 架次的 28 h 任务,如图 7 - 3 所示。

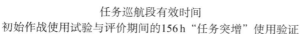

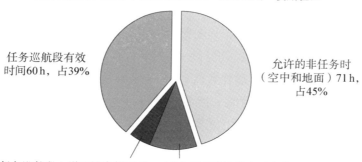

任务巡航段有效时间
初始作战使用试验与评价期间的156 h"任务突增"使用验证

任务巡航段有效
时间60 h,占39%

允许的非任务时
(空中和地面)71 h,
占45%

任务巡航段上增强综合传感器
组件EISS掉线时间7 h,占5%

不在任务巡航段上而丧失
的覆盖时间18 h,占11%

*作战使用要求:55%的巡航段有效时间(85 h)

图 7 - 3　RQ - 4B 任务巡航段有效时间:准连续运行 IOT&E 验证

从这一准连续运行期间得出的结果与飞机遂行模型模拟结果是一致的。由三架 RQ - 4B"全球鹰"批次 30 飞机组成的战斗巡逻(CAP)在 156 h"任务突增"时间里提供了 60 h 的有效情报监视侦察任务覆盖,形成的任务巡航段有效时间为 39%,不满足 55% 的任务巡航段有效时间最低要求。由于飞机的可靠性不足,作战使用部队不能产生或维持执行准连续飞机的长航时任务架次。由于任务关键通信系统故障,5 个计划任务中有一个取消。由于飞行前维修拖延造成另外两次任务不能满足计划的起飞和任务巡航段时间要求。4 个已经起飞的任务中有一个由于任务关键通信系统故障出现任务终止并提前返回基地,由于增强综合传感器组件(EISS)的故障和恢复,另外造成了 7.3 h 的有效任务时间损失。

正如飞机遂行模型模拟所预测的,在执行实际的准连续飞机任务时,对任务关键备件的需求很快超过了供给的有效性。为期 7 天的"任务突增"运行结束时,全部 3 架飞机都处于"不能执行任务状态"也不能有效地支持另外的任务。缺少任务关键备件造成了飞机可使用性的不断下降,长期而言准连续"任务突增"运行的连续性会导致更低的任务巡航段有效时间性能。

4）任务巡航段有效时间：非连续运行

作战使用部队演示验证了低的、非连续使用节奏运行时每周产生了2～3架次飞行的任务能力。初始作战使用试验与评价期间，空军第9侦察联队在为期6周的非连续运行期间，生成并飞行了16个分配任务架次中的14个架次，这一架次生产率足以支撑规划的空军正常、和平时期的飞行节奏，要求在"全球鹰"战斗巡逻的前方使用场地，每周能产生3架次的任务飞行。

然而，正如图7-4所示，对计划和"分配"的325 h任务巡航段时间，上述任务期间所起飞的14个单一架次只提供了137 h的有效时间（占42%）。即使以这种降低的节奏运行，飞机可靠性差、不充分的维修技术数据以及不完善的维修培训也会造成任务巡航段有效时间性能的降级。由于有30 min到12 h的起飞时间推迟，14个起飞架次中有10个架次（占71%）不能按任务分配时间到达任务巡航段。16个规划架次中有一个架次由于维修原因而撤销，另一个架次是因恶劣天气而撤销，由于任务关键系统故障，14个起飞架次中有6个架次（占43%）在规划的着陆时间之前出现了空中任务终止的情况。

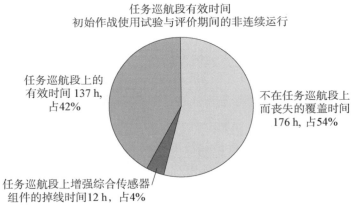

*任务所分配的总任务巡航段时间：325 h

图7-4 RQ-4B任务巡航段有效时间：非连续运行 IOT&E验证

7.4.6 "全球鹰"无人机六性评估情况

"全球鹰"无人机在ACTD演示验证阶段，没有开展六性评估工作。可能原因是飞机、地面站的运行和飞行是以设计、生产厂家主导的，爱德华基地和空军评估人员对六性关注很少，六性不是ACTD考核的关键技术指标。"全球鹰"六性评估是利用批次30飞机在部队初始作战使用中开展的。

1) 可靠性

并不认为 RQ - 4B"全球鹰"批次 30 系统是可靠的,飞机几种任务关键部件的高故障率是导致任务巡航阶段有效时间性能差的主要原因。频繁的飞机关键部件故障降低了起飞的可靠性,增加了空中任务终止的比率,造成了对备件的高需求。这些备件的快速消耗使得有效供给迅速短缺,低的飞机可靠性还造成了高于预期要求的维修工作。任务控制站、起降控制站是高度可靠的,并且能按所有运行节奏完全支撑任务需求。

2) 可用性

RQ - 4B"全球鹰"批次 30 系统的可用性不足,不能产生需要用来提供连续的情报监视侦察覆盖的任务架次。

3) 可维修性

作战使用部队不能按当前的空军保障概念完成 RQ - 4B"全球鹰"批次 30 系统的保养维持。

4) 供给保障系统

在没有附加再次供给情况下,在最初 30 天的部署使用期间,RQ - 4B"全球鹰"批次 30 系统的任务遂行备件包不足以支撑"全球鹰"战斗巡逻任务。不良的飞机可靠性,尤其是关键部件和装备包中不包含部件的高故障率,使得任务遂行备件包的备件被快速消耗。

5) 部署能力

RQ - 4B"全球鹰"批次 30 系统满足作战使用部署要求,利用 4 架 C - 17 或更少的等运量货运飞机,可以运输全部系统组件和保障设备。

6) 技术数据和文件

RQ - 4B"全球鹰"批次 30 系统的说明文件和技术规程是不充分的,对于系统操作员和维修人员缺少完整准确的技术数据,导致了不良的起飞可靠性,增加了修复时间,降低了任务效能。由于缺少合适的技术数据,使得空军人员难以按照空军保障概念使用或维护飞机。只有在广泛的系统承包商支持下,才可能进行成功的运作。

7) 培训

RQ - 4B"全球鹰"批次 30 系统飞行员和任务操作员的培训程序是不充分的。任务操作员的培训不是很有效,当前的操作还要广泛地依靠系统承包商的支持。对维修人员的培训是不充分的,导致了不良的起飞可靠性,增加了修复时间,降低了任务效能。由于缺乏有效的维修培训,空军人员不能按照空军的保障概念维修飞机,只有在广泛的系统承包商支持下,才可能成功地完成维修任务。

7.5　开展无人机作战效能评估方法探讨

目前国内外可应用于任务效能评估方法有多种,但其基本思路是相通的:首先按照部队的作战使用需求,设定典型作战使用任务;按照相关规章、标准的要求,分解、确定任务效能影响因素;构建任务效能评估模型,以此作为任务效能评估的基础;通过理论分析、仿真和飞行试验等手段,获取模型输入参数,进行任务效能评估;在模拟(或真实的)典型作战使用环境下,进行试飞(试验)验证,确定任务效能评估结果。

前文已经多次提及,当前技术状态的无人机多为面向特定使命任务、功能相对单一的特定任务无人机。针对这个前提,开展作战效能评估就得本着“是骡子是马,拉出来遛遛”的原则针对性地开展评估活动。以单项效能评估方法为基本方法,依据研制总要求提出的作战使命任务规划作战想定,严格控制作战使用环境,以尽可能多地进行实际飞行试验/作战演习或结合其他任务开展实际使用能力评价。

7.5.1　针对不同使命任务开展效能评估

如表 7 - 7 所示,根据当前无人机的技术实现状态,可以有针对性地开展评估的典型效能评估项目如下:

表 7 - 7　当前无人机典型效能评估项目

序号	名称	说　　明
1	毁伤效能	军事目标受到攻击时完全或部分失去其军事或经济价值
2	毁伤评估	根据实时获得的情报信息评估武器打击效果
3	通信效能	中继通信
4	情报处理	针对侦察到的海量传感器信息进行处理和分析以及分发
5	搜索效能	为发现某目标,对该目标可能存在的区域进行考察的过程
6	侦察效能	发现目标的能力,跟踪、确定目标位置,预测目标轨迹,识别目标

(1) 搜索、毁伤与评估效能,如察打一体、对地打击等。

(2) 情报侦察与处理,这是目前主流无人机的典型作战使命任务。

7.5.2 实际参加演训是目前检验无人机作战效能的最好方法

作战效能评估有多种方法,既有主观的定性评价,也有复杂的模型计算、数据分析及概率推演。作战效能评估广泛用于装备论证、作战推演、战术研究等多领域,但对于无人机的作战适用性试验来讲,大量的演训是唯一切实可行的方法。概括起来,一般分为以下几个步骤:

1) 根据研制总要求,确定 KPP

研制总要求是指导作战效能评估的根本依据,切不可随意增强考核项目和内容。但研制总要求的战技指标比较繁杂且有大量定性/定量描述,所以需要作战试验组织者甄选关键性能指标并得到装备论证单位和总设计师系统及相关作战部队的认可。如美国"全球鹰"无人机作战试验就是围绕 KPP 开展的。同时,作战试验不能关注研制总要求规定的各种战技及边界性能是否达标,这些战技指标必须由设计定型试飞(性能试验)执行完成。部队试验关注的是给定边界性能前提下,如何更好地发挥作战能力,如何让部队更好地使用新型装备。设计定型试飞与部队试验的内容和方法必然是有显著区别的,切不可重复开展相同的试验内容。只有这样,才符合系统工程的理念和基本方法,才是真正的高效开展武器装备研制。

2) 根据使命任务确定作战环境

作战环境是考核作战效能最核心的基础和前提,总体上区分为和平时期及战时。战时又可区分为高、中、低三类威胁环境。"威胁环境"简单四个字,却需要花大力气去捉摸和规划,只有这样才能真正体现"近真实作战环境"这个最基本要求。如电子战环境、ISR 环境、雷达阵地环境、防空武器环境、作战人员、后勤保障等,这是异常重要的事情。

3) 根据作战想定编排试验科目和考核项目

围绕确定的 KPP,结合作战想定,组织编排试验科目和内容。在此基础上,结合可用的试验资源,组织飞行试验或地面试验。

4) 组织实施演训后开展数据评估

试验考核方法简单划分为三个层次:

(1) 针对给定作战任务的实施过程的直接定性/定量评价,如对指定目标的毁伤/打击能力、连续出动架次等;

(2) 结合多个简单任务复合分析后给出综合作战能力,如通信效能、搜索、侦察与情报处理效能、打击效能等合成为察打一体效能;

(3) 以多种复合概率数字计算模型为基础,结合各种模拟仿真工具,在战役/战术级别及复杂任务模型化基础上结合有限的试验数据给出作战胜负概率。

7.5.3　察打一体效能任务分析

一般情况下,察打一体任务界定为如下:

(1) 在指定区域搜索、发现并识别敌方目标;

(2) 确定或确认目标的数量和方位;

(3) 得到指令后迅速歼灭指定目标;

(4) 评估目标遭受攻击后的状态(毁伤效果评估)。

航空侦察设备能力是完成侦察任务的核心能力体现,一般情况下对典型目标发现和识别的分辨力要求如表7-8所示。

表 7-8　典型目标发现和识别的分辨力要求

目标	发现/m	识别/m
雷达站	3	0.15
地/地、地/空发射装置	3	0.30
坦克	1.5	0.05
飞行器	4.5	0.15

1) 搜索/打击效能评估

美国"捕食者"无人机针对未知目标的搜索开展了多项搜索效能评估飞行活动,从实际飞行结果看,由于侦察范围广、特定目标小导致不易发现等问题,几乎不可能成功搜索未知位置的未知目标。即使是未知位置的已知目标,成功概率也很低。只有针对已知位置的已知目标,成功概率才较高。但无人机长航时飞行于空中,搜索未知目标的意义和作用却异常巨大,同时也凸现出无人机长航时飞行的独特作用。在这些特定方面,针对不同特性的搜索任务载荷和不同的使用环境,需要专项开展研究和试验验证。

2) 察打一体效能评估作战想定

在事先广域搜索情报的粗略定位或其他情报支持下,开展限定区域的搜索/侦察/识别/打击是可行的,包括已知目标和未知类型目标。当然,在限定区域内的侦察/搜索/确认概率很大程度上取决于任务传感器能力,如通信侦察能力、EO 搜索定位能力、SAR/CCD 分辨力与定位能力等。同样,也决定着毁伤效果评估能力。在这些给定能力的基础上,结合任务使命,即可开展相关效能评估的任务规划,如侦察效能、搜索效能、情报效能、打击与毁伤评估等。

3) 基于试飞的直升机反潜任务效能仿真研究示例

关于察打一体中的"搜索效能",与搜索方法、传感器性能等密切相关。美国空军研究实验室编写的《无人机协同决策与控制——面临的挑战与实践应用》一书的第七章描述了无人机搜索与打击效能的理论分析和仿真结果。同时,作者援引中国飞行试验研究院飞机技术研究所张华的文章《基于试飞数据的某型直升机反潜任务效能仿真研究》。该文阐述了直升机用于反潜的效能分析方法和试验结果,虽然是针对直升机的,但其作战使命任务规定的搜索效能,与无人机察打一体的搜索效能理论上是一致的。直升机效能评估可以给无人机察打一体效能分析提供方法参考。

反潜任务效能评估是舰载反潜直升机作战使用试验与评估的重要课题之一。任务效能评估可为舰载反潜直升机的对比选型、设计定型提供依据,也可用于舰载直升机反潜战术、战法研究及优化提供支撑,进而提升、保障海军部队的反潜作战能力。舰载直升机联合支援反潜作战是指反潜直升机在接受其他反潜作战单位情报的前提下,相对独立于海军战斗群/组遂行反潜作战。应招反潜是联合支援反潜的典型任务形式。根据上述定义,给出任务设定如下:

(1) 任务:航母战斗群内层反潜防御圈应召反潜。

(2) 兵力:1～2 架配备主动吊声,辅助兵力报告疑似接触点后不再参与后续任务;敌方威胁:1 艘搭载鱼雷的常规动力潜艇。

(3) 效能指标:发现/摧毁敌方潜艇的概率。

基于支撑情报信息的差异,直升机执行应召反潜任务时主要采用扇形搜索和扩展搜索两种搜索策略。其中扇形搜索一般在已知潜艇最后位置和概略航向时使用,可由单机执行或由双机联合执行,此处采用单机扇形扩展搜索策略开展相关仿真研究;扩展搜索包括矩形扩展和螺旋线扩展两种搜索方式,按照我国海军相关战术条例的要求,此处选用双机螺旋线扩展搜索策略开展相关仿真研究。如图 7-5、图 7-6 所示。

采用正态分布计算直升机搭载的主动声呐系统的搜潜概率。直升机单次探测发现潜艇的概率为

$$P_s = 1 - \Phi\left(\frac{r - \mu}{\sigma}\right) \tag{7-1}$$

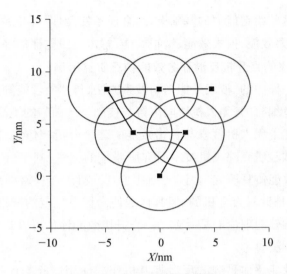

图 7-5　扇形扩展搜索策略

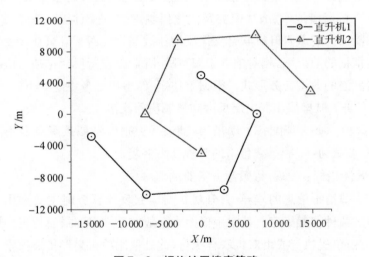

图 7-6　螺旋扩展搜索策略

式中：r 为直升机与潜艇之间的距离；μ 为预期声呐距离，在该距离下，综合考虑传感器特性、使用者能力、环境条件、作业深度等因素的影响，发现目标潜艇的概率为 0.5。该参数可基于飞行试验数据获取；$\sigma = 0.4\mu$，以保证在 $r = 0$ 时，直升机对潜艇的搜索概率 $P \approx 1$。直升机经过 n 次探测后发现潜艇的总概率为

$$P_{st} = 1 - \prod_{i=1}^{n} (1 - P_{si}) \qquad (7-2)$$

经仿真计算分析,初步获得如下结论:

(1)直升机搜潜概率随预期声呐距离、直升机最大巡航速度的增大而增加;随直升机出动准备时间、点水周期、潜艇最大静音航速的增大而减小。

(2)预期声呐距离对直升机搜潜概率影响显著,在试飞过程中需对声呐系统的性能予以重点关注。

(3)直升机应召反潜需要较高的时效性,需要对直升机舰面出动准备时间予以特别关注,同时也需开展直升机舰面反潜作战使用方式相关的研究。

(4)目标潜艇最大静音航速对搜潜概率有显著影响。

7.5.4　单发命中概率分析

武器要杀伤目标,命中目标是基本前提。历次战争实践证明,武器系统打击的命中程度与武器系统作战效能的发挥几乎成正比关系,并且比例系数大于 1,而武器精度是描述武器装备战术性能的重要指标。传统的精度指标一般包括准确度、密集度、圆概率偏差(CEP)、球概率偏差(SEP)等。对于无人机发射空地导弹打击地面车辆、坦克等目标而言,由于多种随机因素干扰作用的影响,其综合作用的结果,使得在同样射击条件下,同一型号的导弹以同样的方式向目标进行多次射击时,导弹每次射击的弹着点是不同的,命中概率也是不同的,随着目标机动能力的增强和战场情况的复杂化,命中概率逐渐成为评估武器精度的综合指标。

命中概率作为空地导弹武器系统的重要战技指标,由准确度、密集度等指标转化而来,并与目标形状、大小、运动方式有着密切的联系,反映了导弹命中预选目标的概率,它不仅取决于目标照射概率、目标捕捉概率和自导命中概率,还取决于导弹的飞行可靠性,是飞行可靠性、制导控制精度和引战配合效率的综合。命中概率指标、命中概率与武器的毁伤规律相结合,可以对武器的攻击效能做出评价。单发命中概率是计算各种射击效率指标的基础。通过研究武器的单发命中概率,可以进一步分析多发命中概率以及对集群目标的火力配置等问题。对于地面上的面目标而言,一般取目标的几何中心 O 为瞄准点(亦可根据目标各部分的重要度选择瞄准点),弹着点 $P(x,y)$ 与目标的相对位置如图 7-7 所示。

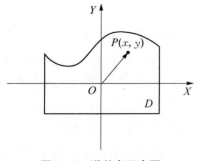

图 7-7　弹着点示意图

空地导弹的单发命中概率是导弹武器系统定型或鉴定试验必须检验的指标之一,如何制定科学合理的单发命中概率检验方案,最大限度地降低试验成本,全面检验武器系统的性能,对其做出客观、公正的评价,是空地导弹武器系统定型时鉴定试验中必须解决的首要问题。

当试验次数较多时(多于 30 次),可以用简单地统计成败的数据进行试验评定。这种方法仅考虑各次弹着点是否在目标区域之内,可以依据二项分布估计命中概率值。根据 GJB 349.31—90 中规定的方法,设对规定目标进行了几次独立发射试验,对于单发命中概率的估计有以下几种方法:

1) 比率法

$$\hat{P} = \frac{命中目标的导弹数}{可靠飞行的导弹总数} = \frac{M}{S} \tag{7-3}$$

$$估计精度\ \sigma(\hat{P}) = \sqrt{\hat{P}(1-\hat{P})/S} \tag{7-4}$$

式中:M 为命中数;S 为发射导弹总数。

2) 双边区间估计(取 $\alpha = 0.1$)法

$$上限 = \hat{P} + Z_1 - \alpha/2\sqrt{\hat{P}(1-\hat{P})/S} \tag{7-5}$$

$$下限 = \hat{P} - Z_1 - \alpha/2\sqrt{\hat{P}(1-\hat{P})/S} \tag{7-6}$$

式中:Z 为标准正态分布函数,由查表可得。
则导弹的命中概率 $P \leqslant$ 上限或 $P \geqslant$ 下限。

3) 单边区间估计法

$$上限 = \hat{P} + Z_t - \alpha\sqrt{\hat{P}(1-\hat{P})/S} \tag{7-7}$$

$$下限 = \hat{P} - Z_1 - \alpha\sqrt{\hat{P}(1-\hat{P})/S} \tag{7-8}$$

导弹的命中概率 $P \leqslant$ 上限或 $P \geqslant$ 下限。

当试验次数较少时,命中概率还可以采用序贯截尾、假设检验等方法检验。检验的过程中一般要充分利用科研靶试、定型靶试以及仿真试验的所有有效信息先得到定型飞行试验的验前信息,最后利用贝叶斯统计理论来判定是否满足研制任务书提出的指标要求。

在制订空地导弹单发命中概率检验方案时,若不考虑研制试验等阶段的验前信息,可以采用二项分布序贯截尾检验方法或二项分布经典假设检验方法。

但是相比较,二项分布序贯截尾检验方法的平均试验数比二项分布经典假设检验方法要小,且易于组织实施。二项分布序贯截尾检验方法和二项分布经典假设检验方法都是只考虑现场几次试验的结果,从而使鉴定的风险过高,难以做出合理的统计推断。

若定型试验有充足的验前信息可以利用,可采用二项分布 Bayes 假设检验方法或二项分布 Bayes 序贯截尾检验方法制订单发命中概率检验方案,以节省资源。由于验前信息的作用,此两种方法的试验次数或平均风险较二项分布序贯截尾检验方法和二项分布经典假设检验方法要小。若某试验仅仅检验导弹单发命中概率这项单一指标,可以用二项分布序贯截尾检验,也可以用二项分布经典假设检验。二项分布序贯截尾检验考虑了每次试验结果所提供的信息,可弥补在固定样本之下的统计假设检验的不足,而且有可能节省试验样本。

本章总结

作战效能评估有诸多的评估方法和评估工具,但其真实能力如何,只有在战场上才能真正知道。尤其是无人机,需要尽可能多的作战训练和实战演习,才能一步步地根据实际作战需要提升作战能力以及实地保障能力。部队试验的目的不是查找无人机的缺陷,而应当是更多地关注如何提升作战能力,为部队接装提供更多、更好的作战使用及保障建议。

第 8 章　试验与鉴定的风险及管控

业精于勤,荒于嬉;行成于思,毁于随。

——韩愈

　　飞行试验过程永远充满着不确定性,正是这些不确定性催促着航空技术的不断进步,催生了一代代新型飞机。技术创新意味着风险时时存在,尤其是大型无人机系统的研发试验,稍有不慎就会造成较大的经济损失。所以,试飞安全形势不容乐观,全方位管控试飞安全同样是"头等大事"。试飞安全管理已经成为飞行试验不可或缺的有机组成部分,安全管理需要渗透到飞行试验的方方面面,需要全体参试人员共同提高安全意识,需要试飞安全管理文化和安全控制机制贯穿试验全过程。无人机飞行试验,使新的安全管理方法发生了变化。本书从飞机飞行试验的全局出发,从各个角度分析了无人机飞行试验新的风险点的识别以及化解措施。同时,对无人机事故等级进行了重新定义,针对大型无人机常见特情处置进行了分析和说明。

8.1　人为因素基本理论

　　人类发明和研制的任何飞行器都要进行大量充分的飞行试验。只有亲自目睹了真实飞行试验过程,拿到了大量客观数据,才可以比对理论设计和地面计算与仿真,才可以说所设计的飞机合格可用。飞行试验是国家行为,是技术性极强的国家大型专项工程,飞行试验经费一般占到研制总经费的 15% 以上。飞行试验充满了系统工程的不确定性(涌现性),始终伴随着飞行试验安全(国家财产)的巨大压力,从立项开始就肩负着军方、用户、市场的迫切期望。

从航空工业建立至今，人们都非常渴望将事故和严重事故征候彻底消除，但百分之百的安全率是达不到的，没有任何人类活动或人造系统能保证绝对安全。人们不能保证在航空运行中不出现差错，所以安全是一个必定包括若干相对情况而非绝对情况的概念。

8.1.1　海因里希法则

海因里希法则是美国著名安全工程师海因里希提出的关于事故的法则。海因里希经过大量统计分析，得出了在一起事故中，死亡、重伤、轻伤和无伤害事故的比例为 1∶29∶300∶1000 的结论，因此又称其为 1∶29∶300 法则或 300∶29∶1 法则。

海因里希法则揭示了一个重要问题，即在每一起严重事故的背后，必然有 29 次轻微事故和 300 起未遂先兆以及更多的事故隐患。海因里希法则同时也说明，无论多么高超的技术，多么完美的规章，在实际操作层面，人的责任心永远是第一位的，就像《最高职责》那本书里描述的那样。责任心主要体现在预防上，在点滴的细节上。预防特大飞行事故，必须预防重大飞行事故；预防重大飞行事故，必须预防一般飞行事故；预防一般飞行事故，必须消除日常不安全行为和不安全状态；而能否预防日常不安全行为和不安全状态，必须重视细节。

8.1.2　墨菲定律

1942 年，美国航空工程师墨菲提出了著名的墨菲定律："If anything can do wrong, it will"。如果一件事情有做错的方法，那么迟早会有人按这种方法做。

墨菲定律指出：凡是有可能出错的地方，一定会有人出错，而且是以最坏的方式发生在最不利的时机。墨菲定律并不是一种强调人为错误的概率性定律，而是阐述了一种偶然中的必然性。墨菲定律告诫人们对所有可能出错的地方都不能掉以轻心，存侥幸心理。因此，凡是有可能出错的地方都要有有效的防范措施，只有消除了出错的可能性，事故才能避免。

8.1.3　事故链理论

事故链是国际民航组织在防止事故手册上提出的概念，来源于海因里希所建立的事故因果连锁理论。海因里希认为：任何事情的发生都不会由单一原因造成，而是由一连串的失误链造成。预防之道就是在事故发生之前，将某一失误链打断或移走。绝大部分航空事故都不是因为一个原因引起的，都是环境、飞机和人这三方面共同作用的结果。其中某一方面的因素恶化也会导致其他方面的加速恶化,形成恶性循环,最终导致发生事故。航空事故的发生通常是多种系统缺陷共同作用的不利结果,就像链条一样,当各个环节缺陷连在一起时,事故就发生了。

8.1.4 Reason 模型

Reason 模型,又称"瑞士奶酪模型",是英国曼彻斯特大学 James Reason 教授在其著名的心理学专著 *Human error* 一书中提出的概念模型。这一模型的核心在于其系统观的视野,除了对不安全事件中人的行为进行分析外,更深层次地剖析了影响行为人的潜在组织因素,如管理者、利益相关者、企业文化的间接影响等。Reason 模型拓展了事故分析的视野,以一个逻辑统一的事故反应链将所有相关因素进行了理论串联。

Reason 模型认为,事故的发生不仅有一个事故发生的反应链,还同时存在一个被穿透的组织缺陷集。根据系统错误诱发因素的层次性特点,任何系统错误的诱发都可以根据其自身的属性分成不同层次。

Reason 模型的特点在于它从系统的角度出发,除了对人的不安全行为进行分析外,还更深层次地剖析了潜在的组织因素。从这一模型可以明确看出,不能孤立地看待一线操作。特定的组织因素是一线人员不安全行为的前提和条件,这些"潜在条件"会随着系统的复杂化和联系的紧密化而变得越来越强。对于这样航空业比较发达的系统,组织因素已经强化到了起决定性作用的程度。

8.2 风险分析的内涵意义

近年来,航空产品研制中不断引进新技术,引发的不确定性因素持续增大。系统复杂程度不断攀升,大量采用或应用技术成熟度较低的系统或产品,进度周期和研发成本不断压缩,供应链全球化带来项目管理环境日趋复杂,这些客观现实造成航空产品的风险趋势日益严峻。"拖进度、涨经费、降指标"问题频频发生,使得航空产品项目管理日益困难。在大型航空产品立项论证、工程研制、生产制造、使用保障等过程中,如何对风险进行有效的识别、预警和控制具有重大意义。

比较经典的风险定义是美国人韦氏(Webster)提出的,即"风险是遭受损失的一种可能性"。在一个项目中,损失可能有多种不同的后果形式,如质量的降低、费用的增加或时间延长等。风险是有害后果发生的可能性,是对潜在的、未来可能发生损害的一种度量；风险是在一定的空间和时间范围内、在冒险和弱点关注过程中产生的一种预期损失；风险是一个统计概念，用于描述在给定的时间和空间中消极事件和状态影响人或事件的概率。

美国人 Chicken 和 Posner 在 1998 年提出，风险是危险和危险暴露度两种因素的综合，并给出了表达式：

$$Risk = Hazard \times Exposure$$

国内的杜端甫教授认为，风险是指损失发生的不确定性，是人们因对未来行为的决策及客观条件的不确定性而可能引起的后果与预定目标发生多种偏离的综合，并给出了如下表达式：

$$Risk = f(P, S)$$

式中：$Risk$ 表示风险；P 表示不确定性事件发生的可能性；S 表示不确定性事件发生所造成的严重性。

从航空工业建立至今，人们都非常渴望将事故和严重事故征候彻底消除，但百分之百的安全率是达不到的，没有任何人类活动或人造系统能保证绝对安全。人们不能保证在航空运行中不出现差错，所以安全是一个必定包括若干相对情况而非绝对情况的概念。根据这一概念，在一个内在安全系统中，运行环境的危险后果所产生的安全风险必须是可接受的。安全是管理某些组织过程的结果，其目的是将运行环境中的具有危险后果的安全风险置于组织控制之下。因此我们可以将安全定义为，安全是一种状态，即通过持续的危险源识别和风险管理过程，将人员伤害或财产损失的风险降至并保持在可接受或以下的水平。

风险定义为，以可预见的最坏情况作为基准，对一种危险后果从预测的概率和严重性角度进行评估。它是人们头脑试图衡量危险后果严重性的一种方法，是"评级"的产物。

风险管理是用于对具有危险后果的安全风险进行评估以及将该安全风险缓解至合理可行的低水平的组织活动。其目的为均衡地在所有评定的安全风险及那些可控及可缓解的安全风险之间配置资源提供基础。因为能够获取的资源是有限的，存在着"生产和保护两难的困境"，需要使安全和生产目标之间达到现实的平衡。风险管理是指风险主体对可能遇到的风险进行识别、分析和评价，并在此基础上对风险进行有效的应对和监控，以保障实现项目预期目标的科学管理方法。装备采办项目风险是指在规定的费用、进度和性能约束条件下，对未来实现武器装备性能指标和项目目标的不确定性的一种度量。风险由风险源、风险概率和风险后果三个要素组成。

无人机系统试验与鉴定这一航空/军事活动,其所能获取的资源也是有限的,也需要在安全和试飞任务完成之间达到一种切实合理的平衡,将安全风险降低至可接受的范围内。

8.2.1　安全风险分析

安全风险分析通常将安全风险分解为两个部分:破坏性事件或情况发生的概率和发生该事件或情况的严重性。安全风险分析通常采用了层次分析法(analytic hierarchy process,AHP)。是考虑可能性(P)和严重性(S)两种因素进行分析,为风险评价提供依据。

8.2.1.1　安全风险概率的评估

将具有危险后果的安全风险处于组织控制之下的过程第一步,是评估系统运行期间出现危险后果的概率。这称为安全风险概率的评估。使用安全风险概率表,用不同级别的类别,表示发生不安全事件或情况的概率、每一类别的含义以及每一类别具有的值。对于飞行安全,如表8-1所示。

表8-1　安全风险概率表

可能性等级	定　义	分数值
频繁(5)	可能会发生许多次(频繁发生)	5
相当可能(4)	可能会发生几次(偶尔发生)	4
不大可能(3)	不大可能发生,但是有可能(少有发生)	3
极小可能(2)	很不可能发生(据了解未发生过)	2
极不可能(1)	几乎不可想象会发生	1

8.2.1.2　安全风险后果严重性的评定

将具有危险后果的安全风险置于组织控制之下的过程的第二步,是评定危险后果的严重性。使用安全风险后果严重性表,以最糟糕的可预见情况为参考,对一不安全事件或情况的可能后果的严重性进行评定,用不同级别的类别,表示发生不安全事件或情况的严重性程度、每一类别的含义以及每一类别具有的值。对于飞行安全风险后果的严重性,如表8-2所示。

表 8-2　安全风险后果严重性

严重性等级	定　义	分数值
灾难性的（A）	相当于一、二等飞行事故	5
重大的（B）	相当于三等飞行事故	4
严重的（C）	相当于事故征候级别的事件	3
轻微的（D）	小麻烦；操作限制；启动应急程序；较小的事件	2
可忽略的（E）	后果微乎其微，几乎没什么影响	1

8.2.2　安全风险评估

安全风险评价（也称安全风险评估）是对已经确定会对一组织的能力产生威胁的具有危险后果的安全风险进行分析。通过以上对安全风险的概率和后果严重性的分析评定，可以对安全风险做一个全面的评定。将安全风险概率表和安全风险后果严重性表合并为一个安全风险评价矩阵，即可达到这一目的，如图 8-1 所示。

		可能性等级（P）				
		1	2	3	4	5
严重性等级（S）	A	1A（缓解后可接受）	2A（缓解后可接受）	3A（不可接受的）	4A（不可接受的）	5A（不可接受的）
	B	1B（缓解后可接受）	2B（缓解后可接受）	3B（缓解后可接受）	4B（不可接受的）	5B（不可接受的）
	C	1C（可接受的）	2C（缓解后可接受）	3C（缓解后可接受）	4C（缓解后可接受）	5C（不可接受的）
	D	1D（可接受的）	2D（缓解后可接受）	3D（缓解后可接受）	4D（缓解后可接受）	5D（缓解后可接受）
	E	1E（可接受的）	2E（可接受的）	3E（可接受的）	4E（缓解后可接受）	5E（缓解后可接受）

图 8-1　安全风险评价矩阵

根据对安全风险所做的一个全面评定,将从安全风险评定矩阵中获得的安全风险指数 $R = P \times S$,与安全风险等级表(安全风险可容忍度矩阵)对比,确定安全风险等级(安全风险可容忍度),如表 8-3 所示。

表 8-3　安全风险等级划分

R 值	风险等级	判　据
1～3	低风险(可接受的)	在考虑所有风险要素后,仍可正常进行
4～12	中等风险(缓解后可接受)	基于风险缓解可接受。可能需要做出管理决定
15～25	高风险(不可接受的)	现有情况下不可接受,停止运行,直到采取了足够的安全措施和应急预案将风险降低到可接受的水平

8.2.3　安全风险控制

在将不安全事件或情况后果的安全风险置于组织控制之下的过程中的第四步即最后一步,是必须采取控制(缓解)缓解策略。安全风险缓解措施必须权衡以下各项:

(1) 时间;

(2) 成本;

(3) 采取措施降低或消除安全风险(即风险得以管理)的困难。

安全风险控制/缓解措施,大多基于进一步调动安全防护机制或增强现有的防护机制。航空系统的防护机制可分为技术、培训和规章三大类。

8.2.4　试飞安全管理体系

试飞安全管理体系是管理安全的系统化方法,它要求试验机构/组织建立安全政策和安全目标,并为实现安全目标而对内部组织结构、责任制度、资源、过程、程序等相互关联或相互作用的一系列要素进行系统化管理,从而达到控制安全风险,持续改进安全管理水平的目的。

试飞安全管理体系由四大结构部分组成,即安全政策和目标、安全风险管理、安全保证和安全促进。安全政策和目标包括管理者的承诺和责任、安全责任义务、任命关键的安全人员、协调应急预案的制订和安全管理体系文件;安全风险管理包括危险源识别和安全风险评价与缓解措施;安全保证包括安全绩效监

控与测量、对变更的管理和安全管理体系的持续改进;安全促进包括培训与教育
和安全信息交流。

8.2.5　无人机系统试验的安全风险特性分析

无人机系统试飞中的风险特性,总的可描述为装备技术改变带来的风险,主
要可分为三类,包括人员角色变化风险、资源需求变化风险、试飞方法变化风险、
无人机飞管与飞控技术状态不成熟等。

8.2.5.1　人员角色变化风险及措施研究

1) 飞行员角色发生重大改变

无人机自动化程度提高,飞行员从以往的实时对航空器操纵转变为更多时
间是监控无人机飞行状态以及必要时的遥控飞行,这些变化带来的风险可能包
括以下各项:

(1) 飞行员置身于飞行器外环境,对飞行空间情境意识降低,对飞行状况的
判断难度增加,且直接丧失了对飞行器过载、震动等的直观感受,客观上增加了
飞行员的操纵难度,降低了对飞行器危险和特殊状态的发现和判断能力。

(2) 飞行员门槛降低,导致飞行员在飞行技术、经验和身体条件等方面上要
求的降低,提高了涉及飞行员的飞行问题的发生概率,降低了特情处置上的成
功率。

(3) 无人机的续航力很长,飞行员的工作时长比以往大幅增加,不仅导致飞
行员精力消耗大,难以保持长时间的精力集中,而且增加了飞行员因为疲劳导致
飞行问题的风险。

对于以上风险,应至少考虑下列缓解措施:

(1) 对飞行员的资质认证提出要求,从培训、飞行技术、经验、身体素质等方
面进行要求。包括应通过无人机飞行操作培训并获得资质证书,间断飞行时应
在模拟器上恢复技术,应定期体检等。

(2) 建立无人机系统飞行机组概念,加强机组协同意识及相关协同培训。
在飞行过程中,加强飞行员之间的沟通协调,合理安排和明确飞行员之间的轮班
和交接以及特情处置时的分工。

(3) 对于无飞行经历的试飞学员,在培训中应考虑民用飞行驾驶执照培训
或驾驶有人驾驶飞机飞行体验等方式加强情境意识的培养。

2) 指挥员职责发生重大改变

在无人机试飞过程中,传统的飞行指挥员依然负有放飞和空域调配等职责,

但在具体飞行过程中,尤其是特情处置过程中,由于大量的信息在控制站内传递,无人机状态也可能在自主和遥控模式中来回转换,位于塔台的飞行指挥员对无人机状态掌握存在困难,很难承担起必要的指挥职责。传统飞行指挥员的角色发生了重大改变。为此,应借鉴国外经验,在控制站内设置任务指挥员岗位。这些变化带来的风险,主要可以归结为两个问题:

(1) 飞行指挥员和任务指挥员的职责是什么。

(2) 飞行指挥员和任务指挥员的资质要求如何。考虑到飞行指挥员都是具备飞行场次指挥资质的飞行员,指挥员的资质要求主要就是针对任务指挥员而言。

对于以上风险,缓解措施至少应考虑如下两点:

(1) 飞行指挥员与任务指挥员的分工界面应清晰。如飞行指挥员只负责无人机的放飞和空域调配,而不对无人机的任务执行和动作负责;任务指挥员按飞行指挥员给出的放飞命令和空域调配,指挥无人机的任务实施和动作完成。此外,任务指挥员的职责还应包括编制飞行指挥预案、对飞行员准备情况进行检查等。

(2) 考虑到飞行指挥员都是具备飞行场次指挥资质的飞行员,飞行指挥员并不存在资质问题,但在实施指挥前应充分了解无人机的飞行性能,至少应包括飞行包线、起降、爬升性能、复飞条件、应急抢险保障需求等;任务指挥员除应熟悉无人机的飞行性能、任务要求外,具备条件时应考虑获取无人机操纵资质;不具备条件时应至少接受过一定时长的无人机飞行培训以及空管知识培训。

3) 无人机飞行机组其他人员职责的增加

无人机机组除飞行员、任务指挥员外,还包括任务载荷操纵员、链路操作员、任务规划员等其他机组人员。这些机组人员是无人机所特有的。相比传统有人机飞行,他们的出现也带来了风险,即无人机各操作员在飞行中的职责及其履行问题。缓解措施至少应考虑以下两项:

(1) 无人机各岗位操作员应通过专业培训并获得相应资质。条件具备时应考虑让无人机操作员接受一定程度的无人机驾驶培训或体验,以获得无人机飞行的直观感受,提高其任务载荷操作、任务规划和链路操作等与无人机飞行的配合程度,如使任务规划员任务路径规划的合理性和设置的准确性可以得到提高。

(2) 明确无人机各岗位操作员在特情处置中的分工,并针对性进行培训和演练。众所周知,机组团队的高效而合理的座舱资源管理,对飞行安全的帮助极大,尤其在特情处置过程中,更是对特情处置有着决定性的作用。特情一旦发生,飞行员、指挥员需要处理的问题众多,注意力有限,精神压力大。得到其他专业人员的有力支持,有利于飞行员在特情处置中合理分配注意力,正确操纵和处置。因此在试飞准备过程中,应明确无人机各操作人员在特情处置中的分工,并针对性地进行培训和演练,如任务载荷操作员可以计算无人机用电量的分配,提出用电量的规划等;任务规划员可以规划无人机返航路径,计算空滑比等。

8.2.5.2　资源需求变化的风险及措施研究

无人机系统的一些固有特点导致了试飞过程中对资源有一些特殊需求以及带来传统需求的一些变化,这些改变也带来了一些新风险。

1)空域需求的改变

相比有人机,无人机并未搭载飞行员,无人机对于保证飞行航迹处于允许空域内的能力比有人机薄弱,发生偏出空域或发生飞行冲突、危险接近的可能性比有人机大,因此无人机试飞的空域需求比有人机的更严苛。无人机一旦发生紧急情况,依靠飞行员人工操纵远离人口密集区的能力也更弱。对于此风险,缓解措施至少应做下列考虑:

(1)试飞空域应较大,应远离人口密集区、边境、民航航路密集区。

(2)起降航线应尽量避开人口密集区,规划的任务航线附近,应有人口稀疏区域作为紧急避险区。

(3)军民航机场起降时,应提前与航管部门协同并规划起降等待区,包括跑道区域的自动驶入/驶出机制。

2)装备维修保障需求的改变

与有人机相比,无人机的最大最直观特点是,将座舱从机体上移出,将其相关功能转移至控制站,并为此在控制站增加了相关的功能设备,无人机平台的飞行离不开控制站的参与。在装备维修方面,控制站的出现必然引起装备维修需求的改变,主要表现在:无人机平台的准备必须有控制站的参与,控制站的维修状况直接影响无人机平台飞行的安全。对于此风险,其缓解措施应从无人机飞行必须依靠控制站支持这一特点出发,将无人机控制站视为一个完整航空器的一部分,至少应考虑建立与无人机平台相统一的控制站维修保障体系,应明确要求无人机控制站的履历信息记录、排故流程、定期/周期工作等保障工作内容,对控制站和无人机平台的软件更改应格外注意并加以规范。此外,对于保障控制站正常工作的供电保障也应予以考虑。

3)通信需求的改变

传统有人机飞行中,大量有关飞行的信息直接传送到塔台;无人机几乎所有的状态信息都是传送到控制站,位于塔台的飞行指挥员仅仅掌握无人机的位置、高度、速度等简要信息。一旦无人机出现状况需要处置时,飞行指挥员难于及时有效地掌握信息而在空域资源、地面保障资源上及时调配,提供帮助。对于此风险,缓解措施应至少考虑下列几项:

(1) 塔台和控制站应建立足够裕度的通信联系机制,并且这种联系至少应是建立电台作为最基本的联系手段,但不应仅仅局限于此,应在具备条件的情况下,将无人机飞行的关键参数或者是飞行航迹,甚至是飞行监控画面实时传输给飞行指挥员,以利于飞行员指挥员全面掌握无人机的状况,及时调配资源或提出安全建议。

(2) 控制站主站以及其他分站点之间的通信需求也应得到满足。

(3) 塔台、控制站之间的通信信息应有客观记录设备予以记录。

4) 雷达情报需求的改变

与有人机上有飞行员灵活主动地掌握飞行不同,无人机的大量关键控制都是在控制站完成的,当无人机链路正常工作时,无人机的位置、高度、速度信息会一直传送到控制站。但当无人机链路异常或是导航设备故障时,准确掌握无人机位置就是及时正确处理特情、保证飞行安全的一个重要先决条件。无人机试飞过程中的雷达情报需求应必须明确提出并得到满足,这种需求在某种程度上比有人机更具有必要性。此外,无人机在空中防撞方面的能力也比有人机薄弱,并受控制站制约较大,这对雷达情报需求也提出了要求。

对于此风险,缓解措施应至少考虑两点:

(1) 无人机应加装二次雷达,并在供电逻辑上考虑其优先性,同时考虑到不少无人机高度信息来自卫星导航,应考虑卫星导航失效时的二次雷达的工作逻辑。

(2) 无人机试飞前,应将地面雷达准备就绪作为放飞的先决条件;试飞本场不具备地面雷达保障能力的,应协调空军或民航雷达做好准备,并建立通畅的联系渠道。

5) 备降场需求的改变

传统有人机起降引导设备数字信息无法直接进入地面站判读,所以无人机自动/自主着陆和遥控着陆都需要特定起降引导设备。有人机一旦需要备降,机上飞行员可以对备降的时机方法进行灵活掌握。备降场设定为标准机场,有利于飞机的备降。但无人机则不同,因为无人机飞行时控制站通常只布置于本场,如果无人机在其他机场备降,风险比有人机大幅上升。一旦无人机自动/自主功能着陆功能失效,无人机飞行员通过遥控模式在备降机场进行备降的过程会因为数据传输的延迟,导致降落风险大增,对机场人员、设施、设备的危害不能得到有效缓解;或者由于无人机状态的不稳定,返回本场着陆的风险增大,在其他标准机场备降并不能缓解这个风险。对于此风险,缓解措施应至少考虑两点:

(1) 大型无人机的备降场应避免使用标准机场,以防备降失败对机场人员、设施、设备造成损害,而应考虑在空旷的地域,设定专用备降场/迫降场,并采取各种措施,防止对地面人员财产造成较大的附带损害。

(2) 由于大型无人机通常没有搭载人员,必要时可以有意控制坠毁来降低对地面的危害,为此应考虑设置安全坠毁区域,以在必要时,控制无人机主动坠地来减小对地面的损害。这个安全坠毁区域可以与备降场的设置合二为一。

6) 其他资源需求的改变

无人机长航时飞行的特点,客观上增加了一些资源需求或提高了资源的重要程度,如地面站对无人机飞行非常重要,保障地面站正常工作就是必须考虑的,包括地面站应对恶劣天气以及保证地面站工作的正常/应急电源的供应等。此外,地面站作为操作人员工作的场所,为保障操作人员正常工作和活动能力,地面站内部环境控制也必须予以考虑。美国"全球鹰"批次 30 作战试验报告指出,由于长航时飞行使得地面站相关人员临时休息成为难以解决的"重大"问题,渴求相关部门能为他们配备休息/睡眠设施。

8.2.5.3　试飞方法变化的风险

传统有人机试飞时,试验工程师会将试飞员需要完成的机动动作或任务载荷操作以试飞任务单的形式明确,并在试飞前与试飞员进行全面沟通确认后放飞。无人机上没有飞行员,一些常规机动动作需要在地面站由试飞员人工遥控操作,或者在机载飞控计算机中嵌入机动动作指令自动完成。特别是结构强度要求的机动动作,如对称拉起、最大坡度以及着陆时的最大下沉率等,如果这些动作由地面站试飞员遥控操作,势必会带来一些意想不到的安全风险。美国"全球鹰"无人机试飞时,为了规避这个风险,将部分指令潜入到机载飞行控制系统中自动完成。自动实现机动动作操作这个方法,值得国内学习和借鉴。

此外,无人机是否需要执行传统有人机必须考核的诸如发动机空中起动、最小离地速度、尾旋/失速等科目,也需要进行进一步深入研究。

8.2.5.4   无人机飞行管理系统与自动控制技术尚不成熟带来较大风险

当前,无人机还属新生事物,飞行控制和管理强烈依赖于飞行管理计算机,自动控制与自主控制技术尚不成熟,与有人机相比系统技术成熟度不够,标准规范不完善,飞行控制和飞行管理模式有待探索和完善。根据不完全统计,自2012年以来,国内大型无人机设计定型试飞中统计出的主要试飞安全问题28起。其中研制厂家试飞阶段发生飞行事故4起,飞行事故征候9起(不完全统计),飞行问题13起,地面不安全事件2起。28起试飞安全问题中,主要原因为软硬件故障的问题有22起,占总数的78%;操纵错误问题3起,占11%;其他原因3起,占11%。28起问题中,严重飞行事故(A等)4起,其中有3起都是因为飞管系统设计不完善而引起的。主要表现为飞行控制规律不完善(欠缺迎角、过载保护功能),空中发动机自动起动程序不完善,严重故障消除后不能返回到正常任务状态,应急任务规划存在错误等问题。

无人机特别是大型无人机系统长航时飞行时必须依靠程控。但长时间飞行带来的问题是机载飞行系统和地面站系统可能随时会出现意想不到的故障/程序问题,飞行中随时可能需要调整任务航点和航路及任务载荷工作模式。在这种情况下,飞行管理系统自身缺陷问题较多,如果再叠加飞行员(操作员)的误判或错误操作,就极易造成意想不到的严重后果。

8.2.6   无人机试飞安全与质量控制策略

研发大中型无人机系统必须面对的核心技术难题是,如何让自动/自主程度变得很高但又能保持较高的安全性、可靠性。但残酷的现实却是极差的自动/自主能力以及极不理想的飞行安全。现有的有人机试飞安全、质量管理体系相对完整、成熟,该质量体系也可直接适用于无人机试飞安全控制。

无人机试验试飞在遵守有人机已有试飞安全体系文件的基础上,还须进一步采取相对宏观的措施进行试飞安全控制。宏观控制措施包括相对隔离的无人机试飞空域、试验场安全评估等。微观上来说,就是按照已有的试飞安全管理体系文件执行试飞安全分析、确认以及风险确认后的措施及跟踪和控制。

目前来看,试飞安全管理体系文件执行的难度体现在两个方面:一是很难对复杂的试飞环境(人、机、环境)进行量化,也就是很难对所谓的"风险评估"进行"量化打分"。二是需要投入较大的人力资源进行安全飞行的分析和评估,这个成本较高,没有那么多的人力资源专门搞这些事情。所以,宏观的人为管理是必须的,包括人力资源、环境资源、技术状态管理等。试飞安全控制包括两部分,一是试飞流程的质量控制,二是试飞技术文件控制。无人机试飞在这两方面都做得相对完整、可控。也就是说,目前无人机试飞按照已有的质量安全控制程序和文件是可行的。

8.3　无人机试飞事故等级定义

一般而言,飞行事故是一型航空器安全水平长时间处于低水平运行的必然结果,是各种安全隐患和问题的集中爆发。飞行事故的发生有其一定的必然性,飞行事故一旦发生,各相关研制单位应当正视事故本身,并应从预防飞行事故再次发生这一根本目的为出发点,严肃、认真地开展和配合飞行事故调查,这样可以从设计制造、飞行组织保障、安全风险管理等多方面查找问题,从而能够促进相关方提高认知,积极有效地解决问题,进而切实有效地促进飞行安全水平的提高。从某种角度而言,飞行事故其实是一个代价高昂的、非有意为之的特殊"飞行试验",其"试验"所传达出来的信息,只有正视并认真开展飞行事故调查,才能够不浪费这宝贵的代价高昂的信息。国内某无人机飞行事故发生后,研制单位按照调查组的结论和建议,进行了认真的技术分析和组织管理研究。通过分析,修改完善了无人机飞控控制律;通过技术新开发,建立无人机空中停车后自动空起程序;通过新技术开发,建立了无人机自动空滑迫降程序;通过分析,修订了发动机高空操作程序;通过软件更改,完善了无人机发动机停车后的能源管理。这些改进措施以及其他改进措施的价值,在后续发生空中停车的飞行事故征候中得到了充分体现。发动机意外停车,试飞员随即操作进入空滑迫降程序,关闭任务系统电源,节约飞机能源,待飞机飞行姿态稳定后,进行了链路交接,无人机交由起降控制站控制,无人机进入发动机空起包线后,发控发出发动机空起信号,随后发动机起动成功。无人机终止任务并应急返航。

此外,飞行事故征候是飞行事故可能发生的征兆,相当于飞行事故"事故链"的前一环或前几环,它在表现形式上与飞行事故主要差异在于后果严重性的不同,在发生原因上具有高度的相似性。因此对于飞行事故征候的调查分析,应有足够的严肃性和认真态度,要充分利用它传达出的安全信息,因为它对预防飞行事故的发生是有着直接意义的。

无人机飞行事故调查办法、无人机飞行事故征候判定准则、无人机飞行试验应急处置管理要求等管理规定和标准如表 8-4 所示。

表 8-4　现行的无人机飞行试验质量安全/管理制度汇总

序号	名　称	备注
1	无人机飞行试验管理规定	规定
2	无人机飞行事故调查办法	规定
3	无人机飞行事故征候判定准则	标准
4	无人机飞行试验应急处置管理要求	规定
5	无人机飞行航空管制规定	规定

8.3.1　无人机等级事故定义背景情况

北约国家首先改变了无人机等级事故定义,由于没有了机上人员伤亡,所以对应有人机定义了无人机 A、B、C 三个事故等级。在中国航空工业集团公司质量安全部的指导下,编制并发布了中国航空工业集团公司无人机事故调查办法。在事故等级定义过程中,着重考虑了无人机自身的经济损失,并没有涉及可能对地面、其他飞行器等造成的其他经济损失。事故实践证明,事故等级定义是合适的。无人机事故等级的定义要随着无人机的发展逐步完善。

8.3.2　中国航空工业集团公司无人机等级事故定义

无人机不同于有人机,不存在机上试飞员的安全风险。不能再按照有人机的标准去判定 Ⅰ、Ⅱ、Ⅲ 三级有人机事故。所以判定无人机事故等级问题的焦点放在了经济损失上。以经济损失的大小来判定事故等级大小。当然,目前是基于大中型无人机的管理,对于小型、微型无人机事故等级可参照执行。中国航空工业集团公司印发《中国航空工业集团公司无人机飞行事故调查办法(试行)》。无人机飞行事故调查办法(试行)规定:无人机飞行事故根据无人机损伤程度分为 A 级飞行事故、B 级飞行事故、C 级飞行事故。

(1)有下列情形之一的为 A 级飞行事故:无人机坠毁报废、自毁或无人机起飞后失踪;降落在环境恶劣区域无法运出。

(2)有下列情形之一的为 B 级飞行事故:无人机严重损坏,修复费用超过事故当时同型或同类可比新无人机价格的 40%(含);修复费用虽未超过 40%(含),但修理后无人机未能达到规定性能指标。

(3)C 级飞行事故:无人机损伤后能够修复,修复费用在同型或同类可比新无人机价格的 10％（含）～40％，修理后能达到规定性能指标，并在发生事故后 12 个月内投入正常使用。

8.4　无人机试飞特情处置策略

无人机特情处置，首先要看特情等级。根据后果严重性，特情一般可归类为无人机坠毁，无人机场内外迫降，无人机中断任务三大类。

8.4.1　无人机坠毁

对于后果是无人机坠毁的特情，其后果极其严重，但发生概率极小，可分为三类：

1）无人机直接坠毁

各种特情措施没有生效或来不及处置。此类情况主要靠飞行前的各种措施来预防其发生，没有有效的特情处置策略。

2）无人机可控坠地

一旦发生此类情况，当判定无人机不可能执行场内外迫降或迫降风险极大后，应避免迫降的尝试，直接选择预定的安全坠毁区域或备降场/迫降场，直接实施主动的可控坠地。

3）无人机失控

无人机失控可分为两类：一是无人机位置可以监测，但程控/遥控功能已经失效，不可能返航或迫降，此时处置策略应是监视飞机动态，选择合适区域予以击落；二是无人机位置丢失，此类特情主要靠飞行前的各种措施来预防，一旦发生应尽快启动应急预案，尽快查找或预估无人机位置。

8.4.2　无人机场内外迫降

对于后果是无人机场内外迫降的特情，此类特情后果严重，但发生概率较小。可分为两类：

（1）场内迫降，主要指的是本场迫降。此类特情后果发生后，对机场人员、设施、设备的危害较大，此类特情处置策略应是，在决定进行场内迫降之前应充分检查、评估无人机有关着陆的各个系统的状态，判断场内迫降的风险是否可接受，一旦风险不能接受，应果断实施场外迫降。

（2）场外迫降。此类特情可分为两类：一类是当设置有适宜的场外迫降场以及迫降程序时,且无人机具备了到达预定迫降场的能力和条件,应实施迫降场迫降,此类特情处置策略要求在试飞实施前应设定适宜的迫降场,并开发相应的无人机场外迫降程序;一类是在野外的迫降,此类特情处置的策略是,判断无人机不具备返场或预定迫降场迫降的可能后,应果断选择野外迫降,迫降前应充分利用无人机所具有的能量和机载设备,对选定的野外迫降场进行观察,选择无人员活动的平坦区域实施迫降,其迫降程序与有人机存在较大共通性。此外,野外迫降的条件都不具备,应考虑果断实施主动的可控坠地。

8.4.3　无人机中断任务

对于无人机中断任务的特情后果较小,发生概率较大。此类特情的发生主要是无人机分系统的功能丧失造成,此类特情的处置策略重点在于充分评估各分系统功能丧失以及各分系统功能丧失耦合作用对无人机整个安全性的影响,防止无人机在中断任务返场的过程中出现风险扩大,发展成主动或被动的场内迫降。

此外,对于无人机分系统的具体特情,如液压、电源系统异常等,这些与传统有人机的特情相同或类似,可以沿用或参照有人机的特情处置方法执行;而对于无人机分系统所特有的特情,如链路中断、自主飞行程序异常、监视画面消失等应充分研究,形成新的特情处置方法;而一些特情表现形式上与有人机相同或类似,但处置方法上却有较大变化,如发动机停车后,发动机重启的处置与有人机比较类似,但重启失败后的处置区别较大,既可以在技术条件具备时无人机按预编程序自主执行空滑迫降,也可以由飞行员遥控执行空滑迫降。但由于无人机飞行员不在飞机上,情境感知能力下降,光依靠视景系统来操纵,这要求无人机飞行员既要具备良好的飞行技术,又要适应情境感知能力的下降以及数据传输延迟带来的影响。

8.4.3.1　任务中止与应急返航

对任务中止和应急返航都有基本一致的设计,即任务中止后无人机自动飞往 FAF 圆后最后一个任务点,而应急返航则直接飞往 FAF 圆。要想主动应急返航,必须首先人工进行任务中止。出于对飞行区域内高山等可能障碍物的限制,任务飞行前必须给出应急返航的航线安全高度。如图 8-2 所示,无人机首先以事先给定的安全高度返航,在距 FAF 圆 25 km 范围以内后,再下降高度至FAF 圆上,之后进入下滑道。

鉴于上述可能发生的情况,建议大型无人机系统不要在有人机较多的机场与有人机同场飞行。无人机一旦发生应急返航情况,往往会"一根筋"地直接返

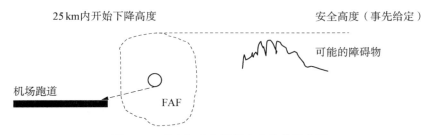

图 8-2　无人机应急返航安全航线示意图

场,而根本不会顾及航线周边有无其他在飞飞机。同时,大型无人机系统应当加装防相撞系统,从根本上规避这些隐患。

8.4.3.2　应急返航控制策略

高原机场往往地处峡谷(河道)内,河道的两边即可能有 5 000 m 以上的高山。高原试飞时必须事先给应急返航设定安全高度,否则极有可能撞山。即使在河套沙漠地区,情况也很复杂,事先的应急规划也至关重要。

如图 8-3 所示,执行任务时,任务区远在 300 km 开外高山的北面,无人机任务执行结束返航时,由于高山南面上空存在民航国际航路,所以无人机必须从北面绕过高山之后,在山背后下降高度,之后再进入下滑道落地。无人机飞行时,突然遭遇飞管系统三级故障,无人机立即应急返航。按黑色粗虚线所示意,无人机应当以最短距离立即返场,但由于 FAF 圆距离高山过近,如果直接下降高度,势必会直接撞山。机组决策及时和正确,通过指令遥调、人工超控等多种手段,人工迫使无人机按照安全航线(灰色粗虚线示意)落地。

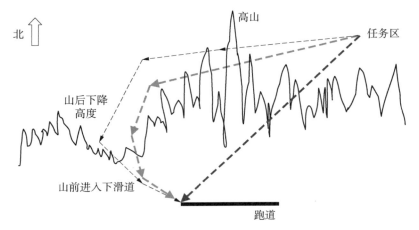

图 8-3　应急返航航线人工控制策略示意图

8.4.4 空滑迫降与空中停车再起动

由于各种因素的影响,发动机空中停车是不可避免的事情。要么空中重新起动发动机成功,要么空滑迫降回来。在战斗机上,飞行员能够对飞机的态势做出正确和及时的判断,采取果断措施。这个过程中,飞行员起到了至关重要的作用。但在无人机上,飞管系统的及时和正确判断则是成败的关键。从目前情况看,无人机自动空中起动发动机成功,问题不大。如果起动不成功,则自动空滑迫降程序不尽完善。即使空滑迫降程序无论多么完善,也强烈建议必须尽一切办法起动发动机成功。

8.4.4.1 空滑迫降控制策略

发动机空停后重起不成功时,可采取两种方式。方式一是飞管自动应急空滑模式。方式二是任务规划引导模式(ABCD点引导)。飞管自动应急空滑模式是飞机完全自动空滑,飞行员可随时操控,如图8-4所示。

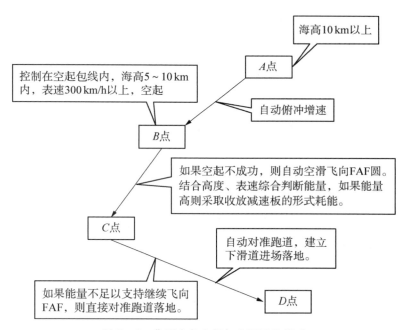

图8-4 典型应急空起与空滑迫降模式

任务规划引导模式(ABCD点引导),需根据飞机高度、距机场位置等,在任务规划席上通过实时规划软件进行人工选择(任务规划员),按照选择的点确定下滑速度,飞机进行自动空滑以及空起逻辑。

发动机空停后,飞管计算机自动"任务终止",飞机航向自动对准 C 点,同时发控自动/自主进行惯性启动。

1) 采取飞管自动应急空滑模式的操作步骤

空停后:

(1) 飞管计算机自动"任务终止";

(2) 飞机航向自动对准 C 点,同时自动进行惯性启动;

(3) 飞行指挥员(商议)决策采取飞管应急空滑模式,指挥飞行员执行"应急空滑";

(4) 飞行员接通"应急空滑"(任务规划员不干预,飞机自动空滑,飞管根据能量管理、自主规划空滑航迹);

(5) 如果惯性启动成功,飞行员接通"应急返航";如果惯性启动不成功,飞机自动下滑,进入起动包线后转入俯冲,进入风车起动准备,再进入风车起动包线。如果自动风车起动成功,则飞行员接通"应急返航";如果自动风车起动不成功,飞机自动应急空滑,飞行员视情人工遥控飞机着陆或迫降。

2) 采取任务规划引导模式的操作步骤

空停后:

(1) 飞管计算机自动"任务终止";

(2) 飞机航向自动对准 C 点,同时自动进行惯性启动;

(3) 飞行指挥员(商议)决策采取任务规划引导模式,指挥员(商议)按照图 8-4 所示判断逻辑,决策选择 B 点(或 C 点,或 D 点),指挥任务规划员,执行任务规划空滑模式,选择 B 点(或 C 点、或 D 点);

(4) 任务规划员按照任务规划操作员手册中关于空停 $B/C/D$ 点选择的说明进行操作,如图 8-4 所示;

(5) 如果惯性启动成功,飞行员接通"应急返航";如果惯性启动不成功,按照任务规划空滑模式逻辑图进行。

8.5　无人机飞行试验风险试验科目

GJB 626A—2006 明确规定了有人机科研试飞风险科目,而且也一直在按照这个标准执行。无人机试飞,在国内外都是新鲜事,目前还没有见到无人机试飞相关风险科目的规定。中国飞行试验研究院研究编制了无人机试飞风险科目表,并通过了试飞方法委员会组织的技术审查。初步确定了 12 个风险科目,随着试飞的进一步深入,会逐渐完善风险科目表。目前阶段,风险科目试飞采取逐个申请、逐个批准的原则,在实践中不断前进,逐步摸索、完善。

(1)参照 GJB 626A—2006,无人机系统Ⅰ类风险科目定义为:在国内类似无人机上未曾试验过,安全措施经过地面验证,只能通过人工遥控尝试控制,一旦出现不正常,可能会造成坠机等严重事件;

(2)参照 GJB 626A—2006,无人机系统Ⅱ类风险科目定义为:在国内类似无人机(或有人机)上曾试验过,安全措施经地面验证,理论分析透彻,地面试验充分,一旦出现不正常,系统具有有效自主应急处置模式等措施控制,不可控概率极小;

(3)参照 GJB 626A—2006,无人机系统Ⅲ类风险科目定义为:在国内类似无人机(或有人机)上多次试验过,安全措施经空中或地面验证,理论分析透彻,地面试验充分,一旦出现不正常,系统具有有效自主应急处置模式等措施控制,不可控概率极小。

经过专家质询和讨论,以少数服从多数的原则确定风险等级;票数接近或相当的风险等级,如果等级相邻的就近取高。如果等级差别大的,由设计与试飞单位协商确定。由于全系统故障模式尚未完全明确,风险科目的操作方法和实施风险还需通过试飞逐步认识和确认。

本章总结

从美国"全球鹰""捕食者"等无人机的前期飞行试验情况看,等级事故概率远远高于有人机飞行试验,飞行试验安全形势不容乐观。试飞安全管控需要专人负责管理,需要专业技术人员开展风险源识别和采取缓解措施。安全管控同样需要成本,试飞管理人员/试验工程师需要综合考虑安全成本与试验总成本的关系,需要精准识别风险源及其发生的概率,需要统筹考虑成本、时间周期及时间进度要求。风险管控不仅是客观的风险管控过程,最重要的是现场试验人员强烈的安全意识和责任意识。

第9章 试验资源与保障

洪水未到先筑堤,豺狼未来先磨刀。

——藏族谚语

无人机是设计出来的,是生产制造出来的,是通过试飞飞出来的。总之,无人机是通过设计、生产及试验等诸多单位和技术人员共同创造的人工产品,是典型的现代项目管理产物。但最终只有飞行才意味着一切(To fly the one is everything),试验与鉴定是推动设计、生产走向产品的唯一途径和方法。"兵马未动,粮草先行",同样适用于试验与鉴定活动,既然要试验就得先有试验资源和试验设备,需要实验室开展原理验证试验,需要风洞开展吹风试验,需要高空台开展发动机性能试验,需要微波暗室开展 EMC 试验,最终需要机场开展飞行试验。

俗话说得好,"巧妇难为无米之炊",这同样适用于试验与鉴定活动。如果没有充足的试验资源,特别是当开展采用较多新技术的无人机系统研发时,需要系统建模、综合试验、专项试验、飞行试验等诸多试验工具、设施/设备开展试验、验证及鉴定活动。但从理论上讲,实际更是这样,即针对任何航空器的研发活动都不可能使试验人员提出资源需求 100% 满足。这就需要总设计师系统、试飞总师系统能够从全局考虑出发,折中综合利用已有资源,从试验资源的不同层次/不同级别统筹安排试验。历史告诉我们,任何妄想规避试验、"侥幸"成功的,最终是难以成功,甚至是系统完全失败的结局。

9.1 美国空军试验与鉴定资源规划

参照美国空军试验与鉴定程序中对试验资源的阐述,从航空武器装备研制

的总体上看,试验资源可分为以下六大类:

（1）建模与仿真,如以飞行力学为基础的六自由度飞机动力学模型,其中涵盖气动力模型、飞行控制与管理数学模型、地面飞行模拟器以及空中飞行模拟器等。雷达与火控系统也需要大量的数学模型用于空空、空地导弹的火力控制系统性能与能力分析以及其他任务系统的广泛作战效能建模。

（2）测量设施,如各种风洞、RCS测量设施、EMI/EMC试验设施等,发动机试验相关的各种试车台等。

（3）系统综合实验室,如飞控系统使用的铁鸟台、机电系统使用的燃油系统试验台、航电系统联合试验台等。系统综合试验对当代无人机系统的任务系统/航电系统设计综合异常重要,需要在这些台架上综合验证上百万行的计算机程序的功能正确性和系统之间的功能/接口兼容性。如果把这些试验搬到真实飞机上执行,将非常耗时、耗力、耗财而且极不安全,是试飞技术人员难以容忍的事情。

（4）硬件在回路中,如发动机高空试验台、航电系统/任务系统/火控系统联合地面试验等。无人机系统在验证和调试地面站的功能和性能时,常常需要把无人机作为试验回路中的一个试验设施。特别是相关任务规划、任务推演及任务加载等试验时,无人机在回路中的试验往往持续时间较长。

（5）装机系统试验设施,如机站链综合地面试验、全机EMC试验、地面开车试验等。发动机相关的试验如利用空中试车台开展发动机他机试飞等。

（6）真实试验环境,如跑道驶入/驶出滑行试验、高速滑行试验、飞行试验、武器靶试试验等。

一般来说,随着设计、生产等研制工作的不断推进,需要的试验成本会越来越高,需要的试验设备也越来越专业化、越来越昂贵且这些试验资源越来越稀少。采用数学模型开展仿真分析需要的成本最低,利用各种模拟器、各种综合实验室密集试验、各专业性极强的试验设施试验（如风洞、发动机高空台、结构模态耦合试验、全机静力试验、雷达暗室试验等）的成本会不断攀升,最终外场飞行试验的成本最高,如图9-1所示。由此引发出关于对系统技术成熟度的要求,随着研制不断进展涉及试验成本的急速升高,这就要求系统/子系统试验在前三类试验中必须开展严格充分的试验。强行把技术成熟度不够的系统/子系统推到下一个重大试验节点,常常会引发系统非常多的不稳定的可靠性、安全性等系统涌现性问题。这种情况常常导致耗时、耗人、耗力、耗财,而且常常搞得设计人员"垂头丧气""怨声载道"。我们不能因为没有专业的试验设备和试验方法,就想"侥幸",想当然地认为系统/子系统没有问题,这是极其错误的思想。同时,在开

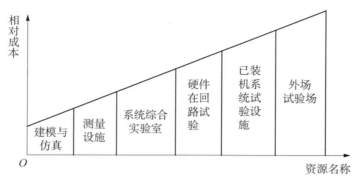

图 9‑1　试验与鉴定六大资源的相对成本示意图

展一些重大的研制性地面试验时,也要求鉴定试验技术人员能够跟踪甚至直接参与这些试验。从系统工程的角度看,这样做对系统研制具有如下很大的益处:

(1) 及早发现问题和缺陷,帮助和提醒设计人员在早期阶段改进完善,提升设计质量,降低试验成本。

(2) 通过与设计的沟通交流,全面理解系统,从而更好地设计鉴定试验方法,全面提升试验与鉴定的效率。

(3) 提醒和帮助设计人员,协助管理和控制大型地面试验质量/安全,确保试验高效开展。

2003 年美国国防授权法指示美国国防部成立试验资源管理中心,2004 年 3 月根据美国国防部指令 DoDD5105.71 正式成立国防部试验资源管理中心。试验资源管理中心主要负责国防部重要靶场和试验设施的计划和评价,以便能为国防系统的研制、采购、部署和使用提供充分的试验支持。试验资源管理中心拥有联合试验资产数据库,该数据库罗列了所有的试验资源及使用试验机构的试验设施、试验区与基地数据、试验设备和试验系统。试验资源管理中心的职责包括以下各项:

(1) 每隔两年,负责完成为期 10 年的战略计划,以反映美国国防部对于试验与鉴定设施及资源的需求。

(2) 评审军事部门和国防机构关于试验与鉴定的预算建议,确认其对于上述战略计划支持的充分性。

(3) 发布关于试验资源建设计划的指南和提出能力需求。建立试验资源的共同评价标准,以便未来的投资更加合理、有序。主要由各军兵种负责试验资源建设。

（4）管理中央试验资源与评价计划以及国防部试验与评价科学与技术计划。

（5）促进国防系统、其他联邦机构和民间组织就试验资源的有关事务开展合作与相互理解。

美国国防部重要靶场与试验设施基地共有 19 处（各年数量有所变化），试验资源管理中心拥有 30 000 名人员，总资产超过 250 亿美元，占美国国防部全部土地使用面积的 50% 以上。美国空军试验与鉴定程序文件中，针对不同类型的试验与鉴定活动，分别罗列了不同门类/不同技术成熟度级别的试验设施/设备，并以明确的能力文件形式公布于众，希望各研制机构/系统开发商能够根据各自实际需要提出试验需求，并开展相关试验活动。试验与鉴定活动服务于武器装备研发与装备，同样试验与鉴定资源服务于设计/验证/鉴定全方位系统工程活动。

美国空军 AFM 99-110《机体-推进系统-航电系统试验与鉴定程序》的附件 3 给出了机体-推进系统-航电系统试验与鉴定试验资源目录清单，详见表 9-1。另外关于指挥-控制-通信-计算机和情报-航电系统、电子战、武器/弹药、空天系统等均有指定的试验资源设施清单，以便供相关设计、试验单位和技术人员合理、高效使用。上述仅仅是美国空军试验设施，其他如海军、陆军、战略部队等也都有各自完整的试验设施和设备。

表 9-1　美国空军机体-推进系统-航电系统试验与鉴定资源目录清单

序号	名称	用户使用指南	具 体 能 力
1	田纳西州阿诺德空军基地，阿诺德工程发展中心（AEDC）	试验设施手册（13 版）	各型风洞、有限元结构分析、推进系统建模、试车台、鸟撞试验等
2	俄亥俄州莱特帕特森空军基地，莱特实验室（WL）	研究和发展设施手册，WL-TR-92-0004	结构建模与分析、模拟器、生存力/易损性分析、推进系统建模、飞行力学实验室（各型风洞）、高温高强度、光电、激光、雷达、光学瞄准等
3	佛罗里达州艾格林空军基地，空军后勤中心（ALC）	地面试验与鉴定能力	自然科学试验包括化学、冶金、非破坏性等，发动机低温旋转试验，可靠性、室内天线试验场，电子战综合试验、航电系统综合试验
4	佛罗里达州廷德尔空军基地，第 84 试验中队	雷达试验设施用户指南	雷达试验设施（截击、对抗、反对抗）以及全系统试验

（续表）

序号	名称	用户使用指南	具 体 能 力
5	纽约格里菲斯空军基地，罗马实验室	注册设施 RL - TR - 93 - 91	大型飞机精密天线测量、天线试验场等
6	加利福尼亚州爱德华空军基地，空军飞行试验中心	试验场用户指南	任务模拟器、外挂物/称重/惯性测量、航电系统综合试验、爆炸物鉴定、雷达试验站、结构共振试验、电磁兼容性、气候试验、高速滑轨、试车台、消声室、电子战综合测试、武器系统综合、大气数据校准、飞机配重、地形跟踪、武器靶试、结冰试验机、超大型飞行试验设施、巡航导弹、多态测量、迫降场、靶场、外挂系留、雷达试验、导引头试验、航电试验机、卫星通信、电子试验机、电子战评估等
7	空军研发试验中心	技术设施手册	结构有限元建模、武器与电子系统综合、干扰建模、导航与制导系统、雷达测量场、外挂物测量、电磁干扰/兼容性、导引头评估等

9.2 试验与鉴定资源规划与建设是长期性系统工程

试验资源的规划与建设不是"一蹴而就"就可以得到和立即使用的，需要国家层面从长远建设以实现伟大中国梦的高度去关注和重视，需要几代人、数十年时间不断规划和建设，更需要专业的科技人员不断投入到专项试验中去。如各种风洞、大型电磁兼容性试验、环境试验、全机静力/疲劳试验，更重要的是各种外场试验设施，如 RCS 测量场、武器靶场等。成本最高的是飞行试验设施，包括他机试飞和本机试飞以及试验机场保障设施，他机试飞平台包括气动力试验研究飞机、结冰试验飞机、发动机他机试车台飞机、雷达试验飞机等。武器试验需要的地面测量设施如靶场测量设施、各种电磁干扰设施等。试验与鉴定资源的规划和建设是试验与鉴定管理机构及全体试验技术人员的基本职责和义务，是开展试验与鉴定的基础和前提。

理论上讲，凡研制试验做的工作，鉴定试验都应该再重做一遍，以便确定所实施的战技指标的合理性和可用性。但如果研制试验做得非常完全和彻底，鉴定试验也就不需要了。研制试验、鉴定试验的共同目的只有一个，即高效、高质量地完成武器装备的研制。所以，作为"三师"系统，特别是总设计师系统一定要提前与试飞总师系统密切协同,统筹规划试验及所需的试验资源。

试验鉴定方要提前参与研制试验,特别是重大地面试验,一是可以更好地理解系统、理解作战能力。更重要的是及早发现和提出设计缺陷,使得研制方将设计改进的代价花得最少,把缺陷最少的武器装备提交战场。所以,研制试验的报告和数据应当提交试验鉴定方,一是可以让试验鉴定方更好地确定系统状态和技术成熟度,二是可以利用重大地面试验弥补可能无法用飞行试验验证确认的战技指标及其验证内容,确保提交的鉴定报告的完整性和验证的彻底有效性。

总设计师系统应当全力帮助试飞总师系统规划完整的综合试验方案及各阶段的试飞大纲,在开展试验与鉴定时,总设计师系统应当跟踪试验现场,及早解决试验中发现的缺陷和问题,不断优化和迭代产品设计,确保高质量的武器装备。鉴定试验方应当无条件地把所有试验结果和数据提交给研制方,这是研制方特别是系统设计师们"梦寐以求"的最昂贵的资源。试验数据共享能极大地提高试验效率,降低试验成本。

1) 主要由研制方组织(鉴定方参与)的地面试验和设施

新技术演示试验:

(1) 核心能力试验。

a. 风洞试验设施;

b. 发动机高空台试验设施;

c. 仿真计算与模拟评价试验台。

(2) 系统综合地面试验。

a. 结构模态耦合试验;

b. 飞行模拟/铁鸟台试验;

c. 机电系统综合试验;

d. 任务系统综合试验;

e. 全系统联试。

(3) 重大地面试验。

a. 静力/疲劳试验;

b. 飞行模拟与试飞员评价;

c. 环境试验设施;

d. 电磁兼容性试验设施。

2) 主要由鉴定方组织(研制方参与并技术支持)的试验和设施

(1) 关键系统他机试飞专用平台。

a. 发动机试飞台；

b. 雷达系统试验机；

c. 气动与结冰试验机。

（2）鉴定试飞。

a. 地面设施：电磁干扰场、RCS 测量场、发动机试车台、飞行模拟器；

b. 飞行试验设施：机场、靶场、地形跟随试验场等。

针对大型试验、专项试验、综合外场试验，需要统筹利用已有的国家试验设施。周自全著、航空工业出版社出版《飞行试验工程》一书的最后一章，提到了各种试验研究机资源需求。这些试验研究机资源是开展新型航空武器装备研发的最好试验资源，但同时也是最昂贵的试验资源。关于这些国家重大试验设施，需要从国家层面从长远考虑，特别是面对技术创新的迫切要求，需要国家高度关注、统筹规划建设。

9.3　无人机系统飞行试验资源规划

试验与鉴定资源建设是系统性工程，但针对具体的无人机系统研发项目，试验资源却是随时随地灵活变化的，是需要不断统筹规划和动态变化的过程。更多的是各种细小的试验设施和工具设备，这些系统研发特定需求的资源需要总设计师系统、试飞总师系统统筹规划和建设。飞行试验过程中，机场场站的各种运行资源需要周期性组织协调，战技指标验证需要的各种地面配试资源，如静态/动态靶标、武器/弹药等需要组织专项规划，并在试飞大纲/试飞实施方案中予以明确并及早"事无巨细"地提前组织实施。

试验与鉴定资源是昂贵的，国家不可能专门规划和建设无人机系统的试验与鉴定资源。现有的有人机相关的试验资源，无人机试验都可以直接使用，无须重复建设。考虑到无人机系统的特殊性，需要从以下两个方面统筹考虑无人机系统试验资源建设。

9.3.1　无人机飞行试验综合试验场

理论上讲，高自主性无人机试验仍然可以利用已有的有人机试验机场及靶场，不需要重复建设，这是因为需要昂贵的试验代价和高维护成本。但从实际情况看，自主控制技术的突破是离不开昂贵的试验代价的。基于自动控制技术的无人机飞行管理与控制系统尚还有较多的技术需要突破去解决和引领作战能力的提升,自主控制技术更需要大量的地面试验/飞行试验。所以,需要相对隔离的试验空域,需要相对使用比重较高的无人机综合试验场,只有在这个前提下才可能具备开展大量地面试验/飞行试验的基本前提条件。

未来无人机发展以高机动、高隐身、自主协同攻击,或以机群蜂窝式作战为最具作战潜力发展方向。有人/无人协同作战或者机群蜂窝式作战,都需要综合试验场予以综合试验验证。同时,在地面复杂作战/指挥网络体系下,复杂的电磁/电子战环境,构成了未来无人机综合试验场的基本试验环境。多个起降机场,多个协同试验空域,多个 C^{4}ISR 指挥体系,多个有人/无人配合目标,构成基于网络作战的演示验证体系。

9.3.2 长期有效的无人机试飞机组训练和能力保持机制

无人机试飞机组,包括试飞员、操作员和指挥员,是无人机飞行试验最基本的资源需求,需要有一个长期有效的训练和能力保持机制,确保试飞机组资源健康、稳定发展。从长远建设的角度看,应当给予机组持续不断的各种模拟器试飞训练;从研发角度讲,应当让他们及早深入到无人机系统设计中去。以此为基础,综合达到以下目的:

(1)确保稳定的试验机组人员资源;

(2)持续开展无人机飞行品质研究;

(3)支持开展无人机自主能力研发性地面闭环评价试验

在此前提下,就需要规划建设机组训练和能力保持设施,主要包括下列内容:

(1)训练模拟器。

a. 现役型号无人机全任务模拟器;

b. 特定任务模拟器,如高机动攻击、有人/无人协同等;

c. 面向未来的自主控制模拟器,如机群协同作战等。

(2)训练无人机。

a. 小型无人机飞行训练系统,用于初级学员;

b. 中高级无人机飞行训练系统,如自主能力演示验证等。

本章总结

试验资源是开展试验与鉴定的前提条件,从一定程度上讲,试验资源决定着一个国家航空技术的先进水平和基本能力。试验资源很杂很广,但对无人机系统试验资源来讲,与有人机一样需要国家层面从全局出发,从六个方面全面统筹规划、长期建设。飞行试验作为最昂贵的资源,需要试验与鉴定管理部门高度关注,需要试验鉴定人员共同努力进行建设。目前来看,无人机综合试验场是世界各国都在需要共同努力打造的无人机系统重要试验资源,同时,从试飞机组人员资源需求建设出发,统筹建设目前急需的试飞机组人员训练设施。这样做,不仅可以保持机组能力,更重要的是在此基础上为后续无人机系统自主能力发展奠定基础。

第 10 章 发 展 与 展 望

真正的智慧不仅在于能明察眼前,而且还能预见未来。

——古罗马喜剧作家 忒壬斯

无人机快速发展中,需要共同努力联合研发高端无人机产品,服务于国土安全和社会发展,施展于"一带一路"建设。试验与鉴定需要以服务于产品研制为根本目的,以提高效率、降低试验成本为己任,以客观公正的鉴定意见为目标,使得无人机系统试验与鉴定得以长远健康发展。

无人机系统的试验与鉴定需要从两个方面长远规划,一是试验与鉴定的管理程序,二是无人机系统的试验与鉴定技术。包括总体规划在内的试验与鉴定程序不仅适用于无人机,也可以在有人机、直升机等方面提升试验与鉴定的管理水平和综合效益。本章将重点阐述无人机试验与鉴定技术方面的未来展望和基础构想。

10.1 关注无人机自主行为研究

10.1.1 人工智能与自主控制的相关概念

智能,是智力和能力的总称。根据霍华德·加纳的多元智能理论,人类的智能分为七个范畴,分别是语言、逻辑、空间、肢体运动、音乐、人际、内省。人工智能是指研究和开发用于模拟、延伸和扩展人的智能的理论、方法、技术及应用系统的一门新的技术学科。人工智能是计算机科学的一个分支,它试图了解智能的实质,并产生出一种新的能以人类智能相似的方式做出反应的智能机器。该领域的研究包括机器人、语言识别、图像识别、自然语言处理和专家系统等。

　　自主是指自己行动，不受别人支配。心理学中自主就是遇事有主见，能对自己的行为负责。自主性是行为主体按自己意愿行事的动机、能力或特性。自主能力是指做任何决定和事情，遇到各种困难都靠自己的智慧、勇气和能力去解决，而不依赖他人。自主控制是指在没有人的干预下，把自主控制系统的感知能力、决策能力、协同能力和行动能力有机地结合起来，在非结构化环境下根据一定的控制策略自我决策并持续执行一系列控制功能，完成预定目标的能力。无人机自主控制是指在有人机协同或多无人机协同下，由无人机自主控制系统在非预期环境下，自主决策完成给定作战任务的能力。

　　无人机自主控制，或称为人工智能控制系统，在快速发展中。但从技术发展看，目前的人工智能技术多为分散的、多领域的并行离散发展，陆续多点/多维度的人工智能技术会不断地加入无人机飞行管理与控制系统中。但目前来看，没有哪架无人机敢自称具备无人机自主控制能力，或以自主控制方式去完成某个指定的任务。作为无人机系统试验与鉴定，更多地在关注无人机系统的自主行为的定义和实现，从而有针对性地开展验证技术研究。AlphaGo驱动下的国际象棋智能计算彻底打败了人类大脑，这就是一个很好的人工智能算例，但针对无人机自主控制技术，需要将类似的人工智能算法融入无人机飞行管理与控制系统中去。在此基础上，定义和完善无人机自主行为，从而推动和指导无人机人工智能技术得以健康、持续的发展。

　　无人机自主行为基于三个层面，一是单机自主行为，二是无人机机群自主行为，三是有人/无人协同下的自主行为。

　　无人机单机自主行为应当至少包括但不限于：自主识别并适应目标机场的起降，自主执行侦察和打击攻击，自主情况下的空战能力以及自主的健康判断和自修复能力。

　　有人/无人协同下的自主行为应当至少包括但不限于：对有人机起降行为的自主配合，自主加/受油，任务协同与编队，按照有人机指令配合对地攻击以及配合有人机进行空战。

　　无人机机群自主行为应当至少包括但不限于：自主情况下的蜂群起降，协同编队，自主协同情况下的侦察和协同攻击，以至于机群协同空战。

10.1.2　人工智能与自主控制发展面临的挑战

1）自动控制理论已经不再适用

传统的自动控制理论是在确定性环境下，以结构化模型为基础构建自动控制规律,从而实现对已知响应下的已知控制指令,完成控制任务。而自主控制首先要面临的是非确定性环境以及非结构化的自主控制行为。显然,无论是经典控制理论还是现代控制理论,已经不再能胜任此项任务。

2) 人工智能实现还需时间

AlphaGo 采用"深度学习"理论和神经网络算法,可以实现"自学习",取得了人工智能算法巨大进步。但围棋比赛过程中,毕竟比赛环境相对单一和确定,控制环节简单。由 AlphaGo"深度学习"到真正的无人机"深度学习",道路还相对比较漫长。

3) 非确定性环境过于复杂

非确定性环境,就是现实世界的动态环境,人类经过千年甚至万年的智慧发展才适应这个环境。人类智慧实现到人造机器中,特别是作战无人机面临"敌人"过多的非确定环境和非结构化行为,将是一个异常艰难而长期的实现过程。

10.2 构建演示验证平台助推无人机自主控制行为发展

无人机的自主能力使用带来了一个令人畏惧和必须面对的问题,如何能够信任这种致命的武器平台所做的决策?如何能够确信无人机做出的决策可以产生理想的输出?是否应该相信无人机将会按照预期执行,并且保证不会对预定目标以外的其他任何环境(包括我们自己)产生威胁?这就需要提供满足所有关键安全要求的必要保证以及证明可信度的方法和软件工具。然而,无人机自主控制系统软件规模将可能超过 10000000 行,基于目前的评估与确认方法来证明自主控制系统软件,无论从时间上还是资源上都将是极其困难的。正在开发中的无人机自主能力超出了目前对该自主能力的评估与确认能力,并严重影响了无人机自主控制技术的发展和自主级别的提高。迫切需要新的评估与确认技术来有效、可重复地证明无人机智能自主控制系统的正确性。从这个层面讲,无人机自主能力的发展和完善需要大量的地面试验和飞行试验开展演示验证。无人机自主控制可能有基本发展的三个方向,即单无人机自主能力发展、有人/无人协同发展以及多无人机组成机群协同能力发展。

1) 构建简单无人机自主能力演示验证平台

宜以高机动性或第四代战斗机为验证平台,可参与演示验证的内容有:非规划机场的自主起降、空中加油与长航时巡航、非规划目标的搜索与确认、高机动性作战机动动作、空面打击、空中格斗等。

2) 构建有人/无人协同能力演示验证平台

宜以第三代战斗机能力以上的平台作为有人机协同指挥平台,以"老母鸡带小鸡"的方式引领单个或多个无人机执行自主能力验证,如通信与指挥、任务协同、指挥决策机制等。

3) 构建多无人机组成机群的演示验证平台

宜以无人机组网开展机群自主控制行为研究,如任务分配、机群协同结构、任务再分配等。

10.3　持续开展无人机试验验证谱系研究

前文已经阐述,从飞行试验管理/航空管制角度,将军用无人机分为四类,即微型、小型、大中型和特种。从传统有人机观点,以飞行品质理念,将无人机以机动性大小进行划分和管理,即低、中、高机动性三类。以操纵与控制模式对无人机进行分类和管理,即人工遥控、程序控制和自主控制三类。同时,国家也在着手开始对民用无人机进行分类和管理,加强资质管理,确保飞行安全和规范发展。

1) 还未见到国外公开发布的军用无人机试验与鉴定专用标准

为了解决无人机相关技术问题,美国联邦航空管理局联系了航空无线电委员会(RTCA)。2004 年 10 月,在政府和数个国家行业代表的参与下,RTCA 成立了 SC‐203 委员会。该委员会的首要任务是制定《无人机系统的指导材料和注意事项》。这一文件于 2007 年 3 月发布。除此之外,该委员会一直致力于为以下系统制定最低航空系统性能标准:

(1) 无人机系统;

(2) 无人机系统的指挥、控制和通信系统;

(3) 无人机系统的感知和规避系统。

据最初估计,这些标准将于 2013 年完成。但是,RTCA 很快认识到,由于该项目的覆盖范围很广,加之无人机独有的特点和运作方式,可能需要到 2017 年或 2019 年才能完成全面安全评估。反过来,这意味着在 2020 年之前,即在 RTCA 制定的标准可被纳入联邦航空管理局规定之前,可能无法完成 UAS 在美国 NAS 的集成。

在对无人机系统制定标准时,另一个异常活跃的组织是美国材料与试验协会(ASTM)。为此,ASTM 专门成立了 F38 委员会,目标是制定技术标准,以指挥 RTCA 制定最低航空系统性能标准。F38 有四个小组委员会,各自处理不同的问题:

(1) 适航;

(2) 航务;

(3) 人员培训与资质认证;

(4) 执行。

目前国外能看到的零星无人机标准,均为军用无人机、民用无人机适航相关标准,还没有见到公开发布的军用无人机试验与鉴定相关的军用标准。

2) 国内目前仍然主要依靠有人机标准适当裁剪

针对有人军用飞机,采用的顶层验证要求是 GJB 1015A—2008《军用飞机验证要求》。军用有人飞机包括歼击机(三代机、四代机)、轰运机(运输机、轰炸机、歼轰机、预警机、改型任务机等)、舰载机以及教练机等。针对民用飞机,主要采用民航局适航司监管下的民航适航认证试飞办法,采用的标准有 CCAR‐23 部和 CCAR‐25 部等。针对军用直升机,采用的标准是 GJB 2777—96《军用直升机验证要求》。针对发动机,采用的是 GJB 243—87《航空燃气涡轮动力装置飞行试验规范》。有人机标准体系如表 10‐1 所示,包括的主要标准共计有 11 项,具体如下:

表 10‐1　目前采用的设计定型用试飞验证要求相关的国军标列表

	国军标代号	国军标名称
飞机总体专业	GJB 34—85	有人驾驶飞机(固定翼)飞行性能和图表资料
	GJB 185—86	有人驾驶飞机(固定翼)飞行品质
	GJB 2874—97	电传操纵系统飞机的飞行品质
	GJB 3814—1999	军用飞机失速/过失速/尾旋试飞验证要求
	GJB 2191—94	有人驾驶飞机飞行控制系统通用规范
	GJB 2878—97	有人驾驶飞机电传飞行控制系统通用规范
	GJB 1690—93	有人驾驶飞机自动驾驶仪通用规范
	GJB 67—85	军用飞机强度和刚度规范
	GJB 2487	飞机空中加油地面和飞行试验要求
动力装置	GJB 243—87	航空燃气涡轮动力装置飞行试验规范
	GJB 3212—98	飞机燃油系统飞行试验要求

国军标代号	国军标名称
GJB 85—86	机载电子设备定型试验要求
GJB 181—86	飞机供电特性及对用电设备的要求
GJB 729—89	惯性导航系统精度评定方法
GJB 1397—92	飞机电气系统飞行试验要求
GJB 150—86	军用设备环境试验方法
GJB 455—88	飞机座舱照明基本技术要求及测试方法
GJB 3207—98	军事装备和设施的人机工程要求
GJB 3567—99	军用飞机雷电防护鉴定试验方法
GJB 3275—98	飞机灭火系统安装和试验要求
GJB 364—87	箔条对雷达干扰效果的测试方法
GJB 529—88	空舰导弹机载火控系统精度试验规程
GJB 657—89	空空导弹设计定型试验规程
GJB 1475—92	飞机/悬挂物鉴定程序
GJB 2192—94	空空导弹挂飞试验要求
GJB 3397—98	空舰导弹飞行试验规程
GJB 3571—99	机载火控系统飞行试验通用要求
GJB 4573—90	空舰导弹机载火控雷达定型试验规程
GJB 5104—2002	机载武器系统飞行试验通用要求
GJB 86—86	机载火控雷达战术性能定型试验规程
GJB 312	飞机维修品质规范
GJB 368A—94	装备维修性通用大纲
GJB 450A—2004	装备可靠性工作通用要求
GJB 2072—94	维修性试验与评定

注：左侧第一列合并单元格，前19行为"航空电子与武器火控系统"，后4行为"五性"。

（1）飞行试验管理标准；

（2）飞行试验基础标准；

（3）飞行器总体飞行试验标准；

（4）动力装置飞行试验标准；

（5）系统及设备飞行试验标准；

　　(6) 飞行试验测试与数据处理标准；

　　(7) 试验机改装技术标准；

　　(8) 军机适航标准；

　　(9) 飞行保障标准；

　　(10) 安全性可靠性维修性测试性保障性评估标准；

　　(11) 科研试飞训练和试飞员培训标准。

　　随着我国无人机试验技术的发展以及大中型无人机系统和特种无人机系统的研制，对于无人机分类验证的思想正在形成，相应的标准和规章制度正在建立中。目前国内现有的无人机标准作为独立的标准体系是不健全的，虽然很多专业领域与有人驾驶飞机采用的标准相同，但是需要进一步开展研究工作，依托有人驾驶飞机标准构建完整的无人机标准体系。增加无人机特有的部分内容（如无线电测控链路、任务控制站等），对与有人驾驶飞机存在明显差异的部分也应该新编相应的标准。

10.4　持续关注无人机适航性研究

10.4.1　适航性

　　适航性（airworthiness）的一种定义见于意大利 RAI - ENAC 的技术规章：

　　对于航空器或航空器零部件，"适航性"是指达到必要的要求，使得在许用限制内的飞行处于安全状态。"安全"的一种定义是指免于导致人员伤亡、受伤害或疾病，设备或财产受损坏或损失，或对环境产生损坏的状况。达到必要的要求是指航空器或其任何部件都是根据研究和已测试的判据设计和制造的，使得能够飞行在前述的安全状态下。规章的目的是通过消除或减轻可能导致死亡、伤害或损坏的条件，来提升安全性。

10.4.2　军机适航概念

　　军用航空器适航性能审查（CA）是指通过分析、设计、试验等手段，以确定航空器系统、子系统以及部件的适航性。其主要目的是验证航空器在规定的军事使用限制内是否具备满足运行安全的水平，其内容包括型号适航性审查验证所规定的要求。

　　20 世纪 80 年代后期，美国军方提出了军用航空器适航性的概念，在军用航空器型号研制当中开始借鉴引入民用航空器适航性管理经验，以提高其军用航空器的安全水平；发展至 20 世纪 90 年代中后期，军用航空器适航性概念基本成熟。进入 21 世纪，世界各主要军事大国也正逐步认识到军用航空器适航性问题的重要性，在不断追求更高性能的同时，更加注重安全性要求。强调军用航空器"性能设计要求"与"适航性要求"融合，并将军用航空器适航性审查纳入军用航空器性能验证之中。

目前，美国、英国、法国、德国、意大利、西班牙、荷兰、加拿大、澳大利亚等国军方均已开展了军用航空器适航性工作，涉及有人驾驶/无人驾驶、固定翼/旋翼各类军用航空器。美国军用航空器适航性要求经历了事故调查阶段（20 世纪 20 年代初期至 40 年代前期）、事故预防阶段（20 世纪 40 年代中期至 60 年代中期）、实施系统安全阶段（20 世纪 60 年代后期至 80 年代中期）、综合预防阶段（20 世纪 80 年代中期至 90 年代后期）和军机适航性发展阶段（21 世纪）五个阶段，最终目的是使军机灾难性事故率达到百万飞行小时率级别。美国各军兵种对其采办的或使用的各型军用航空器适航性审查负责，并颁布了相应的政策指令进行各型军用航空器适航性管理。

10.4.3 无人机适航性

一般来说，适航性认证过程涉及系统背后的独立工程审查。雇佣有资质的工程师们对图纸、相关分析、数据包和试验数据进行审查，目的是保证对设计的各个部分进行合适的考虑，保证设计中没有错误，没有忽略关键事项。要考虑的方面包括无人机本身，但经常包括对工程方面的评价，例如结构、性能、推进、电磁影响、电力负荷、软件、通信、人的因素和系统安全等。这个过程对有人机和武器系统是有明确定义的。无人机适航性评价要求按系统剪裁这个过程。

2007 年，北大西洋公约组织发布无人机相关的适航标准化协议，《无人机系统适航要求》STANAG 4671（第一版，2007 年 3 月 22 日），国内也有多个翻译版本。该适航标准提出了明晰清楚的无人机相关适航要求，值得国内参考执行。该标准建议各国根据自身需要采纳该要求，作为本国的适航审查标准。

10.4.4 美国"全球鹰"无人机适航

军用无人机历来在限定的空域里或战争地区飞行，因而在很大程度上可避免与载人的民用航空器发生冲突，但这种情况正在发生变化。美国国家空域系统必须由载人的和无人的所有用户共享，以保证国防、国土安全以及其他民用和商业的运营。无人机在实现安全、高效和有效工作的同时，也必须无缝地整合到当前的国家空域系统中。自"9·11"恐怖袭击事件以来,领空安全已成为头等安全项目,必须考虑用于保卫国土的军用无人机空管问题。最终,有以下 6 个与无人机相关的规章制度和技术问题必须由国防部设法解决:

(1) 空中管制;

(2) 适航取证;

(3) 机组人员资格审查;

(4) 发现和规避;

(5) 指令、控制和通信;

(6) 可靠性。

2006 年 1 月 25 日,诺思罗普·格鲁门公司生产的 RQ-4A"全球鹰"首次通过了美空军的军用适航性审查。空军确认"全球鹰"系统具备安全和可靠运行的能力,并认可了 FAA 已经为其颁发的适航证。"全球鹰"无人机的适航性审查过程非常严格,以 MIL-HDBK-516B 为基础选取了 500 多条适航性技术条款作为审查基础,共计花费了 3 年的时间(累计 77000 人工时),使用了交付空军的 5 架无人机。除此之外,新的 RQ-4B 型"全球鹰"无人机的适航性审查过程已经在开展,其军用适航性审查工作已于 2007 年底完成。美国国防部长办公厅(OSD)在未来 26 年(2005 年至 2030 年)无人机发展目标中,提出要推动军用无人机系统适航性的发展,其要求如下:

(1) 鼓励开发无人机在控制空域或非控制空域能够安全、及时、常规运行的政策、标准和程序。

(2) 推进开发、应用和执行工业界通用的与 UAS(OSD)设计、制造、试验和部署相关的适航性标准。

(3) 具有与 FAA 等同的程序,使得国防部的无人机在非限制空域内具有与有人驾驶飞机相等的能力。

(4) 开发无人机的现场反应能力,当"看"到其他航空器时可以自主避开,提供与有人驾驶航空器等效的安全性水平。

目前,美国空军大型无人机的 A 等事故率达到与现役战斗机相当的水平,这是美国空军 10 多年来努力的结果。在这期间,美国空军因事故损失了 20% 的"捕食者"和"收割机"无人机,迫使美国空军发展更可靠的无人机,降低无人机事故率。"全球鹰"无人机 1998 年 2 月首飞,1999 年投入服役 4 年后,2002 年发生 4 起 A 等事故,损坏 3 架飞机,每 10 万飞行小时发生 128 起 A 等事故。经过不断改进,2011 年完成飞行 13232 小时,发生 6 起 A 等事故,事故率为每 10 万飞行小时 7.56，如表 10-2 所示。

表 10-2　"全球鹰"无人机 A 等飞行事故概率统计

财年份	A 等事故		事故损失		飞行时间	累计飞行
	事故次数	事故率	飞机架数	损失率	小时	小时
1999	1	375.94	1	375.94	266	266
2000	1	221.73	0	0.00	451	717
2001	0	0.00	0	0.00	486	1 203
2002	2	127.71	2	127.71	1 566	2 769
2003	0	0.00	0	0.00	779	3 548
2004	0	0.00	0	0.00	1 375	4 923
2005	0	0.00	0	0.00	2 858	7 781
2006	0	0.00	0	0.00	3 568	11 349
2007	0	0.00	0	0.00	5 972	17 321
2008	0	0.00	0	0.00	6 634	23 955
2009	1	13.75	0	0.00	7 274	31 229
2010	0	0.00	0	0.00	8 322	39 551
2011	1	7.56	0	0.00	13 232	52 783
5 年均值	0.4	4.83	0.0	0.00	8 286.8	
10 年均值	0.4	7.75	0.2	3.88	5 158.0	
寿命期	6	11.37	3	5.68	52 783	

10.4.5　适航符合性验证方法

适航要求研究既要针对民用大中型无人机，也要针对大型军用无人机开展专项要求研究。针对无人机适航，国外已经颁布了一些基本的适航要求。本书此处提出的符合性验证方法是针对民用无人机的。大型民用无人机系统适航符合性验证可以沿用或参照目前民用飞机型号适航审定所采用的符合性验证方法。符合性验证是指采用各种验证手段，以验证的结果证明所验证的对象是否满足飞机适航条例的要求,检查验证对象与适航条例的符合程度,它贯穿飞机研制的全过程。适航符合性验证的基础就是审定基础,即飞机型号设计适用的适航条款(包括豁免条款的考虑)以及为该型号设计增加的专用条件。

在民用飞机型号审查过程中,为了获得所需的证据资料以向审查方表明产品对于适航条款的符合性,需要采用不同的方法进行说明和验证,这些方法统称为符合性验证方法。常用的符合性验证方法可根据实施的符合性工作的形式分为四大类:工程评审、试验、检查、设备鉴定。根据这四大类方法再具体进行细化,最终形成了常用的、经实践检验的、适航部门认可的 10 种符合性验证方法,如表 10 - 3 所示。

表 10 - 3　适航符合性验证方法

符合性工作	方法编码	符合性验证方法	相应的文件
工程评审	MC0	符合性声明 引述型号设计文件 公式、系数的选择 定义	型号设计文件 符合性记录单
	MC1	说明性文件	说明、图纸、技术文件
	MC2	分析/计算	综合性说明和验证报告
	MC3	安全评估	安全性分析
试验	MC4	实验室试验	试验任务书 试验大纲 试验报告 试验结果分析
	MC5	地面试验	
	MC6	飞行试验	
	MC8	模拟器试验	
检查	MC7	航空器检查	观察/检查报告 制造符合性检查记录
设备鉴定	MC9	设备合格性	见"注"

注:设备鉴定过程可能包括前面所有符合性验证方法。

符合性验证方法是多种多样的,各种符合性验证的方法可以叠加使用,对于复杂的条款,对于同一验证的对象可采用几种验证方法叠加验证其符合性,只要是在实践中可行的、适航部门认可的符合性验证方法都可以采用。同时符合性验证方法要根据条款的复杂程度和无人机系统的研制情况,由评审人员与申请方共同协商确定,但只要能说明满足条款的要求,选择任何一种或几种叠加的符合性验证方法都可以。主要是要有足够的理由和证据证明满足符合性。其实符合性验证方法不止 10 种，欧洲就准备增加软件合格证 MC10 和相似性认可 MC11 两种方法。符合性验证方法可以单独使用，亦可以组合起来使用，这主要取决于要验证的适航条款内容。一般而言，涉及面广的、比较重要的条款往往需要使用多种符合性方法来验证。

适航符合性验证方法选用的一般原则如下：

（1）符合性方法的选择，原则上以最低成本来满足条款要求，不是验证试验项目越多越好，而是符合性方法尽可能简单、数量尽可能少。

（2）对于新型号符合性方法 MC0 用于不适用条款的说明。当采用 MC1 阐述对于相关条款在技术方案中考虑时，不再使用 MC0。

（3）MC2 不但包括用计算方法表明符合性，而且包括同型号验证或使用经验和相似性分析。MC1 中不包括相似性分析。

（4）对条款中明确有失效、故障影响、概率极小、危害最小等措辞的，必须进行系统安全性分析，采用符合性方法 MC3。

（5）对于条款中有演示、试验、试验和分析相结合等要求，应选择符合性方法 MC4、MC5 和 MC8 等。对于不再用于飞行的飞机上做的试验，均采用 MC4 或 MC8。

（6）对于实验室试验能够符合的，可用 MC4 和 MC8，尽可能不选 MC5 和 MC6。对于符合性方法已选用 MC5 或 MC6 的，原则上不必同时用 MC4，避免重复。

（7）MC8 主要用于对操纵特性和驾驶特性评估。

（8）对于机载设备，要求供应商提供设备验证所需的分析、计算和鉴定试验报告，必要时审查代表还要目击鉴定试验，这些均包括在 MC9 中。条款中有明确规定须批准的设备，必须采用 TSOA 设备。

其中 MC4、MC5、MC6 三种试验在民用飞机符合性验证中占有十分重要的地位，同样也是大型无人机系统适航符合性验证的重要手段，凡是非试验手段不能解决的问题都可通过试验手段得到解决。因为试验是符合实际情况、超脱假设所引起的不完备性，可以真实反映产品的本质，同时试验具有可重复性，经得起检查，只要条件相同，结果总是唯一的。此外，试验可模拟边界和临界情况，甚至达到故障和破坏状态。凡是地面试验（MC4 和 MC5）不能完成的验证内容或暴露不充分的问题均可在飞行试验（MC6）中去完成，飞行试验能客观全面地反映飞机的正规性与正确性，飞行试验的结论具有权威性，是综合检查飞机设计、制造和使用质量的最后关口。实际工作中,尽量采用非试验手段完成符合性验证,能用地面试验完成的就不用飞行试验进行验证,以加快飞机研制进度和降低研制成本。

本章总结

无人机系统的试验与鉴定,在未来发展中着重于两个方面。一是关于试验鉴定管理组织管理程序的不断进步,使得鉴定管理更适宜于装备发展和快速交付部队。二是试验技术发展,主要包括无人机自主行为技术研究以及所需试验资源的规划和建设发展等。

参 考 文 献

[1] 国际系统工程协会(INCOSE). 系统工程手册(系统生命周期流程和活动指南)[M]. 张新国译. 北京：机械工业出版社,2017.

[2] 耿汝光. 大型复杂航空产品项目管理[M]. 北京：航空工业出版社,2012.

[3] 白思俊. 现代项目管理[M]. 北京：机械工业出版社. 2013.

[4] 李云雁,胡传荣. 试验设计与数据处理[M]. 北京：化学工业出版社,2008.

[5] 中国航天科技集团公司. 通用质量特性[M]. 北京：中国宇航出版社,2008.

[6] 常显奇,程永生. 常规武器装备试验学[M]. 北京：国防工业出版社,2007.

[7] 武小悦,刘琦. 装备试验与评价[M]. 北京：国防工业出版社,2008.

[8] 刘丙申,刘春魁,杜海涛. 靶场外测设备精度鉴定[M]. 北京：国防工业出版社,2008.

[9] 郭齐胜. 装备效能评价概论[M]. 北京：国防工业出版社,2005.

[10] 朱宝鎏. 作战飞机效能评估[M]. 北京：航空工业出版社,2006.

[11] 徐浩军. 作战航空综合体及其效能[M]. 北京：国防工业出版社,2006.

[12] 魏瑞轩,李学仁,无人机系统及作战使用[M]. 北京：国防工业出版社,2009.

[13] 刘忠,陈伟强. 无人机协同决策与控制——面临的挑战与实践应用[M]. 北京：国防工业出版社,2012.

[14] 魏瑞轩,李学仁. 先进无人机系统与作战运用[M]. 北京：国防工业出版社,2014.

[15] 术守喜,马文来. 人为因素与机组资源管理[M]. 北京：北京航空航天大学出版社,2015.

[16] 李春锦,文汀. 无人机系统的运行管理[M]. 北京：北京航空航天大学出版社,2011.

[17] 谢海斌,尹栋,杨健,等. 无人机融入国家空域系统[M]. 北京：国防工业出版社,2015.

[18] 北大西洋公约组织. 无人机系统适航要求,STANAG4671[S]. 2007.

[19] 周自全. 飞行试验工程[M]. 北京：航空工业出版社. 2010.

[20] 董庚寿. 有人驾驶飞机(固定翼)飞行品质(GJB 185—86)背景资料和使用指南[S]. 国防科工委航空气动力协作攻关办公室,1993.

[21] Christopher C M. Applicability of human flying qualities requirements for UAVs, finding a way forward [C]. AIAA Atmospheric Flight Mechanics Conference, Chicago, Illinois, 2009.

[22] DoDD5000. 01 The Defense Acquisition System [R]. 2007.

[23] DoDI 5000. 02 Operation of the Defense Acquisition System [R]. 2008.

[24] Air Force Directive (AFPD) 99 - 1, Test and Evaluation Process, July 22,1993

[25] Defense Acquisition Guidebook, January 10,2012

[26] DoDD 3200. 11 Major Range and Test Facility Base (MRTFB) [R]. 2007.

[27] DoDD 5141. 02 Director of Operational Test and Evaluation (DOT&E) [R]. 2009.

[28] Director of Operational Test and Evaluation. RQ - 4B Global Hawk Block 30 Operational Test and Evaluation Repot [R]. 2011.

[29] ASTM F2395 - 07. Standard Terminology for Unmanned Aircraft Systems [S]. 2007.

[30] John M. Irvine, National Imagery Interpretability Rating Scales (NIIRS): Overview and Methodology [C]. Proceedings of SPIE, 1997.

[31] John J S, Deborah A M, Mary G P. Unmanned air vehicles: a new age in humanfactors evaluations [R]. 2003.

[32] United States Air Force. United States Air Force Unmanned Aircraft Systems Flight Plan 2009 - 2047 [R]. 2009.

[33] 王启,李树有. 飞机迎角的校准及测量[J]. 飞行力学,1992,10(3):74 - 80.

符号和参数换算

a	声速
c_0	标准气体声速，$c_0 = 340.29\,\text{m/s} = 1225.06\,\text{km/h}$
g_0	标准重力加速度，$g_0 = 9.81\,\text{m/s}^2$
g	重力加速度
$G_{\max}$	最大起飞重量
$H_{\max}$	最大巡航高度
H_{p}	气压高度
H	高度
KCAS	校准空速，kn
KEAS	当量空速，kn
K	等熵指数
Ma_{i}	表马赫数
Ma	马赫数
m	质量
$n_{0(+)}$	在给定高度上、描述飞机使用包线的 $V\text{-}n$ 图上法向过载 n 的上边界
$n_{0(-)}$	在给定高度上、描述飞机使用包线的 $V\text{-}n$ 图上法向过载 n 的下边界
$n_{0\,\max}$	最大使用法向过载
$n_{0\,\min}$	最小使用法向过载
P_{H}^{*}	测量总压
P_0	标准海平面空气压力，$P_0 = 101\,325\,\text{Pa}$

P_H	大气压力
P_p	理想空速系统总压力($Ma \leqslant 1$,$P_p = P_t$;$Ma > 1$,$P_p = P'_t$)
Pr	普朗特数
P_s	大气静压
P	压力
q^*	测量动压
q	动压(或称速压)
r_0	地球半径,$r_0 = 6\,378\,165\,\text{m}$
R_0	气体常数,$R_0 = 287.05\,\text{J}/(\text{K} \cdot \text{kg})$
Re	雷诺数
R	气体常数,$\text{J}/(\text{K} \cdot \text{kg})$
T^*	阻滞温度(又称驻点温度或总温)
T_0	标准大气温度,$T_0 = 288.15\,\text{K}$
T_H	大气静温
T_t	大气总温
T	大气绝对温度,热力学温度
V_1	决断速度
V_2	起飞安全速度
V_c	地面指示速度(校准空速),km/h
V_e	指示速度(当量空速),km/h
V_i	表速,km/h
V_{LOF}	离地速度
V_{MAT}	最大加力的高速平飞速度
V_{max}	最大可用速度
V_{MCA}	空中最小操作速度
V_{MCG}	地面最小操作速度
V_{min}	最小可用速度
V_{MRT}	军用额定推力的高速平飞速度
V_{NRT}	标准额定推力的高速平飞速度
V_{0max}	最大使用速度
V_{0min}	最小使用速度

$V_{\text{R/C}}$	快升速度,对应最大爬升率时的速度
V_{range}	无风条件下的最大航程速度
V_{R}	抬前轮速度
V_{s}	垂直于飞行轨迹方向的过载为 1 时的失速速度
V_x、V_y、V_z	体轴系三向速度
$V_y{}^*$	全能垂直速度,m/s
V_y	爬升率,m/s
V	真速,km/h
W	燃料消耗量,kg
$\Delta p/q_{\text{c}}$	静压位置误差
Δ	相对密度
α	迎角,(°)
β	侧滑角,(°)
γ	爬升角,(°)
θ	俯仰角,(°)
μ_0	标准气体黏性系数,$\mu_0 = 1.79 \times 10^{-5}$ Pa · s
μ	气体黏性系数
ν_0	标准气体运动黏性系数,$\nu_0 = 1.46 \times 10^{-5}$ m²/s
ν	气体运动黏性系数
ρ_0	标准海平面空气密度,$\rho_0 = 1.225$ kg/m²
ρ_{H}	随高度变化的大气密度
ρ	大气密度
φ	发动机安装角,(°)
ϕ	滚转角,(°)
ψ	航向角,(°)
ω	角速率,(°/s)

下标

bz——标准

h——水平

hs——换算

jd——接地

js——结束

jx——极限

ks——开始

ld——离地

max——最大

min——最小

pf——平飞

pj——平均

ps——爬升

qf——起飞

rc——绕场

sj——实际

v——垂直

xh——下滑

△——增量

换算参数

$$T_{hs} = T\frac{p_0}{p_H} \quad 换算推力$$

$$n_{hs} = n\sqrt{T_0/T_H} \quad 换算转速$$

$$T_{H.hs} = T_H(n_{bz}/n)^2 \quad 换算温度$$

$$n_{x.hs} = n_x(p_0/p_H) \quad 换算纵向过载$$

$$n_{z.hs} = n_z(p_0/p_H)(G/G_{bz}) \quad 换算法向过载$$

$$G_{cp.h.hs} = G_{cp.h}(p_0/p_H)n\sqrt{T_0/T_H} \quad 换算小时耗油量$$

$$G_{hs} = G(p_0/p_H) \quad 换算重量$$

缩 略 语

缩略语	英 文 全 称	中 文
ACTD	advanced concept technology demonstration	先进概念技术演示验证
ADAS	air data acquisition system	机载数据采集系统
AFFTC	(USAF) Flight Testing Center at Edwards	(美国)空军试飞中心
AGARD	Advisory Group for Aerospace Research & Development	美国航空/航天研究与发展咨询组
AIAA	American Institute of Aeronautics and Astronautics	美国航空航天学会
AlphaGo		阿尔法围棋
ASE	aero servo elasticity	气动伺服弹性
ASTM	American Society for Testing and Materials	美国材料与试验协会
ATC	air traffic control	空中交通管制
ATD	advanced technology demonstration	先进技术演示验证
BIT	built-in-test	自检测
BLOS	beyond line of sight	超视距
C^4ISR	command, control, communications, computers and information surveillance reconnaissance	指挥、控制、通信、计算机、情报及监视与侦察
CA	airworthiness certification	民用航空器适航性能审查
CATIA	computer aided three-dimensional interactive application	交互式 CAD/CAE/CAM 系统
CCD	charge-coupled device	电荷耦合元件
CCIP	continuously computed impact point	连续计算打击点
CCRP	continuously computed release point	连续计算投放点

CDD	capability development document	能力开发文件
CEP	circular error probable	圆概率偏差
CFD	computational fluid dynamics	计算流体力学
CFR	Code of Federal Regulations	（美国）联邦规章汇编
CRM	crew resource management	机组资源管理
CTP	critical technical parameter	关键（或临界）技术参数
DARPA	Defense Advanced Research Projects Agency	美国国防高级研究计划局
DAS	Defense Acquisition System	国防采办系统
DFTI	digital flight test interface	数字飞行测试接口
DGPS	differential global positioning system	差分全球定位系统
DRYDEN	NASA Dryden Flight Research Center	（美国 NASA）德莱顿试飞中心
DT&E	developmental test and evaluation	研制试验与鉴定
EMC	electro magnetic compatibility	电磁兼容性
EMD	Engineering and manufacturing development	工程研制（美国国防采办的一个阶段）
EMI	electromagnetic Interference	电磁干扰
EO/IR	electro-optical/infrared	光电/红外
EUROCAE	European Organization for Civil Aviation Equipment	欧洲民用航空装备协会
FAF	final approach fit	最终进场装订
FAR	false alarm rate	虚警率
FAR	Federal Aviation Regulations	（美国）联邦航空规章
FDR	false discovery rate	故障检测率
FIR	fault isolation rate	故障隔离率
FRACAS	failure reporting, analysis and corrective action system	故障报告、分析与纠正措施系统
GDAS	ground data acquisition system	地面数据采集系统
GPS	global positioning system	全球定位系统
HALE	high-altitude long-endurance	高空长航时
ICAO	International Civil Aviation Organization	国际民航组织
ICD	initial capabilities document	初始能力文件
ILS	integrated logistics support	综合保障

INCOSE	International Council on Systems Engineering	国际系统工程协会
IOT&E	initial operational test and evaluation	初始作战试验与评价
IPPD	integrated product and process development	综合产品和过程开发
IPT	integrated product team	综合产品团队
ISR	information surveillance reconnaissance	情报监视侦察
ITT	integrated test team	联合试验团队
JAR	Joint Airworthiness Requirements	(欧盟)联合适航要求
JCIDS	joint capabilities integration and development systems	联合能力集成与开发系统
KPP	key performance parameter	关键性能参数
KSA	knowledge superiority and assurance	关键系统品质
LCC	life cycle cost	全生命周期管理
LOS	line of sight	视距
LRU	line replaceable unit	现场可更换单元
MAXCT	maximum corrective maintenance time	最大修复时间
MBIT	maintainence Built-in-test	维护自检测
MCSP	mission completion success probability	任务成功率
MFHBF	mean flying hours between failure	平均故障间隔飞行小时
MTBF	mean time between failure	平均故障间隔时间
MTE	mission-task-element	任务科目
MTTR	mean time to repair	平均修复时间
NACA	National Advisory Committee for Aeronautics	美国国家航空咨询委员会
NASA	National Aeronautics and Space Administration	(美国)国家航空航天局
NAS	national airspace system	国家空域系统
NATO	North Atlantic Treaty Organization	北大西洋公约组织
NIIRS	National Imagery Interpretability Rating Scales	(美国)国家图像解释分级标准
OT&E	operational test and evaluation	作战试验与鉴定
OTA	other transaction authority	其他业务管理机构
PBIT	power-on Built-in-test	上电自检测
PCM	pulse code modulation	脉冲编码调制
PIO	pilot Induced oscillations	驾驶员诱发振荡

PLL	phase locked loop	锁相环
PPBE	planning，programming，budgeting and execution	规划、计划、预算与执行系统
RCS	radar-cross section	雷达散射截面积
ROA	remotely operated aircraft	远程操作无人机
RPV	remotely piloted vehicle	遥控驾驶飞行器
RTCA	Radio Technical Commission for Aeronautics	航空无线电技术委员会
RTK	real time kinematic	实时动态差分
SAE	Society of Automotive Engineers	国际自动机工程师学会
SAGAT	situation awareness global assessment technique	情景感知综合评价技术
SAR	synthetic aperture radar	合成孔径雷达
SEP	spherical error probable	球概率偏差
SIO	system induced oscillations	系统诱发振荡
SoS	system of system	系统之系统
SQS	subjective quality scale	主观质量标尺
T&E	test and evaluation	试验与鉴定
TRL	technology readiness level	技术成熟度
UAS	unmanned aircraft system	无人机系统
UAV	unmanned aerial vehicle	无人机
UCAV	unmanned combat aerial vehicle	无人作战飞机

索　引